国家自然科学基金项目

电子商务基础与应用

（第十二版）

杨立钒　杨坚争　著

西安电子科技大学出版社

内容简介

本书是一本全面论述电子商务的专著，是国家自然科学基金项目 79770084 号和 70973079 号的研究成果。作者针对当前蓬勃发展的电子商务浪潮，从计算机和商业管理两个角度，对电子商务的理论问题和实践问题进行了深入的探讨。同时，本书融合思政内容，有机地将思政教育与电子商务运营结合起来，引导读者自觉地运用辩证唯物主义的思想方法，按照国家相关政策和法律开展电子商务活动。

本书包括三部分内容。第一部分为电子商务基础，主要涉及电子商务概述、发展战略、网络技术、网站建设和网络商务信息的收集与整理；第二部分为电子商务交易，主要涉及网络交易行为、网络营销策略、网络促销、电子支付、电子商务物流和网络交易安全管理；第三部分为电子商务专门领域，主要涉及跨境电子商务、移动电子商务、社交电子商务与社区电子商务。

本书配有备课教案、电子课件、引导案例与教学案例和习题指导，读者可以通过扫描每章最后相应的二维码获取，也可以从西安电子科技大学出版社网站(http://www.xduph.com)本书的详细页面中下载。

本书内容新颖，观点鲜明，理论与实际相结合，力求在阐述电子商务最新发展和电子商务理论体系的同时，在实际应用和操作技巧方面给予读者具体的指导。

本书对政府、贸易、商业、信息部门有重要参考价值，是广大企业营销人员、管理人员和消费者从事电子商务活动的重要工具书和参考书。本书亦可作为大专院校电子商务专业、商业管理专业和计算机专业的教材。

图书在版编目（CIP）数据

电子商务基础与应用 / 杨立钒，杨坚争著. -- 12 版. -- 西安 ：西安电子科技大学出版社, 2024. 11. -- ISBN 978-7-5606-6840-6

Ⅰ. F713.36

中国国家版本馆 CIP 数据核字第 2024P5W280 号

责任编辑　薛英英　戚文艳
出版发行　西安电子科技大学出版社（西安市太白南路 2 号）
电　　话　（029）88202421　88201467　　邮　　编　710071
网　　址　www.xduph.com　　　　　　电子邮箱　xdupfxb001@163.com
经　　销　新华书店
印刷单位　陕西天意印务有限责任公司
版　　次　2024 年 11 月第 12 版　　2024 年 11 月第 1 次印刷
开　　本　787 毫米×1092 毫米　1/16　印　张　24
字　　数　555 千字
定　　价　60.00 元
ISBN 978-7-5606-6840-6
XDUP 71420012-1
*** 如有印装问题可调换 ***

第十二版序

2024 年 7 月中国共产党第二十届中央委员会第三次全体会议通过的《中共中央关于进一步全面深化改革、推进中国式现代化的决定》^①明确提出要"加快构建促进数字经济发展体制机制，完善促进数字产业化和产业数字化政策体系。"

电子商务作为数字经济的典型代表，既是数字技术和实体经济深度融合的具体产物，也是持续催生新产业、新业态、新模式的有效载体，更是稳增长、带就业、保民生、促消费的重要力量。在世界经济大调整的大环境下，中国电子商务发展势头依然强劲且韧性十足，成为畅通国内国际双循环的关键动力，为实现"十四五"良好开局作出积极贡献。

2023 年，中国电子商务交易额^②468 273 亿元，比上年增长 9.4%。网上零售额^③154 264 亿元，比上年增长 11.0%。^④2024 年上半年，我国跨境电商进出口 1.22 万亿元，同比增长 10.5%，高于同期我国外贸整体增速 4.4 个百分点。中国电子商务在网络零售市场、网购人数、数字化快递业务以及移动支付规模方面稳居世界第一。^⑤

2022 年以来，人工智能成为人们热议的话题。人工智能(Artificial Intelligence，AI)是利用计算机信息技术来呈现人类智能的技术。当前，全球人工智能技术快速发展，对经济社会发展和人类文明进步产生深远影响。2023 年，中国人工智能核心产业规模为 1751 亿元，同比增长 11.9%。在人工智能新赛道上，商务部将组织各地依托相关领域研究实力强、创新优势突出的骨干企业、科研院所等，以智能化、数字化、绿色化为方向，集聚商业技术创新资源，开展创新中心建设，促进科技成果商业化应用，推动新质生产力发展。中国电子商务将着力突破硬件、网络、算力的限制，进一步开发虚拟市场，并通过线上与线下的深度融合，实现智能电商和数字商务的新突破。

未来，中国的电子商务将紧密围绕服务构建新发展格局这个"纲"，立足商务工作的新定位，畅通国内大循环、促进国内国际双循环，发挥电子商务联通线上线下、生产消费、城市乡村、国内国际的优势，落实《"十四五"电子商务发展规划》，重点做好推动电子商务高质量发展、促进线上线下融合消费、推动电商绿色发展、推动"数商兴农"、深化"丝路电商"合作、打造国际竞争新优势等重点工作。各级政府将引导市场主体加大新技术研发投入，逐步实现发展模式从资本和需求拉动向技术和业态创新驱动转变，在优化电子商

---

① 中共中央. 中共中央关于进一步全面深化改革、推进中国式现代化的决定[EB/OL]. (2024-07-18) [2024-08-20]. http://www.news.cn/politics/20240721/cec09ea2bde840dfb99331c48ab5523a/c.html.
② 电子商务交易额是指通过电子商务交易平台(包括企业自建平台和第三方平台)实现的商品和服务交易额，包括对单位和对个人交易额，2023 年增速按可比口径计算。
③ 网上零售额是指通过公共网络交易平台(主要从事实物商品交易的网上平台，包括自建网站和第三方平台)实现的商品和服务零售额，2023 年增速按可比口径计算。
④ 国家统计局. 中华人民共和国 2023 年国民经济和社会发展统计公报[EB/OL]. (2024-02-29)[2024-08-27]. https://www.stats.gov.cn/sj/zxfb/202402/t20240228_1947915.html.
⑤ 人民日报. 前三季度货物贸易进出口总值创历史同期新高 首超 32 万亿元，同比增长 5.3% [EB/OL]. (2024-10-15) [2024-10-15]. https://www.gov.cn/lianbo/bumen/202410/content_6980378.htm.

务生态圈的同时，对标高标准国际经贸规则，提高电子商务整体发展水平。

《电子商务基础与应用(第十二版)》根据我国电子商务发展的最新形势，对本书第十一版进行了较大范围的调整和修改。

第一章：重新撰写"世界电子商务的发展现状"和"我国电子商务的发展"；明确"一分为二"的思想方法对实体市场和虚拟市场划分的作用。

第二章：重新撰写"我国电子商务的发展战略"。

第三章：重点更新了电子商务所应用的各类设备、软件和技术的情况。

第四章：增加了"电子商务独立网站搭建"，对"网站内容建设"和"投资概算"进行了修改。

第五章：引入有关调查研究的思路和方法。

第六章：更新"我国网民的消费行为分析"和"我国 B2B 电商的发展"。

第七章：更新"网络营销对象的定位"，改写"网络营销的品牌策略"。

第八章：补充电商企业网络广告的计价方式，增加"微信营销"。

第九章：改写"加强监管，推动我国电子支付的快速发展"，删除"网络借贷"内容。

第十章：改写"电子商务物流模式"，增加"物流供应链管理"。

第十一章：更新"网络交易风险的现状"，增加"云灾备"内容。

第十二章：改写"跨境电子商务的总体策略"，增加"利用独立站平台开拓国际市场"。

第十三章：更新"移动电子商务的发展"，改写"移动电子商务的营销策略"。

第十四章：增加"社交电商的商业逻辑""以社区团购为主导的社区电子商务模式"。

本次再版，杨坚争修改了第一章和第二章，杨立钒修改了其他章节的内容。在再版过程中，研究生刘俊华、南龙江和孙东参与了核对和配套教学资料的整理工作。

1998 年至今，本书已经出版到第 12 版，发行量突破 20 万册，在此感谢广大读者的鼎力支持。本书此次再版得到国家自然科学基金项目(70973079)、国家社科基金重大项目(13&ZD178)、上海市高校留学生英语授课课程项目(301-12)、中国法学会部级法学研究课题(CCS2018-0164)、华东政法大学一流学科建设引领计划重大教学改革成果培养项目、香港杏范教育基金会的资助，得到西安电子科技大学出版社戚文艳、薛英英编辑的大力协助，并参考了国内外大量相关文献。在此，谨向资料的提供者、本书的合作者和资助者表示真诚的感谢，并希望广大读者对本次再版提出宝贵意见。

华东政法大学商学院

杨立钒

2024 年 9 月 25 日

E-mail：cnyanglifan@163.com

第十一版序(摘录)

在老一辈的辛勤耕耘下，本书(《电子商务基础与应用》)已经出版了十版，成为国内少有的突破十版的专著。从十一版开始，作为电子商务的新生代，我将接手这本专著。如何使这本专著在继承原有理论体系和写作风格的基础上，进一步开拓创新，迈上一个新台阶，是我一直思考的问题。

中国的改革开放已经走过了 40 年的光辉历程。其中最重要的经验就是坚持改革开放。改革开放是决定中国命运的关键抉择，是推动当代中国发展进步的基本途径。一个国家、一个民族要想兴旺发达，就必须跟上时代，必须站在时代前列，而改革开放是跟上时代、推动社会向前发展的根本动力。

同样，作为一本书，其活力所在，也恰恰是坚持不断的改革与创新。20 年前作者运用辩证唯物主义的思想方法科学地分析了电子商务在我国未来国民经济中的地位和作用，以鲜明的改革精神和满腔热忱的创新态度全力推动电子商务普及；书中所阐述的电子商务基本理论紧紧跟随国家新兴产业政策不断调整；所反映的电子商务新模式和新方法与电子商务的实践密切相联，从而使本书保持了旺盛的生命力。

2019 年 3 月 25 日

第十版序(摘录)

中国人的著作也要出第十版了。当我开始撰写本书第十版序时，很自然地回忆起自己投身中国电子商务 20 多年的历程。

从 1995 年 3 月 18 日"医药交易市场综合服务智能系统"和 1995 年 8 月 15 日"中国商品订货系统"启动算起，中国电子商务的实践者前赴后继，已经跨越了 22 年的奋斗历程。

作为中国最早一批电子商务的参与者，我亲身经历了电子商务翻天覆地的变化历程。1995 年，我在英国伯明翰大学留学期间，第一次接触到电子商务，展望电子商务未来的发展前景，经过几个月的思考，我终于决定将自己的研究方向转移到电子商务上来。2001 年，当纳斯达克指数暴跌，大批人士退出电子商务行业时，我明确提出，"如果我们站得更高一点，完全可以大胆地说，网络经济对整个世界经济的影响仅仅是开始，它将带动整个经济和传统产业的变革，从而促进整个社会的高速发展"(本书第三版序)。

2016 年 2 月，联合国国际贸易法委员会第三工作组第 33 届会议通过了以中国方案为基础的共识文件：《跨境电子商务交易网上争议解决技术指引》。2016 年 12 月 13 日，联合国第 71 届大会通过了这一文件。这是中国引领国际经贸规则制定的一次有益尝试，它标志着中国代表团在参加联合国贸易法委员会有关跨境电子商务交易网上争议解决立法活动 6 年后取得了重大突破，也是中国商界在联合国国际经贸规则起草中第一次发出中国声音。作为全程参加这一立法活动的中国代表团首席专家，我感到的是事业成功的喜悦和身为中国人的自豪。

客观地说，《电子商务基础与应用(第十版)》作为一本专著，能够在接近 20 年的时间中持续出版实属不易。一方面，电子商务的快速发展为本书的再版提供了大量的可供更新的理论成果与实践经验；另一方面，社会上对电子商务知识的渴求也保证了每版的发行量，为本书的再版提供了坚实的资金支持。作为作者，我深深地感谢电子商务的创新创业者和理论研究者，也深深地感谢热爱本书的大批读者。同时，也应当感谢西安电子科技大学出版社 20 年来的精诚合作，编辑们细心的整理和校对工作保证了全书的质量。

2017 年 3 月 25 日

第九版序(摘录)

电子商务已经成为中国少数几个能够在世界上产生重大影响的产业。2014 年，这一判断进一步得到验证。2014 年 9 月 20 日，阿里巴巴在纽约证券交易所挂牌上市的钟声敲响，再次证明了中国的电子商务已经走到了世界的前列。

电子商务带给我们的，绝不仅仅是社会的财富，更重要的是带给我们一种新的思维方式，一种中国产业后来居上的新思路，这就是"互联网思维"。互联网思维是在互联网技术不断发展和互联网应用广泛普及的大背景下，对社会、经济、企业和个人发展方向重新定位和发展模式重新整合的一种思想方法。这种思想方法已经引起中央领导的高度重视。2014 年 8 月 18 日在中央全面深化改革领导小组第四次会议上，习近平同志在讲话中针对传统媒体和新兴媒体融合发展问题时强调，要遵循新闻传播规律和新兴媒体发展规律，强化互联网思维。

十三年前，在本书第三版的前言中，笔者强调，"在发展具有中国特色的社会主义经济的过程中，解决思想方法上的问题，摒弃陈旧的、违背辩证唯物主义的思想方法是极为重要的，否则，我们将难以适应世界经济迅速发展的新形势。"互联网思维与辩证唯物主义的思维方法一脉相承，但这种思维突出表现出自己鲜明的特点：

(1) 创新性思维。创新是互联网最突出的特质。每时每刻，互联网都在创新，包括技术创新、盈利模式创新和发展理念创新。

(2) 全时空思维。在互联网环境中，空间没有遗漏，时间没有间隔，行业没有限制，跨界思维成为常态。国家、企业和个人的发展都需要在这样一个新的竞争环境中加以思考。

(3) 开放性思维。互联网之所以成为世界上最好、最有效率的信息汇聚和分享的平台，是因为互联网的开放性。这种开放性，突出表现在"免费(free)"上。由于"免费"，各种不同信息得以在互联网上汇聚，各种新的创意和想法也得以分享。

(4) 互动性思维。互动，带来了双向或多向的交流，思想的碰撞产生了创新的火花，从而使决策更加民主和科学；互动，消除了领导者和被领导者、销售者和购买者、传播者和接受者之间的鸿沟，在坦诚沟通中凝聚了共识。特别是移动互联网背景下的互动，网络世界与现实社会无缝"链接"，网上网下即时同步，为互动创造了更方便的条件。

2014 年 10 月 5 日

第八版序(摘录)

2011年，中国各级政府高度重视电子商务的发展，电子商务进入到规模化快速发展的新阶段，电子商务交易额突破5万亿元，达到5.88万亿元。亲身经历电子商务发展浪潮的冲击，笔者越来越深刻地认识到电子商务作为战略性新兴产业的特质。

(1) 电子商务是以重大技术突破和重大发展需求为基础的新兴行业。互联网技术的开发是20世纪影响力最大的技术突破。但在其开发的前30年，一直被禁锢在军事和研究领域，没有在社会上得到很好的推广。20世纪90年代，商业机构跻身于互联网世界，立即发现它的巨大潜力，并在短短的20年间形成了巨大的社会需求。电子商务正是以现代网络信息技术为基础发展起来的一个新兴行业。

(2) 电子商务对经济社会全局和长远发展具有重大引领带动作用。实体市场与虚拟市场两者并行的局面造就了21世纪世界市场的新格局。电子商务是以具体电子化商务形式为代表，包括即时通信、搜索引擎、网络游戏、网络广告、信息安全等多种形式的互联网经济模式。电子商务正在对经济社会的全局和长远发展产生着巨大的引领作用。

(3) 电子商务是知识技术密集、物质资源消耗少的产业。商业活动最显著的特点就是追求高效率和低成本。20年的实践证明，最先进的信息网络技术都是首先在电子商务领域找到了最好的用武之地，电子商务已经成为先进技术的聚集地和协同枢纽。

(4) 电子商务是成长潜力大、综合效益好的产业。相对于其他产业，电子商务的发展速度令人吃惊，成长潜力非常巨大。淘宝网、京东商城、一号店、快钱等电子商务网站的成长历程清楚地说明了这一点。电子商务的发展同时带来了良好的社会效益。

当我们做出了上述分析之后，完全有理由将电子商务列为战略性新兴产业并按照战略性新兴产业的思路发展电子商务。电子商务能否成为下一轮中国经济新的增长点，能否在转变经济发展方式的改革中扮演中流砥柱的角色，已经成为一个历史性的挑战。

2012年8月20日

第七版序(摘录)

纵观两年来电子商务的发展，我们可以发现电子商务领域的几个重大变化：

(1) 由于电子商务的广泛普及，传统的世界市场已经分化为实体市场和虚拟市场，世界市场面临着新的洗牌。落实科学发展观，必须对这一新的市场发展趋势有清醒的认识。二百年前，由于生产力发展的约束和清政府的腐败，中国失去了参与世界实体市场竞争的机会；二百年后，在新的虚拟市场的竞争中，正在崛起的中国有了重新参与世界虚拟市场洗牌的机会。这是一次百年不遇的珍贵机会，中国不能再次失去这一发展自己的大好时机。

(2) 世界电子商务已经到了大规模发展和运营的时期。在世界经济处于严重的金融危机期间，电子商务市场却一路逆市飘红，成为整个经济中闪亮的一点。

(3) 电子商务已经在企业生产经营的多个环节中得到广泛应用，正在与企业内部价值链深度整合。电子商务正在改变企业的经营管理模式和生产组织形态，提升传统产业的资源配置效率、运营管理水平和整体创新能力。

(4) 电子商务服务业已经成为一种新的行业。电子商务服务业的快速发展，带动了相关行业的发展。最典型的是中国的快递服务，其 1/3 的业务量是由电子商务牵动完成的。

(5) "网商"已经成为电子商务服务业中最有活力的新阶层。截至 2009 年 6 月底，中国网商规模达到 6300 万人。网商、网货、网规共同构成了一个生机勃勃的商业新世界。

(6) 计算机网络新技术促使电子商务进入一个新的发展阶段。"智慧地球"和"物联网"概念的提出，使电子商务与物流的结合更加紧密，应用领域更加广泛。

2010 年 6 月 30 日

第六版序(摘录)

从党的十五大提出"大力推进国民经济和社会信息化"的发展要求，到十六大明确"以信息化带动工业化，以工业化促进信息化"的发展思路，再到十七大提出"工业化、信息化、城镇化、市场化、国际化"的战略目标和"大力推进信息化和工业化融合"的战略措施，可以看出，我国对信息化在国民经济和社会发展中地位和作用的认识随着经济的发展一步步在深化。作为一个工业化任务尚未完成，又面临着实现信息化艰巨任务的发展中国家，走信息化与工业化融合发展的新型道路是实现现代化的必然选择。

信息化与工业化融合，其内涵是信息技术在工业经济各个领域广泛应用，在供、产、销等多个环节与工业技术融合。这是对传统工业的经营理念和运作方式的一次深刻变革，这种变革又将成为推动整个经济结构调整和促进经济发展方式转变的重要动力。

在信息化与工业化融合的过程中，电子商务是一个不可或缺的通道或桥梁。由于有了电子商务，信息技术才在工业品市场上找到了用武之地；也正是有了电子商务，供应和销售，工业活动三个主要环节中的两个环节，才有了进入虚拟市场、全面实现信息化的可能。以前，我们常常把信息化当作电子产品的生产，把信息技术发展与应用推广割裂开来，从而导致信息化与工业化"两张皮"的现象。现在，我们需要从生产方式转变的高度认识信息化与工业化融合的意义，要从资源配置方式转变的角度认识发展电子商务的重要性。很明显，电子商务是信息化与工业化融合的最佳切入点。紧紧抓住这个切入点，大力发展电子商务，我们才有可能改变目前仅重视信息技术产品的生产而忽略信息技术应用的状况，才有可能在较短时间里使信息技术渗透到工业生产、供应和销售环节中，进而实现信息化与工业化真正融合。

2008 年 7 月 30 日

第五版序(摘录)

2004 年到 2006 年，对于中国电子商务来说，应当是值得大书特书的两年。在这两年中，中国电子商务的发展产生了质的变化。这些变化突出表现在四个方面。

首先，中国电子商务发展的政策环境得到根本性的改善，其主要标志是国家、中央各部委和行业管理部门相关政策法律的不断出台，也先后出台了多部促进电子商务发展的政策和措施。

其次，中国电子商务交易额迅速增长。从统计情况看，2005 年，我国电子商务市场规模达到 6800 亿元人民币，同比增长了 41.7%。

再次，中国电子商务发展的基础条件发生了极大变化。2005 年，中国互联网使用人数首次突破 1 亿人，是 1997 年 10 月第一次调查结果 62 万上网用户人数的 179 倍；我国大陆的 IPv4 地址数达到了 74 391 296 个，位居世界第三。网上商务信息资源的不断丰富，大大促进了我国电子商务的发展。

最后，从业内情况看，经历了网络公司概念炒作和网络泡沫的鼓吹与破灭，2004 年以来的中国电子商务进入了百花齐放、多元发展的阶段。从竞价排名、即时谈判、博客等营销技术的推广应用到全数字电子商务概念、人脉模式的运作，各种电子商务的业务模式与盈利模式不断创新，构成了一幅电子商务发展的多彩画卷。

2006 年，伴随着我国第十一个五年规划的实施，中国电子商务进入了一个新的重要的战略发展机遇期。抓住机遇，应对挑战，必须在电子商务领域大力提高原始创新能力、集成创新能力和引进消化吸收再创新能力，不断探索，不断总结，摸索出适合我国市场情况的电子商务运作模式，找到电子商务盈利的切入点和突破口，这是摆在我们面前的一项极为重要的任务，我们应当为此不懈努力。

2006 年 6 月 20 日

第四版序(摘录)

第四版与第三版相隔近三年时间。这三年，无论对于 IT(Information Technology)行业，还是对于电子商务来说，都是经历严峻考验的三年。美国纳斯达克指数的大幅度下跌，数量众多的电子商务网站的倒闭，世界经济的衰退，都给 IT 行业和电子商务的发展造成了极大的困难。

然而，这一切都未能阻止代表世界新技术发展方向的互联网的发展。2002 年世界互联网用户达到 6.55 亿户。而截至 2003 年 6 月底，中国上网用户人数达到了创纪录的 6800 万人。这些数字反映出互联网顽强的生命力，也孕育着电子商务巨大的市场潜力。虽然网络经济受到重大冲击，在线购物和网络银行仍然是欧洲主要的网络活动。

2001 年美国"911"恐怖袭击事件发生后，恐怖袭击和炭疽病毒的传播使整个社会普遍缺乏安全感，这时，人们发现，通过网络进行商业活动具有特殊的安全性和快捷性。2003 年春季在我国流行非典型性肺炎期间，电子商务更是凸显其独有的优势。

面对 IT 行业的严峻形势，电子商务网站正在通过各种努力不断探索自身发展的新途径。著名的搜狐网站在深刻分析中国互联网发展实际情况的基础上，结合自身优势，逐步建立以网络广告为核心的同心多元化的盈利模式。移动电子商务在过去的两年中逐渐形成市场，成长为电子商务的一个新的分支。不同类型电子商务网站的盈利探索，终于使我们看到了新经济的曙光。

2003 年 7 月 20 日

第三版序(摘录)

本书第二版出版不久，互联网经济遭到第一次沉重的打击。美国纳斯达克指数暴跌，网络股的表现使投资人忧心忡忡。一时间，众多的注意力集中在互联网经济的泡沫上，似乎互联网经济已经走到崩溃的边缘。甚至有人惊呼，网络公司已经分享完"最后的晚餐"。

互联网经济能否继续发展，电子商务还有没有前途？身处急剧变化的世界经济新环境，我们怎样认识并正确地回答这些问题？

如果我们站得更高一点，完全可以大胆地说，网络经济对整个世界经济的影响仅仅是开始，它将带动整个经济和传统产业的变革，从而促进整个社会的高速发展。只看到纳斯达克指数暴跌就预测网络经济开始走下坡路还为时过早。新生事物的成长总要有一个曲折的过程，网络经济同样不能例外。网络经济已经成为未来经济发展最有活力的部分，谁控制了网络和网上商务资源，谁就掌握了发展的主动权。

作为网络经济的核心，电子商务的目标是通过计算机网络的方式进行商务活动，所以，它要服务于商务，满足商务活动的要求，商务将会是电子商务的永恒主题。这一点，决定了电子商务的生命力，因为自从人类进入奴隶社会以后，就从来没有停止过商品的交易。电子商务大幅度降低商品交易成本，使它保持了强大的竞争力，从而获得了巨大的发展动力。从另一个方面来讲，商务又是在不断发展的，而电子商务的应用将会对商务本身的发展带来巨大的影响。也可以说，电子商务是通过改变人类的商务方式，增加人类商务活动的合理性，来推动商务本身的发展。从实践过程来讲，电子商务已经以惊人的速度被应用到了人类社会活动的各个领域、各个部门，并且这个速度还在不断加快：从个人到团体、从单个企业到整个国家乃至全世界；从金融、商业、房地产到生产、制造、运输各个产业，电子商务的普及速度锐不可当。电子商务对世界经济的发展和竞争格局产生的巨大影响，我们已经可以清楚地看到。美国政府把这种影响与二百年前工业革命的影响相提并论，世界各国也都纷纷发展电子商务，把它作为迎接经济全球化的重要手段。由此可见，发展电子商务已不再是一个单纯的技术问题，而是关系到国家经济生存发展的又一次严峻的挑战。我们必须对此有深刻的战略认识。

2001 年 1 月 10 日

第二版序(摘录)

两年前，当本书开始撰写的时候，我国参与电子商务的人还比较少。这一点，从本书第一章中可以看得很清楚：实质性的电子商务交易几乎还是空白，对电子商务这一新事物的了解和认识还非常浅薄，对电子商务交易额的估计也显得十分保守，其中也包括笔者在内。两年后的今天，情况就完全不同了。由于互联网的大规模普及和各国政府的强力推动，电子商务以人们难以想象的速度迅速拓展，成为世界经济一个新的领域、一个新的经济增长点。

电子商务是一个发展潜力巨大的市场，具有诱人的发展前景。1999 年世界互联网用户已经超过 1.5 亿户，我国互联网用户也达到 890 万户，通过互联网实现的商业销售额正在以成十倍的速度迅猛增长。电子商务已成为世纪之交国家经济的新的增长点。它的启动，首先将大大促进供求双方的经济活动，极大地减少交易费用和交通运输的负担，提高企业的整体经济效益和参与世界市场的竞争能力。同时，也将有力地带动一批信息产业和信息服务业的发展，促进经济结构的调整。这是一场商业领域的根本性革命，它对于人类生产方式、工作方式和生活方式的影响正在逐步显露出来。

人类社会的发展曾经历过由农业经济向工业经济的转变，现在正在经历由工业经济向信息经济的转变。农业经济向工业经济的转变属于同一形式下不同模式的经济转变，而工业经济向信息经济的转变却是由实体经济形式向虚拟经济形式的转变。后者对经济发展的影响要比前者深远得多、广泛得多。而在这样一种转变过程中，电子商务是一种非常重要的、关键性的措施和手段，因为它是将信息技术与传统经济连接起来的最有效的桥梁。所以，发展电子商务已不再是一个单纯的技术问题，而是关系到国家经济转变的又一次严峻的挑战。我们必须对此有深刻的认识。

电子商务的实施是一次世界性的创新活动。创新是一个民族进步的灵魂，是国家兴旺发达的不竭动力。电子商务本身是前所未有的开创性事业，需要开放的、动态的创造性思维。互联网给予人们一个极大的想象空间和创造空间，也给了人们一个相当复杂的操作环境。没有创新的思想和意识，很难跟上迅猛发展的计算机网络技术，也很难在电子商务这样一个新兴的商业领域中生存下来。

经过长达 13 年的谈判，中美之间终于就中国加入世界贸易组织(WTO)达成了历史性协议。加入世界贸易组织一方面意味着我国国内市场已经纳入了世界大市场，另一方面也意味着我们的生产要面向世界纳入国际分工，我国经济将逐步进入世界经济的大循环中。WTO 将对未来中国社会、经济、文化、科技发生结构性冲击和整体性挑战，中国的电子商务也将因此而面临严峻的挑战。中国必须从体制上、资源上、资金上、管理上和人才培养上迅速进行调整，以适应未来的 WTO 贸易环境和未来的网络经济环境。

2000 年 1 月 10 日

第 一 版 序

生存是驱动企业发展的主要动力。随着改革开放的逐步深入，中国的企业已经被推向市场竞争的主战场；而关税壁垒的逐渐瓦解，又迫使企业面对整个世界贸易的挑战。因此，面向 21 世纪的企业必须拥有它们的全球竞争对手所掌握的先进技术，电子商务就是这样的一种先进技术和营销方法。

一个企业要有活力，必须具有高度的创新精神。这种创新精神，不仅是指企业能够研制出新产品或提供新的服务，更重要的是指企业对于迅猛变化的环境能够灵活敏捷地做出有效反应。这是企业在当今竞争激烈的市场中得以生存和发展的首要条件。

在 20 世纪 80 年代的世界竞争中，美国企业始终处于被动的地位。日本企业的生机和活力，迫使美国企业不得不低下头向日本企业学习。然而，由于美日文化的差异，80 年代美国公司以日本公司为样板的改革，总的看来并不成功。虽然出现了一些高效率的公司，但整体生产率却提高不多。可是，变革的思想和变革的探索却使得美国公司始终处于一种向上的准备过程。正像等候火车的旅客一样，当列车到达时，毫无准备的旅客可能失去搭乘的机会，而有所准备的旅客则可以一步跨上飞速到来的列车，赶上时代前进的步伐。

这个机会终于到来了。20 世纪 90 年代开始的市场全球化和信息化过程，从根本上改变了企业的内外关系，要求企业迅速地调整自己的结构和程序，适应外界环境的变化。美国企业立即展开了大规模的企业重组和信息化改造工作。美国政府接连出台一系列推动信息高速公路和电子商务发展的文件，将企业推向信息时代的最前沿；为了提高企业的竞争能力，美国花费了 1 万亿美元对企业和政府机构进行信息化装备，美国政府也承受着每年上千亿美元的贸易逆差，坚持引导美国公司向信息化方向发展，从而在新的一轮竞争中，将日本远远甩在了后边。

任何落后的国家都有机遇迎头赶上，问题是需要吸收世界上最先进的思想和技术，结合自己的实际情况，在市场上打败竞争对手。20 世纪 60—70 年代，日本人是这样做的，他们胜利了。90 年代，美国人又这样做了，他们也打了一个翻身仗。今天，在走向 21 世纪的征途中，中国的企业也面临着一次难得的历史机遇。在信息化的过程中，由于技术的超速发展，中国的企业不必在遗留系统上进行大量投资，而可以一步跨入最先进的技术行列，这是中国企业得天独厚的优势。美国和西欧的许多公司在技术应用方面只能采取渐进的方法，而中国的企业则可以放开手脚大踏步地前进，因为他们无须负担近 20 多年来设备投资的沉重包袱。

在未来的几年中，电子商务将以其市场规模大，信息传递快，商品品种多，可靠性能强，流通环节少，交易成本低而风靡全球。迅速认识电子商务，掌握网络营销技巧，已成为每一位经理和每一位营销人员不可回避的问题。笔者正是从这一角度出发，遵循创新、实用、简化、易学的原则，完成了本书的撰写工作。

笔者是从 1995 年开始接触到电子商务的。当时，笔者正在英国留学，一个偶然的机会，笔者涉及到 EDI 贸易中的法律问题。这类问题原本不是笔者的研究方向，然而，职业的敏感性使笔者对这一问题产生了极大的兴趣。从 EDI 到 Internet，当时西方国家的电子商务发展势头迅猛，网络交易安全问题已提到政府的议事日程上。笔者开始感到这一问题的重要性，在反复阅读了大量资料后写信给中国 EDI 协会，建议合作研究。但该协会当时只有团体会员，还无个人会员。1996 年 10 月笔者回国后，又给某部产业发展司写信建议开展这方面的研究，也未得到回音。考虑其中的原因，可能有二：一是电子商务在我国刚刚起步，人们对这一新事物普遍缺乏了解，或仅仅注意其技术方面的问题；二是电子商务交易安全的研究涉及计算机网络、商业、经济、法律等多门学科，文理交叉，涉及面广，研究难度大。然而，这一领域研究的滞后，已给我国经济带来许多想象不到的巨大损失。1996 年底我国 400 多个驰名企业商标被抢注互联网域名的事件就是典型的一例。严峻的事实更增加了笔者的紧迫感，1997 年，笔者在完成原有研究任务之后，将全部精力转移到这一方向上。值得庆幸的是，笔者申请的国家自然科学基金项目、河南省哲学社会科学研究项目和河南省教委高校人文社会科学研究项目先后获得批准。这无疑是对笔者研究的最大支持，从而大大加快了研究的进度。本书就是这方面研究的一项中期成果。

1998 年 8 月 30 日

第二部分　电子商务交易

第三部分 电子商务专门领域

第一部分 电子商务基础

- 认识电子商务
- 电子商务发展战略
- 网络技术基础
- 电子商务网站建设
- 网络商务信息的收集与整理

第一章 认识电子商务

当代社会，人们已深深领略到信息革命第二次浪潮的冲击。以互联网①为代表的现代信息网络已经在世界形成，其应用范围也开始从单纯的通信、教育和信息查询向更具效益的商业领域扩张。认识电子商务，参与电子商务，成为管理者、企业家和消费者都必须认真对待的一项新任务。本章在介绍电子商务的发展历程和前景的基础上，系统讨论了电子商务的概念、分类、基本流转程式和参与各方的法律关系，阐述了电子商务在现代经济中的地位和作用，使读者对电子商务有一个系统性的了解。

1.1 电子商务的发展：历史、现状与前景

1.1.1 电子商务发展的历史轨迹

随着互联网的发展，电子商务已经成为人们日常生活不可分割的一部分。回顾世界电子商务的发展，从简单的商品信息传递到网络零售的大面积普及，仅仅用了 20 多年的时间。4G 和 5G 的推广与应用，促使移动电商、社交电商爆炸式成长，电子商务的覆盖面进一步拓宽，用户与商家间的互动更加频繁，商品和服务的透明度大幅度提升；电商扶贫、共享经济、线上线下融合等新模式受到各大电商的热烈追捧。

1. 电子商务 1.0 阶段(1970—2000)

电子商务的 1.0 阶段是电子商务发展的起步阶段。20 世纪 70 年代，EDI(Electronic Data Interchange，电子数据交换)技术的开发引起许多国家的注意。到 20 世纪 80 年代，美国、英国和西欧一些发达国家逐步开始采用 EDI 技术进行贸易，形成涌动全球的"无纸贸易"热潮。到 1992 年年底，全世界 EDI 用户大约有 13 万户，市场业务额约为 20 亿美元。

20 世纪 90 年代以来，随着互联网在全球爆炸性地普及，一种基于互联网、以交易双方为主体、以银行电子支付和结算为手段、以客户数据为依托的全新商务模式——电子商务出现并发展起来。1996 年 12 月，联合国第 51 届大会通过决议，正式颁布《贸易法委员会电子商务示范法及其颁布指南》(简称《电子商务示范法》)②。该示范法规范了电子商务

---

① 根据国家标准有关规定，"Internet"应译为"因特网"(见 GB/T 18304—2001 信息技术互联网中文规范电子邮件传送格式)。由于历史原因，在原有的文件和参考资料中大量存在"互联网"，特别是国内"互联网+"战略的提出，使"因特网"的提法越来越少，故本书也采用了"互联网"的提法。

② United Nations.UNCITRAL Model Law on Electronic Commerce with Guide to Enactment 1996 [EB/OL]. (1996-12-16)[2022-11-22]. https://uncitral.un.org/en/texts/ecommerce/modellaw/electronic_commerce.

活动中的各种行为，极大地促进了世界电子商务的发展，并为各国电子商务立法提供了一个范本。1997 年 4 月，欧盟提出《欧盟电子商务行动方案》，同年 7 月，美国政府发表《全球电子商务框架》。这些文件极大地推动了世界电子商务的发展。1997 年，通过互联网形成的电子商务交易额达到 26 亿美元。1998 年，全球企业迎来了第一个"电子商务年"。2000 年，世界电子商务交易额达到 3549 亿美元。

2. 电子商务 2.0 阶段(2000—2010)

进入 21 世纪，互联网经济遭到第一次沉重的打击。美国纳斯达克指数暴跌，网络股的价值缩水，使得投资人忧心忡忡。一时间，众多的注意力集中在互联网经济的泡沫上。尤其是作为电子商务典范的美国亚马逊公司经营状况的恶化，我国 8848 等电子商务公司的倒闭，更加大了人们对电子商务的恐惧心理，似乎电子商务已经走到崩溃的边缘。

面对电子商务发展的严峻形势，联合国有关组织加大了电子商务发展工作的力度。2001 年 11 月，联合国贸易和发展委员会发表了由联合国秘书长安南亲自作序的《2001 年电子商务和发展报告》[①]。这一长达 40 万字的报告，全面总结了电子商务的发展，深入分析了电子商务对发达国家和发展中国家的影响，构造了电子商务发展环境模式和实践方法。2002 年 1 月 24 日，联合国第 56 届大会通过了《贸易法委员会电子签名示范法》(简称《电子签名示范法》)[②]，这是联合国继《电子商务示范法》后通过的又一部涉及电子商务的重要法律。该法试图通过规范电子商务活动中的签字行为，建立一种安全机制，促进电子商务在世界贸易活动中的全面推广。2005 年 12 月，联合国第 60 届大会通过了《联合国国际合同使用电子通信公约》，对营业地位处于不同国家的当事人之间订立或履行合同使用电子通信做出了具体规定。

与此同时，各国政府也相继推出各种鼓励政策，继续支持电子商务的发展。电子商务逐渐摆脱了世界经济萎缩和 IT 行业泡沫破灭的影响，步入复苏回暖阶段。截至 2006 年年底，世界互联网用户总人数达到 11.31 亿人，世界电子商务的发展速度恢复正常。美国 2005 年电子商务交易额达到 24 000 亿美元；欧盟各国利用电子商务下订单和接受订单已经被各行业广泛接受；韩国电子商务交易总额达到 413.58 兆韩元。

从 2007 年开始，世界电子商务又呈现出高速增长态势，网络使用人数、互联网站数目、电子商务交易额屡创新高。全球电子商务市场呈现出美国、欧盟、亚洲"三足鼎立"的局面，非洲和拉美地区电子商务也快速增长。全球电子商务市场规模的高速度增长，有力延缓了全球经济的衰退。

3. 电子商务 3.0 阶段(2010—2022)

2010 年以来，伴随着互联网 3G、4G 的普及，大数据、云计算、智能物流等先进信息技术广泛应用，世界电子商务进入 3.0 阶段。"互联网+"重构着传统的商业模式，电子商务在此次大潮中引领发展，成为构建未来新型商业文明的重要基石。

---

① United Nations Conference on Trade and Development. E-commerce and Development Report 2001[R/OL]. (2001-11-30)[2022-08-20]. https://unctad.org/webflyer/e-commerce-and-development-report-2001.

② United Nations. Model Law on Electronic Signatures of the United Nations Commission on International Trade Law[EB/OL]. (2002-01-24)[2022-11-22]. https://uncitral.un.org/en/texts/ ecommerce/modellaw/ electronic_ signatures.

电子商务具有天然的规模效应。随着虚拟市场竞争的加剧，竞争对手不断地兼并、联合或重组，大的电子商务企业不断涌现。2016年3月21日14时58分37秒，阿里巴巴的电子商务交易额(Gross Merchandise Volume，GMV)达到3万亿元(4639亿美元)，成为与世界传统零售业霸主沃尔玛并驾齐驱的商业企业。

网络零售成为电子商务发展的热点，"双十一""网购星期一"等大促引发购物狂潮，B2C电子商务的覆盖面进一步拓展。2021年我国"双十一"全网销售额达到9651.2亿元，同比增长12.22%，继续保持了世界最大的网上购物日纪录；美国"网购星期一"销售额达到1098亿美元，同比增长11.9%。

世界加速进入移动电子商务时代。移动电子商务继续高歌猛进，其中，餐饮外卖、网络约车、在线旅游等细分行业移动端占比远高于传统的网络零售。非标准化的、个性化的商品涌现出较大的商业机会，特别是生鲜、农副产品，市场潜力大，成为电商中的蓝海。数字内容、互联网医疗、互联网教育等新型服务类的电子商务呈快速发展势头，成为创业创新的热点。

1.1.2　世界电子商务的发展现状

1. 总体概况

根据国际电信联盟《衡量数字化发展：2024年ICT发展指数》披露的数据[①]，截至2023年底，世界互联网用户总人数达到54亿，占世界总人口的67%，从而形成了庞大的电子商务用户群。

欧洲是世界互联网连接率最高的地区，互联网普及率达87%，远远超过亚太地区(61%)和非洲(33%)。使用互联网的男性有30.38亿人，占所有男性的62%；女性有27.93亿人，占所有女性的57%。

图1-1显示了国际电信联盟报告有关2022年世界主要地区互联网宽带使用率情况。

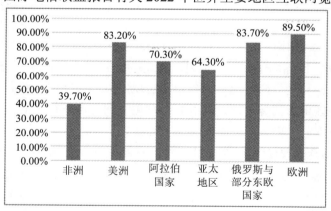

注：国际电信联盟《衡量数字化发展：2024年ICT发展指数》报告中，数据仅更新至2022年。

图1-1　2022年世界主要地区互联网宽带使用率情况

(资料来源：ITU)

① ITU. Measuring digital development: Facts and Figures 2024[EB/OL]. (2024-03-15)[2024-09-20]. https://www.itu.int/hub/publication/d-ind-ict_mdd-2024-3/.

截至 2023 年 12 月，全球域名注册市场规模约为 3.69 亿个，与 2022 年同期相比(同比)增长 1.6%，略低于 2022 年 1.9%的增长率，近五年复合增长率为 1.6%。图 1-2 反映了全球域名注册量及其增长情况。①

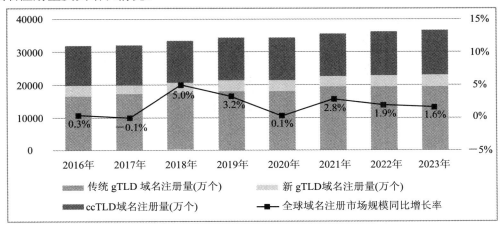

注：TLD(顶级域名)，gTLD(通用顶级域名)，ccTLD(国家和地区代码顶级域名)。

图 1-2　全球域名注册量及其增长情况

2010 年至 2023 年，全球智能手机的年出货量估计增加了一倍多，从 5 亿部增加到约 12 亿部。从 2001 年到 2022 年，半导体元件的销量翻了两番，而且这一数字还在不断增长。海底电缆和通信卫星等网络基础设施提供了速度越来越快的连接方式，使更多的人机能够互联互通。一些市场研究估计，第五代(5G)移动宽带的人口覆盖率预计将从 2021 年的 25% 上升到 2028 年的 85%。连接速度的提高大大增强了数据生成、收集、存储和分析的能力，这对大数据分析、人工智能和物联网等技术至关重要。互联网连接对象的数量预计将从 2022 年的 130 亿件增加到 2028 年的 350 亿件。

自本世纪初以来，全球网购人数从不到 1 亿人激增至 2021 年的约 23 亿人。近年来，全球前 35 大电商平台的销售额迅速攀升，从 2019 年的 2.6 万亿美元增加到 2021 年的逾 4 万亿美元，其中阿里巴巴、亚马逊、京东和拼多多位居前列。在 43 个发布相关数据的发达国家和发展中国家中，企业电商销售总额从 2016 年的 17 万亿美元增至 2022 年的 27 万亿美元。其中，国内电商销售占据主导地位，但国际电商的份额正在增长。②

2. 全球电子商务零售额规模突破 5 万亿美元

2022 年全球电子商务零售额规模突破 5 万亿美元，2023 年达到 5.621 万亿美元。2024 年有望突破 6 万亿美元。虽然新冠疫情和经济衰退为全球经济带来不确定性，但电商零售市场却依然保持了快速的增长。图 1-3 是 eMarketer 对 2022—2028 年世界零售电商交易额发展情况的统计和预测。③

---

① 中国信通院互联网治理研究中心. 互联网域名产业报告(2024 年) [EB/OL]. [2024-09-18][2024-09-27]. http://www.caict.ac.cn/kxyj/qwfb/ztbg/202409/t20240918_493259.htm.

② United Nations Conference on Trade and Development. Digital Economy Report 2024[R/OL]. (2024-07-10) [2024-10-20]. https://unctad.org/publication/digital-economy-report-2024.

③ eMarketer. Worldwide Retail Ecommerce Forecast 2024[EB/OL]. [2024-09-06][2024-09-27]. https:// www. emarketer.com/ content/worldwide-retail-ecommerce-forecast-2024-midyear-update.

注：全球零售电商交易额指的是经由互联网或者其他设备、渠道因购买服务或者产品产生的销售额，而旅游购票、活动订票、线上消费产生的手续费、税费等没有被计算在内。

图 1-3　2022—2028 年世界零售电商交易额的发展趋势预测图

(资料来源：eMarketer，2023 年 6 月)

2023 年世界零售电商的发展表现出以下特点：

(1) 持续增长态势强劲。全球电子商务总交易额超过 5 万亿美元，增长速度远高于全球销售点交易额增速，许多国家和地区的电子商务市场保持着较高的增长率，来自亚太和拉美地区的几个国家包揽了电商增速最快的 10 个国家的大多数名额。越来越多的消费者选择在线购物，电子商务市场的用户数量接近 50 亿。

(2) 新兴技术应用普及。人工智能与机器学习在电子商务中得到大量应用，用于个性化推荐、客户服务、供应链管理等方面；增强现实(AR)和虚拟现实(VR)技术为消费者提供了更丰富的购物体验；区块链技术提高了电子商务的安全性和透明度。

(3) 跨境电商发展迅速。消费者对海外商品的需求增加，企业也积极拓展海外市场。各国政府为了促进跨境电商的发展，出台了一系列政策措施，简化海关手续、降低关税、加强知识产权保护等，为跨境电商的发展提供了良好的政策环境。

(4) 绿色电商受到关注。越来越多的电商平台和企业开始注重环保问题，采用环保包装材料、优化物流配送路线、推广可回收产品等，以减少电子商务对环境的影响。

(5) 竞争格局多元化。亚马逊、阿里巴巴等大型电商平台在全球范围内占据着重要的市场份额，但中小电商企业也在不断涌现，它们通过提供特色化的产品和服务、专注特定的细分市场等方式，在电子商务市场中占据一席之地。

3. 美国与欧盟国家

1) 美国

美国电子商务交易额约占全球电子商务交易的 1/4。在美国零售总额持续增长的背景下，2024 年第 1 季度美国电子商务零售额达到 2892 亿美元，比 2023 年第 4 季度增长 2.1%，电子商务在全部零售销售额中所占比例也提高到 15.9%(见图 1-4)[①]，仍然保持了强劲的增

---

① U.S. Census Bureau. QUARTERLY RETAEL E-COMMERCE SALES 1st QUATRER 2024[EB/OL]. (2024-05-17)[2024-09-29]. http://www.cesus.gov/retail/mrts/www/data/pdf/ee.curent.pdf.

长势头。

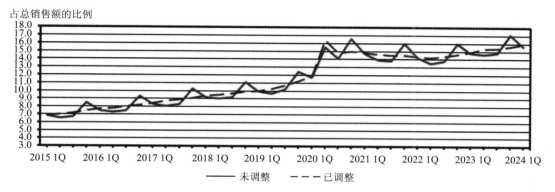

图 1-4　美国电子商务零售额占比情况(2015 年第 1 季度至 2024 年第 1 季度)

(资料来源：美国人口统计局)

2) 欧盟国家

根据《2023 欧洲电子商务报告》[①]，近两年欧洲高通胀率和地缘政治不稳定等因素对消费者购买力和全球供应链有较大的影响，但欧洲的 GDP 和电子商务市场仍在增长。2022 年欧洲 B2C 电子商务营业额为 8990 亿欧元，增长率 6%。预计 2023 年增长率将小范围回升，达到 8%，2030 年电子商务将占欧洲整体零售市场的 30%(见图 1-5)。

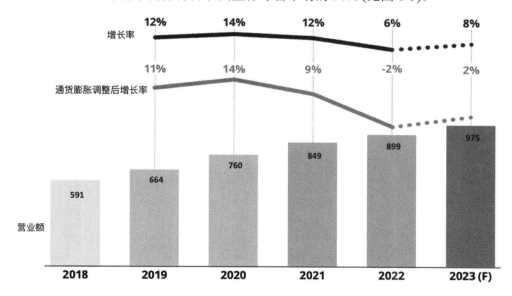

图 1-5　2018—2023 年欧盟 B2C 电子商务增长情况(单位：十亿欧元)[②]

---

① Ecommerce Europe, EuroCommerce. Europe E-commerce Report 2023[EB/OL]. (2023-11-15)[2024-10-10]. https://ecommerce-europe.eu/wp-content/uploads/2023/11/European-Ecommerce-Report-2023-Light-Version .pdf.

② Eurostas. E-sales record a slight increase over recent years[EB/OL]. (2022-02-23)[2022-10-20]. https:// ec.europa.eu/eurostat/statistics-explained/index.php?title=E-commerce_statistics#E-sales_record_a_slight_inc rease_over_recent_years.

4. 亚洲国家

1) 韩国

韩国的电子商务一直走在世界的前列。2023 年, 韩国网络零售交易额达到 228.86 万亿韩元, 移动网络零售交易额达到 169.03 万亿韩元。2024 年 7 月, 韩国网络零售交易额达到 19.96 万亿韩元, 比 2023 年 7 月增长 5.4%。其中, 移动网络零售交易额达到 15.11 万亿韩元, 增长 6.9%(见表 1-1)。[①]

表 1-1　2023—2024 年韩国网络零售交易状况　　　　　　　　　　单位: 亿韩元

分　类	2023 年		2024 年		月增长		年增长	
	全年	6 月	6 月	7 月	交易额变化	百分比/%	交易额变化	百分比/%
全部网络零售交易额	2288607	189443	200517	199636	−892	−0.4	10182	5.4
移动网络零售交易额	1690320	141458	149577	151173	1596	1.1	9715	6.9
移动电子商务占比/%	73.9	74.7	74.6	75.7	—	—	—	—

2) 日本

根据日本经济产业省的调查, 2021 年, 日本国内 B2C 电子商务市场规模增至 20.7 万亿日元, 同比增长 7.35%(见图 1-6)[②]; B2B 电子商务市场规模增至 372.7 万亿日元, 同比增长 11.3%。这种状况说明, 日本商业交易的电商化呈现出日益增长和不断进步的趋势。

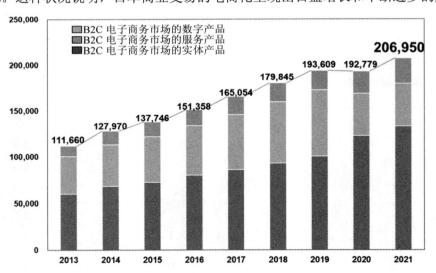

图 1-6　2013—2021 年日本 B2C 市场规模变化情况(单位: 亿日元)

(资料来源: 日本经济产业省)

从产品销售的情况看, 食品、饮料和白酒(2.5199 万亿日元), 家用电器、AV 设备、个

---

① U.S. Census Bureau. QUARTERLY RETAEL E-COMMERCE SALES 1st QUATRER 2024[EB/OL]. (2024-05-17) [2024-09-29]. http://www.cesus. gov/retail/mrts/www/data/pdf/ee.curent.pdf.

② The Ministry of Economy, Trade and Industry (METI). Results of FY2021 E-Commerce Market Survey Compiled[EB/OL]. (2022-08-12)[2022-10-20]. https://www.meti.go.jp/english/press/2022/0812_002.html.

人电脑和周边产品(2.4584万亿日元)、服装和服装产品(2.4279万亿日元)、家庭用品、家具和室内装饰(2.2752万亿日元)等四大类别的商品占有很大比重,其商品销售总额超过2万亿日元,占电子商务商品销售额的73%。

3) 印度

印度作为仅次于中国的人口大国,印度政府十分重视数字经济发展,并于2015年推出"数字印度"计划。截至2023年6月底,印度网民规模增加至8.95亿。在所有互联网连接中,约55%的连接位于城市地区,其中97%的连接是无线的。智能手机用户基数也大幅增加,预计到2025年将达到11亿。[①]

互联网用户和智能手机普及率的快速增长,再加上收入的增长,促进了印度电子商务行业的发展。印度电商从2014年开始快速成长,2015年实现爆发式发展,2021年,印度零售电商市场增长率高达26%,2023年电子商务交易规模达到1160亿美元。考虑到印度是世界第二人口大国,也是世界第五大经济体,零售电商市场的发展潜力非常大。预计2023年至2030年间,印度零售电商市场将以19%的复合年增长率不断扩大,2026年将达到1630亿美元。

Flipkart是目前印度最受消费者欢迎的电商平台,紧随其后的是Meesho、亚马逊和Myntra。相对来说,印度男性消费者更偏爱Flipkart和亚马逊,而Meesho则拥有更多女性用户,超过60%的女性消费者表示使用过Meesho平台。亚马逊目前提供的商品包括时尚、电子、美容护理、家具、装饰品等,在印度15个州拥有60个物流中心。

5. 其他地区国家

1) 越南

越南工贸部电子商务和数字经济局最新报告显示,越南电子商务近年取得强劲增长,企业对消费者(B2C)电子商务收入从2018年的80亿美元跃升至2023年的205亿美元,B2C电子商务收入占全国商品和服务零售总额8%左右。预计2024年B2C在线零售平台营业额和销售量将保持快速增长,营业额有望达到650万亿越盾(约1967亿元人民币)。

越南是东南亚在线购物增长率最高的国家之一,其2022年和2023年连续成为东南亚地区数字经济增长最快国家,预计2024年其排名前五的电商平台(虾皮、Tiktok Shop、来赞达、Tiki、Sendo)营业额可达310万亿越盾(约930亿元人民币),同比增长35%。电商数据平台Metric调研报告显示:2023年,越南五大电商平台销售了约22亿件商品,同比增长52.3%,这是近3年来最强劲的增长速度。

2) 澳大利亚

澳大利亚电商市场正在蓬勃发展。2021—2022年(2021年4月1日至2022年3月31日),澳大利亚数字经济活动增加值达到1366亿美元,平均增长率达到6.3%。这一增长是由零售商和批发商以及支持服务的在线销售增长所推动的。其中,电子商务批发占22.9%,电子商务零售占7.1%。[②]。

① IBEF, E-commerce Industry in India [EB/OL]. (2022-05-12)[2024-10-20]. https://www.ibef.org/industry/ecommerce.
② Australia Bureau of Statistics. Digital activity in the Australian economy, 2021-22 [EB/OL]. (2023-10-27) [2024-10-30]. https://www.abs.gov.au/articles/digital-activity-australian-economy-2021-22.

在澳大利亚，用户数量排名前十的电子商务平台中，易贝网(eBay)和亚马逊两个国际电子商务平台销售商品较为全面，各类商品均有涉及，Woolworths 和 Coles 电子商务平台以食品、婴幼儿产品零售为主，Chemist Warehouse 和 Big W 电子商务平台以化妆品、服饰等产品为主，JB Hi-Fi 电子商务平台以电脑、手机等电子产品为主，Kogan 电子商务平台以家用电器等产品为主，Officeworks 电子商务平台以办公器材等产品为主，Harvey Norman 电子商务平台则以通信设施及家具等产品为主。

3) 巴西

巴西是一个中等收入国家，截至 2023 年 12 月底，巴西拥有 1.879 亿互联网用户，互联网普及率为 86.6%。社交网络共有 1.44 亿用户，这意味着 66.35% 的人口使用社交网络(2024 年 1 月巴西总人口为 2.17 亿)。^① 根据巴西电子商务协会的统计，在 2018 年至 2023 年间，巴西电子商务的销售额从 699 亿雷亚尔激增至 1857 亿雷亚尔，实现了连续多年的增长。电商平台最畅销商品依次为电子产品、时尚、食品和饮料。智能手机、电视机和冰箱在巴西电子商务都有很好的市场。

巴西作为拉丁美洲最大的电子商务市场，经历了十多年的高速增长，整体呈现出四个特点。第一，跨境电子商务发展规模较大，发展速度快。除了国内大规模的电子商务市场，很多在线消费者开始在中国、日本等国的电子商务网站上进行消费。第二，电子商务行业增长较快，2019—2023 年复合增长率均达到两位数，消费者理性程度越来越高。第三，巴西移动端电子商务发展迅速，且受到政府及相关部门的大力支持。第四，电子商务技术被广泛应用于金融机构、政府部门、工业部门和农业部门。

1.1.3   我国电子商务的发展

我国政府高度重视电子商务的发展，敏锐地意识到电子商务对经济增长和企业竞争力的巨大影响。从 20 世纪 90 年代初开始，我国政府全力推动电子商务的实际运用，并取得了喜人的成绩。

1. 我国电子商务的发展历史

我国的银行业是推行电子商务的排头兵。从 1989 年开始，银行系统逐步开发了全国电子联行系统、同城资金清算系统等。1996 年中国银行开通了国内第一家网上银行；1997 年招商银行推出了国内"一网通"网上支付工具；2005 年以后，人民银行大额支付系统、小额支付系统、全国支票影像交换系统、外币支付系统、电子商业汇票系统等先后建成并运行。

1993 年 10 月国家启动金卡工程，在短短 10 余年时间里，银行卡的使用从最初的"存、贷、汇"业务逐渐扩展到与人民群众生活紧密联系的各个相关领域。

中国海关从 20 世纪 90 年代初开始 EDI(Electronic Data Interchange，电子数据交换)的研究与推广工作。1994 年先后在首都机场海关和上海浦东外高桥保税区海关进行 EDI 通关

---

① We are Social. Digital 2023[EB/OL]. (2024-04-18) [2024-10-30]. https://wearesocial.com/cn/blog/2023/01/digital-2023/.

系统的试点应用工作。到 1997 年底，北京、上海、广州等 10 余个海关开通了 EDI 通关业务。2009 年，中国电子口岸建设已经形成了中央和地方两个层面的结构。在中央层面上，各类上线项目已达到 63 个，中国电子口岸入网企业达到 47 万多家。

2000 年初，随着互联网泡沫的破灭，中国电子商务市场出现萎缩现象，主要表现在 B2C 网站数减少。根据原信息产业部公布的调查统计数字，2000 年初，国内约有 B2C 购物网站 1665 家；到 2000 年底，约剩下 1300 家；而到 2001 年底，却只剩 1188 家。截至 2002 年 11 月初，我国网上购物的网站数目下降约 1/3。

然而，代表新兴生产力的电子商务并没有停止发展的步伐。面对电子商务发展的严峻形势，电子商务网站通过各种努力不断探索自身发展的新途径。以"商务平台"为表现形式的阿里巴巴网络技术有限公司，其独特的 B2B 商业理念和模式两次被美国哈佛大学的经营管理实践收录为 MBA 案例。2002 年，搜狐网站在企业在线、网上商城、互联网接入和手机短信等多个领域进行了拓展，第三季度首次实现了净盈利。

从 2005 年开始，中国电子商务重新步入稳步发展时期。

(1) 大型企业继续在电子商务中起着带头作用。截至 2009 年 8 月，中国石油天然气集团公司的能源一号网累计网上交易额突破 2000 亿元；2009 年宝钢集团电子商务平台采购交易额突破 80 亿元。

(2) 中小企业成为电子商务的积极实践者。2009 年，中小企业电子商务规模达到 1.99 万亿元，同比增长约 20%，其中内贸、外贸规模分别为 1.13 万亿元和 0.86 万亿元，分别相当于 2008 年全国国内商品销售总额和出口额总值的 6% 和 8.9%。2009 年，中小企业通过电子商务创造的新增价值占我国 GDP 的 1.5%，拉动我国 GDP 增长 0.13%。中小企业通过开展电子商务直接创造的新增就业人数超过 130 万人，相当于 2008 年城镇新增就业人数的 11.7%。[①]

(3) 电子商务交易服务平台大量涌现。网盛科技、阿里巴巴等电子商务企业先后上市。截至 2009 年 6 月 30 日，阿里巴巴拥有 481 575 名付费会员，较 2008 年第 1 季末增长 47%，成为全世界最大的 B2B 网上贸易市场。

(4) 网上零售市场的营业额也呈现高速增长的态势。涌现出京东商城、一号店、新蛋中国、凡客诚品等一大批电子商务零售企业。国内商业航母百联集团、苏宁集团等大型企业也开始开设网上商城。

2. 我国电子商务的发展现状

1) 电子商务应用进一步普及

截至 2024 年 6 月，我国网民规模近 11 亿人（10.9967 亿人），较 2023 年 12 月增长 742 万人，互联网普及率达 78.0%，较 2023 年 12 月提升 0.5 个百分点。与此同时，商务交易类应用保持稳健增长。表 1-2 反映了 2023 年 12 月—2024 年 6 月各类互联网应用用户规模和网民使用率。[②]

---

① 陈乃醒. 中国中小企业发展报告(2008—2009)[M]. 北京：中国经济出版社，2009.

② 中国互联网络信息中心. 第 54 次中国互联网络发展状况统计报告[R/OL]. (2024-08-29)[2024-10-23]. https://www.cnnic.net.cn/n4/2024/0829/c88-11065.html.

表 1-2　2023 年 12 月—2024 年 6 月各类互联网应用用户规模和网民使用率

应用	2023 年 1 月 用户规模/万	2023 年 1 月 网民使用率/%	2024 年 6 月 用户规模/万	2024 年 6 月 网民使用率/%	增长率/%
即时通信	105 963	97.0	107 787	98.0	1.7%
网络视频	106 671	97.7	106 796	97.1	0.1%
短视频	105 330	96.4	105 037	95.5	−0.3%
网络支付	95 386	87.3	96 885	88.1	−1.6%
网络购物	91 496	83.8	90 460	82.3	−1.1%
搜索引擎	82 670	75.7	82 440	75.0	−0.3%
网络新闻	77 191	70.7	76 441	69.5	−1.0%
网络直播	81 566	74.7	77 654	70.6	−4.8%
网络音乐	71 464	65.4	72 914	66.3	2.0%
网上外卖	54 454	49.9	55 304	50.3	1.6%
网络文学	52 017	47.6	51 602	46.9	−0.8%
网约车	52 765	48.3	50 270	45.7	−4.7%
在线旅行预订	50 901	46.6	49 721	45.2	−2.3%
在线医疗	41 393	37.9	36 532	33.2	−11.7%
网络音频	33 189	30.4	31 976	29.1	−3.7%

从表 1-2 中可以看到电子商务类网络应用人数的主要变化。其中，我国网络购物和网络支付市场的整体规模都在全世界居领先水平。

2) 电子商务交易规模持续增长

2023 年，中国电子商务交易额[①]468 273 亿元，比上年增长 9.4%。网上零售额[②]154 264 亿元，比上年增长 11.0%。[③] 2024 年上半年，我国跨境电商进出口 1.25 万亿元，同比增长 13%，占我国进出口总值的 5.9%。[④]图 1-7 反映了 2008—2023 年中国电子商务交易额增长情况。

---

① 电子商务交易额是指通过电子商务交易平台(包括企业自建平台和第三方平台)实现的商品和服务交易额，包括对单位和对个人交易额，2023 年增速按可比口径计算。
② 网上零售额是指通过公共网络交易平台(主要从事实物商品交易的网上平台，包括自建网站和第三方平台)实现的商品和服务零售额，2023 年增速按可比口径计算。
③ 国家统计局. 中华人民共和国 2023 年国民经济和社会发展统计公报[EB/OL]. [2024-02-29][2024-08-27]. https://www.stats.gov.cn/sj/zxfb/202402/t20240228_1947915.html.
④ 人民日报. 前三季度货物贸易进出口总值创历史同期新高 首超 32 万亿元，同比增长 5.3% [EB/OL]. (2024-10-15)[2024-10-15]. https://www.gov.cn/lianbo/bumen/202410/content_6980378.htm.

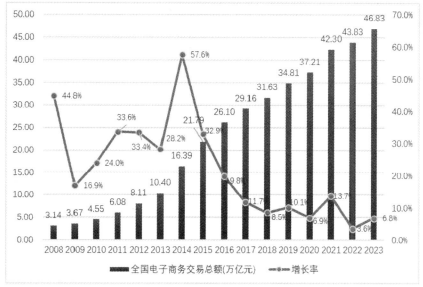

图 1-7 2008—2023 年中国电子商务交易额增长情况

(资料来源：国家统计局，《中国电子商务报告》)

3) 网络零售额保持高速增长态势

2023 年，我国网上零售额达到 154 264 亿元，比上年增长 11.0%。[①]其中，实物商品网络零售额对社会零售额增长的贡献率达 31.2%。图 1-8 反映了 2008 年到 2023 年我国全国网络零售额增长情况。

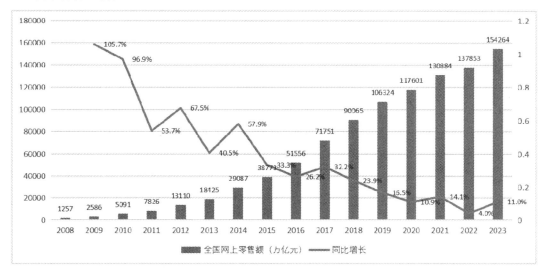

图 1-8 2008—2023 年中国网络零售市场交易额增长情况

(资料来源：国家统计局，《中国电子商务报告》)

---

① 国家统计局. 中华人民共和国 2023 年国民经济和社会发展统计公报[EB/OL]. [2024-02-29] [2024-08-27]. https://www.stats.gov.cn/sj/zxfb/202402/t20240228_1947915.html.

4) 跨境电子商务零售进出口额突破千亿元人民币

2023 年,我国跨境电商进出口总额达到 2.38 万亿元,增长 15.6%,占进出口总额的 5.7%。其中,出口 1.83 万亿元,增长 19.6%;进口 5483 亿元,增长 3.9%。图 1-9 反映了 2020—2023 年中国跨境电商进出口增长情况。

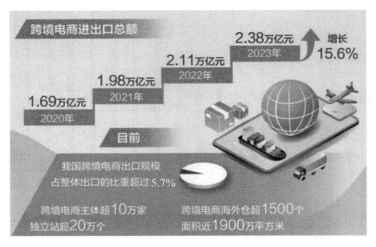

图 1-9　2020—2023 年中国跨境电商进出口增长情况

(数据来源:商务部、海关总署)

5) 电子支付业务高速增长

2023 年,我国银行业金融机构共处理电子支付业务 2961.63 亿笔,金额 3395.27 万亿元,同比分别增长 6.17%和9.17%。其中,网上支付业务 948.88 亿笔,同比下降 7.09%,金额 2765.14 万亿元,同比增长 9.38%;移动支付业务 1851.47 亿笔,金额 555.33 万亿元,同比分别增长 16.81%和11.15%;电话支付业务 2.13 亿笔,金额 8.99 万亿元,同比分别下降 12.95%和13.07%。[①]

6) 快递年业务量突破 1300 亿件

我国物流行业起步较晚,但发展速度很快,已经成为国民经济的重要支柱产业之一。2023 年,我国全年社会物流总额达 352.4 万亿元,同比增长 5.2%,增速比 2022 年提高 1.8 个百分点。[②]快递业务量完成 1320.7 亿件,同比增长 19.4%。[③]

3. 我国电子商务发展的新特点

2023 年以来,国内外环境更趋复杂严峻,中国电子商务保持了特有的强劲和韧性,成为畅通国内国际双循环的关键动力,表现出以下五个新特点。

(1) 新业态、新模式驱动电子商务持续增长。直播电商表现出强大的带货能力,带动大量线下销售商转入线上。线上线下消费模式相互融合的步伐加快,"消费 +" 多场景、

---

① 中国人民银行. 2023 年支付体系运行总体情况[EB/OL]. (2023-03-28)[2024-09-22]. http://www.pbc.gov.cn/ zhifujiesuansi/128525/128545/128643/5314683/index.html.

② 中国物流信息中心. 物流恢复向好质效提升:2023 年物流运行情况分析[EB/OL]. (2024-02-09) [2024-08-20]. http://www.chinawuliu.com.cn/lhhzq/202402/07/626450.shtml.

③ 国家邮政局. 2023 年邮政行业发展统计公报[EB/OL]. (2024-05-10)[2024-08-20]. https://www.mot.gov.cn/ tongjishuju/ youzheng/202405/t20240524_4139678.html.

多模式、多行业跨界融合创新发展。共享经济、在线团购、网约车、共享单车、共享住宿等新业态为青年人提供了新的就业方式。跨境电商从主要依托第三方平台，逐步拓展到独立网站、社交网站、搜索引擎营销等多种渠道。

(2) 电子商务技术应用普及和深化。人工智能与大数据得到广泛应用，人工智能技术用于智能客服、精准推荐、商品搜索等方面，能够根据消费者的历史行为、兴趣偏好等数据进行个性化推荐，提高购物转化率。大数据技术帮助企业进行市场分析、用户画像、销售预测等，优化运营决策。虚拟现实(VR)和增强现实(AR)技术为消费者提供更丰富的购物体验。区块链技术开始应用于电商领域，保障交易数据的安全和透明，解决信任问题。

(3) 丝路电商建设取得新突破。"丝路电商"打开一条双向贸易通道，成为"一带一路"经贸合作的重要组成部分。我国已经与五大洲的 23 个国家和地区建立了双边电商的合作机制，共同开展政策沟通、规划对接、产业促进、地方合作、能力建设等多层次多领域的合作，对标高标准的国际经贸规则，促进跨境电商高质量发展，与伙伴国共享电子商务发展红利，为全球经济复苏增添新动能。

(4) 电子商务营商环境进一步改善。针对电子商务领域出现的虚假宣传、价格误导、数据造假、商品质量等问题，国家各部委、地方政府及行业协会等纷纷出台相关法律法规、管理规范与行业标准，加强对行业的监督治理，规范市场秩序，电子商务行业不正当竞争行为得到有效遏制。商务部门深化"放管服"改革、持续优化营商环境；各地全面落实党中央、国务院决策部署，破除市场壁垒，放管结合，政策公开，优化服务，打造公平公正营商环境。

(5) 电子商务推动各产业数字化转型。一方面，特色产业依托电商渠道优势，打开国内外市场；另一方面，通过电子商务积累的数据资源和强大的服务功能，推动产业链、供应链资源高效配置，打造线上线下融合发展的产业集群。2024 年 1—7 月，"数商兴农"深入湖北、湖南、宁夏等中西部地区选优品、育精品，农产品网络零售额增长 20.1%；促进工业企业采购数字化，重点产业电商平台交易额增长 4.8%；促进生活服务业数字化，主要平台家政、洗衣、理发销售额分别增长 46.4%、45%和 43.6%。

1.2 电子商务的概念与分类

1.2.1 电子商务的概念

最近几年，"电子商务"在社会经济生活中高频率出现，成为家喻户晓的新名词。国内、国外都试图对电子商务的概念作出确切的表述，但终究没有形成完全一致的看法。这里，我们介绍国内外权威性的一些表述，希望读者对电子商务概念有一个全面的了解。

1. 联合国国际贸易法委员会(UNCITRAL)的表述

为了适应使用计算机技术或其他现代技术进行交易的当事方之间通信手段发生的重大变化，1996 年 12 月联合国通过了《电子商务示范法》。但《电子商务示范法》并未给出明确的"电子商务"的定义，只是强调这种电子商务交易手段的特殊性，即在商业交易中使用了数据电文作为交易信息的载体。

《电子商务示范法》对"电子商务"中的"商务"一词作广义解释："使其包括契约型或非契约型的一切商务性质的关系所引起的种种事项。商务性质的关系包括但不限于下列交易：供应及交换货物或服务的任何贸易交易；分销协议；商务代表或代理；客账代理；租赁；工厂建造；咨询；工程设计；许可贸易；投资；融资；银行业务；保险；开发协议或特许；合营或其他形式的工业或商务合作；空中、海上、铁路或公路的客、货运输。"

《电子商务示范法》第 2 条对数据电文作了明确的定义："'数据电文'系指经由电子手段、光学手段或类似手段生成、储存或传递的信息，这些手段包括但不限于电子数据交换(EDI)、电子邮件、电报、电传或传真。"

联合国贸法会认为，在"电子商务"的标题下，可能广泛涉及数据电文在贸易方面的各种用途。"电子商务"概念所包括的通信手段有以下各种以使用电子技术为基础的传递方式：以电子数据交换进行的通信，狭义界定为电子计算机之间以标准格式进行的数据传递；利用公开标准或专有标准进行的电文传递；通过电子手段例如通过互联网络进行的自由格式的文本传递。[1] 电子商务的一个显著特点是：它包括了可编程序电文，通过计算机程序制作此种电文是它与传统书面文件之间的根本差别。

2. OECD 关于电子商务的概念

2000 年，经济合作与发展组织(OECD)通过了以狭义的和广义的通信基础设施为基础的两个电子商务交易定义。狭义的电子商务是指在互联网上进行的交易，而广义的电子商务是指在所有以计算机为中介的网络上进行的交易。

2005 年，OECD 提出了信息社会统计操作指南，进一步说明了两种电子商务的定义。有关电子商务的定义和指南如表 1-3 所示[2]。

表 1-3　OECD 电子商务交易定义和理解指南

电子商务交易	OECD 定义	定义理解指南（2001 年 4 月 WPIIS 建议）
广义定义	电子商务是通过以计算机为中介的网络所进行的买卖商品或服务的交易。这种交易可以是在企业、家庭、个人、政府或其他公共或私人组织之间进行的。商品或服务需要通过网络下订单，而支付和商品或服务的最终配送可以在网上也可以在线下进行	包括：运用任何在线程序，通过自动交易系统，如互联网系统、电子数据交换(EDI)、可视图文终端或互动电话系统，接受订单或在线下订单
狭义定义	电子商务是通过互联网所进行的买卖商品或服务的交易。这种交易可以是在企业、家庭、个人、政府或其他公共或私人组织之间进行的。商品或服务需要通过互联网下订单，而支付和商品或服务的最终配送可以在网上也可以在线下进行	包括：运用任何互联网，通过自动交易系统，如网页、外联网，以及运行在互联网上的系统，如运行在互联网上的电子数据交换(EDI)、可视图文终端，接受订单或在线下订单。也可以利用能够使电子商务系统运转的其他网络，而不考虑该网络是如何接入的(如通过移动网络或电视网络)。排除：通过电话、传真或传统的电子邮件接受订单或下订单

---

① 这是极具远见性的表述。例如，移动通信技术在商务活动中的应用开辟了移动电子商务新形式，从而大大拓展了电子商务的应用领域。

② OECD. Guide to Measuring the Information Society2011[EB/OL]. (2011-07-26) [2024-10-20]. https:// www. oecd.org/en/publications/oecd-guide-to-measuring-the-information-society-2011_9789264113541-en.html.

联合国贸易和发展会议《电子商务和数字经济统计编制手册》(UNCTAD，2021a)在经合组织定义的基础上进行了拓展，为在实践中实施该定义的国家提供指导：考虑到各国技术发展水平的不同，参与统计的国家(在衡量 ICT 促进发展方面)建议只收集通过互联网收到的或下达的订单数据，包括通过电子邮件收到的或下达的订单(后者被排除在经合组织的定义之外)。[①]

3.《电子商务发展"十一五"规划》对电子商务的定义

2007 年 6 月，我国《电子商务发展"十一五"规划》首次提出：电子商务是网络化的新型经济活动，即基于互联网、广播电视网和电信网络等电子信息网络的生产、流通和消费活动，而不仅仅是基于互联网的新型交易或流通方式。电子商务涵盖了不同经济主体内部和主体之间的经济活动，体现了信息技术网络化应用的根本特性，即信息资源高度共享、社会行为高度协同所带来的经济活动高效率和高效能[②]。

相对于前述两种定义，本定义较宽泛。从宏观角度讲，这样的定义有利于整个社会对电子商务的发展给予高度重视，其核心思想是在国民经济各领域和社会生活各层面，全方位推进不同模式、不同层次的电子商务应用。但从实际应用角度看，这种定义很难界定电子商务的应用范围，从而给电子商务的统计、政策制定和法律调整带来较大的难度。

4.《中华人民共和国电子商务法》对电子商务的定义

《中华人民共和国电子商务法》规定："本法所称电子商务，是指通过互联网等信息网络销售商品或者提供服务的经营活动。法律、行政法规对销售商品或者提供服务有规定的，适用其规定。金融类产品和服务，利用信息网络提供新闻信息、音视频节目、出版以及文化产品等内容方面的服务，不适用本法。"[③]

这一定义明确了电子商务是利用信息网络销售商品或者提供服务的经营活动，这是电子商务最核心的内容。但是，为了法律规制的操作性要求，定义将金融类产品和服务、信息内容服务等排除在外。所以，这一定义属于狭义定义的范畴。

5. 本书对电子商务的定义

综合各方面的不同看法，笔者认为，虽然电子商务所涵盖的内容非常复杂，但仍然需要有一个比较简明的概念以利于电子商务的推广。笔者对电子商务的概念作如下表述：

电子商务系指交易当事人或参与人利用现代信息技术和计算机网络(主要是互联网)所进行的各类商业活动，包括货物贸易、服务贸易和知识产权贸易。

对电子商务的理解，应从"现代信息技术(Information Technology，即'e')"和"商务(Business)"两个方面考虑。一方面，"电子商务"概念所包括的"现代信息技术"应涵盖各种以电子技术为基础的通信方式；另一方面，对"商务"一词应作广义解释，使其包括契约型或非契约型的一切商务性质的关系所引起的种种事项。如果将"现代信息技术"看作

① UNCTAD. Measuring the value of e-commerce[EB/OL]. (2022-10-29)[2022-11-20]. https://unctad.org/system/files/non-official-document/WG_ECDE_2022_MondayPM_12_E-commerce_Ker.pdf.
② 国家发展和改革委员会. 电子商务发展"十一五"规划[EB/OL]. (2007-06-20)[2024-10-20]. https://www.cfca.com.cn/20150812/101231475.html.
③ 全国人民代表大会常务委员会. 中华人民共和国电子商务法[EB/OL]. (2018-08-31)[2022-12-20]. http://www.npc.gov.cn/npc/c1773/c1848/c21114/c31834/c31841/201905/t20190521_266893.html.

为一个子集，"商务"看作为另一子集，则电子商务所覆盖的范围应当是这两个子集所形成的交集，即"电子商务"标题之下可能广泛涉及的互联网、内部网和电子数据交换在贸易方面的各种用途(见图1-10)。

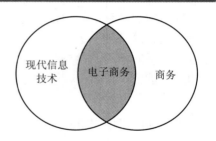

图 1-10　电子商务是"现代信息技术"和"商务"两个子集的交集

电子商务不等于商务电子化。真正的电子商务绝不仅仅是企业前台的商务电子化，还包括后台在内的整个运作体系的全面信息化，以及企业整体经营流程的优化和重组。也就是说，建立在企业全面信息化基础上，通过电子手段对企业的生产、销售、库存、服务以及人才资源等环节实行全方位控制的电子商务才是真正意义上的电子商务。

1.2.2　电子商务的市场范围

1．实体产品与虚拟产品

计算机信息技术的应用，使现代市场中的产品或服务分化为两大类：实体产品和虚拟产品(见图 1-11)。

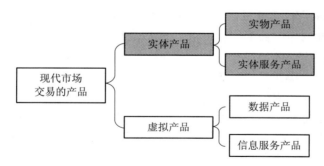

图 1-11　现代商品交易中产品分化

实体产品可以分为实物产品和实体服务产品。实物产品是指提供给市场的，能够满足消费者或用户某一需求或欲望的任何有形物品。实体服务产品是指基于实物产品，以各种劳务形式表现出来的服务，如餐饮服务、旅游服务等。

实物产品一般包括核心产品和形式产品。核心产品是指向顾客提供的产品的基本效用或利益；形式产品是指核心产品借以实现的形式或目标市场对某一需求的特定满足形式，包括品质、式样、特征、商标及包装等。

虚拟产品可以分为数据产品和信息服务产品。数据产品是利用数字技术生成的基于数字格式的交换物，包括企业内部数据产品(如智能决策产品)、商用数据产品(如商情汇总)、用户数据产品(如移动 APP)。信息服务产品是指在信息化社会中产生的以信息为核心的服务性产品，如网络广告、信息检索、交通导航等。

需要注意的是，实物产品与虚拟产品正在快速融合，如纸质机票演变为电子机票，智能手机的销售量与其软件性能密切相关。

2．实体市场与虚拟市场

商品交易市场中产品的分化，使得商品交易市场演变为两个截然不同的分市场：实体市场和虚拟市场。虚拟市场是一种完全不同于实体市场的市场形式。与实体市场相对应，虚拟市场也有独立的主体、客体和交易模式。虚拟市场的主体是网民。截至 2023 年年底，世界网民总人数已达到 54 亿，造就了庞大的虚拟产品消费群体。虚拟市场的客体是实体产品和虚拟产品，其交易模式有多种类型。

　　实体市场与虚拟市场并不是截然分开的，两者有着密切的联系。根据产品、过程和参与者的虚拟化程度，可以设计一个三维坐标图(见图 1-12)。在图 1-12 中，产品为 Y 轴，交易手段虚拟化程度为 Z 轴，参与者为 X 轴，箭头的指向表示虚拟化程度的高低，即离原点越远，产品、交易手段和参与者虚拟化程度越高。据此，我们可以将坐标图显示的空间划为 8 个部分。左下方带有阴影的方块表示实体市场，其商务形式为传统商务，此种形式的商务的三个要素都是物质形态的；而右上方阴影表示的方块为虚拟市场，其商务形式为纯粹的电子商务，其中包括的三个要素都是数字化的。而所有其他方块所包含的三个要素则兼有实物性和虚拟性，即它们所包含的三个要素中至少有一个是非数字形式的。这些方块表示不完全的电子商务。从左下方到右上方，数字化程度逐渐加强，传统商务逐步向纯粹的电子商务过渡。

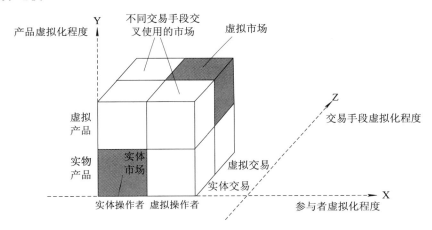

图 1-12　实体市场与虚拟市场示意图

　　虚拟市场和实体市场既有区别，又相互关联。在纯粹的实体市场上，交易各方采用传统交易手段进行交易；而在纯粹的虚拟市场上，交易各方采用电子商务手段进行交易。在实体市场和虚拟市场之间有一个过渡，存在着不同手段交叉使用的交易市场。在商品交易的三个主要阶段(合同签署、款项支付和商品送达)中，除实体产品的配送外，实体市场越来越多地采用虚拟市场的交易方法。在许多情况下，实体市场的交易手段已经被虚拟市场的交易手段所替代。

3. 电子商务的市场范围

　　由于电子商务手段的出现，实体产品和信息产品中都有一部分产品开始使用电子商务手段进行交易。当排除使用传统手段交易的实体产品和虚拟产品后，我们就可以清晰地分辨出使用电子商务手段交易的实物产品和信息产品。包括国内市场和国际市场的电子商务的市场分布，如图 1-13 所示。

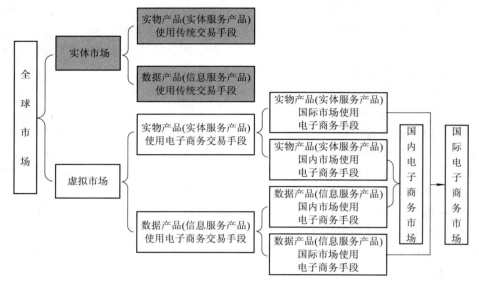

图 1-13　电子商务的市场分布

4. 几个典型案例

近些年来，传统实体企业退出市场的事件不断发生：

(1) 2011 年 2 月，全球最大家电零售商百思买宣布关闭在中国内地的 9 家门店，同时关闭其在上海的中国零售总部[①]。

(2) 2018 年，A 股体育第一大品牌贵人鸟股份有限公司加盟店关停 2294 家。2024 年 3 月 29 日，该公司股票终止上市暨摘牌。[②]

(3) 2020 年到 2022 年，永辉超市已有 388 家门店关门。其中，2020 年减少了 18.6%的门店，2021 年再度减少 7%。截至 2022 年 8 月 24 日，剩余门店为 1052 家，市值也缩水 700 多亿。[③]

人们在总结这些企业退出市场的原因时曾提出了很多看法。诸如，经营条件没有得到改善，奢侈品牌增多，渐失亲民优势等。但笔者认为，对网络市场崛起的漠视是这些企业退出市场的最根本原因。当电子商务企业大规模开拓网络市场的时候，这些企业在干什么呢？对整个市场的错误理解，使这些传统实体企业业务状况每况愈下，无法适应市场的变化，从而不得不做出终止业务的痛苦决定。

5. 深层次的问题

上述案例反映出一个深层次问题。在一定时期，市场的总容量是一个定值。现在出现了电子商务，原有市场的一部分被电子商务渗透。如果企业在新市场条件下不采取新的措施，它的市场份额将会变小，甚至会逐渐被市场淘汰。

① 徐晶卉. 百思买昨晚黯然谢幕[N]. 上海：文汇报，2011-03-25-(3).
② TA 说. 一代鞋王消亡史：曾请刘德华代言，全国 5000 家门店，今摘牌无人知[EB/OL]. (2024-03-25) [2024-10-23]. https://baike.baidu.com/tashuo/browse/content?id=1275b5b5a891d753007f16ee.
③ 搜狐网. 永辉超市三年关近 400 家店，市值蒸发 700 多亿[EB/OL]. (2022-08-29)[2022-11-23]. https:// www.sohu.com/a/580708753_121420560.

图 1-14 描述了网络环境下企业市场份额的变化。假设 A 企业在传统市场上的份额为 20%。由于电子商务的发展，虚拟市场占去了原有市场的 20% 份额，则 A 企业市场份额相应缩减到 16%。

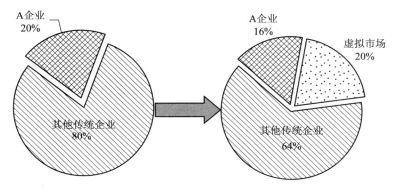

图 1-14 电子商务环境下企业市场份额的变化

6. 必须高度重视虚拟市场的竞争——一个重要的观点

经济全球化使全世界形成了一个统一的大市场，而互联网技术的广泛应用，又使这个市场演变为两个截然不同的分市场：实体市场(有形市场)和虚拟市场(无形市场)。在时间、外部环境确定的情况下，世界贸易总量是一个定值。虚拟市场成交的一部分交易额，很大一部分是实体市场上流失的交易额。一个国家如果仅仅固守实体市场进行交易，其总交易额必然减少；一个企业如果仍然仅仅固守自己的传统市场，这个企业必然走向衰败。

互联网在经济领域的应用，形成了以电子商务为代表，包括即时通信、搜索引擎、网络游戏、网络广告、交易安全等多种形式的电子商务模式，上升势头极为迅猛。可以预见，在未来的几年中，以电子商务为主体的虚拟经济将进一步得到快速的发展。虽然虚拟市场不能完全取代实体市场，虚拟经济也不能完全取代实体经济，但两者并行的局面则是大势所趋，也是世界市场发展的必然走向。

学思践行

列宁在《谈谈辩证法问题》中说，"统一物之分为两个部分以及对它的矛盾着的部分的认识，是辩证法的实质。"[1] 毛泽东在《党内团结的辩证方法》中指出："一分为二，这是个普遍的现象，这就是辩证法。"[2]

在马克思主义哲学中，"一分为二"是指一切事物、现象、过程都可分为两个互相对立和互相统一的部分。本节中运用"一分为二"的思想方法对现代市场进行了划分，从而发现了实体和虚拟两个市场并清晰地划分了电子商务的市场范围。实体市场和虚拟市场是对立的，但在一定条件下又能够形成统一，电子商务新出现的"线上线下融合"新模式就是对立统一的最典型的表现。

---

[1] 列宁. 谈谈辩证法问题[G]//列宁全集(第 55 卷). 北京：人民出版社，1995：407.
[2] 毛泽东. 党内团结的辩证方法[G]//毛泽东选集(第 5 卷). 北京：人民出版社，1977：498.

1.2.3 电子商务的分类

1. 按照交易对象分类

1) 企业与企业之间的电子商务

企业与企业之间的电子商务即 B2B(Business to Business)电子商务。这是在企业之间(包括制造商与批发商之间、批发商与零售商之间)直接进行的网络交易。

B2B 电子商务分为特定企业间的电子商务和非特定企业间的电子商务。特定企业间的电子商务是指具有经常性交易关系的企业间利用网络进行的交易活动,包括订货、接收、发票和付款。非特定企业间的电子商务是指在开放的网络中对每笔交易寻找最佳交易伙伴,与伙伴进行从订购到结算的全部交易行为。

按照电子商务交易平台模式的不同,B2B 电子商务可以分为综合 B2B 模式、垂直 B2B 模式、行业龙头企业自建 B2B 模式以及关联行业 B2B 模式。

综合 B2B 模式在网站上聚集了分布于各个行业中的大量客户群,供求信息来源广泛,通过这种模式供求信息可以得到较高的匹配。阿里巴巴是这种模式的典型(见图 1-15)。但综合 B2B 模式缺乏对各行业的深入理解和对各行业资源的深层次整合,导致供求信息的精准度不够,进而影响到买卖双方供求关系的长期确立。

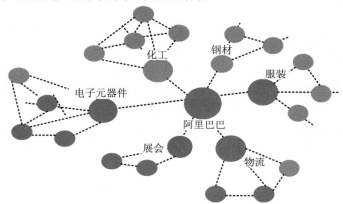

图 1-15 综合 B2B 模式(以阿里巴巴为例)

垂直 B2B 模式着力整合、细分行业资源,以专业化的平台打造符合各行业特点的信息化服务,提高供求信息的精准度。网盛科技是这种模式的代表(见图 1-16)。垂直 B2B 模式避开了综合 B2B 模式的优势和锋芒,明确了供求关系,使供求双方形成了牢固的交易关系。但垂直 B2B 模式容易导致供求信息的广泛性不足。此外,随着垂直网站的发展,自身行业专家不足的问题也会逐步显现,进而遇到发展瓶颈。

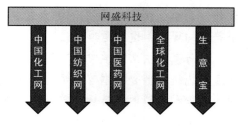

图 1-16 垂直 B2B 模式(以网盛科技为例)

行业龙头企业自建 B2B 模式是大型行业龙头企业基于自身的信息化建设程度,搭建以自身产品供应链为核心的行业化电子商务平台。行业龙头企业通过自身的电子商务平台,串联起行业整条产业链,供应链上下游企业通过该平台实现信息、沟通、交易。中国宝武钢铁集团的欧冶云商就是这种模式的典型代表(见图1-17)。

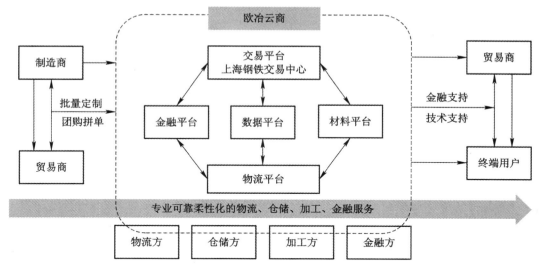

图1-17　行业龙头企业自建B2B模式(以欧冶云商为例)

关联行业B2B模式是相关行业为了提升电子商务交易平台信息的广泛程度和准确性，整合综合B2B和垂直B2B模式而建立起来的跨行业电子商务平台。例如，造纸、印刷和出版在文化形态、产业模式、生态要求、生产工艺等方面具有天然内在关联。印刷企业(如裕同印刷)将绿色理念融入生产环节，为客户提供了设计精美、安全环保的纸包装产品；造纸企业(如玖龙纸业)，强化环保理念，研发造纸污泥脱水干化技术，使污泥脱水率达到60%。这些创新推动两个行业在结构优化升级中开展深度合作：造纸业创新助推印刷技术、印刷产品、传播渠道等跃上新台阶；印刷业供给侧结构性改革促进造纸技术、质量水平、材料功能等迈向新阶段。图1-18是造纸、印刷和出版行业交易平台融合的示意图。

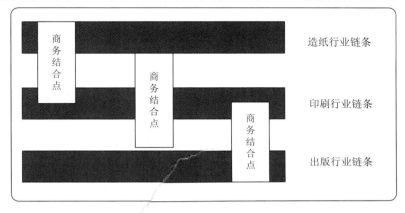

图1-18　造纸、印刷和出版行业交易平台的融合

2) 企业与消费者之间的电子商务

企业与消费者之间的电子商务即B2C(Business to Consumer)电子商务。在B2C商务模式中，企业直接通过网上商店销售商品给消费者。京东商城、苏宁易购等都是这种模式的典型代表。图1-19显示了这种交易的流程。

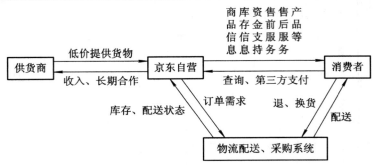

图 1-19　B2C 电子商务交易流程(以京东为例)

3) 企业与政府方面的电子商务

企业与政府方面的电子商务即 B2G(Business to Government)电子商务。这种商务活动覆盖企业与政府组织间的各项事务。政府通过互联网发布采购清单，企业通过网络方式投标(见图 1-20)。

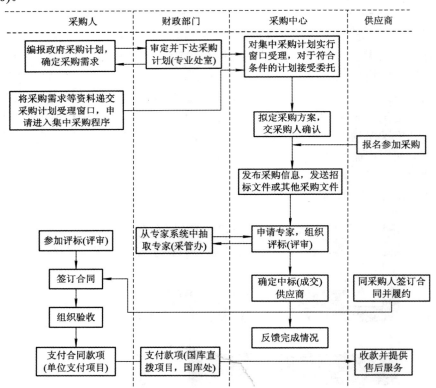

图 1-20　上海市浦东新区政府采购流程图

4) 消费者与消费者之间的电子商务

消费者与消费者之间的电子商务即 C2C(Consumer to Consumer)电子商务。其构成要素除包括买卖双方外，还包括电子商务交易平台提供商，买卖双方通过电子商务交易平台提供商提供的在线交易平台，如淘宝网，发布商品信息，从事交易活动(见图 1-21)。

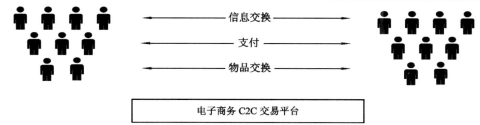

图 1-21　C2C 交易平台示意图

在 C2C 模式中，电子商务交易平台提供商扮演着举足轻重的角色。首先，平台提供商为买卖双方提供技术支持服务，包括帮助建立个人店铺，发布产品信息，提供支付手段等；其次，交易平台汇集了大量商务信息，将买卖双方聚集在一起；再次，平台提供商往往还担负监督和管理的职责，负责对交易行为进行监控，对买卖双方的诚信进行监督和管理。

5) 不同交易模式之间的关系

B2C、B2B 和 B2G 三者的关系可以用图 1-22 表示。

相关交易可以在一个平台上开展，京东、苏宁都是 B2C 和 C2C 两类平台同时运作的(见图 1-23)。

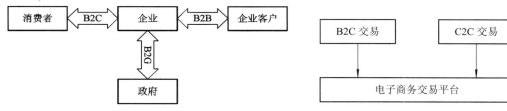

图 1-22　B2C、B2B 和 B2G 三者的关系　　　　图 1-23　B2C、B2B 同时在一个平台上运作

通过上述几种电子商务的基本形式，还可以派生出若干其他电子商务形式。

(1) C2B(Consumer to Business)。C2B 是消费者对企业的电子商务，其核心是通过聚合为数较多的用户形成一个强大的采购集团，以此来改变 B2C 模式中用户一对一出价的弱势地位，使之享受到以大批发商的价格买单件商品的利益。例如大众点评网的团购业务。

(2) G2B(Government to Business)。G2B 是指政府与企业之间的电子政务，即政府不仅通过网络系统进行电子采购与招标，而且利用互联网开展公司工商登记、企业税收征收等政府活动。G2B 模式对于政府精简业务管理流程，快捷方便地为企业服务具有非常重要的作用。

(3) B2B2C(Business to Business to Consumer)。B2B2C 是一种新的网络通信销售方式。第一个 B 指广义的卖方(即成品、半成品、材料提供商等)，第二个 B 指交易平台，即提供卖方与买方的联系平台，同时提供优质的附加服务，C 即指买方。B2B2C 定义包括了现存的 B2C 和 C2C 平台的商业模式，更加综合化，可以提供更优质的服务。

2. 按照商务活动形式分类

按照商务活动的形式分类，电子商务可以分为 4 种形式：

(1) 直接电子商务。直接电子商务用于数据产品和信息服务产品的网上交易，包括计算机软件、娱乐内容、旅游产品、信息文献的网上交易等。直接电子商务在订货、支付和配送等方面都实现了网上操作，是纯粹的电子商务。

(2) 间接电子商务。间接电子商务应用于有形货物的电子购物，它采用网上订购、网下配送的方法，仍然需要利用传统渠道(如邮政服务和商业快递)送货或交割(如房地产产品)。

(3) O2O 电子商务。O2O(Online to Offline)把线上的消费者带到现实的商店中去，在线支付线下的商品和服务，再到线下去获取货物或享受服务(见图1-24)。对商家来说，O2O 成为商家了解消费者购物信息的渠道，进而达成区域化精准营销的目的；对消费者而言，O2O 提供了全面、及时的本地商家的产品与服务信息，能够快捷筛选并订购适宜的商品或服务，且价格实惠。

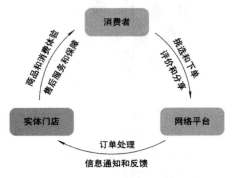

图 1-24　O2O 模式示意图

(4) 网络团购。网络团购是指一定数量的消费者在一定时间内通过互联网渠道组成一定数量的购买群体，以折扣购买同一种商品。这种电子商务模式需要将消费者聚合并形成一定规模才能形成交易，常常需要即时通信(Instant Messaging)和社交网络(Social Networking Service)作为支持。图 1-25 是拼多多团购模式示意图。

注册/登录　　　　下单支付，成功开团/参团　　　　人数达到，成团　　　　收货/退货

图 1-25　拼多多团购模式示意图

3. 按照服务行业类型分类

按照服务行业的特点，电子商务可以分为若干不同的类型，如金融电子商务、旅游电子商务、娱乐(包括游戏)电子商务、房地产电子商务、交通运输电子商务、医药卫生电子商务等。相对于其他电子商务形式，这些类型的电子商务具有相当现实的盈利点。因为它们主要都是提供信息服务，而较少涉及实物运输，无需用很大精力解决复杂的物流配送问题。它们可以采用 B2B、B2C、C2C、C2B 等多种形式，具有用户范围广、营运成本低、无时空限制以及能同用户直接交流等特点。

1.3　电子商务交易的基本流转程式

1.3.1　电子商务的交易过程

电子商务的交易过程大致可以分为交易前的准备、交易谈判和签订合同、办理交易进行前的手续、交易合同的履行和索赔等四个阶段。

1. 交易前的准备

这一阶段主要是指买卖双方和参加交易各方在签约前的准备活动。

卖方根据自己所销售的商品，召开商品新闻发布会，制作广告进行宣传，全面进行市场调查和市场分析，制订各种销售策略和销售方式，了解各个买方国家的贸易政策，利用互联网和各种电子商务网络发布商品广告，寻找贸易伙伴和交易机会，扩大贸易范围和商

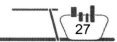

品所占市场的份额。其他参加交易各方，如中介方、银行金融机构、海关系统、商检系统、税务系统、运输公司等，也都为进行电子商务交易做好准备。

买方根据自己要买的商品，准备购货款，制订购货计划，进行货源市场调查和市场分析，了解各个卖方国家的贸易政策，修改购货计划和进货计划，确定和审批购货计划；再按计划确定购买商品的种类、数量、规格、价格、购货地点和交易方式等，尤其要利用互联网和各种电子商务网络寻找自己满意的商品和商家。

2. 交易谈判和签订合同

这一阶段主要是指买卖双方对所有交易细节进行谈判，将双方磋商的结果以口头形式或以文件形式(即以书面文件形式和电子文件形式签订贸易合同)确定下来。电子商务的特点是可以签订电子商务贸易合同，交易双方可以利用现代电子通信设备和通信方法，经过认真谈判和磋商后，将双方在交易中的权利、所承担的义务，以及对所购买商品的种类、数量、价格、交货地点、交货期、交易方式和运输方式、违约和索赔等合同条款，全部由电子交易合同做出全面详细的规定。合同双方可以利用数字签名等方式签约，也可以使用点击合同签约。

3. 办理交易进行前的手续

这一阶段主要是指买卖双方签订合同后到合同开始履行之前办理各种手续的过程，也是双方贸易前的交易准备过程。交易中要涉及有关各方，即可能要涉及中介方、银行金融机构、信用卡公司、海关系统、商检系统、保险公司、税务系统、运输公司等，买卖双方通过网络与有关各方进行电子单证和电子票据的交换，直到办理完可以将所购商品从卖方按合同规定开始向买方发货的一切手续为止。

4. 交易合同的履行和索赔

这一阶段是从买卖双方办完所有各种手续之后开始的，卖方要备货、组货，同时进行报关、保险、取证、信用等，然后将商品交付给运输公司包装、起运、发货，买卖双方可以通过电子商务服务器跟踪发出的货物，银行和金融机构也按照合同处理双方收付款，进行结算，出具相应的银行单据等，直到买方收到自己所购商品，就完成了整个交易过程。索赔是指在买卖双方交易过程中出现违约时，需要进行违约处理的工作，受损方要向违约方索赔。

不同类型的电子商务交易，虽然都包括上述四个阶段，但其流转程式是不同的。对于互联网商务来讲，大致可以归纳为三种基本的流转程式：网络商品直销的流转程式、企业间网络交易的流转程式和网络商品中介交易的流转程式。

1.3.2　网络商品直销的流转程式

网络商品直销是指消费者和生产者或者需求方和供应方，直接利用网络形式所开展的买卖活动，B2C、C2C 电子商务基本属于网络商品直销模式的范畴。这种交易的最大特点是供需直接见面，环节少，速度快，费用低。其交易模式可以用图 1-26 加以说明。

由图 1-26 可以看出，网络商品直销过程可以分为以下 6 个步骤：
(1) 消费者进入互联网，查看在线商店或企业的主页。
(2) 消费者通过购物对话框填写订单。
(3) 消费者选择支付方式，如使用信用卡，也可选用其他支付手段。
(4) 信用卡公司通知银行，银行通知厂家汇款到位。

（5）厂家发货，给银行发回执。

（6）银行通知信用卡公司，信用卡公司给消费者发送收费清单。

为保证交易过程中的安全，有时需要有一个认证机构对参与网络交易的各方进行认证，以确认他们的真实身份，此时，图1-26演变为图1-27。

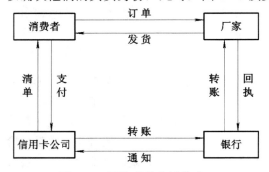

图1-26　网络商品直销模式

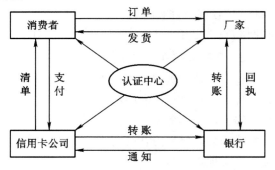

图1-27　认证中心存在下的网络商品直销流转程式

网络商品直销的诱人之处，在于它能够有效地减少交易环节，大幅度地降低交易成本，从而降低消费者所得到的商品的最终价格。网络商品直销的不足之处主要表现在两个方面：第一，购买者只能从网络广告上判断商品的型号、性能、样式和质量，对实物没有直接的感知，在很多情况下可能产生错误的判断，而某些生产者也可能利用网络广告对自己的产品进行不实的宣传，甚至可能打出虚假广告欺骗顾客；第二，购买者利用电子支付方式进行网络交易，不可避免地要将自己的密码输入计算机，由于新技术的不断涌现，犯罪分子可能利用各种高新科技的作案手段窃取密码，进而盗窃用户的钱款，这种情况不论是在国外还是在国内，均有发生。

1.3.3　企业间网络交易的流转程式

企业间网络交易是不同企业之间利用电子商务手段进行的交易。B2B 电子商务是典型的企业间网络交易模式。企业从寻找和发现客户出发，利用自己的网站或网络服务商的信息发布平台发布买卖、合作、招投标等商业信息。借助互联网跨越空间的特性，企业可以方便地了解到世界各地其他企业的购买信息，同时也有随时被其他企业发现的可能。通过商业信用调查平台，买卖双方可以进入信用调查机构申请对方的信用调查；通过产品质量认证平台，买方可以对卖方的产品质量进行认证。然后在信息交流平台上签订合同，进而实现电子支付和物流配送。最后是销售信息的反馈，从而完成整个 B2B 的电子商务交易流程。图1-28反映了这种交易模式。

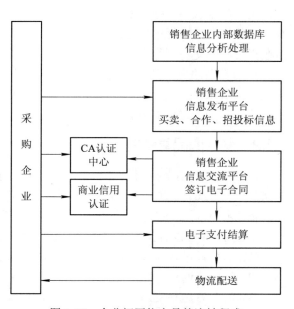

图1-28　企业间网络交易的流转程式

1.3.4　网络商品中介交易的流转程式

网络商品中介交易是通过网络商品交易中心(或第三方电子商务交易平台)进行的商品交易。这是 B2B 和 C2C 电子商务常用的一种形式。在这种交易过程中，网络商品交易中心以互联网为基础，利用先进的通信技术和计算机软件技术，将商品供应商、采购商和银行紧密地联系起来，为客户提供市场信息、商品交易、仓储配送、货款结算等全方位的服务。其流转程式如图 1-29 所示。

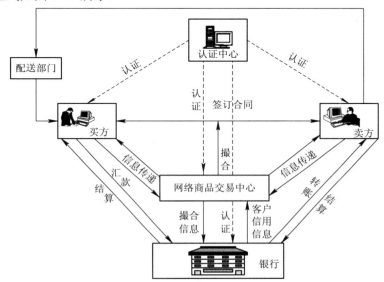

图 1-29　网络商品中介交易的流转程式

网络商品中介交易的流转程式主要可分为以下 10 个步骤：

(1) 买卖双方将各自的供应和需求信息通过网络告诉网络商品交易中心，网络商品交易中心通过信息发布服务向参与者提供大量的、详细准确的交易数据和市场信息。

(2) 买卖双方根据网络商品交易中心提供的信息，选择自己的贸易伙伴。

(3) 网络商品交易中心从中撮合，促使买卖双方签订合同。

(4) 买方在网络商品交易中心指定的银行办理转账付款手续。

(5) 指定银行通知网络商品交易中心买方货款到账。

(6) 网络商品交易中心通知卖方将货物发送到设在买方最近的交易中心配送部门。

(7) 配送部门送货给买方。

(8) 买方验证货物后通知网络商品交易中心货物已收到。

(9) 网络商品交易中心通知银行买方收到货物。

(10) 银行将买方货款转交卖方。

通过网络商品中介进行交易具有许多突出的优点：

第一，产品信息齐全。以天猫(TMALL)平台为例，该网站为买卖双方提供了翔实的产品信息，包括 15 万多种品牌产品的照片、视频或音频、产品简介、商品详情、价格、支付方式、包装和运费等方面的信息；同时还通过网页为消费者提供有关服务承诺、消费者评价等方面信息，通过在线咨询回答消费者希望了解的有关情况。

第二，有效地解决传统交易中"拿钱不给货"和"拿货不给钱"两大难题。在买卖双方签订合同前，网络商品交易中心可以协助买方对商品进行检验，只有符合质量标准的产品才可入网，这就杜绝了商品"假冒伪劣"的问题。合同签订后便被输入网络系统，系统开始监控合同的履行情况。如果出现一方违约现象，系统将自动报警，合同的执行就会被终止，从而使买方或卖方免受经济损失。如果合同履行顺利，货物到达后，网络商品交易中心的交割员将协助买方共同验收。买方验货合格后，将货款转到卖方账户方可提货，卖方也不用再担心"货款拖欠"现象了。

第三，在结算方式上，网络商品交易中心一般采用统一集中的结算模式，即在指定的商业银行开设统一的结算账户，对结算资金实行统一管理，有效地避免了多形式、多层次的资金截留、占用和挪用，提高了资金的风险防范能力。阿里巴巴网站的"支付宝"、腾讯的"微信支付"都是这样的结算系统。

第四，网络商品交易仍然存在一些问题需要解决：如过渡到电子合同尚需解决有关技术问题；交易资金的二次流转所涉及的税收问题；交易系统的技术水平如何与飞速发展的网络信息技术保持同步等，这些都是经常需要考虑的问题。

网络商品中介交易也广泛应用于"大宗商品电子交易"中。这里的"大宗商品(Bulk Stock)"是交易的标的物，它是指可进入流通领域(但非零售环节)，具有商品属性，用于工农业生产与消费使用的大批量买卖的物质商品[①]。目前，我国的大宗商品电子交易主要交易钢铁、粮食、石油、建材等产品。图 1-30 所示是"我的钢铁网"网站首页。

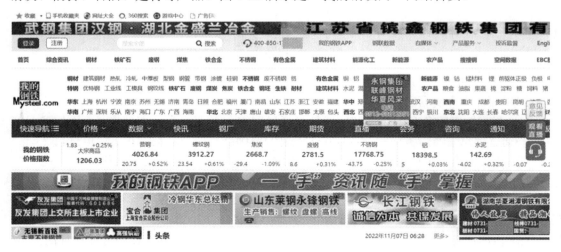

图 1-30　"我的钢铁网"网站首页

1.3.5　服务产品交易的流转程式

服务产品主要是指以非实物形态存在的劳动成果，包括但不限于第三产业部门中一切不表现为实物形态的劳动成果。服务产品是生产者通过由人力、物力和环境所组成的结构生产及交付的。

---

① 国家质量监督检验检疫总局. 国家标准：大宗商品电子交易规范(GB/T 18769—2003)[EB/OL]. (2009-06-06) [2024-09-20]. http://www.csres.com/detail/59105.html.

实物产品的生产、流通和消费一般在时间和空间上是分离的。服务产品的生产过程则不同。劳动者和劳动资料作为提供服务劳动的前提，是事先准备好的，而生产过程往往要等劳动对象到来之后才能确定。很多服务产品还具有边生产、边消费的特点，生产过程不能独立于消费之外，而是与消费过程结合进行的。

服务产品应用电子商务手段进行交易，大大节约了成本，提高了交易效率。例如，网约车通过"服务产品交易平台"搭建了出租车司机和乘客之间的桥梁，降低了出租车 30% 的空驶率，节省了乘客的时间和精力，更合理、更充分地运用了社会资源。

电子商务服务业的应用有多种形式。例如，旅游电子商务、餐饮电子商务、运输电子商务、交通电子商务(网约车)等等。图 1-31 显示了服务产品交易的基本流转程式，大致可以分为五个步骤：

(1) 服务接受方向服务产品交易平台发出服务请求。

(2) 服务产品交易平台接收并处理服务接受方的服务请求，询问服务提供方能否提供服务。

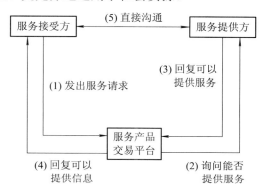

图 1-31　服务产品交易的基本流转程式

(3) 服务提供方回复服务产品交易平台可以提供服务。

(4) 服务产品交易平台将服务发送方能够提供服务的信息转发给服务接受方。

(5) 服务接受方与服务提供方直接沟通，实现服务产品的交易。

1.4　电子商务参与各方的法律关系

在电子商务的交易过程中，买卖双方，客户与交易中心、客户与银行、银行与认证中心都彼此发生业务关系，从而产生相应的法律关系。

1.4.1　网络交易中买卖双方当事人的权利和义务

买卖双方之间的法律关系实质上表现为双方当事人的权利和义务。买卖双方的权利和义务是对等的。卖方的义务就是买方的权利，反之亦然。

1. 卖方的义务

在电子商务条件下，卖方应当承担三项义务：

(1) 按照合同的规定提交标的物及单据。这是电子商务中卖方的一项主要义务。为划清双方的责任，标的物实物交付的时间、地点和方法应当明确规定。如果合同中对标的物的交付时间、地点和方法未作明确规定，应按照有关合同法或国际公约的规定办理。

(2) 对标的物的权利承担担保义务。与传统的买卖交易相同，卖方仍然是标的物的所有人或经营管理人，以保证将标的物的所有权或经营管理权转移给买方。卖方应保障对其所出售的标的物享有合法的权利，承担保障标的物的权利不被第三人追索的义务，以保护买方的权益。如果第三人提出对标的物的权利，并向买方提出收回该物，则卖方有义务证明第三人无权追索，必要时应当参加诉讼，出庭作证。

(3) 对标的物的质量承担担保义务。卖方应保证标的物质量符合规定。卖方交付的标的物的质量应符合国家规定的质量标准或双方约定的质量标准，不应存在不符合质量标准的瑕疵，也不应出现与网络广告相悖的情况。卖方在网络上出售有瑕疵的物品，应当向买方说明。卖方隐瞒标的物的瑕疵，应承担责任。

2．买方的义务

在电子商务条件下，买方同样应当承担三项义务：

(1) 买方应承担按网络交易规定方式支付价款的义务。由于电子商务的特殊性，网络购买一般没有时间、地点的限制，支付价款通常采用电子支付的方式。

(2) 买方应承担按合同规定的时间、地点和方式接受标的物的义务。由买方自提标的物的，买方应在卖方通知的时间内到预定地点提取。由卖方运送的，买方应作好接受标的物的准备。买方迟延接受时，应负迟延责任。

(3) 买方应当承担对标的物验收的义务。买方接受标的物后，应及时进行验收，对表面瑕疵应在规定的期限内提出。发现标的物的表面有瑕疵时，应立即通知卖方，并追究卖方的责任。

3．对买卖双方不履行合同义务的救济

卖方不履行合同义务主要指卖方不交付或延迟交付标的物或单据，交付的标的物不符合合同规定以及第三者对交付的标的物存在权利或权利主张等。当发生上述违约行为时，买方可以选择以下救济方法：

(1) 要求卖方实际履行合同义务，交付标的物的替代物或对标的物进行修理、补救。

(2) 减少支付价款。

(3) 对迟延或不履行合同要求损失赔偿。

(4) 解除合同，并要求损害赔偿。

买方不履行合同义务，包括买方不按合同规定支付货款和不按规定收取货物，在这种情况下，卖方可选择以下救济方法：

(1) 要求买方支付价款、收取货物或履行其他义务，并为此规定一段合理额外的延长期限，以便买方履行义务。

(2) 损害赔偿，要求买方支付合同价格与转售价之间的差额。

(3) 解除合同。

1.4.2　电子商务平台经营者的法律责任

1. 电子商务经营者的分类

根据《中华人民共和国电子商务法》(简称《电子商务法》)，电子商务经营者是指通过互联网等信息网络从事销售商品或者提供服务的经营活动的自然人、法人和非法人组织，包括电子商务平台经营者、平台内经营者以及通过自建网站、其他网络服务销售商品或者提供服务的电子商务经营者。电子商务平台经营者是指在电子商务中为交易双方或者多方提供网络经营场所、交易撮合、信息发布等服务，供交易双方或者多方独立开展交易活动的法人或者非法人组织。平台内经营者是指通过电子商务平台销售商品或者提供服务的电子商务经营者。

2. 电子商务经营者的登记制度

《电子商务法》第十条规定，电子商务经营者应当依法办理市场主体登记。但是，个人销售自产农副产品、家庭手工业产品，个人利用自己的技能从事依法无须取得许可的便民劳务活动和零星小额交易活动，以及依照法律、行政法规不需要进行登记的除外。销售的商品或者提供的服务应当符合法律规定。

这里，有4类主体开展电子商务交易是不用登记的：

(1) 个人销售自产农副产品、家庭手工业产品。

(2) 个人利用自己的技能从事依法无须取得许可的便民劳务活动。

(3) 零星小额交易活动。

(4) 依照法律、行政法规不需要进行登记的。

这里"小额"的界定可以参照小微企业免征增值税的标准，即月销售额不超过3万元。而这里的"零星"与"小额"应该是"或"的关系。

同时，《电子商务法》第十二条规定，"电子商务经营者从事经营活动，依法需要取得相关行政许可的，应当依法取得行政许可。"这里的行政许可主要针对药品、危险品，易制毒化学品、种子等商品的销售。

2022年3月，我国开始施行的《中华人民共和国市场主体登记管理条例》[①] 有机整合了现行较为分散的市场主体登记管理的行政法规和部门规章。该条例第十一条规定，市场主体只能登记一个住所或者主要经营场所。电子商务平台内的自然人经营者可以根据国家有关规定，将电子商务平台提供的网络经营场所作为经营场所。

3. 电子商务经营者的信息公开

传统市场有民事主体公示原则。根据联合国《电子商务示范法》的功能等同原则[②]，网络市场的管理也应与传统市场相匹配。

《电子商务法》第十五条规定，电子商务经营者应当在其首页显著位置，持续公示营业执照信息、与其经营业务有关的行政许可信息、属于依照本法第十条规定的不需要办理市场主体登记情形等信息，或者上述信息的链接标识。前款规定的信息发生变更的，电子商务经营者应当及时更新公示信息。

《电子商务法》还要求，电子商务经营者自行终止从事电子商务的，应当提前30日在首页显著位置持续公示有关信息。电子商务平台经营者应当在其首页显著位置持续公示平台服务协议和交易规则信息或者上述信息的链接标识，并保证经营者和消费者能够便利、

[①] 国务院. 中华人民共和国市场主体登记管理条例[EB/OL]. (2021-07-27)[2024-09-20]. http://www.gov.cn/zhengce/content/2021-08/24/content_5632964.htm.

[②] 联合国在《电子商务示范法》的起草过程中，提出了一种称作"功能等同法"的新方法：通过分析传统交易要求的目的和作用，确定如何通过电子商务技术来达到这些目的或作用。例如，就书面文件而言，传统的书面文件可起到下述作用：(1) 提供的文件大家均可识读；(2) 提供的文件在长时间内可保持不变；(3) 可复制一文件以便每一当事方均掌握一份同一数据副本；(4) 可通过签字核证数据；(5) 提供的文件采用公共当局和法院可接受的形式。电子记录如能提供如同书面文件同样程度的安全性，该电子文件就具有同样的法律效力。

完整地阅览和下载。

4. 依法纳税

《电子商务法》第十一条规定，电子商务经营者应当依法履行纳税义务，并依法享受税收优惠。依照本法第十条规定不需要办理市场主体登记的电子商务经营者在首次纳税义务发生后，应当依照税收征收管理法律、行政法规的规定申请办理税务登记，并如实申报纳税。

根据这一条的规定，所有电子商务经营者包括不需要办理市场主体登记的微商、自然人等均纳入纳税范畴。其方法是在首次纳税后办理税务登记。怎样确定"首次"是本条的关键。

根据 2018 年 8 月全国人大常委会《关于修改〈中华人民共和国个人所得税法〉的决定》第六条，应纳税所得额的计算以经营所得为基础，每一纳税年度的收入总额减除成本、费用以及损失后的余额，为应纳税所得额。

以淘宝为例，如果在平台上开店不需要登记的自然人网店在一个纳税年度的收入额减除费用 6 万元以及专项扣除、专项附加扣除和依法确定的其他扣除后有余额，即为应纳税所得额。在这些网店首次纳税义务发生后，应当依照税收征收管理法律、行政法规的规定申请办理税务登记，并如实申报纳税。

5. 使用电子发票

《电子商务法》第十四条规定，电子商务经营者销售商品或者提供服务应当依法出具纸质发票或者电子发票等购货凭证或者服务单据。电子发票与纸质发票具有同等法律效力。这一条明确了电子发票的法律效力，使电子发票也成为报销的凭证。

6. 电子商务平台经营者的法律责任

在网络商品交易中，电子商务平台经营者扮演着介绍人、促成者和组织者的角色。这一角色决定了平台经营者既不是买方的卖方，也不是卖方的买方，而是交易的居间人。它是按照法律的规定和买卖双方委托业务具体要求进行业务活动的。

1.4.3 网络交易客户与虚拟银行间的法律关系

在电子商务中，银行也变为虚拟银行，大多数交易要通过虚拟银行的电子资金划拨来完成。电子资金划拨依据的是虚拟银行与网络交易客户所订立的协议。这种协议属于标准合同，通常是由虚拟银行起草并作为开立账户的条件递交给网络交易客户的。所以，网络交易客户与虚拟银行之间的关系仍然是以合同为基础的。

在电子商务中，虚拟银行同时扮演发送银行和接收银行的角色。其基本义务是依照客户的指示，准确、及时地完成电子资金划拨。作为发送银行，在整个资金划拨的传送链中，承担着如约执行资金划拨指示的责任。作为接收银行，其法律地位似乎较为模糊。一方面，接收银行与其客户的合同要求它妥当地接收所划拨来的资金，也就是说，它接到发送银行传送来的资金划拨指示便应立即履行其义务。若有延误或失误，则应依接收银行自身与客户的合同处理。另一方面，资金划拨中发送银行与接收银行一般都是某一电子资金划拨系统的成员，相互负有合同义务，如果接收银行未能妥当地执行资金划拨指示，则应同时对发送银行和受让人负责。

1.4.4　认证机构在电子商务中的法律地位

认证中心扮演着一个买卖双方签约、履约的监督管理的角色，买卖双方有义务接受认证中心的监督管理。在整个电子商务交易过程中，包括电子支付过程中，认证机构(Certificate Authority，CA)都有着不可替代的地位和作用。

在网络交易撮合过程中，认证机构是为电子签名人和电子签名依赖方提供电子认证服务的第三方机构。它不仅要对进行网络交易的买卖双方负责，还要对整个电子商务的交易秩序负责。因此，这是一个十分重要的机构，国家对注册的认证机构有较高的要求，具体内容如下：[①]

(1) 具有独立的企业法人资格。

(2) 从事电子认证服务的专业技术人员、运营管理人员、安全管理人员和客户服务人员不少于 30 名。

(3) 注册资金不低于人民币 3000 万元。

(4) 具有固定的经营场所和满足电子认证服务要求的物理环境。

(5) 具有符合国家有关安全标准的技术和设备。

(6) 具有国家密码管理机构同意使用密码的证明文件。

(7) 法律、行政法规规定的其他条件。

电子商务认证机构主要提供下列服务：

(1) 制作、签发、管理电子签名认证证书。

(2) 确认签发的电子签名认证证书的真实性。

(3) 提供电子签名认证证书的目录信息、状态信息查询服务。

电子商务认证机构对登记者履行下列监督管理职责：

(1) 监督登记者按照规定办理登记、变更、注销手续。

(2) 监督登记者按照电子商务的有关法律法规合法从事经营活动。

(3) 制止和查处登记人的违法交易活动，保护交易人的合法权益。

1.5　电子商务在现代经济中的地位与作用

1.5.1　电子商务的价值创造

在分析电子商务在现代经济中的地位与作用时，一个首要的问题是：电子商务的价值从何而来？或者更准确地说，从宏观角度观察，网络经济作为信息社会的主流经济形态，如何通过价值创造和价值转移的方式获得其价值来源呢？

按照美国商务部的说法，电子商务及其赖以实施的信息网络构成了网络经济的两个方面。电子商务通过采用网络技术并以互联网作为最基本的沟通手段，将企业的价值主张通

---

① 工业和信息化部. 电子认证服务管理办法(2015 年 4 月 29 日修订)[EB/OL]. (2015-05-13)[2024-08-20]. https://www.miit.gov.cn/zwgk/zcwj/flfg/art/2020/art_79e49c1b615442f9b8ab31c604275d79.html.

过创新链、供应链和价值链定位，持续不断地进行优化配
置。在这种活动中，商务活动(Business)仍旧是这种方式的
核心部分，而现代信息技术"e"在其中扮演的是一种沟通
手段，用来对核心部分进行优化，而电子商务的应用在整
个经济和社会范围内产生了巨大影响(见图1-32)。

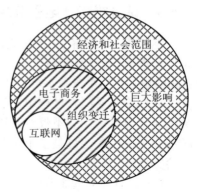

图1-32　电子商务与网络经济

传统的价值思考是基于一种农业经济和工业经济的假
想和模式。在一个飞速变化的全球网络竞争环境中，价值
创造的基本逻辑发生了巨大的变化。

农业时代的财富来源于土地，通过运用有限的农业技
术来顺应自然力的要求，进行农牧业的开发和财富的积累。
这时候，劳动是财富之父，土地是财富之母，劳动成为价
值增值的源泉，而新土地的使用和土地的兼并则成为价值增值的基础。

工业时代的财富来源于制造。社会通过分工和专业化提高了组织的作用，制造效率的
提高成为财富之母，流水线的作用使得社会经济高度组织化，效率成为至上的价值来源。

在信息时代，价值越来越多地建立在数据、信息和知识的基础结构上。当服务经济转
变到信息经济时，使用电子商务的优势就变得更为清晰。通过互联网，电子商务以一种前
所未有的方式，集成传统商业活动中的物流、资金流和信息流，同时帮助企业将客户、经
销商、供应商以及员工结合在一起。它改变了企业的生产方式，改变了传统的采购、营销
及售后服务活动的方式，缩短价值链环节，从而为企业带来巨大的利润。

电子商务作为信息经济和数字经济的典型代表，既是信息技术、数字技术和实体经济
深度融合的具体产物，也是持续催生新产业新业态新模式的有效载体，更是稳增长、带就
业、保民生、促消费的重要力量。

1.5.2　电子商务对社会生产力的推动作用

以大数据、云计算、人工智能为代表的现代信息技术在经济领域的广泛应用，使得交
易成本急剧下降，从而导致信息替代了资本在经济发展中的主导地位。作为重要的生产要
素和战略资源，电子商务对于社会生产力的推动作用突出表现在三个方面：

(1) 大幅度降低信息成本，提高信息使用效率。作为一个极为重要的商务信息载体和
运送平台，电子商务降低了信息来源成本；突破行业和产品物理特性的限制，使交易范围
急剧放大；弥补了信息的不对称性，实现交易信息互换和交易行为的虚拟市场化。

(2) 大量减少中间环节，降低销售成本和购买成本。电子商务为买卖双方在网上直接
交易提供了现实可能性，减少了许多中间环节，使得零库存生产成为可能。在批发领域，
电子商务可以在很大程度上取代传统商业在商品流通渠道中的批发职能，使批发商的作用
大大削弱，企业用户和消费者都可以通过网络购买降低购物成本。

(3) 有利于形成高效流通、交换体制。电子商务构成了虚拟社会中的整个商品交易庞
大网络，实体社会中商品的盲目实物移动转变为有目标的实物移动。借助于电子商务的信
息沟通和需求预测，企业可以组织有效生产，形成高效流通、交换体制。政府则可以通过
电子商务，将市场、企业和个人联结起来，方便地进行宏观调控和微观调控。

1.5.3 电子商务是实现经济发展方式转变的重要措施和手段

人类社会经济的发展曾经历了三次重大的转变：一是几千年前由游牧经济向农业经济的转变；二是 1880 年前后由农业经济向工业经济转变；三是开始于 20 世纪 80 年代的工业经济向知识经济的转变。游牧经济、农业经济和工业经济都属于物质经济，它们之间的转变属于在同一形式下的转变。而与前两次转变不同，工业经济转变为知识经济却是由实体经济形式向虚拟经济形式的转变，因此，这种转变对经济发展的影响要比第一次转变深远得多、广泛得多。

20 世纪 90 年代以来，以互联网为核心的信息产业革命带来了经济的高增长、低通胀。到 2023 年底，我国数字经济规模达 53.9 万亿元，占 GDP 的比重达到 41.5%[①]。数字经济成为中国经济模式转型的一个重要突破口。作为数字经济最重要的组成部分，电子商务在转变交易方式的同时，也在精准扶贫、助力实现稳就业等方面发挥了重要作用。

为了构建现代化经济体系，必须形成市场机制有效、微观主体有活力、宏观调控有度的经济体制。而在这样一种机制转变过程中，电子商务是一种非常重要的、关键的措施和手段，因为它是将信息技术与传统经济连接起来的最有效的桥梁。而就"转变"本身而言，电子商务不仅推动技术的转变，还推动制度的转变、管理的转变和发展环境的转变。

加快发展电子商务，能够促进第一、第二、第三产业在更高水平上协同发展，对世界经济发展和竞争格局产生巨大的影响。美国政府把这种影响与二百年前的工业革命的影响相提并论，世界各国也都纷纷颁布政府文件，把电子商务作为迎接世界经济新一轮竞争的重要手段。发展电子商务已不再是一个单纯的技术问题，而是关系到一二三产业协调，实现整个经济高质量发展的必然要求，我们必须对此有深刻的认识。

1.5.4 电子商务发展是促进市场资源有效配置的必备手段

中国经济的发展需要一个高效、健全、可持续的资源配置模式，以适应全球需求结构的重大变化，增强我国经济抵御国际市场风险的能力。在这种形势下，无论是传统产业的转型，还是新兴行业的兴起，都需要发挥电子商务潜在的市场配置能力。

电子商务将政府、企业以及贸易活动所需的其他环节连接到网络信息系统上，在整个供需链与贸易链中，从原材料采购供应到为消费者服务进行双向的信息交换、传递和应用集成，并以高效快捷的信息交流与直接应用完成全部商务活动，促进各种要素合理流动，消除妨碍公平竞争的制约因素，实现市场对资源的基础性配置作用。

在解除了传统贸易活动中物质、时间、空间对交易双方限制的条件下，电子商务帮助企业实现了资源的跨地域传递和信息共享，在传统贸易运行环境下困扰企业的区位劣势和竞争劣势得以克服。

由于信息在互联网中充分、便捷地流动，减少了产品交易的不确定性和市场发展的盲目性，进一步削弱了因信息的不完全或信息的不对称而产生的市场垄断行为，消除了暗箱操作和信用危机，使整个市场秩序得到优化。

---

① 中国信息通信研究院. 中国数字经济发展报告(2024 年) [EB/OL]. (2024-08-27)[2024-09-20]. http:// www. caict.ac.cn/ kxyj/qwfb/bps/202408/t20240827_491581.htm.

1.5.5　电子商务促进中国产品和企业走向世界

经济全球化是 21 世纪经济发展的大趋势。由于互联网具有全球性和便捷性的特点，电子商务将成为我国产品和企业走向世界的重要途径。

由电子商务所构成的虚拟市场是全球范围的。在这个市场中，除大部分商品本身是实体外，一切涉及商品交易的手续，包括合同、资金和运输单证等，都以虚拟方式出现。这种交易方式，一方面降低了交易成本，提高了交易效率；另一方面，也增加了竞争的激烈程度。展现在人们面前的，是全球性的、全方位的竞争。全球性的竞争意味着企业必须面对全球的企业，地域的局限、规模大小的局限都将消失。全方位的竞争意味着企业必须将"实"的手段，即产品质量，与"虚"的手段，即网络营销技术恰当地结合起来，才有可能取得市场营销的成功，否则，必将被激烈的新型市场竞争所淘汰。

近年来，受中美贸易摩擦加剧、贸易保护主义抬头、主要发达经济体货币政策收紧、地缘政治紧张局势升温等影响，中国外贸发展面临的外部环境更加严峻复杂。为此，我国政府采取了一系列的政策措施。2015 年 5 月，《国务院关于大力发展电子商务加快培育经济新动力的意见》明确提出："推动电子商务走出去。抓紧研究制定促进跨境电子商务发展的指导意见。"① 从 2018 年 7 月 13 日首个杭州跨境电子商务综合试验区(简称跨境电商综试区)启动到 2022 年 11 月 14 日第七批跨境电商综试区批准，全国一共设立了 165 个跨境电商综试区。这些综试区已覆盖全国，基本形成陆海内外联动、东西双向互济的发展格局，在稳住外贸外资基本盘，推进贸易高质量发展中发挥了极为重要的作用。

参 考 文 献

[1]　United Nations Conference on Trade and Development. Digital Economy Report 2024[R/OL]. (2024-07-10) [2024-10-20]. https://unctad.org/publication/digital-economy-report-2024.

[2]　商务部. 中国电子商务报告(2022)[EB/OL]. (2023-06-09)[2024-09-20]. https://dzsws.mofcom.gov.cn/ zthd/ndbg/ art/2023/art_21d89f715e43476eae4c420a9d787d41.html.

[3]　TURBAN E，OUTLAND J，KING D，et al. Electronic Commerce 2018: A Managerial and Social Networks Perspective [M]. West Berlin： Springer Texts in Business and Economics，2017.

[4]　GARY P. SCHNEIDER. Electronic Commerce(12th Edition)[M]. Boston：Cengage Learning, 2019.

[5]　KENNETH C. Laudon. Business Administration Classics：E-Commerce：Business, Technology，Society (13th Edition)[M]. London：Pearson Prentice Hall，2019.

[6]　杨坚争，杨立钒，周涛，等. 世界市场的二元化与我国跨境电子商务发展策略研究[M]. 上海：立信会计出版社，2016.

[7]　白东蕊，岳云康. 电子商务概论(附微课)[M]. 5 版. 北京：人民邮电出版社，2021.

备课教案　　　　　　电子课件　　　　引导案例与教学案例　　　习题指导

---

① 国务院. 国务院关于大力发展电子商务加快培育经济新动力的意见[EB/OL]. (2015-05-04)[2022-11-20]. http://www.gov.cn/zhengce/content/2015-05/07/content_9707.htm.

第二章 电子商务发展战略

战略是一个组织为了参与竞争而制定的内容广泛的规划与方案，包括组织的目标以及为实现这些目标所实施的计划和政策。在电子商务活动中，拟订发展战略并提出实施战略的各项政策及措施，是组织机构顶层管理部门最重要的活动之一。本章首先讨论了电子商务战略研究的重要性和电子商务的发展环境，进而从政府和企业两个层面上对电子商务发展战略进行深入的研究。

2.1 电子商务发展战略与网络强国战略

2.1.1 为什么要研究电子商务发展战略

从 20 世纪 90 年代后期开始，世界各国都在认真研究和制定电子商务的发展战略。造成这种状况的原因主要有三个：

(1) 电子商务是当今经济全球化和知识经济的最集中的表现形式，是决定一个国家在网络空间条件下国际竞争能力的重要标志之一，也是带动传统企业升级和实现企业技术跨越的重要推动力。着眼于 21 世纪的发展，各国政府都在积极寻找实现经济持续增长的新途径，把电子商务作为有效实现信息化与工业化融合的理想切入点。

(2) 伴随着互联网的大面积普及，电子商务对于产业结构的调整，刺激经济需求，创造新的就业机会都产生了巨大影响。为了适应经济结构调整和产业结构优化的要求，各国政府都需要认真考虑自己的经济发展战略，重新设计适应信息社会发展的各项政策。

(3) 经济全球化已经成为世界经济发展的大趋势，商品、技术、资本、劳务等生产要素在全球范围内的自由流动和配置，把各国经济相互联系在一起。每个国家都面临着直接在国际市场竞争中求得自身的生存与发展的挑战。抓住这一有利时机，努力实现电子商务技术和应用上的跨越，在国际竞争中占据有利地位，是一项带有战略性和全局性的重大课题。

对于企业来说，电子商务发展战略也越来越重要，这是因为：

(1) 电子商务的推广使得行业间的界限日趋模糊，竞争不再只限于一个国家既定的行业内产品或服务的竞争，而更多的是超出行业边界和国家边界范围的商业机会的竞争。企业要在这种激烈竞争的环境中求得生存与发展，就必须从电子商务的角度来考虑自身的发展战略，通过预测环境和竞争对手的变化趋势，形成新的竞争理念和战略规划。

(2) 电子商务不仅仅是将企业业务简单地搬到互联网上，更重要的是对企业现有运营模式的变革。它涉及企业管理模式的改变、业务流程的调整、内部资源的重组等一系列问题。没有科学的、切实可行的电子商务发展战略，企业将很难形成新的核心竞争力。

(3) 从本质上讲，电子商务战略是由商业来驱动的。电子商务通过采用信息网络技术构造了新的商业价值链，其发展战略是建立在与传统企业战略不同的价值创造机理上的，它有助于企业发现价值链上新的利润增长点，为企业提供网络环境下盈利的清晰思路。

学思践行

习近平总书记在十九届中央政治局第三十四次集体学习时指出："战略问题是一个政党、一个国家的根本性问题。战略上判断得准确，战略上谋划得科学，战略上赢得主动，党和人民事业就大有希望。""正确的战略需要正确的策略来落实。策略是在战略指导下为战略服务的。战略和策略是辩证统一的关系，要把战略的坚定性和策略的灵活性结合起来。"①

同样，一个企业要立于不败之地，也必须立于时代潮头，紧扣新的市场特点，科学谋划电子商务战略，牢牢把握企业发展的战略主动，这样才能实现企业的发展目标。

2.1.2   互联网思维与网络强国战略

1. 互联网思维

2024 年是我国互联网接入 30 周年②，网民规模已超过 11 亿，互联网服务已涉及即时通信、搜索引擎、网络新闻、网络视频、网上支付、网络购物等近 20 个领域。在 30 年里，互联网在我国普及速度之快，对经济社会发展影响之深，对人们思想观念冲击之大，是以往任何技术进步与科技革命都无法比拟的。在此过程中形成的许多新的发展理念和思想方法，被人们统称为"互联网思维"。这些新思维不仅对电子商务的战略设计，对整个社会的全面深化改革和发展方式转变都有着现实的启迪和实践意义。

所谓的互联网思维就是连接一切的逻辑。传统的工业化思维是一种线性思维，从 A 到 B 到 C 到 D，其中存在天然的逻辑关系；其特点是追求效率、标准和规模。而互联网思维是一种立体网状思维，从 A 开始，具有多种选择；其特点是追求快速迭代、颠覆性创新。

互联网思维与辩证唯物主义的思维方法一脉相承，突出表现出自己鲜明的特点：

(1) 创新性思维。创新是互联网最突出的特质。每时每刻，互联网都在创新，包括技术创新、盈利模式创新和发展理念创新。

(2) 全时空思维。在互联网市场竞争的环境中，没有空间界限，没有时间间隔，没有行业限制，跨界思维成为常态。国家、企业和个人的发展，都需要从这样一个新的无边界限制的竞争角度中加以思考。

(3) 开放性思维。互联网之所以成为世界上最好、最有效率的信息汇聚和分享的平台，是因为互联网的开放性。这种开放性，突出表现在"免费(free)"上。由于"免费"使得各种信息得以在互联网上汇聚，也使得各种新的创意和想法得以分享。

(4) 立体网状思维。传统的工业化思维是一种线性思维，从 A 到 B 到 C 到 D，其中存在天然的逻辑关系；其特点是追求效率、标准和规模。而互联网思维是一种立体网状思维，从 A 开始，具有多种选择；其特点是追求快速迭代、颠覆性创新。

---

① 新华社. 习近平在省部级主要领导干部学习贯彻党的十九届六中全会精神专题研讨班开班式上发表重要讲话 [EB/OL]. (2022-01-12)[2024-07-23]. https://politics.gmw.cn/2022-01/12/content_35442656.htm.
② 1994 年 4 月 20 日，中国通过一条 64K 的国际专线，全功能接入国际互联网，从此中国被国际上正式承认为真正拥有全功能 Internet 的国家，中国互联网时代从此开启。

（5）互动性思维。互动带来了双向或多向的交流，思想的碰撞产生了创新的火花，从而使决策更加民主和科学；互动消除了领导者和被领导者、销售者和购买者、传播者和接受者等之间的鸿沟，在坦诚沟通中凝聚了共识。移动互联网背景下的互动，使得网络世界与现实社会无缝"链接"，网上网下即时同步，为互动创造了更方便的条件。

互联网思维从单纯的商业领域拓展到整个社会领域，产生了"网络空间""网络强国""网络综合治理"等众多新概念。所以，习近平总书记强调："各级领导干部特别是高级干部要主动适应信息化要求、强化互联网思维，不断提高对互联网规律的把握能力、对网络舆论的引导能力、对信息化发展的驾驭能力、对网络安全的保障能力。"[1]

2. 网络强国战略

当今世界，互联网快速发展的影响范围之广、程度之深，是其他科技成果所难以比拟的。认识和把握信息化发展的大势，更好地适应和引领新生产力发展方向，推动生产关系和上层建筑变革，就能够赢得新的全方位综合国力竞争。

我国高度重视网络强国问题，已将网络强国战略提升到综合施策的新高度，强调建设网络强国的战略部署要与"两个一百年"奋斗目标同步推进，发挥信息化对经济社会发展的引领作用。

网络强国战略有 4 个主要目标：

（1）网络基础设施基本普及。互联网络是国家战略性的公共基础设施，广大网民对网络性能的期望也越来越高，必须继续深入贯彻落实"宽带中国"战略，加快光纤宽带和 5G 发展步伐，抓好网络提速降费工作，优化网络发展环境，切实提高人民群众的获得感。

（2）自主创新能力显著增强。网络竞争力的关键是核心技术的突破，包括三个方面：一是基础技术、通用技术；二是非对称技术、"杀手锏"技术；三是前沿技术、颠覆性技术。我国的网络技术虽然发展迅猛，但是高端芯片、智能终端操作系统等核心技术的自主研发能力依然严重不足。因此，需推动强强联合、协同攻关，争取在多个领域实现"弯道超车"。

（3）数字经济全面发展。数字经济是以数字化的知识和信息为关键生产要素，以数字技术创新为核心驱动力，以现代信息网络为重要载体的新型经济形态。发展数字经济需要从三方面入手：一是数字产业化，促进电子信息制造业、电子商务服务业等行业的规模扩大；二是产业数字化，督促传统产业应用数字技术提升生产数量和生产效率；三是数字化治理，利用数字技术完善治理体系，提升整个国家的综合治理能力。

（4）网络安全保障有力。随着我国互联网持续高速发展，网络及其设备智能化、规模化、多样化特点越发明显。但也伴生了网络空间复杂、环境多变、风险增高等安全方面的挑战，成为影响经济社会健康发展的重要因素。因此，必须维护网络空间安全以及网络数据的完整性、安全性、可靠性，强化网络数据和用户个人信息保护，增强网络信息安全保障能力。

2.1.3　电子商务发展战略是网络强国战略的重要组成部分

《国家信息化发展战略纲要》[2]提出，建设网络强国具体分三步走：第一步，到 2020

---

① 习近平. 在全国网络安全和信息化工作会议上的讲话[EB/OL]. (2018-04-21)[2024-07-23]. http://www.gov.cn/ xinwen/2018-04/21/content_5284783.htm.
② 中共中央办公厅，国务院办公厅. 国家信息化发展战略纲要[R/OL]. (2016-07-27)[2024-06-23]. http://www.sh.xinhuanet.com/2016/07/27/c_135544802.htm?from=timeline&isappinstalled=0.

年，核心关键技术部分领域达到国际先进水平，信息化成为驱动现代化建设的先导力量；第二步，到 2025 年，信息消费总额达到 12 万亿元，电子商务交易规模达到 67 万亿元，建成国际领先的移动通信网络，根本改变关键核心技术受制于人的局面，实现技术先进、产业发达、应用领先、网络安全坚不可摧的战略目标，涌现一批具有强大国际竞争力的大型跨国网信企业；第三步，到本世纪中叶，信息化全面支撑富强民主文明和谐的社会主义现代化强国建设，网络强国地位日益巩固，在引领全球信息化发展方面有更大作为。

从网络强国的三步设计中，我们可以看到电子商务的重要地位。电子商务交易额将从 2015 年的 20.8 万亿元增长到 2025 年的 67 万亿元，在下面 4 个方面将取得突破性进展。

(1) 提高电子商务的技术支撑能力。电子商务交易的发展，需要构建先进的技术体系，推广移动互联网、云计算、大数据、物联网、人工智能等最先进的网络技术。

(2) 着重提高电子商务创新发展能力。电子商务发展战略与网络强国战略都对创新有较高的要求。不同的是，电子商务侧重应用模式、服务和集成的创新，而网络强国战略更强调网络信息技术的创新。一个是前端的硬件创新，一个是后端的应用创新。

(3) 促进电子商务在各个行业中的应用。我国经济发展进入新常态，新常态要有新动力。电子商务与各个行业有着密切联系，将有力地促进"互联网+"行动计划的全面落地。

(4) 维护电子商务交易安全。电子商务需要建立强有力的安全保障机制，加大对网络欺诈、假冒伪劣商品、虚假广告和不正当竞争等活动的打击力度。

2.2　电子商务发展环境

2.2.1　社会政治环境：电子商务受到各国政府的高度重视

1. 国外情况

1997 年 7 月，美国政府发表了"全球电子商务框架"(A Framework for Global Electronic Commerce)，将互联网及其对商务活动的影响和 200 年前的工业革命相提并论，表明了美国政府对电子商务建设的重视程度。2012 年，美国发布《网络空间国际战略》(International Strategy for Cyberspace)[1]，试图构建涵盖基础设施保障、经贸往来、政治与外交等诸多领域的复合网络安全战略。2022 年 10 月，美国总统签署行政命令，实施欧盟和美国之间的贸易协定，强调在两个经济体的公司之间强化跨境数据流，推动数字经济发展并扩大经济机会。[2]

2019 年 4 月欧盟发布的《关于确保欧洲数字未来的联合声明》[3]认为，合力是欧洲建

---

① USA. International Strategy For Cyberspace [EB/OL]. (2011-05-16)[2024-07-20]. https://obamawhitehouse. archives.gov/sites/default/files/rss_viewer/internationalstrategy_cyberspace.pdf.

② USA. President Biden Signs Executive Order to Implement the European Union-U.S. Data Privacy Framework [EB/OL]. (2022-10-07)[2024-11-20]. https://www.whitehouse.gov/briefing-room/ statements-releases/2022/10/07/fact-sheet-president-biden-signs-executive-order-to-implement-the-european-union-u-s-d ata-privacy-framework/.

③ European Commission. Joint statement on ensuring Europe's digital future [EB/OL]. (2019-04-09) [2024-06-20]. http://europa.eu/rapid/press-release_STATEMENT-19-2070_en.htm.

设数字未来的关键，欧盟需要在所有方面迅速采取行动，共同推动数码化和消除障碍，建立一个运作良好的数码单一市场。

2016 年，日本发布《第五期科技基本计划(2016—2020)》，提出在全世界率先建成"超智能社会(Society5.0)"的宏伟愿景，以人工智能、大数据、物联网等为代表的信息通信技术成为支撑这一愿景的关键基础性技术。

2016 年，韩国发布《应对第四次工业革命的智能信息社会中长期综合对策》，将智能信息化社会定义为"ICBM(物联网、云服务、大数据和手机)与 AI(人工智能)相融合的社会"，要求紧抓第四次工业革命带来的重大机遇，加大对人工智能发展的支持力度，创造出顺应变革时代的新知识和新创意，抢占未来发展先机。

为了规范印度电子商务业务，印度消费者事务部根据《2019 年消费者保护(电子商务)条例》发布了实施细则，对电商企业公平竞争、消费者权益保护等领域作出了详细规定。

2020 年 11 月，《区域全面经济伙伴关系协定》(RCEP, Regional Comprehensive Economic Partnership)完成签署，成为目前世界上经济规模最大的自贸协定。RCEP 首次在亚太区域内达成范围全面、水平较高的诸边电子商务规则，包括促进各国电子商务合作、保护在线消费者权益、完善监管政策等。

2．国内情况

我国政府对于电子商务的发展给予了极大的重视。

2015 年 5 月国务院发布《关于大力发展电子商务加快培育经济新动力的意见》，2016 年 12 月，国家发布《电子商务"十三五"发展规划》。2021 年 10 月，国家再次发布《"十四五"电子商务发展规划》，明确提出了"十四五"电子商务发展思路和主要任务，包括创新驱动、消费升级、商产融合、乡村振兴、开放共赢、效率变革和发展安全等七个方面，并设置了 23 个重点专项工作。[①]

2017 年 9 月，工业和信息化部印发《工业电子商务发展三年行动计划》，明确了工业电子商务的发展方向。经过 5 年的努力，互联网应用加速从消费领域向生产领域拓展，5G、工业互联网、大数据、云计算、人工智能在工业制造、港口、矿山等行业领域广泛推广，新技术新业态新模式发展活跃，赋能千行百业成效显著，为经济社会发展注入了强大动力。

为配合跨境电商综试区的建设，有关部门相继发布了《关于跨境电子商务综合试验区零售出口货物税收政策的通知(2018 年)》《国务院办公厅关于推进对外贸易创新发展的实施意见(2020 年)》等一系列文件，从政策层面为跨境电子商务的发展提供了新的动力和支撑。海关总署增列代码"9710"和"9810"两种海关监管方式，以充分发挥跨境电商企业对企业直接出口、推动海外仓建设，进一步促进跨境电商健康快速发展。

2.2.2　资源环境：信息基础条件显著改善，信息技术应用不断创新

1．信息基础条件显著改善

2024 年，我国已经建成全球规模最大、技术领先的光纤和移动通信网络，光缆线路长

---

① 商务部. 中央网信办，发展改革委. "十四五"电子商务发展规划[EB/OL]. (2021-10-09)[2024-10-20]. http://www.gov.cn/zhengce/zhengceku/2021-10/27/content_5645853.htm.

度达到 6712 万公里，全国所有地级城市均建成光网城市，光纤网络接入带宽实现从 10 兆到百兆再到千兆的指数级增长；移动网络实现从"3G 突破"到"4G 同步"再到"5G 引领"的跨越，5G 基站总数达到 383.7 万个，实现了全国所有地级市和县城城区全覆盖；移动电话基站总数达 1188 万个；互联网宽带接入端口数量达 11.7 亿个。网络基础设施全面支持互联网协议第六版(IPv6)。①

2. 信息技术应用不断创新

2024 年，现代信息技术正在从"互联网+"向"智能+"演进。电子商务新技术已经从大数据、云计算、物联网向 5G、虚拟现实、区块链、人工智能等新技术进一步拓展，提供了更加丰富的应用场景。刷脸支付、虚拟试衣、无人便利店等不少新兴互联网应用在刷新消费者的认知。企业在这些技术领域的投入也在不断加大。图 2-1 显示了新一代信息技术在电子商务中的应用领域。

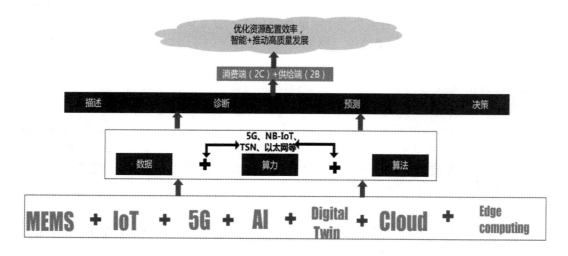

图 2-1　新一代信息技术在电子商务中的应用领域②③

---

① 中国互联网络信息中心. 第 54 次中国互联网络发展状况统计报告[R/OL]. (2024-08-29)[2024-09-23]. https://www.cnnic.net.cn/n4/2024/0829/c88-11065.html.

② 资料来源：阿里研究院, 蚂蚁研究院, 阿里云研究中心. 从连接到赋能 "智能+"助力中国经济高质量发展[R/OL]. (2019-03-11)[2024-04-23]. https://i.aliresearch.com/img/20190312/20190312110416.pdf.

③ 图中：MEMS(Micro-electro Mechanical Systems)全方位、全时空识别消费者的各类行为状态。
　IoT(Internet of Things，物联网)将各类产品、各类设备与消费者联系起来。
　5G(5-Generation，第五代移动通信技术) 与 Wi-Fi 融合，使上线高速、稳定、低延迟。
　AI(Artificial Intelligence，人工智能)可以使电子商务企业刻画消费者画像，获知消费者需求。
　Digital Twin(数字孪生)为消费者勾画出一个虚实映射的新领域，带来消费感官新体验。
　Cloud(云)提供强大的算力，保障实时在线服务。
　Edge computing(边缘计算)提供"大脑"的高效分析和"边缘"的快速部署，实现服务的快速响应。
　NB-IoT(Narrow Band Internet of Things，基于蜂窝的窄带物联网)具备广覆盖、可移动等特性。
　TSN(Time Scalar Network，时标网状图)克服了甘特图的缺点，利用带时标的网状图表示任务进度情况。
　以太网(Ethernet)指基带局域网规范，是当今现有局域网采用的最通用的通信协议标准。

2.2.3 市场环境：电子商务的社会需求不断增长

1. 经济结构的转型要求电子商务发挥更大的作用

从国际经济环境看，全球经济的复苏步伐依然缓慢，投资增长疲软，贸易壁垒加大、金融压力重现。为应对经济危机带来的挑战，世界各国都在调整结构，提升经济竞争力，更加注重应用信息技术，更加注意提高电子商务对国际市场的开拓能力。

从国内经济环境看，《"十四五"电子商务发展规划》《工业电子商务发展三年行动计划》都为更大范围内整合资源、推广电子商务提供了广阔的空间。工业、农业和跨境电子商务试点的积极推动，优化了电子商务的发展结构，提升了龙头企业的核心竞争力，增强了中小企业的生存和发展能力，并催生了一批新型的电子商务企业发展模式。

2. 虚拟市场的激烈竞争要求加速电子商务的发展

从技术本身的特性来说，以互联网为技术基础的电子商务大大加剧了国际竞争的强度。速度、产品和服务质量成为企业生存的关键。若一个公司网络市场上的产品和服务被其他公司性能更好的产品和服务所取代，则它立即面临"死亡"的威胁。在"虚拟经济"下，企业间的竞争方式，不仅是打价格战，更重要的是打创新战、速度战、质量战、服务战。

19 世纪，资本主义列强瓜分了世界实体市场；21 世纪，虚拟市场的出现使世界经济的格局面临着又一次的洗牌。每个国家都面临着直接在国际虚拟市场竞争中求得自身生存与发展的挑战。今天，我国已经具备了参与虚拟市场重新洗牌的能力。把握时机，努力实现电子商务技术和应用上的跨越，加速电子商务的推广普及，在国际虚拟市场竞争中占据有利地位，是一项带有战略性和全局性的重大课题。

3. 现代消费者需要电子商务提供更丰富的网络消费

对于现代消费者来说，其消费取向正在迅速向虚拟市场转移。2024 年 6 月，我国短视频、网络购物、网络购物、网上支付等方面网络使用率都超过 80%；搜索引擎、网络直播等方面的网络使用率也超过 60%[①]。电子商务在购物、旅游、教育、医疗、文化、求职等诸多方面的应用越来越普遍。电子商务只有进一步加快技术更新和模式更新的步伐，降低应用成本，为老百姓提供用得上、用得起、用得好的商业服务，才能让亿万人民在网络空间有更多获得感和幸福感。在满足这些需求的同时，也将催生一大批网络时代的新兴产业。

4. 应对突发性事件要求有更完善的电子商务服务

从世界整体情况看，不断有突发性事件产生。2001 年"911"恐怖袭击事件发生后，美国公众普遍感到缺乏安全感，这时人们发现，通过网络进行商业活动具有特殊的安全性和快捷性。2003 年在抗击非典型性肺炎(SARS)和 2020—2022 年抗击新冠肺炎(COVID-19)的关键时刻，电子商务在提供居民生活物品、开展网络教育和网上办公等方面都发挥了极其重要的作用，保证了整个社会的正常运转。

应对连续不断的突发性事件，电子商务需要进一步提升整体服务能力，促进整个交易链条在非常状态下的调整；同时，需要利用大数据等先进信息技术构建突发性事件管理模块，

① 中国互联网络信息中心. 第 54 次中国互联网络发展状况统计报告[R/OL]. (2024-08-29)[2024-09-23]. https:// www.cnnic.net.cn/n4/2024/0829/c88-11065.html.

在突发性处理和控制中发挥更大的作用。

2.2.4　安全环境：安全条件有了较大改善

1. 网络安全建设和顶层设计得到加强

进入 21 世纪第二个十年，各国纷纷大力加强网络安全建设和顶层设计。2013 年 7 月，欧盟发布《欧盟网络安全战略》，大力推动安全网络空间建设[①]。2014 年 2 月，美国发布《网络安全框架》，提供一套优先、灵活、可重复和成本效益高的安全保障方法[②]。2016 年 10 月，新加坡宣布了新加坡网络安全战略[③]，动员企业和社会力量加强网络空间安全。

为建设坚固可靠的国家网络安全体系，2014 年 2 月，中央网络安全和信息化领导小组成立，习近平同志任组长。2018 年 3 月，根据中共中央印发的《深化党和国家机构改革方案》，将中央网络安全和信息化领导小组改为中国共产党中央网络安全和信息化委员会。

2016 年 11 月，全国人大常委会通过了《中华人民共和国网络安全法》(简称《网络安全法》)[④]，加大了打击网络虚假、诈骗、攻击、谩骂、恐怖、色情、暴力信息泛滥的力度。之后，《网络安全等级保护条例》《个人信息和重要数据出境安全评估办法》《互联网信息内容管理行政执法程序规定》《网络产品和服务安全审查办法(试行)》等规定相继出台，为落实《网络安全法》提供了有力的支撑。

2. 安全技术和安全产品发展迅速

经过数十年的探索，电子商务安全技术从最初关注的商务信息保密性扩展到商务信息的完整性、可用性、可控性和不可否认性，进而又发展为"攻(攻击)、防(防范)、测(检测)、控(控制)、管(管理)、评(评估)"等多方面的基础理论和实施技术。目前，电子商务安全领域已经形成了 9 大核心技术：密码技术、身份验证技术、访问控制技术、防火墙技术、安全内核技术、网络反病毒技术、信息泄露防治技术、网络安全漏洞扫描技术和入侵检测技术。

信息安全产品主要包括：

(1) 基础类产品(如安全芯片、安全操作系统等)；

(2) 网络与边界安全类产品(如防火墙、入侵检测与防御包检测系统、密码网关等)；

(3) 终端与数字内容安全类产品(如病毒木马识别引擎、数据加密和恢复产品等)；

(4) 安全管理类产品(如安全监控与审计类产品，网络安全事件管理系统等)；

(5) 信息安全支撑工具(如信息系统风险评估工具、应急响应工具等)。

① European Commission. Cybersecurity Strategy of the European Union: An Open, Safe and Secure Cyberspace[R/OL]. (2013-07-02)[2024-04-23]. https://ec.europa.eu/home-affairs/sites/homeaffairs/ files/e- library/ documents/policies/organized-crime-and-human-trafficking/cybercrime/docs/join_2013_1_en.pdf.

② USA. Cybersecurity Framework Version 1.0 and Version 1.1[EB/OL]. (2014-02-02)[2024-09-23]. https://www.nist.gov/cyberframework/framework.

③ Singapore. Singapore's Cybersecurity Strategy[R/OL]. (2016-10-10)[2024-04-23]. https://www.csa.gov.sg/news/publications/singapore-cybersecurity-strategy.

④ 全国人大常委会. 中华人民共和国网络安全法[EB/OL]. (2016-11-07)[2024-12-23]. http://www.npc.gov.cn/npc/xinwen/2016-11/07/content_2001605.htm.

3. 电子商务交易安全监管体系全面建立

我国《电子商务法》对电子商务的安全问题提出了严格的要求，提出：电子商务平台经营者应当采取技术措施和其他必要措施保证其网络安全、稳定运行，防范网络违法犯罪活动，有效应对网络安全事件，保障电子商务交易安全。电子商务平台经营者应当制定网络安全事件应急预案，发生网络安全事件时，应当立即启动应急预案，采取相应的补救措施，并向有关主管部门报告(第三十条)。

国家市场监督管理总局认真履行电子商务监管职责，在各地建立了电子商务监管分支机构，对网络销售产品、网络广告、网络销售产品或服务价格、电子商务市场竞争、消费者申诉等方面进行全方位的监管，维护电子商务的交易秩序。同时，加大执法力度，构建制度规范，加强宣传引导，营造良好电子商务交易氛围，有效保证了电子商务的交易安全。

中国人民银行 2005 年 10 月颁布了《电子支付指引(第一号)》，专门对电子支付安全进行了规范。中国人民银行征信系统经过多年的运行，对电子支付具备了敏锐的判别能力。

交通运输部 2020 年 1 月出台了《邮政业寄递安全监督管理办法》，对服务于电子商务的邮政企业和快递企业的安全监管提出专门的规定。

2.3 政府电子商务发展战略

2.3.1 国际组织和各国政府电子商务发展战略

电子商务是全世界范围的商务活动，许多国际组织和各国政府都给予高度的重视，相继推出了有关发展战略和促进政策，力求在较短时期内取得电子商务的实质性突破。

1. 经济合作与发展组织(OECD)的《全球电子商务行动计划》

1998 年 10 月，OECD(Organization for Economic Co-operation and Development)发布了《全球电子商务行动计划》，1999 年 10 月又发布第二版，提出了发展全球电子商务的 10 项基本原则。

(1) 电子商务的发展应当以私营部门为主导，发挥市场的力量。

(2) 发展电子商务应通过开放和平等的市场竞争来推动。

(3) 政府应当提供一个稳定的法律环境，允许平等的资源分配并保护公共利益。

(4) 应当促进私营部门投入与参与机制的政策制定，并在所有国家和国际领域广泛推广。

(5) 影响电子商务的政府政策在国际应当是协调和兼容的，应当有助于沟通，并在国际、自愿的、共识的环境下设计标准。

(6) 电子商务的税收应当与已经建立的、国际可接受的习惯和减少繁琐手续的做法相一致。

(7) 必要时，基础电信设备的规范应当能够使参与者在一个开放和平等的市场中进行全球性的竞争。

(8) 消费者保护，特别是对于隐私、机密、匿名和内容控制应当能够追溯。

(9) 电子商务应当运用实践选择的手段实现隐私、机密、内容的控制和在适当环境下

的匿名的保护。

(10) 全球信息设施-全球信息社会(GII-GIS)中高水平的信用机制应当继续推进，通过买卖双方协调一致、教育、未来技术创新，采用适当的争端解决机制和私人部门自我规范，加强安全性和可靠性。

2. 亚太经合组织(APEC)的电子商务发展战略

2001 年 10 月，APEC(Asia-Pacific Economic Cooperation)文莱会议上，APEC 发布了《新经济行动议程》和《e-APEC 战略》。《e-APEC 战略》提出了推动新经济发展的三大支柱：

(1) 完善市场结构。建立良好的宏观经济政策框架，深化机构改革，创建有效的竞争机制，完善金融监管、公司治理和风险管理，建立高效的风险资本市场，健全知识产权法律体系，增加决策过程的透明度和劳动力市场的灵活性，制定有针对性的社会政策。

(2) 促进基础设施投资和技术发展。鼓励成员创造有利于竞争的投资政策环境，建立消费者信心；加强网络基础设施建设，以推动新技术的应用；营造竞争性的价值链服务市场，以支持高效的电子商务。

(3) 加强人力资源能力建设，弘扬企业家精神。倡导成员优先发展教育和培训服务，培育企业家精神，制定鼓励创新的政策，鼓励中小企业发展，加强技术合作和信息交流，提高信息通信技术应用水平，努力缩小数字鸿沟。

3. 美国的《全球电子商务框架》

1997 年 7 月，美国发布了《全球电子商务框架》，提出了发展电子商务的五项基本原则。

(1) 私营企业应起主导作用。互联网应当发展为一个受市场驱动的竞争市场，而不是一个受到限制的产业。私营企业必须在其中继续发挥主导作用。

(2) 政府应当避免对电子商务做不恰当的限制。政府应当尽量减少对互联网上发生的商业活动的参与和干涉，不要增加新的、不必要的限制，增加繁琐的手续或增加新的税收和资费。

(3) 在需要政府参与的情况下，其目标也应当是支持和加强建设一个可预见的、宽松的、一致的和简单的商业法治环境。

(4) 互联网的成功可部分地归于它的分散性和自下而上的管理模式。政府应根据互联网这种独特的结构相应地调整自己的政策。

(5) 应当在国际范围内促进互联网上的电子商务。虽然各国法律制度各不相同，但应当始终遵循与买卖双方所在国度无关的原则。

4. 加拿大的《加速向前：提升加拿大在数字经济中领导优势》

2000 年 1 月，加拿大政府发布《加速向前：提升加拿大在数字经济中领导优势》的政策白皮书，提出了发展电子商务的战略目标与相关的推动政策：

(1) 在国内和国际电子商务中建立加拿大品牌。

(2) 通过提供奖励和疏通投资渠道，加速加拿大现有产业的转型。

(3) 通过支持加拿大出现的网络群体培育电子商务的业务创新和增长，保证风险资金在业务发展的各个阶段都可以使用，通过改进企业家的奖励制度在加拿大发展电子商务。

（4）在加拿大发展电子商务人才库，调整股票期权政策以吸引和稳定雇员。

（5）设定领导责任和发展的目标，促使政府部门将电子政务放在优先发展的位置上。

（6）培育具有国际认可的消费者保护标志和争议解决法庭。

5. 东盟等国的《区域全面经济伙伴关系协定》

2020 年 11 月，东盟 10 国和中国、日本、韩国、澳大利亚、新西兰共 15 个亚太国家正式签署了《区域全面经济伙伴关系协定》(RCEP)[①]，标志着当前世界上人口最多、经贸规模最大、最具发展潜力的自由贸易区正式启航。RCEP 第十二章专门讨论了电子商务问题。

RCEP 缔约方认识到电子商务提供的经济增长和机会、建立框架以促进消费者对电子商务信心的重要性，以及便利电子商务发展和使用的重要性，提出了电子商务的发展目标：

（1）促进缔约方之间的电子商务，以及全球范围内电子商务的更广泛使用；

（2）致力于为电子商务的使用创造一个信任和有信心的环境；

（3）加强缔约方在电子商务发展方面的合作。

RCEP 从无纸化贸易、电子认证和电子签名、线上消费者保护、线上个人信息保护、非应邀商业电子信息、国内监管框架、海关关税、透明度、网络安全、计算设施的位置、通过电子方式跨境传输信息、电子商务对话、争端解决等 13 个方面提出了具体要求。

6. 国外电子商务发展战略的启示

对国际组织和部分国家电子商务发展战略的研究，我们可以得到以下启示：

（1）发挥市场在资源配置中的作用；

（2）电子商务的快速发展需要政府的推动与协调；

（3）必须重视电子商务发展环境的建设，包括安全环境、标准环境、法律环境等，培育适合电子商务生长的土壤；

（4）鼓励企业积极参与，促使电子商务实现滚动式发展；

（5）重视电子商务人才的培养和建设。

2.3.2 我国电子商务的发展战略

1. 我国电子商务发展的指导思想

电子商务的发展需要坚持以习近平新时代中国特色社会主义思想为指导，深入贯彻党的二十大和二十届三中全会精神，立足新发展阶段，贯彻新发展理念，构建新发展格局，以推动高质量发展为主题，以改革创新为根本动力，以满足人民日益增长的美好生活需要为根本目的，通过数字技术和数据要素双轮驱动，全面提升电子商务企业核心竞争力，做大、做强、做优电子商务产业。[②]

2. 我国电子商务发展的基本原则

（1）坚持守正创新，规范发展。以创新为引领，加强电子商务领域新一代信息技术创

---

① 东盟 10 国和中国,日本,韩国,澳大利亚,新西兰. 区域全面经济伙伴关系协定(REGIONAL ECONOMIC COMPREHENSIVE PARTNERSHIP)[EB/OL]. (2020-11-17) [2024-09-20]. http://www.china-cer.com.cn/guwen/ 2020111710002.html.

② 商务部，中央网信办，发展改革委. "十四五"电子商务发展规划[EB/OL]. (2021-10-09)[2022-10-20]. http://www.mofcom.gov.cn/article/ zt_dzsw135/.

新应用，鼓励新模式新业态发展，扩大新型数字消费，推动形成新型数字生活；坚持底线思维，健全电子商务相关法规制度，提升数字化治理水平，强化各市场主体权益保护，促进公平竞争，强化反垄断和防止资本无序扩张，加强平台企业网络和数据安全能力建设，增强电子商务在防范化解重大风险中的作用，推动电子商务持续健康发展。

(2) 坚持融合共生，协调发展。做好电子商务统筹推进工作，促进线上线下、行业产业间、国内国际市场深度融合，推动电子商务全方位、全链条赋能传统产业数字化转型，形成更高水平的供需动态平衡；坚持包容审慎监管，深化相关制度改革，破除制约电子商务融合创新发展的体制机制障碍，构建资源共享、协同发展的良好生态。

(3) 坚持普惠共享，绿色发展。聚焦人民共享发展成果，积极发挥平台经济、共享经济在城乡一体化和区域一体化发展中的作用，加快弥合城乡之间数字鸿沟，强化产销对接、城乡互促，促进共同富裕，让人民群众从电子商务快速发展中更好受益；践行绿色发展理念，贯彻落实碳达峰、碳中和目标要求，提高电子商务领域节能减排和集约发展水平。

(4) 坚持合作共赢，开放发展。立足高水平对外开放，充分发挥电子商务集聚全球资源和要素高效配置的优势，推动相关产业深度融入全球产业链供应链，助力产业链供应链安全稳定；丰富电子商务国际交流合作层次，推进电子商务领域规则谈判，与世界各国互通、互鉴、互容，推动建立互利共赢、公开透明的电子商务国际规则标准体系。发展和规范并举。坚持以新理念引领发展，激发电子商务市场活力，不断拓宽电子商务创新发展领域，积极营造宽松的电子商务创业环境，大力发展电子商务产业。坚持通过创新监管方式规范发展，加快建立开放、公平、诚信的电子商务市场秩序。

3. 我国电子商务发展的战略目标

根据《"十四五"电子商务发展规划》，到2025年，我国电子商务高质量发展取得显著成效。电子商务新业态新模式蓬勃发展，企业核心竞争力大幅增强，网络零售持续引领消费增长，高品质的数字化生活方式基本形成。电子商务与一二三产业加速融合，全面促进产业链供应链数字化改造，成为助力传统产业转型升级和乡村振兴的重要力量。电子商务深度链接国内国际市场，企业国际化水平显著提升，统筹全球资源能力进一步增强，"丝路电商"带动电子商务国际合作持续走深走实。电子商务法治化、精细化、智能化治理能力显著增强。电子商务成为经济社会全面数字化转型的重要引擎，成为就业创业的重要渠道，成为居民收入增长的重要来源，在更好满足人民美好生活需要方面发挥重要作用。

我国"十四五"电子商务重点数据发展主要指标如表2-1所示。

表2-1 我国"十四五"电子商务重点数据发展主要指标

类别	指标名称	2020年	2025年	备注
总规模	电子商务交易额(万亿元)	37.2	46	预期性
	全国网上零售额(万亿元)	11.8	17	预期性
	相关从业人数(万)	6015	7000	预期性
分领域	工业电子商务普及率(%)	63.0	73	预期性
	农村电子商务交易额(万亿元)	1.79	2.8	预期性
	跨境电子商务交易额(万亿元)	1.69	2.5	预期性

4. "十四五"期间我国电子商务发展的主要任务

(1) 深化创新驱动，塑造高质量电子商务产业。强化技术应用创新、鼓励模式业态创新、深化协同创新、加快电子商务提质升级。

(2) 引领消费升级，培育高品质数字生活。打造数字生活消费新场景、丰富线上生活服务新供给、满足线下生活服务新需求、推进电子商务与传统产业深度融合。

(3) 推进商产融合，助力产业数字化转型。带动生产制造智能化发展、提升产业链协同水平、推动供应链数字化转型。

(4) 服务乡村振兴，带动下沉市场提质扩容。推动农村电商与数字乡村衔接、培育县域电子商务服务、完善电子商务民生服务体系。

(5) 倡导开放共赢，开拓国际合作新局面。支持跨境电商高质量发展、推动数字领域国际合作走深走实、推进数字领域国际规则构建。

(6) 推动效率变革，优化要素资源配置。促进数据要素高水平开发利用、梯度发展电子商务人才市场、优化电子商务载体资源、多维度加强电子商务金融服务。

(7) 统筹发展安全，深化电子商务治理。完善电子商务法规标准体系、提升电子商务监管能力和水平、构建电子商务多元共治格局。

5. 我国电子商务发展的保障措施

(1) 加强党的全面领导。加强党对电子商务高质量发展工作的全面领导，提高电子商务工作科学决策和管理水平，确保党中央、国务院关于电子商务的各项决策部署落到实处。

(2) 健全协同推进机制。进一步完善各级电子商务协同推进机制，做好电子商务各项政策制度改革措施落实落地，加强电子商务与相关产业政策衔接，解决发展中遇到的重点难点问题，形成政策合力。

(3) 优化政策发展环境。持续改善电子商务营商环境，按照国家市场准入负面清单排查不合理准入限制，清理影响市场主体准入和经营的隐形障碍。通过现有资金渠道，支持电子商务新型基础设施建设、公共服务平台建设、科技创新研发、推广等活动，支持农村电商、跨境电商和工业电子商务发展。深入开展电子商务示范企业创建活动，引导企业依法合规经营，开展行业自律、平台自治。

(4) 加强统计监测分析。探索建立电子商务高质量发展指标体系，持续推动各地方应用相关标准、规范统计监测口径和方法，建立符合自身实际的统计监测分析体系。

(5) 提升公共服务水平。推动政务数据共享开放，促进线上与线下、中央与地方、政府与社会服务资源有效融合，完善电子商务公共服务体系，增强公共服务承载能力。统筹考虑老年人等特殊群体特点和需求。强化电子商务人才培养。

(6) 强化风险防控能力。探索建立电子商务平台网络安全防护和金融风险预警机制，支持电子商务相关企业研究多属性的安全认证技术，充分发挥密码在保障网络信息安全方面的作用。加强电子商务企业数据全生命周期管理，保障网上购物的个人信息和重要数据安全。开展数据出境安全评估能力建设，保障重要数据、个人信息的有序安全流动。

2.4　企业电子商务战略

2.4.1　影响企业电子商务战略的主要内部因素

企业电子商务战略的制定，一方面要考虑企业电子商务的外部环境，更重要的是要考虑企业电子商务的内部条件。外因只有通过内因才能发挥作用，企业电子商务战略的制定最终取决于企业内部的基本条件。

1. 管理者的态度

加快向电子商务转型是推动我国商业和制造业高质量发展的根本要求，是传统产业实现质量变革、效率变革和动力变革的必然选择和有效途径。政府要加强引导，企业要发挥主观能动性，结合实际，选择合适路径，扎实开展电子商务应用转型。

电子商务需要得到企业最高决策者的理解，也需要财力上和组织上的支持，当遇到重大困难时需要"一把手"亲自出来协调解决，并推动电子商务向前发展。

电子商务战略的实施，同样需要中层管理者的支持。中层管理者在企业基层和高层之间起着承上启下的作用。由于担心电子商务导致企业管理扁平化和中层管理地位的丧失，部分中层领导对电子商务的实施可能抱有暧昧态度。因此，在制定企业电子商务战略时，需要考虑调动中层领导的积极性。忽略中层领导的支持，可能会延误电子商务战略的推进。

2. 核心业务

任何一个企业，无论是制造业、商业，还是服务业企业，都有它独特的主营业务，即核心业务，而核心业务的运作过程就是企业的主导流程。对于大多数企业来说，电子商务的战略应当围绕企业的核心业务和主导流程展开。

2019 年，新品推广成为天猫的核心战略。新品首发的品牌从头部的"大牌"向腰部的中型品牌延伸；同时，通过新品首发链路将搜索链路、推荐链路等整合起来，多维度地推荐给精准用户。

核心业务是一个企业赖以生存的基础和竞争优势的核心所在，也是企业持续发展的根本动力。电子商务的实施可能有多种驱动力，如主管部门的驱动、信息化浪潮的冲击、外部环境的影响等，但真正推动企业电子商务发展的是企业业务和市场拓展的需要。

3. 企业规模

规模是影响企业电子商务战略的一个重要因素。规模大的企业，资金雄厚，技术力量强，生产管理、营销管理规范，实施电子商务具有较大的优势。但大企业管理流程比较稳定，实施电子商务面临流程重组的问题。中小企业虽然经营比较灵活，但却面临着资金和技术力量薄弱的问题。不同规模的企业，电子商务的实施方式有较大区别。

特大型、大型企业可以实行完全自主开发。这种方式适用于比较复杂的专用信息系统，能够较好地适应企业自身的特殊要求，但对企业的要求比较高，需要有相对专业的信息技术开发队伍，开发周期也比较长。委托开发方式主要适用于中小企业。这些企业本身缺乏专门的信息部门和专业信息技术人员。采用委托开发方式开发周期比较短，见

效快，但适用性较差，升级维护困难。合作开发的模式适用于具有一定规模的企业，企业有专门的信息部门和专业人员，开发成本比较低，也易于升级，但开发周期比较长。

4. 行业竞争状况

对行业竞争状况的研究，是制定企业战略必不可少的步骤。在网络环境下，对本行业竞争状况的研究，除需要对实体市场的产品、购买者、供应者和新进入者进行分析外，还需要对虚拟市场中竞争者的竞争战略、网络营销状况、电子商务技术能力进行调查和分析。

相对于其他行业，电子商务行业内部竞争尤为激烈。以共享单车为例，2017 年几乎同时涌现出十余家企业，"赤橙黄绿青蓝紫"多种颜色的自行车遍布大街小巷，但仅仅过了一年，七家共享单车"阵亡"。所以，在电子商务行业中，必须清楚了解两种截然不同的竞争战略。一是"牺牲利润，注重企业成长"的激进经营战略；二是"追求利润，重视客户体验"的稳重经营战略。前者追求网站的高流量与收入的高增长，并通过高增长吸引更多的风险投资。后者通过挖掘企业内部潜力，优化产品采购销售流程改善企业的经营状况，维持企业的生存。所以，当一个企业计划涉足电子商务时，必须对电子商务行业存在的过度竞争状况有一个全面的了解，并对未来的竞争严酷程度有足够的思想准备。

5. 财务状况

用于电子商务的支出不是消费，而是一项投资，而且电子商务还需要长期投入资金，因此不一定能取得立竿见影的成效。制订电子商务战略的人员应当全面了解企业财务状况，根据企业财务能力制定适合自身条件的电子商务战略。

6. 信息团队

企业在决定实施采取何种方式建设电子商务时，本企业的信息团队状况也是一个必须要重点考虑的问题。如果企业已经有了自己的信息团队，就可以考虑在成本效益的分析基础上，有选择地将电子商务的部分功能选为由自己的信息团队完成；一些技术难度较高，实现和维护风险较大的功能，可以考虑采用合作开发的方式来实现。如果本企业没有信息团队，并且准备在近期内开始电子商务建设，那么采用外包方式也是合适的选择。

2.4.2 企业电子商务的战略目标与战略框架

1. 企业电子商务战略目标

企业电子商务战略是企业战略的一个组成部分，它建立在企业总体战略基础之上，明确地提出了企业在网络环境下的发展目标。在制订企业电子商务战略目标时，应注意以下问题：

(1) 优先考虑电子商务系统的竞争力指标，即应该以建立一个高效的、有市场竞争力的电子商务系统，作为企业电子商务战略的目标。为此，企业必须考虑自身组织结构和业务流程是否适应这一目标，否则就有必要进行重组和改造。

(2) 基于全球化经济考虑系统需求。只有将全球贸易和国际商务需求融合到长远性的电子商务战略设计里，企业电子商务系统才能适应全球化的挑战。

(3) 把支撑企业运营目标作为核心要素之一。电子商务战略设计不能脱离企业的运营目标，围绕运营目标设计电子商务的经营策略，才可以使企业电商的发展得到有力支持。

(4) 重视电子商务系统的价值衡量。电子商务战略目标必须能为企业增值服务，一方面电子商务技术要能推动价值的产生，同时本身也应能够创造价值。

2018 年，拼多多的战略目标是在打击山寨货的同时，实现质量稳定的商品的低价销售。为此，拼多多推出新品牌扶持计划，围绕供应链的三个阶段，共扶持 1000 家工厂品牌，首期试点 20 家企业。这些企业普遍以代工起家，有着高质量、规模化生产的能力，但却没有在全国范围内打出品牌。借助这些工厂强产能、弱品牌的特点，拼多多给予流量和大数据上的支持，从而打造出价格低，但质量还不错的产品。这种合作方式不仅大大提高了企业的品牌知名度，也极大地提高了拼多多的销售能级。

2. 企业电子商务战略框架

企业电子商务战略框架主要包括以下子战略：电子商务技术战略、虚拟市场开拓战略、网络营销战略、网络广告战略、电子商务物流战略、电子商务售后服务战略、电子商务安全战略、电子商务人才战略(见图 2-2)。

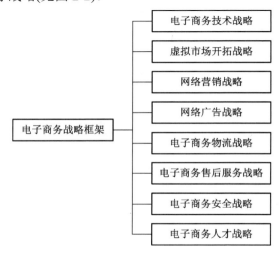

图 2-2　企业电子商务战略框架

2.4.3　企业电子商务战略实施

1. 企业电子商务战略实施的基本原则

实施企业电子商务战略时需要遵守三个基本原则：

(1) 满意原则。由于虚拟市场形成的时间不长，在这样一个市场上开拓创新，本身具有较大的风险。对电子商务战略的实施抱有过高的要求是不现实的。因此，只要在主要的战略目标上基本达到了战略预定的目标，就应当认为这一战略的制定及实施是成功的。

(2) 统一指挥原则。在战略实施时，企业的高层领导人员必须对战略作出深刻的、全面的了解，并将战略的实施置于高层领导人员的统一领导，统一指挥下。只有这样，才能协调、平衡各个业务部门，才能使企业为实现战略目标卓有成效地运行。

(3) 权变原则。企业电子商务战略实施过程是对新事物探讨的过程，在这期间必然会遇到各种条件的变化。权变的理念要求识别战略实施中的关键变量，提出变量的限定范围。当变量的变化超过一定限定时，及时对原战略进行调整，以保证整个战略基本目标的实现。

2. 企业电子商务战略实施的驱动模式选择

电子商务战略实施需要驱动力量。不同的企业、不同的时期以及电子商务发展的不同阶段，采用的驱动模式有很大不同。企业电子商务战略实施的驱动模式可以分为外部驱动模式和内部驱动模式，也可以分为行政驱动模式、市场驱动模式和技术驱动模式(见图 2-3)。

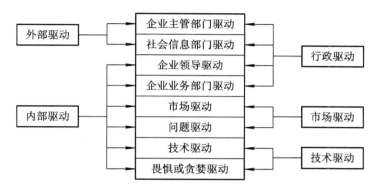

图 2-3　电子商务驱动模式分析图

一般来说，在电子商务发展的初级阶段，驱动模式相对单一，多为外部驱动或企业业务部门驱动等。当电子商务发展到一个相对成熟、相对完善的阶段，驱动模式多为混合驱动。在网络环境下，市场驱动、问题驱动、技术驱动和畏惧或贪婪驱动都有了新的内容。

(1) 市场驱动。当一家或者多家竞争对手开始在某个领域采用电子商务且进展顺利时，马上跟进。哈罗单车仿效 OFO 开展共享单车业务就属于这种情况。

(2) 问题驱动。企业在生产过程中往往碰到许多问题，用传统方法解决效果不好，于是采用电子商务方案来解决。宝武集团每年要处理大批旧设备，为此感到头疼。欧冶云商提出建立循环宝网站的设想。实践证明，通过网站进行旧设备拍卖是很好的解决途径。

(3) 技术驱动。电子商务系统解决方案通过新技术的实施，改造现有流程，提高管理效率，从而调动企业管理层对电子商务的支持力度。

(4) 畏惧或贪婪驱动。面对电商快速发展的大趋势，企业管理层或担心不采用电商会成为大输家，或认为采用电商能够赚大钱。这种心态下，企业可能会仓促上马电子商务。

3. 企业电子商务战略实施切入点的选择

企业在实施电子商务战略时，需要根据企业所处的不同市场环境与市场地位，选择电子商务实施的最佳切入点。例如，苏宁电器集团利用自己在实体市场上的销售优势，提出"云集苏宁，易购天下"的战略目标，成功实现了从传统销售到网络销售的战略转移。

多年以来，企业为在市场上找到适合自己的最佳切入点和最佳商业机遇，创造了许多行之有效的战略方法。其中最有名的是波士顿咨询集团的"金牛、新星、问题项目和狗"矩阵。2001 年奇安借鉴这种方法，建立了一套适用于网络环境的电子商务战略方法。[①] 在

---

① TJAN A K. Finally，A Way to Put Your Internet Portfolio in Order[J]. Harward Business Review. 2001(2).

这一方法中，基于公司协调性和项目存续性成为战略选择的重要因素(见图2-4)。

(1) 协调性(fit)。协调性可通过 5 条标准来衡量：与核心能力的协调、与其他公司项目的协调、与组织结构的协调、与公司文化和价值取向的协调以及技术实施的方便程度。每个电子商务项目都可以在 1 到 100 之间打分，并计算平均分。

(2) 存续性(viability)。存续性通过 4 条标准来衡量：潜在的市场价值、达到正规资金流的时间、人员需求和资金需求。不同类型的电子商务项目，可以针对上述每条标准在 1 到 100 之间打分，然后计算各标准的平均得分。

图 2-4 中的表格显示了与一个玩具电子市场相关的多个应用的评级情况。在图 2-4 中，互联网矩阵被分为 4 格，上述两个平均得分可以将不同的战略切入点项目放到互联网组合矩阵上。如果存续性和协调性都很低，那么项目被否决；如果都很高，那么项目被接受或被投资；如果协调性高而存续性低，那么项目被重新设计；如果协调性低而存续性高，那么项目被出售给其他人或者被拆分。

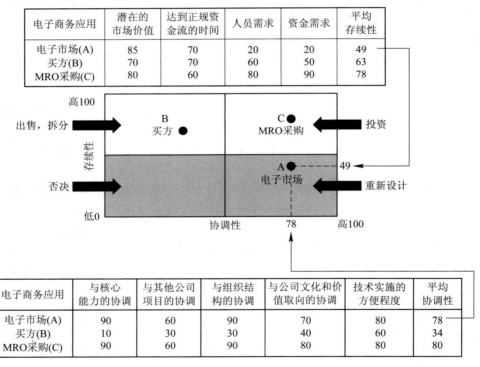

电子商务应用	潜在的市场价值	达到正规资金流的时间	人员需求	资金需求	平均存续性
电子市场(A)	85	70	20	20	49
买方(B)	70	70	60	50	63
MRO采购(C)	80	60	80	90	78

电子商务应用	与核心能力的协调	与其他公司项目的协调	与组织结构的协调	与公司文化和价值取向的协调	技术实施的方便程度	平均协调性
电子市场(A)	90	60	90	70	80	78
买方(B)	10	30	30	40	60	34
MRO采购(C)	90	60	90	80	80	80

图 2-4　适用于网络环境的电子商务战略方法

4. 企业电子商务战略的实施阶段

企业电子商务战略的实施可以分为四个阶段。

第一阶段：酝酿阶段。企业研究实施电子商务的条件，着手电子商务战略规划的启动。

第二阶段：交易阶段。企业在互联网上开设自己的网站，或在第三方电子商务平台上创建网页，展示企业的交易信息，开始在网上进行网络营销、网络广告等电子商务活动。

第三阶段：整合阶段。企业在虚拟市场上占据一定份额，电子商务开始渗透到企业多个业务部门，与电子商务配套的物流和售后服务不断完善。

第四阶段：转型阶段。企业根据电子商务的要求，结合 ERP 等进行业务流程重组，形成新的网络经济理念。

上述各个阶段与企业的业务联系如表 2-2 所示。

表 2-2 电子商务的四个阶段与企业的业务联系

阶段	第一阶段 酝酿阶段	第二阶段 交易阶段	第三阶段 整合阶段	第四阶段 转型阶段
电子商务战略	起草电子商务战略	电子商务战略成为企业战略的一部分	电子商务战略在企业战略中占据重要地位	电子商务战略导致企业战略的转变
企业战略	电子商务战略与企业战略还没有发生联系	企业战略开始重视电子商务战略	企业战略开始酝酿对商务流程的调整	企业战略根据电子商务战略进行调整
涉及范围	涉及少数几个职能部门	涉及多个职能部门，特别是重要的供销部门	涉及内部多个职能部门和外部少数企业	涉及相互联系的供应商、顾客和合作伙伴，有的企业形成跨企业联盟
收益状况	负收益	不明确，大部分没有盈利	交易成本降低，部分企业电子商务开始盈利	电子商务自身实现全面盈利
技术状况	开始使用网络收集信息	网站已经建立，能够进行双向沟通	形成完整的电子商务技术体系	能够跟踪电子商务新技术，不断更新技术设备
信息地位	主要用于企业战略	企业开始依赖网络信息	网络信息成为商务交易不可缺少的信息来源	企业战略依赖网络信息

5. 企业电子商务战略实施中的项目管理

企业电子商务战略的实施是一项复杂的系统工程。为了保证整个战略的成功实施，必须在企业中推行项目管理，向项目管理要效益，要速度。

项目管理是运用管理知识、工具和相关技术对某项工作的资金、时间、人力等资源进行控制的活动。项目管理分为五个阶段：项目启动、项目计划、项目执行、项目控制和项目收尾。项目管理最初是在国防和航天领域应用，现已广泛应用到信息产业、建筑业、制造业、金融业等行业甚至政府机关。目前，许多企业都采用项目管理来运作电子商务，使自己的组织变得更有效、更敏捷、更易于控制。项目管理的内容，也从主要关注的项目成本、进度(时间)和质量，扩展到集成管理、风险管理和沟通管理。

企业电子商务项目管理，需要重点考虑以下环节：

(1) 定义电子商务项目成功的标准。在电子商务项目开始时，要保证各方对于判断电子商务项目是否成功有统一的认识。通常，紧跟预定的进度是唯一明显的成功要素，但也要考虑增加市场占有率、获得指定的销售量或销售额、取得特定用户满意程度等要素。

(2) 建立项目经理负责制。项目经理负责制为电子商务项目在企业的有效实施提供了可靠的保证。电子商务项目经理应当是具有丰富知识及合理知识结构的高级复合型人才。

(3) 把握各种要求之间的平衡。每一个电子商务项目都需要平衡它的功能、人员、预算、进度和质量目标等五个方面要求。每一个方面都是一个约束条件，项目实施人员一般应在这些约束中进行操作，或在规定的范围内进行调整，在五个方面要求之间做出最佳平衡。

(4) 制订详细的实施计划。电子商务项目应当有详细的计划工作表和活动检查列表。这是一件具有相当难度的工作，需要认真地思考、沟通、权衡、交流、提问并且倾听意见。制订计划时多花一些时间，以后项目实施中带来的意外就会少一些。

(5) 加强质量控制活动。电子商务项目实施时，需要完整记录实施过程和完成情况，公开、公正地跟踪项目状态。发现质量问题应及时提出，并根据具体情况加以修改。

6. 企业电子商务战略实施中的战略调整

战略调整是一种特殊的决策，是企业经营发展过程中对过去选择的、目前正在实施的战略方向或线路的改变。

作为一家纯粹的计算机制造公司，美国苹果公司在音乐播放器 MP3 已经饱和的情况下，开发出 iPod 并通过 iTunes 及其后台的音乐库使播放器升级为音乐下载平台，开始了高度垂直整合产业链的战略调整。苹果公司通过垂直整合战略的实施营造了一个围绕其私有标准的封闭生态系统，实现了对产业链的高度控制。十几年前，苹果公司的市值还只有 100 亿美元，而到 2022 年 11 月 11 日，其市值达到 2.34 万亿美元，成为全球市值最大的公司。

作为一家电子商务领头公司，亚马逊的发展战略的调整高度注意把握时机。在发展的前期阶段，亚马逊的资本性支出主要用于打造遍布全球的现代物流体系以及网站的研发上，主要业务集中在线上零售，做大规模是其主要经营目标。在第二阶段，亚马逊由传统的线上零售公司向科技公司转型。2020 年以来，亚马逊网络服务(AWS)收入增长迅速，云计算业务成长为支柱业务，毛利率实现跨越式提升。

国内电子商务企业同样高度重视战略调整。2013 年，阿里巴巴集团将原有的七大事业群调整为天猫事业部、共享业务事业部等 25 个事业部。腾讯将所有业务划归到 7 大事业群，建立了有机的互联网生态。京东商城则将移动电子商务作为未来发展的重点，强调移动互联网不是传统电子商务的补充而是一种彻底的颠覆，京东的发展要符合未来移动战略。

电子商务是当今所有行业中发展最快的行业，也是变化最多的行业。开展电子商务的企业需要不断调整自己的战略方向，审时度势，利用技术创新和商业模式创新实现企业的成功转型。

参 考 文 献

[1] 李希光. 习近平的互联网治理思维[EB/OL]. (2016-06-15)[2024-09-20]. http://theory.people.com.cn/n1/2016/0615/c352498-28447595-2.html.

[2] 商务部, 中央网信办, 发展改革委. "十四五"电子商务发展规划[EB/OL]. (2021-10-09)[2024-09-20]. http://www.mofcom.gov.cn/article/zcfb/zcwg/202202/20220203282001.shtml.

[3] 塔菲克·杰拉希. 电子商务战略：通过电子商务和移动电子商务创造价值概念与案例[M]. 3版. 大连：东北财经大学出版社, 2015.

[4]   克里斯·奥拉姆. 电商战略：数字时代的精准战略社[M]. 朱玲，译.北京：中信出版社，2017.

[5]   36氪的朋友们. 2019电商战略盘点：阿里系统，拼多多工厂[EB/OL]. (2019-02-13)[2024-09-20]. https://36kr.com/p/1723206352897.

备课教案   电子课件   引导案例与教学案例   习题指导

第三章
网络技术基础

电子商务的开展需要强大的网络技术支持。本章将对从事电子商务活动所必须掌握的网络技术基础进行研究，包括互联网的概念与构成、互联网的接入方法、互联网的基本服务、TCP/IP 协议、域名的基本知识及其申请等。

3.1　互联网的概念与构成

学思践行

2022 年世界互联网大会乌镇峰会上，国家主席习近平在贺信中指出：“当今时代，数字技术作为世界科技革命和产业变革的先导力量，日益融入经济社会发展各领域全过程，深刻改变着生产方式、生活方式和社会治理方式。”[①]

习近平主席的贺信充分体现了对数字化发展趋势的深刻洞察。数字技术在财富创造、效率提升、促进交流等方面具有不可替代的价值。让数字技术更好造福人类，是国际社会的共同责任。当前，新一轮科技革命和产业变革方兴未艾，带动数字技术快速发展，世界各国都把推进经济数字化作为实现创新发展的重要动能。我们要主动开拓数字经济发展新局面，激发数字经济新活力。

3.1.1　互联网的起源与发展

1. 互联网的起源

互联网(Internet)由“国际的(International)”和“网络(Network)”组成。互联网最初起源于 ARPAnet(阿帕网)。阿帕网是 20 世纪 60—70 年代，由美国国防部资助，ARPA(Advanced Research Projects Agency)承建的，目的是通过这个网络把美国的几个军事及研究用计算机主机连接起来，形成一个新的军事指挥系统。这个系统由一个个分散的指挥点组成，当部分指挥点被摧毁后，其他点仍能正常工作，而这些分散的点又能通过某种形式的通信网取得联系。在互联网面世之初，由于建网是出于军事目的，参加试验的人又全是熟练的计算机操作人员，因此，没有人考虑过对互联网的界面及操作方法加以改进。

2. 互联网的第一次快速发展

互联网的第一次快速发展出现在 20 世纪 80 年代。当时，网络技术取得巨大进展，涌

---

① 新华网. 习近平主席致 2022 年世界互联网大会乌镇峰会的贺信引发热烈反响[EB/OL]. (2022-11-10) [2023-11-23]. http://politics.people.com.cn/n1/2022/1110/c1001-32562669.html.

现出大量的局域网，奠定了建立大规模广域网的基础。1981 年，美国全国科学基金会 (National Science Foundation)提出了发展 NSFNet 的计划，开发了具有五个超级计算机中心的大网络——NSFNet，把美国全国大学和学术机构已经建成的一批地区性网络连接起来。

最初，NSFnet 曾试图用 ARPANet 作为 NSFNet 的通信干线，但由于 ARPAnet 属于军用性质，所以要把它作为 Internet 的基础并不是一件容易的事情。1982 年，在 ARPA 的资助下，加州大学伯克利分校将 TCP/IP 协议嵌入 UNIX BSD 4.1 版，极大地推动了 TCP/IP 的应用。1983 年，TCP/IP 成为 APRANet 的标准通信协议，标志着真正意义上的 Internet 出现了。1988 年底，NSF 把美国全国建立的五大超级计算机中心用通信干线连接起来，组成全国科学技术网 NSFNet，并以此作为互联网的基础，实现了同其他网络的联结。

3. 互联网的第二次飞跃

互联网第二次飞跃应当归功于互联网的商业化。20 世纪 90 年代以前，互联网的使用一直局限于研究和学术领域，商业性机构进入互联网受到多种困扰。1991 年，General Atomics、Performance Systems International、UUNet Technologies 3 家公司组成了"商用互联网协会"(Commercial Internet Exchange Association)，宣布用户可以把互联网子网用于任何的商业用途。因为这 3 家公司分别经营着自己的 CERFNet、PSINet 及 AlterNet 网络，可以在一定程度上绕开由美国国家科学基金出资的互联网主干网络 NSFNet 而向客户提供互联网联网服务。其他互联网的商业子网也看到互联网商业应用的巨大潜力，纷纷做出类似举措。1991 年，专门为 NSFNet 建立高速通信线路的 Advanced Network and Service Inc.公司也宣布推出名为 CO＋RE 的商业化互联网骨干通道，使工商企业终于可以堂堂正正地从正门进入互联网。

4. 互联网的完全商业化

商业机构一踏入互联网，很快就发现了它在通信、资料检索、客户服务等方面的巨大潜力。于是，世界各地的企业及个人纷纷涌入互联网，带来了互联网发展史上一次质的飞跃。到 1994 年年底，互联网已通往全世界 150 个国家和地区，连接着 3 万多个子网、320 多万台计算机主机，直接的用户超过 3500 万，成为世界最大的计算机网络。

看到互联网的羽翼丰满，NSFnet 意识到已完成自己的历史使命，于 1995 年 4 月 30 日正式宣布停止运作。代替它的是由美国政府指定的 3 家私营企业：Pacific Bell、Ameritech Advanced Data Services and Bellcore 以及 Sprint。至此，互联网的商业化彻底完成。

5. 中国互联网的应用

1994 年 4 月 20 日是一个永载史册的日子，在国务院的支持下，经过科研工作者的艰辛努力，连接着数百台主机的中关村地区教育与科研示范网络工程成功实现了与国际互联网的全功能链接。

在随后两年多时间里，中国科技网(CSTNET)、中国公用计算机互联网(CHINANET)、中国教育和科研计算机网(CERNET)、中国金桥信息网(CHINAGBN)相继开工建设，开始了全面铺设中国信息高速公路的历程。

从 1997 年开始，中国互联网步入快速发展阶段，免费邮箱、新闻资讯、即时通信一时间成为最热门的应用。伴随着中国互联网应用的快速普及，中国网民数量也在不断攀升，2008 年 6 月达到 2.53 亿，首次大幅度超过美国，跃居世界首位。

2024 年 4 月 20 日，中国迎来全功能接入国际互联网 30 周年。中国已建成全国规模最大、技术领先的互联网通信网络，互联网已经成为中国社会经济运行的基本要素和基础支撑。互联网在支撑经济社会进步中发挥了越来越大的作用。2003 年非典(SARS)爆发期间，互联网技术支撑下的视频会议系统让异地相隔的通信交流成为现实。2020—2022 年，新冠疫情持续爆发，互联网强力支撑"疫情防控"，不仅使隔离的人们通过语音、视频等各种形式方便地交流，而且在物资保障、资源调配等方面发挥了巨大作用。

3.1.2　互联网的概念与发展趋势

1. 互联网的概念与特点

从概念上讲，互联网是由多个网络互联而成的一个单一而庞大的网络集合，是一个建立在计算机网络之上的网络；在组织结构上，互联网是基于共同的通信协议(TCP/IP)，通过路由器(Router)将多个网络联结起来所构成的一个新网络，它将位于不同地区、不同环境、不同类型的网络互联成为一个整体；在逻辑上，它既是独立的又是统一的，也就是说，对所有用户而言，互联网是一个统一的网络，而对于每个用户而言，又可以独立操作。图 3-1 是一种常见的互联网结构。

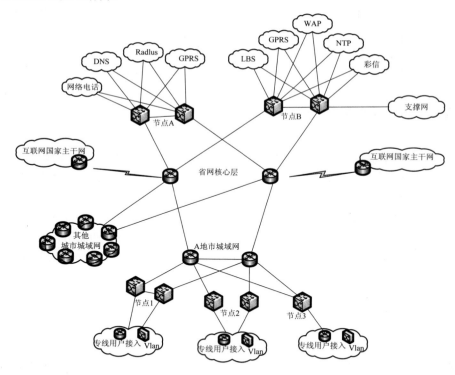

图 3-1　互联网结构示意图

相对于其他计算机网络，互联网有许多鲜明的特点：

(1) 全球信息传播。互联网为世界各地的网民提供了双向信息交换的途径：既可以从网上即时获得各方面的最新信息，也可以发布自己的信息和看法。

(2) 信息容量大、时效长。由于计算机存储技术提供了近乎无限的信息存储空间，因而互联网已成为全球最大的信息资源库。信息一旦进入发布平台，即可长期存储，长效发布。

（3）检索使用便捷。互联网信息检索方便，传输速度迅速。通过网络搜索引擎，可以容易检索出全球大部分生产销售某种产品的厂商，并实现与厂商的直接接触。

（4）入网方式灵活多样。互联网所采用的 TCP/IP 协议成功地解决了不同硬件平台、不同网络产品和不同操作系统之间的兼容性问题。只要采用 TCP/IP 协议，任何计算机都可以成为互联网的一部分。

2. 新一代互联网体系结构

互联网是网络空间技术体系的重要基础设施，是各种通信技术和应用基础技术之间的"平台"。新一代互联网体系结构的发展将在保持互联网的核心和设计原则相对稳定的基础上，谨慎地改变和约束其扩展的基本要素，重点解决现有互联网体系结构的单一可扩展性和互联网功能的复杂多样性之间的矛盾，实现多维可扩展性(见图 3-2)。这种多维可扩展性包括：

（1）规模可扩展。下一代互联网不再局限于人与人、人与服务的连接，人与物的连接、虚实场景的融合将大大拓展互联网的覆盖规模。

（2）性能可扩展。随着网络节点和链路数量的增长，网络的性能(如带宽利用率、网络核心设备资源利用率)和端到端性能能够继续得到相应的增长。

（3）安全可扩展。网络中安全机制的性能和效用能够随着该机制部署规模的扩大而得到相应的增长。

（4）服务可扩展。网络服务的可部署性能够随总体服务规模的增长得到相应的增长。

（5）功能可扩展。网络中的各种功能可以在一个统一的体系结构框架下进行扩展，例如网络的单播、组播、隧道等。

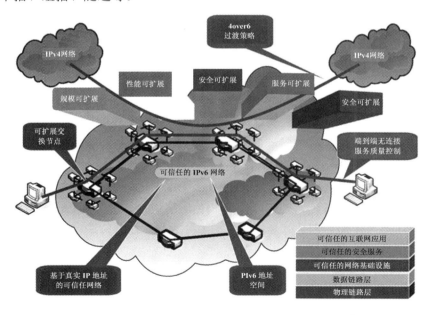

图 3-2　具有多维可扩展性的新一代互联网体系结构[①]

[①] 吴建平，刘莹，吴茜. 新一代互联网体系结构理论研究进展[J]. 中国科学 E 辑：信息科学，2008(10)：1540-1564.

计算机是网络空间的最基本的计算细胞，各种计算终端、服务器和超级计算机通过互联网连在一起，支撑了云计算、物联网、智慧城市、大数据、人工智能、区块链等一系列应用基础技术，进而构建了各种不同行业领域的互联网，以及各种各样的具体应用系统。

3.1.3　互联网的构成

1. 网络硬件

构成网络的硬件主要包括数据终端设备(Data Terminal Equipment，DTE)和数据通信设备(Data Communicate Equipment，DCE)。DTE 是连接到网络中的用户端机器，主要有路由器、终端主机等。DCE 是有一定的数据处理和收发能力的设备，主要有集线器、网卡等。

(1) 路由器(Router)。路由器是互联网的主要节点设备。路由器能够按照某种路由通信协议，查找路由表。如果到某一特定节点有一条以上的路径，则选择最优(或最经济)的传输路径。为了便于在网络间传送报文，路由器总是先按照预定的规则把较大的数据分解成适当大小的数据包，再将这些数据包分别通过相同或不同的路径发送出去。在这些数据包按先后次序到达目的地后，再把分解的数据包按照一定顺序包装成原有的报文形式。

(2) 服务器(Server)。服务器是一种存储器共享型的多用户处理机，它从多机的角度提供业务所需的计算、联网、数据库管理和各类接口服务。服务器可分为 Web 服务器、E-mail 服务器、数据库服务器、DNS 服务器等。

(3) 交换机(Switch)。交换机是连接路由器与服务器、客户机的设备。交换机中有一张路由表，如果知道目标地址在何处，就把数据发送到指定地点；如果不知道，就发送到所有的端口，通过过滤可以帮助降低整个网络的数据传输量。交换机还可以把网络拆解成网络分支，分割网络数据流，隔离分支中发生的故障，从而提高整个网络的效率。

(4) 集线器(Hub)。集线器是一种集成电路连接的网络部件，主要工作是担任某个区域的网络线集合中心。通过集线器可以使用网络管理软件得知网络问题所在(例如某个网络接口出现故障，或者资料传输冲突的问题)，以方便管理整个网络。

(5) 网卡(NIC)。网卡又称网络适配器(Network Interface Card)，其内核是链路层控制器。主要功能是提供固定的网络地址；接收网线上传来的数据，并把数据转换为本机可识别和处理的格式；通过计算机总线传输给本机；同时，把本机要向网上传输的数据按照一定的格式转换为网络设备可处理的数据形式，通过网线传送到网上。

2. 网络操作系统

网络操作系统(Net Operation System，NOS)是网络用户与计算机网络之间的接口，是使网络上各计算机能方便而有效地共享网络资源，并为网络用户提供所需的各种服务的软件和有关规程的集合。最流行的网络操作系统主要有 Windows、UNIX、Linux 等。

1) Windows 操作系统

Windows 操作系统是美国微软公司开发的窗口化操作系统，是世界上使用最广泛的网络操作系统。2021 年 11 月，微软发布了 Windows Server 2022。Windows Server 2022 在三个关键主题上引入了多个创新：安全性、Azure 混合集成和管理以及应用程序平台。

(1) 安全体系。新增安全功能结合了 Windows Server 中跨多个领域的其他安全功能，以提供针对高级威胁的深度防御和保护。包括安全核心服务器、硬件信任根、固件保护、UEFI 安全启动、内核数据保护 (KDP)、安全 DNS 加密等。

(2) 混合云。内置混合云功能，让本地服务器可以像云原生资源一样在 Azure①云平台进行统一管理，并配置高级多层安全性硬件和软件。

(3) 管理中心。用于管理 Windows Server 2022 的 Windows Admin Center 的改进，包括报告上述安全核心功能的当前状态，在适用情况下允许客户启用这些功能。

(4) 应用平台。提高了 Windows 容器的应用兼容性，支持使用 Calico 实施一致的网络策略；更新了的 Windows Admin Center 使其可以轻松容器化 .NET 应用程序。

(5) 网络性能改进。对 UDP②的数据传输和接收路径进行改进，合并数据包并减少进行 UDP 处理的 CPU 使用率；使用 TCP HyStart++ 来减少连接启动期间的数据包丢失，并使用 RACK 来减少重发超时 (RTO)。

(6) 全自动诊疗。自动提供用户需要的服务，包括监控、备份、补丁、安全等，主动检测自动修正。

(7) 支持 WSL2。借助 WSL2，微软开始随 Windows 一起发布完整的 Linux 内核，从而实现完整的系统调用兼容性。

2) UNIX 操作系统

UNIX 操作系统最早是在 20 世纪 60 年代由贝尔实验室开发的，是一个技术成熟、功能强大和结构复杂的网络操作系统。在很多硬件平台上，都可以找到合适的 UNIX 操作系统。目前最主流的 UNIX 操作系统有 Oracle 公司的 Solaris 和 Xinuos 公司的 OpenServer、UNIXWare。2020 年，苹果电脑操作系统新版本 macOS Big Sur 将 UNIX 操作系统的强大功能和苹果电脑的易用性相结合，有效提高了电脑的运行速度和电池寿命。

(1) Solaris。Solaris 是 Oracle 公司研发的 UNIX 操作系统，是一种多任务、多处理器的操作系统。Oracle Solaris Studio 11.4 作为一个企业操作系统，能够为企业云环境以及开发和运维活动提供安全性、高速度和简单性，让用户可以快速配置公共和私有云环境；提高数据中心的效率，实现 Red Hat Enterprise Linux、IBM AIX 和 HP-UX 的安全迁移。该系统提供了新的可观察性工具系统 Web 界面，将 StatsStore 数据、审计事件等集成到一个集中的、可自定义的基于浏览器的界面中，用户可以一目了然地查看当前和过去的系统行为。服务管理框架(Service Management Framework)功能可自动监视和重新启动关键的应用程序和服务。2022 年的最新版本是 Oracle Solaris 11.4.42。

(2) OpenServer 和 UNIXWare。Xinuos 公司的 UNIX 产品分为 OpenServer 和 UNIXWare 两大系列。Xinuos OpenServer10™是基于 Intel 硬件平台的、商业化的 64 位 UNIX 操作系统。它能够承担多项任务，支持各类应用程序、网络服务、邮件、Web 浏览、文件和打印服务，适合于运行客户机/服务器应用程序，在政府部门、中小企业等领域得到了广泛应用。SCO UnixWare7 是改进版的 UNIX 操作系统，有更多的应用程序的选择。SCO UnixWare7.1.4(企业版)能够为虚拟机运行提供支持，并具有更高的安全标准。

---

① Microsoft Azure 是微软基于云计算的操作系统。
② UDP 是 User Datagram Protocol 的简称，中文名是用户数据报协议，是 OSI(Open System Interconnection, 开放式系统互联) 参考模型中一种无连接的传输层协议，提供面向事务的简单不可靠信息传送服务。

3) Linux 操作系统

Linux 是由芬兰的 Linus Torvalds 发明设计的。从一开始，作者就确立了免费和公开源代码的原则，因此世界范围得到了大批程序员和爱好者的关注和帮助。经过数年的集体努力，其缺陷被不断修补，配套软件大量产生，终于成为一个相当完善的操作系统。

Linux 适用于多种硬件平台，如 IBM PC 及其兼容机、Apple Macintosh 计算机(苹果机)、Sun 工作站等。它的稳定性好，很少出现在某些操作系统上常见的死机现象。它符合 UNIX 的标准，这使 UNIX 下的许多应用程序可以很容易地移植到 Linux 下。Linux 还具有强大的网络功能。它支持 TCP/IP 协议，支持网络文件系统(NFS)、文件传送协议(FTP)、超文本传送协议(HTTP)、点对点协议(PPP)、电子邮件传送和接收协议(POP/IMAP)及 SMTP 等，可以轻松地与 Novell NetWare 或 Windows NT 等网络集成在一起。

随着 Linux 应用的普及，其在桌面系统方面也有了长足的进步。2022 年 8 月，我国开发的 Deepin 23(深度操作系统 23)发布。该版本基于 Linux 内核，是以桌面应用为主的开源 GNU/Linux 操作系统，支持笔记本、台式机和一体机。我国开发的 RedFlag Desktop Linux 10 桌面操作系统，使用 v4.18Linux 内核，常年入围中央政府采购和中直机关采购名录，产品累计销量超过 2000 万套，下载次数超过一亿次。该系统符合国家制定的 Linux 标准和 LSB4.1 的认证标准，广泛兼容家用商用笔记本、台式机和瘦客户机。2024 年，红旗 Linux 桌面操作系统 v11 社区预览版发布。

3. 网络

1) 局域网(LAN)

局域网(Local Area Network)是指在一个有限地理区域内，负责数据处理的通信设备与电子设备互联在一起的通信网络。局域网的直径范围一般在几十千米以内，完全归一个机构管理。例如，在一个校园内，或者在一个建筑物内。局域网络连接的方式有两种，一种是用"同轴电缆线"将电脑一部部连在一起，就像一列火车一样，而网络的主机就好像是火车头。这种网络的优点是成本低，但是一旦其中一部电脑出问题，整个网络就不通了。另一种方式则是使用集线器(Hub)，将所有的电脑分别连接到集线器上，然后通过集线器来传递资料，若当中一部电脑有问题，也不会影响到整个网络，而且资料传递的速度较快。

2) 广域网(WAN)

广域网(Wide Area Network)是指覆盖范围广、以数据通信为主要目的的数据通信网。一般来说，超过局域网范围的网络，就称作广域网。广域网一般是指距离在几十千米或几百千米以上规模的计算机网络。因此，一个省份、一个国家的网络都是广域网，而把所有国家的广域网连接起来，就是我们所说的互联网(Internet)了。

广域网与局域网既有联系又有区别。局域网强调的是资源共享，广域网看重的是数据通信。对于局域网，人们更多关注的是如何根据应用需求来规划网络，并进行系统集成；对于广域网，侧重的则是网络能够提供什么样的数据传输业务，以及用户如何接入网络等。

3) Intranet(内联网)

Intranet 是 Intra-business Internet 的缩写。Intranet 是指在现有的局域网基础上，运用 Internet 网络技术，在企业内部所建立的网络系统。Intranet 的信息存取只限于企业内部。

它是在安全控制下连接的 Internet。Intranet 系统大多设有防火墙程序，以避免未经授权的人进入。由于 Intranet 系统建立成本较低，因而发展迅速。企业有了 Intranet，一方面可以节省许多文件的往来时间，方便沟通管理并降低管理成本，另一方面可通过网络与客户进行双向沟通，适时提供特色的产品与服务，并且提升服务品质。

4）Extranet(外联网)

Intranet 使公司在远地的分支机构能够通过互联网链路合法访问存储在总公司服务器中的公司信息。这种 Intranet 功能的进一步提升，赋予与企业有密切业务往来的企业和客户以较大的权限，允许他们访问公司的信息库，这就形成了 Extranet。Extranet 实质上是 Intranet 的扩展。Extranet 不再局限于单个企业内部，而是把相互合作的企业连接在一起。

Extranet 实施中有两个难点。首先，由于 Extranet 涉及两个以上的企业，必须预先考虑到有关公司之间合作的问题。其次，由于 Extranet 分布于不同的地理位置，加大了网络安全保障的难度，因而需要设置更高等级的防火墙和网络安全设备来保证网络的正常运行。

图 3-3 显示了某玩具公司内联网、外联网和互联网连接的情况。

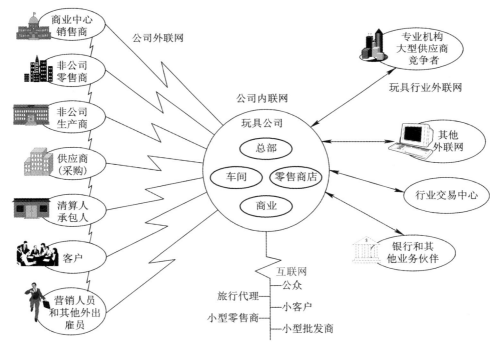

图 3-3　一个玩具公司的网络结构①

5）互联网系统

互联网是众多计算机网络的互联系统，这一系统从地域角度来看，可以分成局域网和广域网；从使用角度来看，可以分为核心层、边缘层和接入层。从技术角度来看，局域网和广域网基本相同，都是由路由器和光纤网组成的，不同的是速率和容量。

① EFRAIM T，DAVID K，JAM L. Electronic Commerce：A Managerial Perspective[M]. New Jersey：Person Education International. 2002.

核心层由核心路由器或 ATM 骨干交换机组成；边缘层由边缘路由器或 ATM 接入交换机组成；接入层由包括网关在内的接入服务器和 PSTN(公共交换电话网)、ISDN(综合业务数字网)、DDN(数字数据网)等多种接入方式组成。图 3-4 显示了一个互联网系统的基本组成。

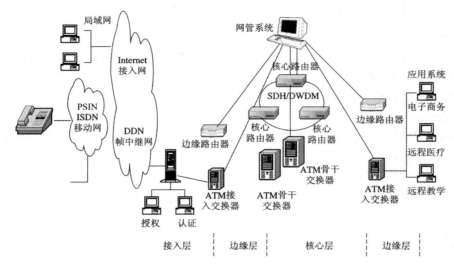

图 3-4　互联网系统的基本组成

4. 客户机/服务器系统结构

客户机/服务器系统是由客户机、服务器构成的一种网络计算环境，它把应用程序所要完成的任务分派到客户机和服务器上共同完成。客户机是指用来与数据提供者(服务器)通信的软件和硬件。一个用户一次通常只使用一个特定的客户机。客户机与服务器相连，发送和接收信息。服务器一般是指能向多个客户端同时提供数据的大型计算机。端口监督程序是指向其他程序提供服务的程序，通常用在网络上，它接收和处理来自客户端的请求，然后将结果返回给发出请求的客户机。

从本质上说，客户机/服务器系统把应用分为两部分，一部分运行在用户的计算机上，另一部分运行在服务器上。如果用户希望访问某一个记录，可以通过客户机向服务器发送请求，服务器将定位客户机请求的记录，并将记录发往发出请求的客户机。图 3-5 是客户机/服务器的一个典型的运行过程，它包括 5 个主要的步骤：

(1) 服务器监听相应窗口的输入；

(2) 客户机发出请求；

(3) 服务器接收到此请求；

(4) 服务器处理这个请求，并把结果返回给客户机；

(5) 重复上述过程，直至完成一次会话过程。

图 3-5 只是客户机/服务器运作过程的最基本的描述。事实上，不同的服务在具体运行细节方面存在很大的差异，但基本原理完全相同。

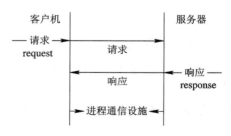

图 3-5　客户机/服务器运行过程

3.1.4　互联网常用的接入方式

互联网的接入方式有许多种，目前较多使用 ISDN 接入、DSL 接入、光纤接入、HFC接入、无线接入等。

1. ISDN 接入

ISDN(Integrated Service Digital Network)是综合业务数字网的简称，它是以综合数字电话网(IDN)为基础发展而成的，能提供端到端的数字连接。它可以将电话、传真、数据、图像等多种业务在同一个网络中传送和处理。ISDN 有窄带与宽带之分，分别称为 N-ISDN(Narrowband-ISDN)和 B-ISDN (Broadband- ISDN)，无特殊说明，ISDN 指 N-ISDN。N-ISDN 以公用电话交换网为基础，而 B-ISDN 以光纤作为干线和传输介质。

企业局域网通过 ISDN 接入互联网的方案主要有三种：代理服务器、账号共享器、路由器。代理服务器由软件实现，不需其他硬件设备，但不太稳定；账号共享器由硬件实现，稳定性较好，但需要账号共享器与终端设备兼容；路由器由硬件实现，速度快，稳定性好，通过 ISDN 接入 Internet 的路由器方案如图 3-6 所示。

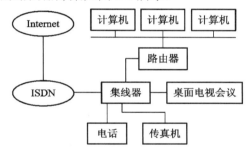

图 3-6　通过 ISDN 接入 Internet 的路由器方案

2. DSL 接入

DSL(Digital Subscriber Line，数字用户线路)技术可以分为非对称 DSL(如 ADSL)和对称 DSL(如 SDSL、HDSL)。

非对称数字用户线路(ADSL，Asymmetric DSL)是通过现有的普通电话线为家庭、办公室提供宽带数据传输服务的技术。所谓的非对称，是指其上下行速率不等，即高下行(下载)速率和相对较低的上行(上传)速率。ADSL 特别适用于视频节目点播，在可视会议、远程办公、远程医疗、远程教学等方面也有广泛的应用(见图 3-7)。

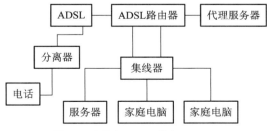

图 3-7　通过 ADSL 接入 Internet

对称 DSL 方式适合多数商业用户的需要，即他们需要一定的对称带宽，以满足宣传商

品、销售结账的需要。

3. 光纤接入

光纤接入方式是利用光纤传输技术，直接为用户提供宽带(B-ISDN，可达到几十或几百 Mb/s)的双向通道接入方式。光纤接入方式具有频带宽、容量大、信号质量好和可靠性高等优点，能够有效缓解用户信息业务增长与网络信息传输速度不适应的矛盾，被认为是宽带用户接入网的发展方向。光纤直接到家，不受外界的干扰也无信息泄漏问题。

光纤接入过程中的主要设备有：光纤熔接包、光纤熔接盒、光猫、ONU 设备等。

(1) 光纤熔接包可用来固定和保护光缆熔接点不被破坏。

(2) 光纤熔接盒又称终端盒(OLT)，是用来把光缆转换成带有能够插光纤设备插头的尾纤。

(3) 光猫分为卡式猫和台式猫两种类型，主要表示设备链接情况。

(4) 远端网络单元(ONU)设备是配合 OLT 设备使用的。

图 3-8 是家庭宽带光纤接入拓扑图。

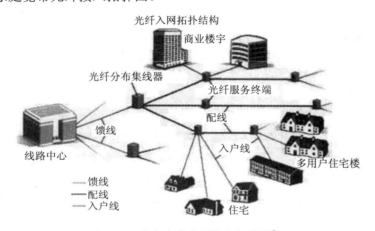

图 3-8　家庭宽带光纤接入拓扑图①

随着光纤网络发展，10G PON (Passive Optical Network，无源光网络)、5G 与千兆宽带网络的规模部署应用，将会进一步扩展到全光家庭、工业园区、数据中心等，实现更广泛的万物互联，引领未来数字新生活。

4. HFC 接入

混合光纤/同轴电缆(HFC，Hybrid Fiber-Coaxial)接入是在传统的有线电视(Community Antenna TeleVision，CATV)网络上进行改造而来的，是将新铺设的光纤和有线电视同轴电缆相结合的一种混合网络。HFC 将光缆先敷设到居民小区的光节点，然后在节点进行光电转换，最后通过同轴电缆网连接到用户。原有线电视网中主干部分的同轴电缆换为光缆，用户侧仍保留使用已有的同轴电缆。

5. 无线接入

无线接入(Wireless Access)是以无线技术(主要是移动通信技术)为传输媒介向用户提供固定的或移动的终端业务服务，并可将个人电脑、手持设备(如 PDA、手机)等终端以无线

① 连伟亮. 家庭宽带光纤接入技术研究[J]. 无线互联科技，2017 (9)：13-14.

方式互相连接。无线接入技术能够使无线网络与有线公共网完全互联，并且它具有应用灵活、安装快捷的特点，适用于移动人群。目前，无线接入技术正在向高速无线接入发展，MMDS(无线电缆网)接入、DBS(直播卫星系统)接入等高速接入技术已经开发成功，成为网络接入技术的一个新领域。无线接入网在整个通信网中的位置如图 3-9 所示。

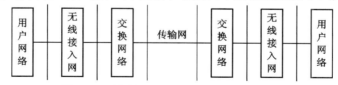

图 3-9　无线接入网在整个通信网中的位置

根据网络信息传输距离的长短，无线网络包括无线广域网和无线局域网。无线广域网(WAN)一般用来连接广阔区域中的 LAN 网络，它的覆盖范围可以遍布整个城市、国家，甚至全球。无线局域网(LAN)的覆盖范围是在一个有限的地理范围内(几公里或十几公里内)，常用于一幢大楼、一个学校或一个企业。前者技术以 4G、5G 为代表；后者则以 IEEE 802.11 系列(如 Wi-Fi)、蓝牙、WiMAX 等为代表。

WiFi 是无线保真(Wireless Fidelity)的缩写，是一种可以将个人电脑、手持设备等终端以无线方式互相连接的技术，由 WiFi 联盟(Wi-Fi Alliance)所持有。Wi-Fi 联盟于 2018 年 10 月正式确立 802.11ax 标准，并将其命名为 Wi-Fi6。与以前 Wi-Fi 标准相比，Wi-Fi6 采用了多用户多入多出技术(MU-MIMO)和正交频分多址(OFDMA)，使得网络速度和容量最大化，最大理论速率达到 600 Mb/s～9607 Mb/s。图 3-10 描述了 Wi-Fi 的总体拓扑结构。

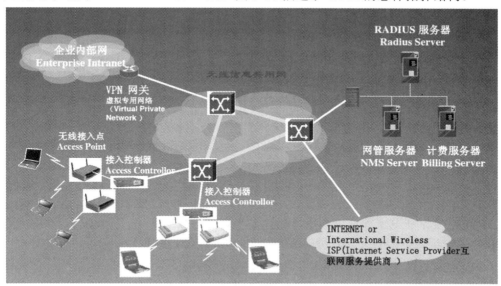

图 3-10　Wi-Fi 的总体拓扑结构

3.1.5　互联网技术的最新发展

1. 人工智能技术

人工智能(Artificial Intelligence，AI)是研究、开发用于模拟、延伸和扩展人的智能的理论、方法、技术及应用系统的一门新的技术科学，主要研究自动推理和搜索方法、机器学习和知识获取、知识处理系统、计算机视觉、智能机器人、自动程序设计等内容。人工智能具备"快速处理"和"自主学习"两种能力，已在电子商务很多领域开始应用。

(1) 客服机器人。京东开发的 JIMI 客服机器人通过大数据的分析，能够自主判断出用户的需求、品味、脾气等特点，可以实现即时的个性化应答，主动地进行关怀交流，从售前到售后对用户体验给予改善。这是一个典型的人工智能在客户服务领域的应用。

(2) 动态定价智能系统。线上电商平台的商品品种和存量远远超过线下超市，调整商品价格工作非常复杂。利用动态定价智能系统可以从多维度进行综合分析，对库存量、价格变化、销售状况等各环节进行智能控制，并根据企业的运营策略随时调整商品的定价。

(3) 精准营销智能系统。人工智能技术可以让机器自主学习，然后做出精准的推荐和预测。从发展趋势看，人工智能的精准营销具有广阔的前景。

(4) 智能征信体系。普惠金融的发展对征信提出了越来越高的要求，快速授信已经成为社会的需求。依靠人工智能和大数据新技术，征信覆盖了更广泛的人群，提供了更即时的服务触达、更精确的需求洞悉和更强大的风险防控。

2. 大数据技术

大数据(Big Data)一般是指在 10 TB (1 TB = 1024 GB)规模以上的且无法用传统数据库工具对其内容进行抓取、管理和处理的数据。大数据技术是综合运用采集、导入/预处理、统计/分析、挖掘等技术，通过对海量数据的系统分析，以获得具有指导意义的数据结果。我国现已形成了以 8 个国家大数据综合试验区为引领，京津冀、长三角、珠三角和中西部四个聚集区域协同发展的格局。

大数据技术应用主要包括 5 个方面：

(1) 可视化分析。可视化分析能够直观地呈现大数据特点，同时能够非常容易地被读者所接受，就如同看图说话一样简单明了。

(2) 数据挖掘算法。各种数据挖掘的算法通过不同的数据类型和格式深入数据内部，挖掘出公认的价值。

(3) 预测性分析。从大数据中挖掘出特点，通过科学地建立模型，之后便可以通过模型代入新的数据，从而预测未来的数据。

(4) 网络数据挖掘。利用数据挖掘，可以从网络用户的搜索关键词、标签关键词、或其他输入语义，分析，判断用户需求，从而实现更好的用户体验和广告匹配。

(5) 数据质量和数据管理。高质量的数据和有效的数据管理，无论是在学术研究还是在商业应用领域，都能够保证分析结果的真实和有价值。

3. 区块链技术

区块链(Blockchain)技术是一种按照时间顺序将数据区块以顺序相连的方式组合成的一种链式数据结构，且以密码学方式保证的不可篡改和不可伪造的分布式账本。区块链是分布式数据存储、点对点传输、共识机制、加密算法等计算机技术的新型应用模式，本质上是一个去中心化的数据库。

我国区块链技术在票据、电子存证、食品供应链、跨境支付、电子政务等领域取得一系列成果。2018 年，首张区块链电子发票在深圳问世，成为我国首个"区块链+发票"的落地应用；北京互联网法院推出"天平链"平台，用于存储案件证据，保证数据的真实性和隐私性；蚂蚁金服、京东相继使用区块链推出生鲜食品从生产到超市的溯源服务平台，以提升食品供应链透明度；中国银行通过区块链跨境支付系统，成功完成河北雄安与韩国首尔两地间客户的美元国际汇款；济南高新区上线试运行智能政务协同系统，利用区块链技术实现电子政务外网与各部门业务专网的互联互通、在线协同，提高政府工作效率。

为了规范区块链信息服务活动，维护国家安全和社会公共利益，保护公民、法人和其他组织的合法权益，促进区块链技术及相关服务的健康发展，2019 年 2 月 15 日，我国开始施行国家互联网信息办公室颁布的《区块链信息服务管理规定》。

4. 云计算

云计算(Cloud Computing)是一种基于互联网的计算方式，通过这种方式，共享的软硬件资源和信息可以按需求提供给计算机和其他设备。云是网络、互联网的一种比喻说法。按照美国国家标准与技术研究院(National Institute of Standards and Technology，NIST)的定义，云计算是一种按使用量付费的模式，这种模式提供可用的、便捷的、按需的网络访问，进入可配置的计算资源共享池(资源包括网络，服务器，存储，应用软件，服务)，这些资源能够被快速提供，只需投入很少的管理工作，或与服务供应商进行很少的交互。

2023 年，我国云计算市场规模达 6165 亿元，同比增长 35.5%，大幅高于全球增速[①]。其中，阿里云、天翼云都跻身全球云服务商第二梯队，腾讯云、百度云、华为云也有很好的表现。图 3-11 反映了云计算网络技术的整体运行框架。

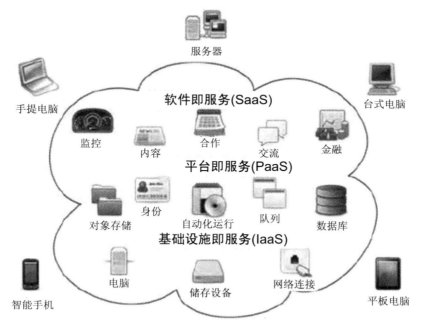

图 3-11 云计算网络技术的整体运行框架

---

① 中国信息通信研究院. 云计算白皮书(2024 年)[EB/OL]. (2024-07-23)[2024-09-20]. http://www.caict.ac.cn/kxyj/qwfb/bps/202407/t20240723_488241.htm .

5. 移动互联网技术

新型的移动互联网技术主要包括：

(1) HTML5。HTML5逐渐成为新一代网络标准。该技术是专门为承载丰富的 Web 内容而设计的，并且无须额外插件。它具有跨平台特征，对于提供跨多个平台应用的移动运营商来说是一项重要的技术。

(2) 新的 Wi-Fi。新的 Wi-Fi 标准，如 802.11ac、11ad、11aq 和 11ah，将提高 Wi-Fi 性能，使 Wi-Fi 成为移动应用更重要的技术部分，并且使 Wi-Fi 能够提供新的服务。

(3) 虚拟现实。智能手机将成为 AR(Augmented Reality，增强现实)技术主流消费应用平台，将消费者置于商品效果叠加真实场景中，使消费者直接获得现实中消费的体验。

(4) 高精确度移动定位。移动互联网技术的发展将大大提高目前的定位精度。准确的定位技术与移动应用的结合将产生新一代非常个性化的服务。

(5) 企业移动管理。企业移动管理包括移动设备管理、移动应用管理、包装和集装箱运输自动化以及企业文件共享。

6. 物联网技术

物联网(The Internet of Things)是新一代信息技术的重要组成部分。顾名思义，物联网就是物物相连的互联网。这有两层意思：其一，物联网的核心和基础仍然是互联网，是在互联网基础上的延伸和扩展的网络；其二，其用户端延伸和扩展到了物品与物品之间，进行信息交换和通信也就是物物相息。物联网通过智能感知、识别技术与普适计算，广泛应用于网络购物和物流配送中其。

在物联网应用中有三项关键技术：

(1) 传感器技术。中华人民共和国国家标准 GB7665-87 对传感器下的定义是："能感受规定的被测量件并按照一定的规律(数学函数法则)转换成可用信号的器件或装置，通常由敏感元件和转换元件组成"。简单地说，传感器的作用是把模拟信号转换成数字信号以便计算机处理。

(2) RFID 标签。这也是一种传感器技术。RFID 技术是融合了无线射频技术和嵌入式技术于一体的综合技术，RFID 在自动识别、物流管理方面有着广阔的应用前景。

(3) 嵌入式系统技术。这种技术是综合了计算机软硬件、传感器技术、集成电路技术、电子应用技术于一体的复杂技术。其应用领域小到人们身边的 MP3，大到卫星系统。

3.2　常用的互联网服务

3.2.1　基本分类

互联网所提供的网络信息服务基本上可以分为 4 类：

(1) 基础应用类应用，包括电子邮件、即时通信、搜索引擎、网络新闻、在线办公等；

(2) 商务交易类应用，包括网络支付、网络购物、网上外卖、在线旅行预订等；

(3) 网络娱乐类应用，包括网络视频、网络直播、网络游戏、网络音乐、网络文学等；

(4) 公共服务类应用，包括网约车、在线医疗等。

第一章中的表 1-2 显示了 2023 年 12 月—2024 年 6 月各类互联网应用用户规模和网民使用率。

3.2.2 电子邮件(E-mail)

1．电子邮件的发展

电子邮件(Electronic Mail)亦称 E-mail，它是用户或用户组之间通过计算机网络收发信息的服务。目前的电子邮箱可以传送文档、声音、图片、图像等各种信息，支持邮件的全文检索。虽然由于即时通信手段的普及，电子邮件的使用率大幅度下降，但在跨境电商交易中，电子邮件仍然是一种稳定、安全的通信工具。

由于历史原因，多数互联网应用仅能选择英语，这给众多非英语国家互联网普及带来语言障碍。2012 年 2 月 18 日，由中国互联网络信息中心(China Internet Network Information Center，CNNIC)主导制定的国际化多语种邮箱电子邮件地址核心国际标准——《SMTP 扩展支持国际化邮件》(编号：RFC6531)由 IETF(Internet Engineering Task Force，互联网工程任务组)正式发布。2012 年 6 月 19 日，在"国际化多语种邮箱电子邮件发布会"上，中国科学院科学家发出了全球首封多语种邮箱电子邮件，这是我国向国际互联网强国迈进的重要一步[①]。

2．电子邮件的工作原理

E-mail 系统由 E-mail 客户软件、E-mail 服务器和通信协议三部分组成。

E-mail 客户软件也称用户代理(User Agent)，是用户用来收发和管理电子邮件的工具。这类软件根据 Windows、UNIX 等操作系统不同可分为很多种类。

E-mail 服务器主要充当"邮局"的角色，它除为用户提供电子邮件箱外，还承担着信件的投递业务。当用户与 E-mail 服务器联机进入自己的电子邮件箱并发送一个电子邮件后，E-mail 服务器将按收信人地址选择适当的路径把用户电子邮件箱里的信件发送给网络中的下一个节点。通过网络若干中间节点的"存储－转发"式的传递，最终把信件投递到目的地，即收信人的电子邮件箱里。

E-mail 服务器主要采用 SMTP(Simple Mail Transfer Protocol，简单邮件传输协议)来传送电子邮件。SMTP 描述了电子邮件的信息格式及其传递处理方法，以保证被传送的电子邮件能够正确地寻址和可靠地传输。和 SMTP 同时出现的，还有 POP(Post Office Protocol，邮局通信协议)。SMTP 负责将使用者所撰写的 E-mail 送到电子邮局中，而 POP 则负责从邮局中接收信件。图 3-12 显示了电子邮件收发的基本过程。

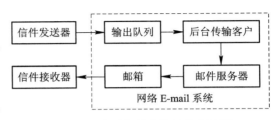

图 3-12　电子邮件收发的基本过程

---

① CNNIC. 中国科学院发出全球首封多语种邮箱电子邮件 电子邮箱进入新时代[EB/OL]. (2012-06-19) [2024-07-20]. https://www.cas.cn/xw/yxdt/201206/t20120620_3602742.shtml.

3．电子邮件格式

电子邮件地址由三个部分组成：用户名、"@"符号和用户所连接的主机地址。如在 cnyanglifan@163.com 中，"cnyanglifan"是用户名，"163.com"是用户所连接的主机地址。

一份电子邮件由两部分组成：邮件头(Mail Header)和邮件体(Mail Body)。邮件头包含与发信人和收信人有关的信息，邮件体是信件本身的具体内容。

4．邮件列表

邮件列表(Mailing List)是互联网上最早的社区形式之一，用于各种群体之间的信息交流和信息发布。邮件列表发起者建立一个主题群组后，可以通过邮箱向群内成员统一发送公告，各成员也可直接回复邮件给全部成员。网易 163 信箱支持普通用户一次性发送 50 封邮件；支持邮箱会员一次性发送 200 封邮件。

3.2.3　即时通信、微信与微博

1．网络即时通信

网络即时通信(Instant Messaging，IM)是指使用互联网技术进行的实时信息传递。它囊括了 E-mail 的所有功能，并且实现了信息的实时交互，在安装麦克风和摄像头之后还可以实现语音、视频聊天。

截至 2024 年 6 月，我国网民中即时通信用户规模达到 10.78 亿，占网民总体的 98%，成为互联网的第一大应用。[①]手机上网的进一步普及，尤其是智能终端的推广和手机聊天工具的创新，使得即时通信的地位更加稳固。

网络即时通信软件主要使用下述即时通信传送协议：

(1) 可扩展通信和表示协议(eXtensible Messaging and Presence Protocol，XMPP)。XMPP 用于流式传输准实时通信、表示和请求—响应服务等的 XML 元素。XMPP 基于 Jabber 协议，是用于即时通信的一个开放且常用的协议。

(2) 即时通信对话初始协议和表示扩展协议(SIP for Instant Messaging and Presence Leveraging Extensions，SIMPLE)。SIMPLE 为 SIP 指定了一整套的架构和扩展方面的规范，而 SIP 是一种网际电话协议，可用于支持 IM 的消息表示。

(3) Jabber。Jabber 是一种开放的、基于 XML 的协议，用于即时通信消息的传输与表示。Jabber 系统中的一个关键理念是"网关"，它支持用户使用其他协议访问网络。

(4) 即时通信通用结构协议(Common Profile for Instant Messaging，CPIM)。CPIM 定义了通用协议和消息的格式，即时通信和显示服务都是通过 CPIM 来达到 IM 系统中的协作的。

(5) 网际转发聊天协议(Internet Relay Chat Protocol，IRCP)。IRCP 支持两个客户计算机之间、一对多(全部)客户计算机和服务器对服务器之间的通信。

2．微信与微信公众号

微信是腾讯公司于 2011 年 1 月推出的一款通过网络快速发送语音、视频、图片和文字短信，支持多人群聊的手机聊天软件。在微信诞生的 10 年后，这款社交 APP 已经成为了

---

① 中国互联网络信息中心. 第 54 次中国互联网络发展状况统计报告[R/OL]. (2024-08-29)[2024-09-23]. https://www.cnnic.net.cn/n4/2024/0829/c88-11065.html.

移动互联网的中心，微信单人的日均使用时长高达 100 分钟左右，而按照总时长的口径计算，移动互联网网民有 25% 的时长花在了微信上。这种状况带来了两个后果。第一，微信已经成为移动互联网的基础设施，这意味着其他的厂商借助微信的能力去获取用户要比自己获取外部流量成本更低；第二，微信被动或主动承担了流量分发重任的同时，为了满足用户的需求，逐渐在自己的 APP 里发展了除社交之外的其他功能，如资讯(微信公众号)、金融(微信支付和理财通)、搜索、游戏(小游戏)、电商(微信商城)等，这些能力又反过来增强了微信对用户的黏性。截至 2023 年 12 月 31 日，微信及 WeChat 合并月活账户数为 13.43 亿。[①]

2012 年 8 月，腾讯开通了微信公众平台，用户通过该平台可以实现和特定群体的文字、图片、语音、视频的全方位沟通、互动，形成了一种主流的线上线下微信互动营销方式。微信公众号分为订阅号、服务号和小程序。订阅号是任何组织和个人都可以申请的，每天可以群发一条信息，认证后有自定义菜单。服务号只面向企业或组织机构申请注册，申请后自带自定义菜单。认证后可以有高级接口，每周群发一条信息。小程序是一种新的开放能力，开发者可以快速地开发一个小程序并在微信内传播。

微信公众号的推出，帮助微信成为了国内最大的移动媒体信息分发平台。微信公众平台也一举成为了企业商家最主要的营销推广渠道之一。2023 年，微信公众号的注册量超 3000 万，日更新账号在百万级别。2024 年，为适应内容营销的需求，微信公众号的功能做了进一步的更新，包括修改标题、服务号信息折叠、内容助推、灰度内测[②]、搜一搜等功能。

3. 博客与微博

博客(Weblog Blog)是继 E-mail、BBS 之后出现的一种新的网络交流方式。博客网站是网民们通过互联网发表各种想法的虚拟场所。由于博客篇幅较长，不适应现代人群生活的快节奏，微博客(Micro Blog，简称微博)应运而生。

微博是一个基于用户关系的信息分享、传播以及获取平台，用户可以通过 WEB、WAP 以及各种客户端组建个人社区，以 140 字左右的文字更新信息，并实现即时分享。微博将公开、实时的自我表达方式与平台强大的社交互动、内容整合与分发功能相结合。任何用户都可以创作并发布微博，并附加多媒体或长博文内容。微博简单、不对称和分发式的特点使原创微博能演化为快速传播、多方参与并实时更新的话题流。截至 2023 年第四季度末，微博的月活跃用户数量达到了 5.98 亿，同比净增长约 1100 万。同时，日活跃用户数量也达到 2.57 亿，同比净增长约 500 万。[③]

在电子商务中，微博提供多种广告及营销解决方案，帮助商家或企业向用户推销品牌、产品和服务。微博公司绝大部分的营业收入来自于广告和营销服务的销售，包括社交展示类广告和推广类营销产品。为支持移动形式，微博开发出并在不断完善社交兴趣图谱推荐

---

① 腾讯控股有限公司. 2023 年度报告[EB/OL]. (2024-04-08)[2024-09-20]. https:// static.www. tencent.com/ uploads/2024/04/08/4e1745d32fbe5e8145a82bc4c26bc8aa.pdf.

② 灰度内测，也称为灰度测试，是一种软件测试功能，主要用于在产品或应用正式发布前，选择特定人群进行试用，并逐步扩大试用者数量，以便及时发现和纠正其中的问题。

③ 微博股份有限公司. 2023 年第四季度及财年财务业绩及股息公告[EB/OL]. (2024-03-14)[2024-09-20]. https://zh.ir.weibo.com/zh-hans#/PressReleases.

引擎，使客户能够根据用户的人口统计、社会关系、兴趣及行为，针对目标受众和人群进行营销，以实现更大的相关性、参与度和营销效果。

4．社交网站

社交网站(Social Network Site，SNS)是指基于社会网络关系建立起来的网站，旨在帮助人与人之间建立联系并更好地沟通。比较著名的社交网站，国外有 Meta(原 Facebook)，国内有人人网、抖音、小红书等。

近年来，社交作为互联网应用的基本元素，与其他应用相融合，已经成为一种常态。网络购物、网上支付、网络游戏、网络视频、搜索等服务纷纷引入社交元素，通过借助社交关系对用户行为的牵引促进本身应用的发展。

3.2.4   搜索引擎

搜索引擎是指根据一定的策略、运用特定的计算机程序从互联网上搜集信息，在对信息进行组织和处理后，为用户提供检索服务，将用户检索的相关信息展示给用户的系统。搜索引擎包括全文索引、目录索引、元搜索引擎、垂直搜索引擎、集合式搜索引擎、门户搜索引擎与免费链接列表等。搜索引擎是互联网的第六大应用，截至 2024 年 6 月，我国搜索引擎用户规模达 8.24 亿人，使用率为 75%。[①] 百度、360、谷歌等是搜索引擎的典型代表。

3.2.5   万维网(WWW)

1．万维网的产生与特点

万维网 (World Wide Web，WWW)是一种基于超链接(Hyperlink)的超文本(Hypertext)系统，是最为流行的信息检索服务程序。技术上定义 WWW 是一种广域超媒体信息检索原始规约，目的是访问海量的文档。1990 年，第一个 WWW 软件在 Next 计算机上实现。到 1994 年，在互联网上传送的 WWW 数据首次超过 FTP 的数据量，并一跃成为访问互联网资源的最流行的手段。我国在 1994 年正式建立了互联网上的第一个 WWW 服务器。

WWW 是一种客户机/服务器模式。服务器是用于提供信息服务的 Web 服务器，客户机是运行在客户端的客户程序，又称为 WWW 浏览器。在服务器与浏览器之间通过 HTTP(Hyper Text Transport Protocol)进行 Web 网页的传输。

WWW 之所以能够在互联网上迅速流行，主要有以下原因：

(1) WWW 是图形化的、超媒体的信息发布和获取系统。WWW 把各种类型的信息有机地集成起来，提供一种超媒体的、可随时随地获取和发布信息的方法，用户在获取和发布信息时，不仅可以使用文本，还可以使用图像、动画和声音。

(2) WWW 与平台无关。所谓与平台无关，就是说可以通过任何类型的计算机，使用任何操作系统，使用任何显示器去访问各种基于 UNIX 平台或 Windows 平台的 WWW，且显示的信息结果都是一样的。

---

① 中国互联网络信息中心. 第 54 次中国互联网络发展状况统计报告[R/OL]. (2024-08-29)[2024-09-23]. https://www.cnnic.net.cn/n4/2024/0829/c88-11065.html.

(3) WWW 是分布式的。WWW 把分布在全世界数以亿计的网站上的各种信息有机地链接起来，而每个站点只负责提供和维护它所发布的信息。每个网站都和一个地址唯一对应，该地址称为统一资源定位器 URL(Uniform Resource Locator)。例如，上海热线的 URL是 http://www.online.sh.cn，用户只要记住这个地址，世界上的任一联网的计算机上都可以访问到上海热线。

(4) WWW 是交互式的。WWW 为用户提供了高性能的交互工具，例如"腾讯 QQ""MSN"等。

(5) WWW 是动态的。WWW 上的信息是由发布它的站点维护的，因此，发布人员在任何时候都可以更新它。对于某些站点，如股票行情发布站点，可以做到实时信息发布。

2. 从 Web 1.0 到 Web 3.0

Web 1.0 是 WWW 的最早应用模式。这一模式的基本运作形式是向网民提供单纯的"阅读材料"；其基本构成单元是"网页"；主要工具是互联网浏览器；主要内容管理者是程序员等专业人士。

Web 2.0 是新的一类互联网交互工具应用模式的统称，以 AJAX 和 Tagging 等信息交互技术为支撑，包括 Blog、RSS、TAG、SNS、Wiki 等新模式的应用[①]。在 Web 2.0 模式下，互联网的应用表现出信息分享、信息沟通、以兴趣为聚合点的社群、开放的平台等显著特点，微信、P2P、即时信息(IM)等成为应用的热点。Web 2.0 正是我们正在经历的时代，其最主要的特点是平台化和以用户为导向。Web 2.0 催生了众多电子商务网站，淘宝、京东都是用平台连接不同的用户从而体现价值。

Web 3.0 是基于语义技术的新的网络应用模式的统称，包括以移动网络为基础的各种应用模式、以感知网络(物联网)为主的各种应用模式和以云计算为工具的各种应用模式。目前，互联网正处在 Web2.0 向 Web3.0 演进的重要时点。

Web 1.0 和 2.0 间的根本区别是从运营者导向转为用户导向。Web 2.0 的平台化让用户的选择更加多样化，运营者也可以依据用户数据来进行精准推荐或寻找目标用户，Web 2.0 催生了众多电子商务网站，淘宝、京东、美团都是用平台连接不同的用户从而体现价值。

Web 3.0 是用户与建设者拥有并信任的互联网基础设施。Web 3.0 以用户为中心，强调用户拥有(own)自主权，突出表现在 4 个方面：一是用户自主管理身份(Self-Sovereign Identity，SSI)；二是赋予用户真正的数据自主权；三是提升用户在算法面前的自主权；四是建立全新的信任与协作关系。

对于电子商务而言，Web 3.0 是用户与建设者共建共享的新型经济系统。电子商务平台可以利用大数据分析技术，从海量的用户数据中挖掘用户的特征、习惯、需求和偏好，借此开展精准营销和智能推荐，或者将相关数据分析产品卖给第三方而从中获益。Web 3.0

---

① RSS(Rich Site Summary，站点摘要)是一个站点用来和其他站点之间共享内容的一种简易方式，也叫简单整合技术(Really Simple Syndication)。SNS(Social Network Sofwaret，社会网络软件)是以认识朋友的朋友为基础，扩展自己的人际关系(人脉)的网络软件。TAG(标签)是一种灵活的日志分类方式，可以为每篇日志添加一个或多个 Tag(标签)，并由此和其他用户产生更多的联系和沟通。Wiki(wee kee wee kee，百科全书)是一种超文本系统，这种超文本系统支持面向社群的协作式写作，同时也包括一组支持这种写作的辅助工具。

利用分布式账本技术，构建了一个激励相容的开放式环境(去中心化自治组织，Decentralized Autonomous Organization，DAO)。在这样的环境中，开发者可以创建任意基于共识的、可扩展的、标准化的、图灵完备的应用；任何人都可在智能合约中设立他们自由定义的所有权规则和交易方式。以此发展出各类分布式商业应用，从而构建新型的可编程的网络经济。

3.3　TCP/IP

3.3.1　TCP/IP 的概念

TCP/IP 最早是由斯坦福大学两名研究人员于 1973 年提出的。1982 年，TCP/IP 被 UNIX BSD 4.1 系统采用。随着 UNIX 的成功，TCP/IP 逐步成为 UNIX 网络标准连接协议。

TCP/IP 是一个协议集合，它包括 TCP(Transport Control Protocol，传输控制协议)、IP(Internet Protocol，互联网协议)以及其他一些协议。

TCP 是传输控制协议，它向应用程序提供可靠的通信连接。TCP 能够自动适应网上的各种变化，即使在 Internet 暂时出现堵塞的情况下，TCP 也能够保证通信的可靠。TCP 规定了为防止传输过程的小包丢失进行检错的方法，用以确保最终传送信息的正确。接入 Internet 网络中的任何一台计算机必须有一个地址，而且地址不允许重复，用以区分网上的各台计算机。在 Internet 上传送的任何数据的开始部分都要附上发送方和接收方的地址。

IP 是国际网络协议，它提供了能适应各种各样网络硬件的灵活性，而对底层网络硬件几乎没有任何要求。任何一个网络只要可以从一个地点向另一地点传送二进制数据，就可以使用 IP 加入 Internet。IP 指定了要传输的信息"包"的结构，它要求计算机将要发送的信息分为若干个较短的小包，小包除包含一部分信息外，还包含被送往目的地的地址等。

TCP 和 IP 是互补的，两者结合保证了 Internet 在复杂的环境中正常地运行。TCP/IP 是经过精心设计的，运行效率很高。即使到现在，计算机已比 TCP/IP 刚诞生时的速度提高上千倍，连接 Internet 的计算机数量大量增加，数据传输量飞速增长的情况下，TCP/IP 仍能满足 Internet 网上信息交流的需要。

3.3.2　TCP/IP 的分层结构

TCP/IP 具有一个分层结构。协议的分层有利于设计者明确各层的任务和目的，保证目标机的第 n 层所收到的信息就是源主机的第 n 层所发出的数据。一般说来，互联网的 TCP/IP 是基于 4 层结构的协议，即应用层、传输层、网络层和网络访问层。因为网络访问层又可分为数据链路层和物理链路层，所以也可以说 TCP/IP 是基于 5 层结构的协议(见图 3-13)。

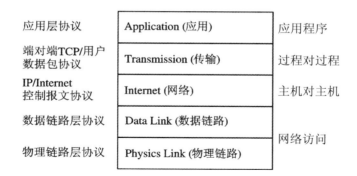

图 3-13　TCP/IP 的分层结构

表 3-2 列出了 TCP/IP 网络模型中每一层可以实现的功能。

表 3-2　TCP/IP 各层的功能

TCP/IP 的层	功 能 描 述
应用层	由用户可访问的应用程序和网络服务组成。 互联网在用户应用程序级别上遵守的所有协议都属于应用层协议,如文件传输协议(FTP)、简单邮件传输协议(SMTP)、远程连接协议(Telnet)以及 WWW 系统使用的超文本传输协议(HTTP)等
传输层(TCP 层)	使用传输协议传输数据,将对应用层传递过来的用户信息进行分段处理,然后在各段信息中加入一些附加的说明,如说明各段的顺序等,保证对方收到可靠的信息
网络层(IP 层)	管理数据在网络间的寻址和传递,将传输层形成的小段信息打成 IP 数据包,在报头中填入地址信息,然后选择好发送的路径
数据链路层	管理跨越物理网络的数据传递,解决数据的正确传送问题
物理链路层	安装网络硬件,描述物理链路参数,如信号的幅度、宽度,以及链路的电气和机械特性等

3.3.3　网络的互联

各种网络之所以能互联起来,TCP/IP 发挥了核心的作用。

互联(Internetworking)和互连(Interconnection)在概念上不同。从网络的角度来看,互联主要指网络之间逻辑上的连接,这种连接是通过应用软件和协议体现出来的;互连则是网络之间实实在在的连接,是指连接介质间的连接。

从 TCP/IP 的分层结构来看,可以很容易地理解网络互联的实质。互联就是不同协议的转换。这种协议的转换必须在相同的对应层之间实现,才能保证网络间的互联。图 3-14 解释了其他计算机网络协议如何与 TCP/IP 进行相互间的转换。图 3-14 中,主机 A 和主机 B 在不同的局域网中,它们虽采用不同的协议,但第 n 层及以上各层的协议相同,只要在具有相同协议的第 n 层进行协议的转换,就能实现不同种类网络的互联。图中执行协议转换的是网关，因此不论用户采用的是什么协议，X.25 也好，以太网协议也好，只要采取措施实现协议与 TCP/IP 的转换，就能实现不同种类的网络接入互联网。

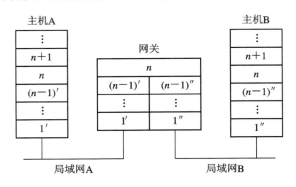

图 3-14　网络协议转换

3.3.4　互联网的地址结构

互联网采用了一种唯一、通用的地址格式，为互联网中的每一个网络和几乎每一台主机都分配了一个地址，这就使我们实实在在地认识到它是一个整体。互联网中的地址类型有 IP 地址和域名地址两种。

1. IP 地址

IP 地址是一个逻辑地址，用 32 位二进制数标识计算机网络中的每一台计算机。它可以写成 4 个用小数点分开的十进制数，每个十进制数表示 IP 地址中的 8 个二进制数，例如 IP 地址 1001 1000 0000 0011 0001 0110 0101 0100 可以写成 152.3.22.84。IP 地址的作用是标识上网计算机、服务器或者网络中的其他设备，是互联网中的基础资源，只有获得 IP 地址(无论以何种形式存在)，才能和互联网相连。

每个 IP 地址由网络标识(NetID)和宿主机标识(HostID)两部分组成，分别表示一台计算机所在的网络和在该网络内的这台计算机。按照网络规模的大小，常用的 IP 地址分为 A、B、C 三类(见图 3-15)。每类地址规定了网络 ID、宿主机 ID 各使用哪些位，因此，也就定义了网络可能有的数目和每个网络中可能有的宿主机数。

图 3-15　IP 地址模型

在定义 IP 地址时，网络 ID 和宿主机 ID 遵循以下规则：

(1) 网络 ID 规则。网络 ID 是唯一的，即网络 ID 对互联网是唯一的；网络 ID 不能以十进制数 127 开头，在 A 类地址中数字 127 保留给诊断用；网络 ID 的第一个 8 位组不能都设置为 1，即不能为十进制数 255，此数字作为广播地址使用；同时网络 ID 的第一个 8 位组也不能都设置为全 0，全 0 表示无效地址。

(2) 宿主机 ID 规则。宿主机 ID 对每个网络 ID 是唯一的，不管它是否连接到 Internet；宿主机 ID 各个位都不能设置为 1，全 1 为广播地址而不是宿主机地址 ID；同时也不能各个位都设置为零，如果所有位都为 0，则表示整个网络。

根据上述规则，A、B、C 三类地址分别定义如下：

(1) A 类地址。A 类地址中的第一个 8 位组高端首位总是为二进制 0，其余 7 位表示网络 ID 号，除去全 0、全 1 外，其网络 ID 有效值范围为 001～126。第二、三、四个 8 位组，共 24 位用于宿主机 ID。所以，A 类地址有效网络数为 126 个，最大网络主机数为 16 777 214 个 (除去宿主机 ID 为全零及全 1 外)。这类地址一般分配给具有大量主机的网络使用。

(2) B 类地址。B 类地址中的第一个 8 位组高端前 2 位总是为二进制 10，剩下的 6 位和第 2 个 8 位组，共 14 位二进制数表示不同网络 ID 的数目，第三、四个 8 位组共 16 位表示不同宿主机 ID 数。类似上述算法可得，B 类有效网络数为 16 384，最大网络主机数为 66 534 个，这类地址一般分配给中等规模主机数的网络使用。

(3) C 类地址。C 类地址第一个 8 位组的前三位总是为 110，剩下的 5 位和第二、三个 8 位组共 21 位二进制数，表示不同网络 ID 的数目，第四个 8 位组共 8 位二进制数，表示不同主机 ID 数。类似上述算法可得，C 类有效网络数为 2 097 152，最大网络主机数为 254 个。C 类地址一般分配给小型的局域网使用。

在读和写 IP 地址时，将 32 位分为 4 个字节，每个字节转换成十进制，字节之间用"."来分隔。例如北京电报局的 Internet 主机的 IP 地址为：202.96.0.97。IP 地址的这种表示法叫作"点分十进制表示法"，显然这比全是 1 或 0 容易记忆。

2. IPv6——IP 地址的新扩展

1) IPv6 的产生与特点

我们现在所使用的 IP 协议是在 20 世纪 70 年代为 ARPAnet 设计的，后来为应用于 Internet 又做了明文规定。由于 IP 数据报格式中的第一个域(版本域)为 4，因此称之为 IPv4(Internet Protocol Version 4)。IPv4 为 TCP/IP 协议系统和整个 Internet 提供了基本的通信机制，它从 70 年代末被采用以来，几乎没有太大的变动，这种长久性说明整个 TCP/IP 协议系统的设计是完善的。但随着互联网用户的增长，IPv4 遇到了地址空间耗尽的问题。

现有的 IPv4 采用 32 位结构，理论上可以提供 1684 万个网络、42 亿台主机地址，但在实际使用中，必须要去除网络地址、广播地址、路由器地址、保留地址和子网的额外占用，最后有效的地址数目比可用的地址总数要少许多。而且，由于美国是互联网技术的诞生地，占有了 IPv4 地址的 70%，这使得其他国家的 IP 地址资源匮乏。

考虑到 IP 地址耗尽的问题，1998 年，IETF 制定了下一代互联网地址标准——IPv6(Internet Protocol Version 6)。IPv6 具有以下特点：

(1) IPv6 采用 128 位地址长度，地址几乎可以视为无限[①]。

(2) IPv6 地址采用层次结构，可以支持分级的路由，因而可以创建更小的路由表和进

---

① 128 位地址空间包含的准确地址数是 340 282 366 920 938 463 463 374 607 431 768 211 456。这些空间足够为地球上每一粒沙子提供一个独立的 IP 地址。

行更有效率的地址分配。

(3) IPv6 把自动分配 IP 地址的功能作为标准功能。只要计算机终端一连接上网络便可自动设定地址。最终用户不用花精力进行地址设定，从而大大减轻了网络管理者的负担。

(4) IPv6 还考虑了在 IPv4 中解决不好的其他问题，如点到点 IP 连接、服务质量、安全性、移动性等。

由于全球 IPv4 地址数已于 2011 年 2 月分配完毕，因而自 2011 年开始我国 IPv4 地址总数基本维持 3.39 亿个左右。2017 年，国家印发《推进互联网协议第六版(IPv6)规模部署行动计划》[①]，经过几年的努力，我国固定带宽的接入网络已分配 IPv6 地址的用户数、移动通信网络已分配 IPv6 地址的用户数都呈现上升趋势。截至 2024 年 6 月，我国 IPv6 地址数量为 69080 块/32[②]，较 2023 年 12 月增长 1.5%。[③] 2022 年 4 月，我国获得亚太互联网信息中心 APNIC 分配的大量 IPv6 地址，使我国 IPv6 地址总数跃居全球第一。

2) IPv6 地址的表示形式

IPv6 地址优先选用的形式是，IPv6 将 IP 地址空间从 32 比特扩充到了 128 比特。这个 128 位的 IPv6 地址采用 8 个 16 比特的数字表示，并用冒号分开。其表现形式为

$$X:X:X:X:X:X:X:X$$

X 用 16 位地址段的十六进制值表示，而不是用二进制值表示。例如：

$$FE80:0000:0000:0000:0260:97FF:FE8F:64AA$$

在一个完整的 IPv6 地址中，经常性会出现许多个 0。在许多时候，0 表示没有，写出来，也表示没有。因此可以考虑将不影响地址结果的 0 省略不写，这样省略 0 的表示方法称为压缩格式。例如，

原有格式：2001:0410:0000: 0000:FB00:1400:5000:45FF；

压缩格式：2001:0410 :: FB00:1400:5000:45FF。

对比两个格式可以看出，压缩后的地址比原有地址的 128 位少了 32 位。若计算机收到这个压缩后的地址，发现比正常地址 128 位少了 32 位，计算机就会在"::"的地方补上少了的 32 个 0。

3．域名地址

由于 IP 地址是数字型的，使用起来并不方便，于是人们又发明了另一套字符型的地址方案——域名。根据《中国互联网络域名管理办法》的定义，域名是互联网络上识别和定位计算机的层次结构式的字符标识，与该计算机的互联网协议(IP)地址相对应。

域名一般有三到四级，其"级"数准确表述是从右边数过来的小数点位数而得出称谓

① 中共中央办公厅，国务院办公厅. 推进互联网协议第六版(IPv6)规模部署行动计划[EB/OL]. (2017-11-28) [2022-06-20]. http://www.gov.cn/zhengce/2017-11/26/content_5242389.htm.

② IPv6 地址长度为 128 位，/32 就意味着前 32 位为网络号，由国际互联网相关管理公司分配给各个国家或企业整体使用。每个企业获得一个/32 的 IPv6 地址，由于还剩余 96(128-32)位长度，这个长度意味着可再分配给约 2 的 96 次方个接口(一般情况下一个接口代表一个计算机终端)。

③ 中国互联网络信息中心. 第 54 次中国互联网络发展状况统计报告[R/OL]. (2024-08-29)[2024-09-23]. https://www.cnnic.net.cn/n4/2024/0829/c88-11065.html.

的。级数按由点("．")分开的部分数确定，有几个部分就是几级。其通用的格式如图 3-16 所示，例如 http://www. ecupl.edu.cn、http://www.cnnic.net.cn 等。

| 四级域名 | ． | 三级域名 | ． | 二级域名 | ． | 一级域名 |

图 3-16　域名地址的通用格式

一级域名往往是国家或地区的代码，如中国的代码为 cn、英国为 uk 等；二级域名往往表示主机所属的网络性质，比如属于教育界(edu)、政府部门(gov)等；三级域名是自定义的，通常为机构、公司全称，全称的缩写或商标名称。普通用户一般申请注册二级、三级及三级以下域名。

常见的二级域名含义如表 3-3 所示。

表 3-3　常见二级域名的含义

域　名	意　义	域　名	意　义
com	商业组织	store	从事商品销售的企业
edu	教育机构	rec	强调消遣和娱乐的实体
gov	政府部门	web	与 www 特别相关的实体
mil	军事部门	info	提供信息服务的实体
net	网络支持中心	arts	强调文化和娱乐的实体
org	非营利性组织	nom	个体或个人
firm	商业、公司	int	上述以外的机构

三级域名一般是企业或单位的名称，四级域名是三级域名所有者拥有随意解析权限的域名。"四级域名"都是免费的。

4．中国互联网域名体系

1997 年以前，我国使用的是英文域名体系。1997 年 4 月我国正式发布了中国互联网络域名体系。2008 年 3 月，原信息产业部发布了《中华人民共和国信息产业部关于中国互联网络域名体系的公告》，对原有的域名体系进行了修改和规范。

(1) 我国互联网络域名体系中各级域名可以由字母(A～Z，a～z，大小写等价)、数字(0～9)、连接符(-)或汉字组成，各级域名之间用实点(．)连接，中文域名的各级域名之间用实点或中文句号(。)连接。

(2) 我国互联网络域名体系在顶级域名"cn"之外暂设"中国""公司""网络""政务""公益"等中文顶级域名。中国：适用于在我国境内的单位；公司：适用于工商企业等营利性单位；网络：适用于拥有或利用网络设施提供服务的单位；政务：适用于党政群机关、政务部门等；公益：适用于非营利性单位。

(3) 顶级域名 cn 之下，设置"类别域名"和"行政区域名"两类二级域名。"类别域名"9 个，说明域名持有者的属性(见表 3-4)。"行政区域名"34 个，适用于我国的各省、自治区、直辖市、特别行政区的组织，如 bj，北京市；sx，山西省；sn，陕西省等。

表 3-4　我国的类别域名

域名	意　义	域名	意　义
ac	适用于科研机构	net	适用于提供互联网络服务的机构
com	适用于工、商、金融等企业	org	适用于非营利性的组织
edu	适用于教育机构	政务	适用于党政群机关、政务部门等
gov	适用于中国的政府机构	公益	适用于非营利性单位
mil	适用于中国的国防机构		

(4) 在顶级域名下可以直接申请注册二级域名。企事业单位用户可以直接在 .cn 下注册二级域名，这样域名长度大大缩短，记忆起来更加容易。例如，原来的地址是 http://www.gpsabc.com.cn，如果二级域名注册成功，地址将可简化成 http://www.gpsabc.cn/。

中文域名是含有中文文字的域名，它具有以下特点：

(1) 中英文高度兼容。该系统可以同时提供中英文混合域名(如：中文域名.cn)与纯中文域名(如：中文域名.公司)两种方案，而且可以使之与现有的域名系统高度兼容。

(2) 繁简转换，两岸互通。该系统支持简繁体的完全互通解析。

(3) 中文域名选用的编码格式上兼顾了国际标准、国家标准和行业标准。

5．寻址方式

域名地址的广泛使用是因为它便于记忆，但在互联网中真正寻找"被叫"时还是要用到 IP 地址，因此有一种叫域名服务器(Domain Name Server, DNS)的设备，专门从事域名和 IP 地址之间的转换翻译工作。域名地址本身是分级结构的，所以域名服务器也是分级的。

假设一个国外用户寻找一台叫 host.com.cn 的中国主机，其过程如图 3-17 所示。国外用户"呼叫"host.com.cn，本地域名服务器受理并分析号码；由于本地域名服务器中没有中国域名资料，随即向上一级查询；本地域名服务器向本地最高域名服务器问询，本地最高域名服务器检索自己的数据库，并查到 cn 为中国，则指向中国的最高域名服务器；中国最高域名服务器分析号码，看到第二级域名为 com，就指向 com 域名服务器；经 com 域名服务器分析，看到第三级域名是 host，就指向名为 host 的主机。因此，域名服务器分析域名地址的过程实际就是找到与域名地址相对应的 IP 地址的过程，找到 IP 地址后，路由器再通过选定的端口在电路上构成连接。

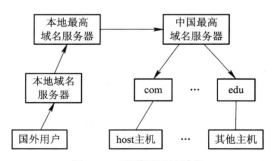

图 3-17　互联网寻址过程

3.4 域名申请与管理

3.4.1 域名的商业价值

从技术上讲，域名只是互联网中用于解决地址对应问题的一种方法，是一个技术名词。但是，由于互联网已经成为世界性的网络，因此，域名也演变成为一个社会科学名词。

虽然域名与公司、商标和产品名称无直接关系，但由于域名在互联网上是唯一的，一个域名注册后，其他任何企业就不能再注册相同的域名了，这就使域名与商标、企业标识物有了相类似的意义，因此有人也把域名称为"网络商标"。事实上，企业在互联网上注册了域名、设立了网站，就可以被全球几十亿用户随时访问和查询，从而建立起广泛的业务联系，为自己赢得更多的商业机会。麦当劳不惜花费 800 万美元买回被别人抢注的域名，2015 年 2 月 360 公司花费 1 亿元人民币购回"360.com"，阿里巴巴公司利用法律手段极力保护自己的域名权，都说明域名具有重要的商业价值。

目前，在互联网上注册域名的热潮方兴未艾。截至 2024 年 6 月，我国域名总数为 3187 万个。其中，".cn"域名数量为 1956 万个；".com"域名数量为 744 万个；".中国"域名数量为 17 万个；新通用顶级域名(New gTLD)数量为 256 万个。①

3.4.2 域名申请策略

正确注册域名和合理使用域名是开展电子商务的第一步。域名申请时可以考虑分散域名策略、单一域名策略和三级域名策略。

1. 分散域名策略

当一个生产规模大、产品多样化的公司的某种产品具有非常独特的个性，并拥有了相对较大规模的市场忠诚度的时候，就需要有分散域名。一般来说，品牌消费者并不一定都知道这个品牌是哪个公司的，而且往往他们也并不关心。比如很多人知道"飘柔"，可要他们马上说出其生产公司的名称(宝洁公司)时却往往记不起来。所以，产品多样化或者产品个性强的时候，公司应为某些品牌独立注册域名，以培养、尊重和强化消费者的消费忠诚度。

分散域名的弊端在于网站建设强度增大，管理力度分散，从而造成建设与维护成本增加。而且在某种程度上来说影响了公司的整体形象。所以，采取分散域名注册决策时，必须拥有三个基本要素(产品多样化、独特个性品牌、特定市场的消费忠诚度)中的至少两个。

2. 单一域名策略

把产品以目录的形式放在同一个域名之下是目前企业采用最多的域名运用决策。这样

---

① 中国互联网络信息中心. 第 54 次中国互联网络发展状况统计报告[R/OL]. (2024-08-29)[2024-09-23]. https://www.cnnic.net.cn/n4/2024/0829/c88-11065.html.

的网站首页一般不是很好看，但是很有效，容易吸引人，能唤起人们定期浏览的欲望。另外，作为一个网站，因为在同一个域名下面，不用考虑不同定位和不同风格的主页制作，可以节省站点建设开支，既便于管理，也便于统一推广和宣传。

单一域名策略的缺点在于缺乏个性，难以强化独立品牌的塑造。而且，当某一品牌商品在市场上搞砸了之后，网站上的其他产品会因为这个产品的坏名誉而受到连累。

3. 三级域名策略

企业域名的一般形式为："产品名.企业名.com"，即所谓的"三级域名"。从技术层面讲，这样使用域名的成本较低。"三级域名"最适合于公司推出新产品时使用，既可以借助公司信誉推动新产品的市场推广，又可以表示产品的特殊性，以试探市场反应。

就消费者接受心理方面而言，采用三级域名(产品名.企业名.com 或产品名.企业名.cn)对消费者的记忆要求高，既要求消费者知道企业名称，又必须知道产品名称。如果用的是目录结构(企业名.com 或产品名.com)，那么消费者一般只需记忆企业或产品名称就可以了。

3.4.3　域名申请

根据《中国互联网络信息中心域名注册实施细则》[①]，中国互联网信息中心是国家顶级域名注册管理机构，依法承担国家顶级域名运行和管理工作。

1. 在中国注册英文域名

在中国国内注册英文域名的步骤如下：

(1) 填写注册申请表并递交(由申请者完成)。

(2) 系统语法检查(由 CNNIC 完成)。如果申请表通过系统语法检查，CNNIC 将回信通知申请者；如果申请表未通过系统语法检查，申请者需要根据 CNNIC 的提示进行修改。

(3) 检查申请的域名是否已经注册，递交申请材料，包括：申请表(盖章)、申请单位营业执照复印件(或法人证明复印件)、承办人身份证复印件、申请单位介绍信。

(4) 注册材料的审核(由 CNNIC 完成)。CNNIC 审核申请者的注册材料，如果通过审核，申请者就会收到"域名已可以使用"的通知。

(5) 缴纳域名注册费用(由申请者完成)。

(6) 发出"域名注册证"(由 CNNIC 完成)。

2. 在中国注册中文域名

CNNIC 中文域名的注册与一般英文域名注册类似。用户在注册系统提示下可以同时注册带有".cn"和".中国"的中文域名，例如，可以同时注册"中文域名.cn"和"中文域名.中国"。在 2012 年 10 月 29 日之后，"中文.cn"和"中文.中国"域名实行分别独立注册和服务。

3. 在中国注册无线网址

无线网址是基于国家标准的无线网络地址资源。它是为满足手机用户快捷访问无线互联网的需求，融合传统互联网的关键词寻址技术和移动通信技术而推出的一种无线互联网

---

① 中国互联网络信息中心. 国家顶级域名注册实施细则[EB/OL]. (2019-06-18)[2024-09-20]. http://www.cnnic.cn/n4/2022/0817/c93-335.html.

关键词寻址服务。无线网址的基本形式是：中文或英文名称.wap.cn。

无线网址分为行业无线网址和普通无线网址。行业无线网址特指表示行业、产品、类别、地域等范畴的名称或通用词；普通无线网址又称企业(或个人)无线网址，行业无线网址之外的其他名称均称为普通无线网址。

注册无线网址分为 3 个步骤：

(1) 登录 www.knet.cn 网站，通过网络目录数据库进行查询，注册没有通过审核的词汇。

(2) 查询无线网址认证注册服务机构，向注册服务机构提交真实注册信息，缴纳费用。

(3) 注册成功，登录客户管理平台自主管理产品功能。

3.4.4　申请域名的注意事项

1. 申请资格

任何自然人或者能独立承担民事责任的组织均可在规定的顶级域名下申请注册域名。申请在 ".gov.cn" 下注册三级域名时，申请者应为行政机关法人或者法律、行政法规规定的行使行政职能的事业单位。

2. 域名的命名

任何组织或个人注册和使用的域名，不得含有下列内容：

(1) 反对宪法所确定的基本原则的。

(2) 危害国家安全，泄露国家秘密，颠覆国家政权，破坏国家统一的。

(3) 损害国家荣誉和利益的。

(4) 煽动民族仇恨、民族歧视，破坏民族团结的。

(5) 破坏国家宗教政策，宣扬邪教和封建迷信的。

(6) 散布谣言，扰乱社会秩序，破坏社会稳定的。

(7) 散布淫秽、色情、赌博、暴力、凶杀、恐怖或者教唆犯罪的。

(8) 侮辱或者诽谤他人，侵害他人合法权益的。

(9) 含有法律、行政法规禁止的其他内容的。

3.4.5　域名的转让与注销

申请转让域名或注销域名的，申请者应向域名注册服务机构提交合法有效的域名转让申请表、转让双方的身份证明材料。审核合格后应予以变更持有者或注销。

3.4.6　域名管理

为了促进中国互联网络的发展，规范中国互联网络域名系统的管理，保障中国互联网络域名系统安全运行，2004 年 11 月原信息产业部发布了《中国互联网络域名管理办法》[①]，该文件的主要内容包括：

(1) 域名注册服务机构应当自觉遵守国家相关法律、行政法规和规章，公平、合理地

---

① 原信息产业部. 中国互联网络域名管理办法[EB/OL]. (2012-05-28)[2022-06-20]. http://www.gov.cn/gongbao/content/2003/content_62153.htm.

为用户提供域名注册服务，不得采用欺诈、胁迫等不正当的手段要求用户注册域名。

(2) 域名注册服务遵循"先申请先注册"原则。

(3) 域名注册申请者应当遵守有关法律法规，遵守域名注册管理机构制定的域名注册相关规定，并提交真实、准确、完整的域名注册信息。

(4) 域名争议由域名争议解决机构、仲裁机构、人民法院处理。

参 考 文 献

[1] 周星. 下一代互联网新技术理论与实践[M]. 北京：科学出版社，2022.

[1] 苏金树，赵宝康. 互联网技术十讲[M]. 北京：机械工业出版社，2023.

[3] 华为技术有限公司. 数据通信与网络技术[M]. 北京：人民邮电出版社，2021.

[4] 程科，于枫. 下一代互联网体系结构研究进展与分析[J]. 镇江：江苏大学学报，2016(1)：74-84.

[5] 姚前. Web3.0，渐行渐近的新一代互联网[EB/OL]. (2022-07-10)[2024-09-20]. https://baijiahao.baidu.com/s?id=1737960731786940237&wfr=spider&for=pc.

[6] 连伟亮. 家庭宽带光纤接入技术研究[J]. 无线互联科技，2017 (9)：13-14.

[7] 中国教育网络. 吴建平：IPv6 规模部署推动下一代互联网体系结构创新发展[EB/OL]. (2021-07-16)[2024-09-20]. https://www.edu.cn/xxh/zhuan_jia_zhuan_lan/wu_jian_ping/202107/t20210716_2136927.shtml.

[8] ZTE 中兴. IPv6 技术白皮书 [EB/OL]. (2009-09-28)[2024-06-20]. https://www.doc88.com/p-6731996277650.html?r=1.

备课教案　　　　电子课件　　　引导案例与教学案例　　习题指导

第四章
电子商务网站建设

电子商务网站是企业开展电子商务的基础设施和信息平台。开展电子商务活动必须从网站建设抓起，把企业的商务需求、营销方法和网络技术很好地集成在一起。本章重点介绍了电子商务网站的总体设计思路、网站的软硬件环境建设和网站的内容建设。

4.1　电子商务网站的总体设计

一般来说，一个网络站点不可能包含所有的信息，要求一个优秀的电子商务站点面面俱到是不符合实际的。因此，在网站建设初期就应有明确的指导方针和整体规划，确定网站的发展方向和符合本企业特点的服务项目。

4.1.1　网站总体设计需要重点考虑的问题

1. 网站建设目的确定

建设电子商务网站，必须首先确定网站建设的目的，也就是要回答为什么要建立电子商务网站的问题。电子商务战略的制定，为电子商务网站的建设指明了方向，但具体应用的目的还需要认真考虑。因为针对不同的应用目的有不同的设计思路。

电子商务网站建设的目的一般可以分为开展 B2B、B2C、C2C 交易，开展拍卖业务，开展中介服务，拓展企业联系渠道，用于企业形象建设等。

对于网站设计人员来说，通过与业务人员的沟通，确定网站建设目的，是一项非常重要但又往往被忽略的工作。尤其是当专业的网站设计人员帮助一个企业建立网站，却没有该企业所在行业的经验时，与企业业务人员的沟通就显得更加重要了。

2. 网站客户定位

建设一个电子商务网站，确定网站的客户群体非常重要。只有清楚地确定网站客户的类型、客户的需求、客户的兴趣，才有可能在网站上提供客户所需要的有关内容和信息，留住目标客户。网站对客户了解得越多，网站成功的可能性就越大。

网络客户群体具有多样性。例如，同样的 B2C 网站，针对青年客户的网站和针对老年客户的网站，在设计思路上有明显的区别。如果将针对青年客户的网站设计用于针对老年客户的网站，将可能导致以后销售的困难。又如网上银行，如果目标客户是个人，那么需要多提供一些个人理财、咨询、消费类的信息；如果目标客户是企业，那么就需要提供更多金融咨询、投资趋势之类的信息。确定客户群体，也就是要创建一个客户兴趣圈，以便在目标客户中突出网站的价值。

大型企业网站必须进行客户需求分析，即在充分了解本企业客户的业务流程、所处环境、企业规模、行业状况的基础上，分析客户表面的、内在的、具有可塑性的各种需求。有了客户需求分析，企业才可以了解潜在客户的需求，才能够为客户提供最新、最有价值的信息。全面的客户需求分析不仅对企业网站的信息展示有很大帮助，而且还能够引导企业网站进一步做好信息挖掘工作，为客户提供更有价值的信息分析报告。

3. 网站内容框架确定

确定建站目的和客户群体后，下一步工作是构建网站内容的框架，主要包括网站核心内容、主要信息、服务项目等。在内容框架里，还应注明网站内容建设的信息来源，哪个部门应该提供哪个方面的信息等。

确定内容框架后，就可以勾画网站建设的结构图了。结构图有很多种，如顺序结构、网状结构、继承结构、Web 结构等。网站设计图应依据自己网站的内容反复讨论后确定。多数复杂的网站会综合运用到几种不同的结构图。画出结构图的目的，主要是便于有逻辑地组织网站和链接，同时，可以根据结构图去分配工作和任务。

4. 网站盈利模式设定

一个企业要建立自己的电子商务网站，其目的总是希望通过电子商务得到更好的发展，能够获得更多的商业机会和经营利润。但鉴于自身能力的不足和外部环境的不利影响，大部分企业在开展电子商务的初期都不能收到立竿见影的投入效果。这是因为企业所涉足的电子商务的突破点和盈利点需要一段时间的摸索才能够发现。

没有利润的企业网站肯定是不能长期维持下去的，因此，盈利模式的设定对网站来说是十分重要的。网站的经营收入目标与企业网站自身的知名度、网站的浏览量、网站的宣传力度和广告吸引力、上网者的购买行为及其对本网站的依赖程度等因素有十分密切的关系。因此，企业网站从建设之初就应当通过分析上述因素来寻找自己网站的盈利模式。

我国著名的携程旅行网将网民旅游节目的网上预定作为网站运作和盈利的基础，在设计方案中，首先明确通过飞机票的预定、旅游景点客房的预定以及组团旅行三个主导产品来获取收入；同时辅以会员制的方式收费，开展旅游景点、旅行社和宾馆网上展示和广告收费；逐步扩展到利用预定旅游景点门票、餐饮以及旅游纪念品和旅游书籍等收费。由此可以看出，携程旅行网在建设之初就有了相当明确的盈利点。

4.1.2　网站主要业务流程的设定

通过电子商务完成网上交易是一个比较复杂的技术流程，应当尽量做到对客户透明，使客户购物操作方便；售后服务完善让客户感到在网上购物与在现实世界中的购物流程没有本质的差别。在很多电子商务网站中，上网者都可以找到"购物车""收银台""会员俱乐部"这样熟悉的词汇，实际上其中每一个概念的实现背后都隐藏着复杂的技术细节。必须明确的是，一个好的电子商务网站必须做到：不论购物流程在网站的内部操作多么复杂，其面对用户的界面必须是简单、清晰和操作方便的。图 4-1 所示为拼多多单独购物和拼团购物流程图。

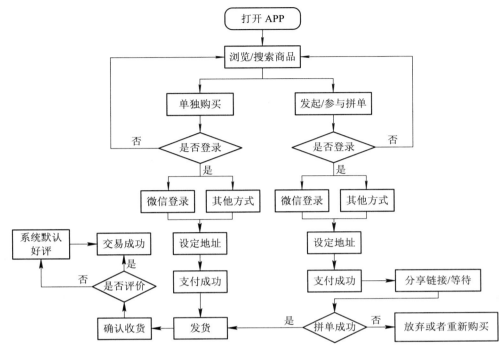

图 4-1 拼多多单独购物或拼团购物流程图

4.1.3 网站开发形式选择

1. 购买

目前，很多网络技术服务公司都提供商业化的电子商务网站建站服务。用户可以在众多标准模块中找到适合自己经营情况的模板。通过购买模式建站具有以下优势：

(1) 轻松上手，云平台支持。不需要专门的建站专业人员；支持一站式服务，一键开通，简单操作，快速轻松开网店；云平台支持，安稳可靠稳定。

(2) 个性化设置。可以利用模板库创意搭建各类交易平台，灵活布局，可视装修，拖拽操作，进行个性 DIY(Do It Yourself)，告别网店装修烦恼。

(3) 全新视觉，创新操作。商品管理分类一应俱全，提升效率；产品批量导入导出，多种展示，一目了然；促销管理、广告管理等营销功能应有尽有。

(4) 丰富组件，功能拓展。组件功能强大灵活，持续升级拓展；集成国内多种在线支付接口，提供多种登录样式；集成众多第三方应用，创新流行插件，瞬间引爆人气。

(5) 友好的 SEO(Search Engine Optimization)优化。对各大搜索引擎进行深度 SEO 优化，快速升级商城排名，让更多客户主动上门，引流作用明显。

购买模式的主要缺点在于所购网站模板与现有企业运作系统不吻合，整合有较大难度，或无法满足企业全部电商需求；而且所购模板的设计已经成型，修改起来比较困难。

2. 外包

外包与购买有较多的相同之处，但外包可以在供应商开发的已有软件的基础上根据企业情况进行修改。开发商与企业的沟通，可以将开发商的技术优势与企业电子商务的需求密切结合，大大提高整个电子商务网站开发的成功率。

3. 租借

与购买和自建相比，租借更能节省时间和开支。虽然租借来的软件包并不完全满足应用系统的要求，但是大多数企业需要的常用模块通常都包括进去了。在需要经常维护或者购买成本很高的情况下，租借比购买更有优势。对于无力大量投资于电子商务的中小型企业来说，租借很有吸引力。表4-1列举了不同第三方交易平台租用的价格。

表4-1　不同第三方交易平台租用的价格

入 驻 天 猫		入 驻 京 东		拼 多 多	
保证金	旗舰店/专卖店：商标R标5万元、商标TM标10万元	保证金	1万元起	基础店铺保证金	2024年9月5日起，拼多多商家店铺的基础保证金从1000元下调到500元，新入驻的个人店铺、企业店铺初始化保证金也下调至500元
	专营店：商标R标1万元，商标TM标15万元		最高20万元		
			部分类目商品采用阶梯质保金		
扣点	根据商品类目而定，一般在0.5%～5%之间	扣点	京东慧采的扣点通常在5%～10%之间，根据不同类目有所差异；京东自营扣点在0.5%～5%之间，根据商品的品类、销售额、退货率、售后服务等因素综合考虑	扣点	拼多多又对"技术服务费退返权益"进行升级，商家参与资源位活动产生的订单在享受服务费退返权益之外，先用后付技术服务费的费率由1%降至0.6%
软件服务年费	免费	平台使用费	免费：少数商品类目，如鲜花		
			1000元/月：大多数日用品		
			10万元/月：商用车等		

4. 自建

自己建立电子商务网站与前面几种方式相比的主要缺点是开发时间长，网站(特别是大型网站)的运行可能出现这样或那样的问题。但是这种方式通常能更好地满足企业的具体要求。

自己建立电子商务网站需要注意以下问题。

(1) ISP选择。互联网服务供应商(Internet Service Provider，ISP)是综合提供互联网接入业务、信息业务和增值业务的电信运营商。我国主要有5家骨干网提供国际出口带宽相关的经营服务，包括中国电信、中国联通、中国移动、中国科技网和中国教育和科研计算机网。各个服务商拥有的带宽和接口有所不同，自己建站可以根据自身情况加以选择。

(2) Web服务器运维。Web服务器安装Web Server软件，用于存储和管理文件，网络操作系统也主要驻留在服务器上。因此，网络服务器的性能直接影响到电商网站的运行。一般来说，独立网站的服务器都是企业自己管理，也有采用虚拟主机或服务器托管

的形式。

(3) 网络数据库选择。一个用途广泛的动态网站必须依靠数据来支持。在简单的网站中，数据只能供用户浏览，而先进的网站则可以实现网站和用户之间的互动，这就需要即时对网站数据进行添加、删除和修改。网络数据库数据存储量大、修改方便，能够进行动态数据组合，是为电商网站提供交互式服务的主要手段，选用时需要考虑其易用性、分布性、并发性、可移植性、安全性、容错性等因素。

(4) 软件系统选择。在软件系统的结构方面，电商网站需要考虑的问题主要有数据输入、数据管理、数据导出、智能与个性化设计及安全控制等。软件系统的选择应当依据网站设计的整体方案，与网站的设计要求相吻合。同时，还需要与网站的硬件配置相匹配。

(5) 网站安全建设。网站应为信息的传输提供可信赖的安全通道，为信息的保存提供安全可靠的介质。另一方面，网站应该能够有效地防止信息被窃听，防止非法用户进入网站，防止黑客以其他方式进行恶意攻击。实现网络安全的设备有多种，如防火墙、安全网关、安全路由器、物理隔离设备等。有关网站安全问题本书将在第十一章专门论述。

4.2　电子商务独立网站搭建

4.2.1　独立站的概念与优势

电子商务独立网站(简称独立站)是指企业或个人自主建立的独立的电子商务网站，有独立的服务器，独立的网站程序及单独的网站域名。独立站通过线上方式面向国内外用户展示产品，引导购买者选购、下单和支付，整个过程由网站管理者完全独立运营，不受任何平台限制。如销售女装的BabesandFelines、销售3C类产品的TunaiCreative、销售珠宝礼品的Sugar&cotton都是独立站比较成功的案例。在技术上，独立站并不是完全独立的，它需要依靠第三方云计算服务提供基础支持，但是入口、数据、权益都是独立的。

独立站最早出现在2004年，2018年在中国呈现爆发性增长。阿里、Shopify、UEESHOP、百度等都是非常活跃的独立站建设提供商。独立站的优势突出表现在以下6个方面：

(1) 快速高效建站。网站建站本来就是件很艰难的事情，建个好网站更难。但独立站的模块模式让建站变得轻松简易。

(2) 提供强大的插件资料库，一般的独立站平台都有几千个插件，能够帮助客户实现各种功能，而不再需要依赖工程师修改代码。

(3) 没有过多的规则限制。因为平台是自己建立的，在遵循国家电子商务基本规则的前提下，详细规则由自己决定，而且商品也没有类目、品种的限制，所以发挥空间较大。

(4) 交易成本低。独立站减少了向第三方平台缴纳的佣金或年费，同时在支付端的服务费用也相对较低。

(5) 实现数据安全和增值。在独立站上，所有数据都属于企业，企业除了对数据的安全性有掌控之外，还可以实现数据的二次开发，源源不断地挖掘数据价值。

(6) 易于塑造品牌形象。在独立站上，可以按照自己的喜好任意搭配装修风格，展现品牌的特点和优势，提升产品的消费者信赖度，又可以为品牌赋能做好铺垫。

4.2.2　独立站自助搭建——以阿里云为例

云计算为网站自助搭建提供了非常方便的条件。本节以阿里云自助建站为例，说明电商网站建设的方法。[①]

1. 选择服务器

不同网站类型需要的 ECS(Elastic Compute Service，云服务器)配置不同，需要根据网站规模与访问人数来确定。一般情况下，小型网站只需要选择基础配置即可。表 4-2 显示了阿里云实例规格与云盘。

表 4-2　阿里云实例规格与云盘

配置	推　荐
实例规格	(1) 共享标准型实例规格族 s6 或突发性能实例规格族 t6：高性价比，能满足基本的建站要求 (2) 计算型实例规格族 c6 或通用型实例规格族 g6：高性能，适用于比较依赖服务器性能的建站需求
云盘	(1) ESSD 云盘 PL0：基于新一代分布式块存储架构的超高性能云盘产品 (2) 高效云盘：高性价比、中等随机读写性能、高可靠性的云盘产品

注：(1) ECS 提供了多种实例规格族，一种实例规格族又包括多个实例规格。规格族由小写字母加数字组成，例如，s 表示标准型(standard)；c 表示计算型(computational)。实例是能够为客户业务提供计算服务的最小单位，不同的实例规格可以根据业务场景和使用场景提供不同的计算能力。

(2) 阿里云 ESSD 云盘结合 25 GE 网络和 RDMA 技术，为用户提供单盘高达 100 万的随机读写能力和单路低时延性能。高效云盘最大吞吐量为 140MB/s。

2. 配置安全组规则

用户可以通过添加安全组规则，允许或禁止安全组内的 ECS 实例对公网或私网的访问。安全组负责管理是否放行来自公网或者内网的访问请求。

普通安全组在未添加任何安全组规则之前，出方向允许所有访问，入方向拒绝所有访问。企业安全组在未添加任何安全组规则之前，出方向和入方向都拒绝所有访问。同时不支持授权给其他安全组。安全组规则支持 IPv4 安全组规则和 IPv6 安全组规则。

3. 部署网站

阿里云通 ECS 提供了多种网站的部署方式。表 4-3 汇总了常用的网站具体部署方式，便于用户自助搭建网站。

搭建 Magento 电商网站手动部署包括 8 个步骤：① 安装并配置 Apache；② 安装并配置 MySQL；③ 安装并配置 PHP；④ 创建 Magento 数据库；⑤ 安装并配置 Composer；⑥ 安装配置 Magento；⑦ 配置 Magento 客户端；⑧ 添加 cron 作业。

---

① 阿里云. 建站零基础入门[EB/OL]. (2022-08-30)[2024-08-30]. https://help.aliyun.com/document_detail/63819.html.

表 4-3　阿里云 ECS 常用的网站具体部署方式

网站类型	部署方式	说明
Magento 电子 商务网站	手动部署	Magento 是一款开源电商网站框架,其丰富的模块化架构体系及拓展功能可为大中型站点提供解决方案
Web 环境 (Windows)	镜像部署	使用阿里云镜像,用户可以在 Windows 操作系统中一键部署 Web 环境,包括安装 IIS 组件(不包括 FTP 组件)、PHP 环境、重定向 Rewrite、MySQL 和 PHPWind
Java Web 环境	镜像部署 手动部署 Java Web 环境(Alibaba Cloud Linux 2) 手动部署 Java Web 环境(CentOS 7) 插件部署	Tomcat 是开源且免费的 Java Web 服务器,常用作 Web 开发工具,可以托管由 Servlet、JSP 页面(动态内容)、HTML 页面、JS、Stylesheet、图片(静态内容)组成的 Java Web 应用程序。 镜像部署:适合新手,利用云市场丰富的 Java 镜像资源快捷部署环境。 手动部署:如果用户熟悉 Linux 命令,可以在 ECS 上个性化地部署 Java web 项目。 插件部署:Alibaba Cloud Toolkit for Eclipse,简称 Cloud Toolkit,是一款免费的 IDE 插件。当用户在本地完成应用程序的开发、调试及测试后,即可通过该插件轻松将应用程序部署到 ECS 实例

4. 处理域名

处理域名的方法如下:

(1) 注册域名,实名认证。域名后缀通常为.com 或.cn。

(2) 按照 ICP 流程操作备案。

(3) 设置域名解析,外部用户可通过域名访问网站。

5. 开启 HTTPS 加密访问(可选)

SSL 证书服务帮助用户以最小的成本将服务从 HTTP 转换成 HTTPS,实现网站或移动应用的身份验证和数据加密传输。

至此,自助建站操作已完成。

6. 产品计费

产品计费的方式如下:

(1) 包年包月:按一定时长购买资源,先付费后使用。

(2) 按量付费:按需开通和释放资源,先使用后付费。

(3) 抢占式实例:通过竞价模式抢占库存充足的计算资源,相对按量付费实例有一定的折扣,但存在回收机制。

(4) 预留实例券:搭配按量付费实例使用的抵扣券,以折扣价抵扣计算资源的账单。

(5) 节省计划:搭配按量付费实例使用的折扣权益计划,以折扣价抵扣资源账单。

(6) 存储容量单位包:搭配按量付费存储产品使用的资源包,承诺使用指定容量的存储资源,以折扣价抵扣块存储、NAS、OSS 等资源的账单。

图 4-2 是阿里云云服务器 ECS 华北 3(张家口)地域下创建了一台包年包月示例配置的费用计算过程,购买时长为 3 个月。[①]

---

① 阿里云帮助中心. 云服务器 ECS 包年包月[EB/OL]. (2022-03-16)[2024-08-30]. https://help.aliyun.com/document_detail/56220.htm?spm=a2c4g.11186623.0.0.1df331c9pflC22#subs-china.

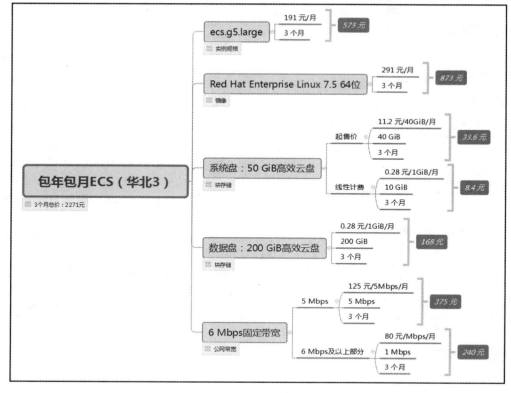

图 4-2 示例配置的费用计算过程

4.2.3 独立站模板搭建——以 Shopify 为例

Shopify 是加拿大的知名建站平台。Shopify 为建立在线商店提供了一个完整版本，并且提供中文版本。在 Shopify 上，卖家可以通过桌面、移动和在线市场以及社交媒体在线销售产品，并且可免费试用 14 天。使用 Shopify 无须接触任何代码即可构建完整、专业的电商网店。

1. 注册 Shopify

(1) 打开 Shopify 网站(www.shopify.cn)，进入登录界面，输入注册所需的详细信息，然后单击"创建商店"(见图 4-3)。注意，浏览器需要用 Google 或 Firefox。

图 4-3 Shopify 注册页面

(2) 填写信息。回答"哪项陈述最符合您的情况？""您计划何处开始销售？"等问题。

(3) 创建 Shopify ID 并登录(见图 4-4)。

图 4-4　创建 ShopifyID 和注册页面

2. 在线商店设置

登录后即可进入在线商店设置页面(见图 4-5)。

图 4-5　在线商店设置页面

在设置页面中完成 5 项任务：

(1) 添加产品：产品可以是实体商品、数字下载内容、服务。

(2) 添加域名：可以从 Shopify 购买新域名，或从第三方购买的域名。

(3) 自定义模板：选择一个模板并自定义内容、布局和排版，以彰显品牌风格。

（4）添加页面：创建在线商店页面，介绍产品，添加联系信息和客户经常参考的信息。

（5）整理导航：编辑菜单项。让客户轻松找到需要的信息和想要阅读的内容。

3. 选择套餐

Shopify 有三种建站模板套餐可供客户选择(见图 4-6)：

（1）基本版：每月缴费 1 美元，时间是 3 个月，非常适合新企业或仅偶尔面对面销售的企业。

（2）标准版：每月缴费 49 美元，适合拥有单一零售点的成长型企业。

（3）提高版：每月缴费 299 美元，适合拥有两个或更多零售点的成长型企业。

图 4-6　建站模板套餐

4.3　网站内容建设

学思践行

《网络信息内容生态治理规定》①第四条规定："网络信息内容生产者应当遵守法律法

---

① 国家互联网信息办公室. 网络信息内容生态治理规定[EB/OL]. (2019-12-15)[2022-08-23]. http://
www.gov.cn/zhengce/zhengceku/2020-11/25/content_5564110.htm.

规，遵循公序良俗，不得损害国家利益、公共利益和他人合法权益。"该规定明确了正能量信息、违法信息和不良信息的具体范围。鼓励网络信息内容生产者制作、复制、发布含有正能量内容的信息。明确网络信息内容生产者应当遵守法律法规，遵循公序良俗，不得损害国家利益、公共利益和他人合法权益，不得制作、复制、发布违法信息；应当采取措施，防范和抵制制作、复制、发布不良信息。

4.3.1　域名申请

在确定企业电子商务网站域名的命名时，应考虑以下几个方面的问题：

(1) 符合规范。国内的商用域名一般以 .com 或 .cn 结尾。

(2) 短小精悍。尽量注册字母少并有一定字面含义的单词或者词组的域名。

(3) 不要与其他域名混淆。例如，如网易的"163.com"与 TOM 公司的 VIP 邮箱的"163.net"两个域名，后缀分属不同人所有，很容易造成混乱。

(4) 与公司名称、商标或核心业务相关。如看到"ibm.com"，就会联想到 IBM 公司。

(5) 尽量避免文化冲突。2000 年，最大的中文网站新浪网的域名"sina.com.cn"受到质疑，甚至被要求改名，其原因在于"sina"在日语中和"支那"的发音相同，而"支那"是日本右翼对中国的蔑称，因此，新浪网域名引起一些华人的不满。此事被炒得沸沸扬扬。虽然新浪网最终没有因此改名，但我们应该引以为戒。

4.3.2　相关资料的收集

电商网站的信息必须经常更换，网站才有生命力，其中的工作量是巨大的。因此，网站建设初期就应有明确的指导方针，对信息的收集和整理工作做出统筹规划。许多网站都设立了文本管理员、Web 管理员、内容管理员和其他职务，以流水线方式完成信息的收集、转换、发布和维护等工作。

有关网站资料收集的思路和方法，可参考本书第五章的内容。

4.3.3　围绕主题开展内容建设

决定企业电子商务网站风格最重要的出发点，就是要为网站的主题服务，切实准确地传达网站的信息，方便浏览者阅读。因此，在网页的制作过程中，要综合平衡各方面的因素，呈现给用户一种完整、统一的风格。

天猫店铺是一个"展示品牌形象、发布产品信息、提供网上服务"的重要窗口，尤其是官方旗舰店，是企业在网络上的"官方代表"，直接影响到企业网络营销的成效。

首先，在网店的外观上，天猫商家的网店各个子页面的色调风格要一致，树立统一的形象。其次，在网店的内容上，应该充分利用直复营销的原理，充分利用网络的交互性能力，积极与网上客户进行交流，认真听取客户的意见和建议，及时解答客户的咨询，争取更多的客户。再次，可以考虑设计各种主题活动，吸引不同的产品爱好者参与活动，一方面能扩大网店的浏览量，另一方面也更能锁定目标顾客，挖掘潜在消费者。最后，还可以充分利用文字、声音、图片、动画、视频等多媒体技术做好商品描述，给消费者以丰富的

视觉享受，吸引消费者。

天猫提供了多种优化店铺的工具，分别针对初创期商家、发展期商家、成熟期商家给与店铺优化的指导。图 4-7 显示了天猫所提供的发展期商家店铺优化服务项目。图 4-8 显示了 PC 店铺和无线店铺的首页模板。

图 4-7　天猫所提供的发展期商家店铺优化服务项目

图 4-8　天猫所提供的 PC 店铺和无线店铺的首页模板

4.3.4　网站主页和页面的特色设计

网站的整体风格如同电视广告一样，具有特色的主页和页面能给访问者留下深刻的印象，同时也代表公司的形象，增强了公司在信息时代的竞争力。如何把握网站的整体风格，使网站呈现的形式能很好地为内容服务，是一个需要反复思考的问题。

1. 依据内容确定网页风格

无论是什么类型的网站，都有它的主题内容，网站的风格必须与它的主题相符合，同时还应考虑到浏览人群的特征。反之，如果一个电子商务网站选择了与其主题不相符的风格，不论它运用了多少先进技术和复杂形式，也会产生不协调的感觉。通常，电子商务类的网站比较适合简明大方的风格，而生活服务类的网站则选用温暖亲切的风格。

例如，DELL 公司创建的 www.dell.com 网站，其主页以简洁的图形突出企业产品主题，以蓝色为该网站的基本色，给人以朴素明快的感觉(见图 4-9)。

图 4-9　DELL 公司网站的主页

2. 合理安排网页内容元素的位置

网页内容元素的位置安排也就是对网页的排版。一个网站往往由多个网页组成，而每个网页又由一些元素组成，如 Logo(图标)、Banner(旗帜条幅)、导航条、文字内容、图片内容、联系方式、版权信息等。对这些网页内容元素进行合理的排版设计是很重要的，目标是使每个网页都能重点突出、层次分明、井井有条，切忌主次不分、杂乱无章。

主页是企业在互联网上的重要宣传阵地，代表公司的形象。因此在主页中应有企业的标志物。网站的所有内容都应能在主页中找到其链接。另外，网页的设计应以醒目为主，突出三个要点，即机构名称、产品和服务以及宣传内容。

3. 网页中色彩的运用

网页的色彩要为主题内容服务，一个网站应该只能有一种主色调。由于色彩富有感情性，因此会对浏览者产生一定的心理效应。

除了主色调之外，一个网站的颜色一般最多不宜超过 5 种(不包括图片的颜色)。如果网站用色太多，会让人觉得杂乱花哨，同时有不专业的感觉。在新浪商城的网页中，在主色调外，还选用了其他 4 种颜色：用蓝紫色和墨绿色作为栏目的分割，这两种颜色和主色调为同一基色，使页面显得和谐自然；同时选用橙色作为网站导航，以起到突出的效果。

4. 网页中图片的运用

在网页中插入图片可以令网页增色不少。但图片也不能用得太多，简单的图片堆砌会让人觉得累赘，也影响网页的下载速度。所以网站中的图片既要美观、符合网站的内容，又要少而精，放在最需要的地方，起到画龙点睛的效果，增加网站的吸引力。

网页中合理地运用动画会使网页更加增添生气。常见的动画格式有 GIF 动画和 Flash 动画。Flash 动画通常可以很精彩，变化效果可以更加复杂、美观，而且图片大小还可以控制在相对较小的范围内，但它需要安装插件方可浏览；GIF 动画的兼容性更好，但它的颜色和帧数不能太多，否则图片文件会很大。同样，动画图片在一个网页中也不宜出现太多。

5. 网页中的背景音乐

多媒体的应用可以让网页更加多姿多彩，在个人网站中，应用背景音乐的网页较多。但一般对于企业的电子商务网站的主页来说，背景音乐建议少用，因为背景音乐会增大网页文件的大小，延长下载时间，也可能分散浏览者的注意力，使真正重要的内容不能被完全仔细阅读。但是在对产品的介绍过程中加入背景音乐，在对浏览者进入本网站时采用一些语音技术，如欢迎词："欢迎光临某某公司，本公司经营……"会产生较好的效果。

4.3.5　网站资源管理

1. 账号管理

电子商务网站管理系统负责整个网站所有资料的管理，因此管理系统的安全性显得格外重要。系统账号管理应该限制所有使用电商网站管理系统的人员与相关的使用权限，给予每个管理账号专属的进入代码与确认密码，以确认各管理者的真实身份。此外，要有账号等级的设定，依据不同的管理需求设定不同的管理等级，让各管理者能分工管理自己份内的工作且不会改动其没有权限去改动的资料。而账号进入首页则可让拥有不同的管理账号等级的人员看到不同的管理页面样式，使用不同操作界面的管理页面，让其管理工作更为方便。

2. 网站及商品资料管理

网站及商品资料管理部分的功能应该提供网站管理者对于网站各商店与商店内的商品的管理功能，让管理者可以很方便地新增、删除与修改各项资料，并可针对各商店不同的需求提供不同的商品属性与商品管理功能。除此之外，还应有对于特价商品的管理功能，使得网站内特价商品能在特别明显的位置出现，让顾客在选购时更为便利。

3. 订单资料管理

订单资料管理的功能应包含所有对于网站订单的相关管理功能。该功能可以统计出目前网站中各项商品的销售情况，依据销售数量与销售金额等来排名，使得结果一目了然；也可以查询网站中各订单目前的处理状态，有多少新订单进来；还可以打印出订货单，设定订单出货，以及进行线上清款与顾客退货等相关信用卡交易行为。

4. 会员资料管理

电子商务网站对于顾客通常采用会员制度，要求顾客注册为会员，以保留顾客的基本资料，除可借此了解顾客并与顾客取得联系外，还可以记录下顾客的相关资料，有需要时可直接从资料库取出，无需顾客重复输入繁杂的资料。管理系统也应提供相关的功能让网站管理者能够简单地管理、查询会员资料，了解顾客需求，以作为销售商品的参考。

5. 在线客服系统管理

在线客服系统是为了增加网站及顾客间良好互动关系而设立的。现在的网站大都设有人工客服+机器人客服，匹配不同业务接待场景。网站需要发挥人工和机器人客服的优势，提高客服质量，收集客户需求，使企业能够通过客服窗口针对每一位访客提供个性化服务。

6. 最新消息管理

最新消息管理应提供对网站最新公告事项的相关管理功能，包含新增、删除、修改等功能，使得电子商务管理者能很方便地发布要告知顾客的各项最新消息。

4.3.6　网页制作常用工具

网页编辑工具可谓是琳琅满目，为我们提供了广阔的选择空间。虽然 Office 2021 等办公软件也可以胜任一般的网页制作，但比较费时、费力。所以，如果想要制作出一个美观、实用的网页，还必须使用专业的网页编辑软件。

1. PhotoShop(PS)

1) Adobe PhotoShop 简介

Adobe PhotoShop 是由 Adobe 公司所推出的一款图像编辑和设计软件，也是目前世界上应用最广泛的图像处理软件之一。PS 具有强大的处理能力和扩展功能，适用于网页制作、平面设计、美工等行业的工作人员。PS 的功能完善，性能稳定，使用方便，所以，很多网站的制作都选用 PhotoShop。2024 年，Adobe 公司推出了最新 PhotoShop 桌面版(2022 年 8 月版，版本 25.11)和 PhotoShop iPad 版(2022 年 8 月版，版本 5.0)。

2) PhotoShop 桌面版

PhotoShop 桌面版(25.11)是一款集图像扫描、编辑修改、图像制作、广告创意、图像输入与输出于一体的图形图像处理软件，在界面设计，窗口布局，功能和性能上都有较大的改进，具有复杂图形选择、写实绘画和修饰智能等功能。它引入强大的新标准，提供数字化的图形创作和控制体验，包括：处理常用图片问题；允许用户在图形不失真的情况下测量和变换图片和矢量图；创建嵌入式链接复制图；支持非破坏性编辑，创建和编辑 64 位 HDR 图片、3D 渲染；支持在电视监控器前浏览；重新设计的工作流程；支持多种初始文件修改，简化 PhotoShop 界面，加快编辑速度等。

从照片编辑和合成到数字绘画、动画和图形设计，利用 PhotoShop 桌面版的强大功能，用户可以在灵感来袭时随时随地进行创作。海报、包装、横幅、网站等设计项目都可以使用 PhotoShop；用专门的插画工具，可以绘制完美对称的图案，利用笔触平滑获得精致外观。

启动 PhotoShop 后可显示主屏幕(见图 4-10)。主屏幕包含有关新功能的信息、各种有助于用户快速学习工作流程和技巧的教程、最近访问的文档。主屏幕内容是根据对 PhotoShop 和 Creative Cloud 会员资格计划的熟悉程度而定制的。

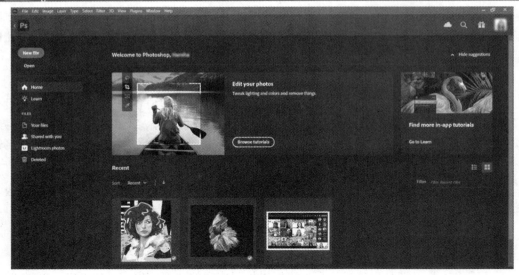

图 4-10 PhotoShop 桌面版的主屏幕

3) PhotoShop iPad 版

在 PhotoShop iPad 版的编辑工作区可以利用工具栏中的工具处理创意作品。画布会显示用户与打开的文档进行交互的区域，还提供了可感知上下文的用户界面(见图 4-11)。

图 4-11 PhotoShop iPad 版的编辑工作区

2. Dreamweaver(Dw)

Adobe Dreamweaver 是面向 Web 设计人员和前端开发人员的完备工具。它将功能强大的设计图面和一流的代码编辑器与强大的站点管理工具相结合，可提供先进的 html 编辑、

制作和代码处理功能，使用户能够轻松设计、编码和管理网站。

Adobe Dreamweaver 的最新版本是 2021 年 10 月版(Dreamweaver(21.2)。该版本针对与实时视图相关的工作流改善了性能和兼容性(见图 4-12)。

图 4-12　Dreamweaver　工作区(CC)示意图

A—应用程序栏；B—档工具栏；C—"文档"窗口；D—工作区切换器；E—面板；F—"代码"视图；G—状态栏；H—标签选择器；I—"实时"视图；J—工具栏。

4.4　投　资　概　算

有关搭建电子商务独立网站的投资费用已经在第 4.2 节中讨论，本节主要讨论自建网站的投资费用。

4.4.1　自己建站费用

接入互联网的所有费用大体上可以由四部分组成：设备费、通信费、信息费和维护费。

1. 设备费

设备费包含以各种方式接入互联网所必需的各种设备的费用和使用互联网时所要使用的各种类型的终端、微机、工作站、服务器等的费用。

如果采用局域网专线入网的方式，设备费包括路由器(2 千～3 千元/台)、交换机(1 千～2 千元/台)、服务器(2 万～4 万元/台)、台式电脑(3 千～5 千元/台)；如果网络比较大，采用最简单的以太网拓扑结构，敷设 5 千米的多模光纤需要 5 万～8 万元；双绞线接口、集线器等配套设备等需要几千元。如果网络中有 20 台电脑、1 台服务器、1 台交换机，若干双绞线接口和集线器，加上敷设光纤，总费用为 20～30 万元。上述两种方案都没有计算设备维护费用。

如果租用云虚拟主机，则整体费用可以大大降低。企业只需负担以上费用的小部分，且维护费用也由专业公司承担，其总成本将远低于设备的自购费用。图 4-13 是时代互联云虚拟主机一年的租用价格[①]；图 4-14 是华为 Flexus 云服务器一年的租用价格[②]。

图 4-13　时代互联云虚拟主机一年的租用价格

图 4-14　华为 Flexus 云服务器一年的租用价格

2. 通信费

通信费用是指为传输信息所付的资费(网络设备租用费或网络设备占用费)。通信费分为两种，即网络经营者向信息提供者(IP)收取的通信费和向信息使用者(用户)收取的通信费。由于通信信息服务是基本电信业务的延伸或增值，因此使用者(用户)所支付的通信费是以基本电信业务资费为基础的，即

---

① 时代互联. 基本型虚拟主机报价[EB/OL]. (2015-08-19)[2024-09-20]. http://www.now.cn/.
② 华为. 华为 Flexus 云服务器报价[EB/OL]. (2022-12-20)[2024-09-30]. https://www.huaweicloud.com/product/price.html.

入网费(或初装费) + 月租费 + 通信使用费

信息提供者向网络经营者支付的通信费一般为

入网者(或初装费) + 每年(或每月)租用费 + 其他服务费

3. 信息费

信息费是指信息提供者(IP)将收集到的原始消息进行加工、编辑、整理(并建成数据库)后，提供给用户使用的(或数据库内)信息的费用，因此 IP 向用户索取的信息费应为

信息费 = 成本 + 利润 + 税金

其中：

成本 = 信息编辑处理加工费 + 所需设备占用费 + 信息自身价值 +
IP 向网络经营者支付的通信费 + 其他服务费

4. 维护费

一个中等规模的网站，所要花费在高速网络专线、服务器通信设备、安全设备等方面的资金大约为 15～20 万元，每年还要支出 5 万元左右的信息和通信费用。

网络维护费包括网络管理员和站点设计人员的工资以及其他消耗品的费用等称为正常的维护费。网络设计和维护人员的工资按 10 000 元/(人·月)计算，一年需要 120 000 元/人，如果加上各种补贴、奖金将达到 15 万元/人，两个人则需要 30 万元。

4.4.2　外购整体建站费用

以时代互联为例，外购整体建站具有以下特点：

(1) 流量入口众多。能够实现 PC + 手机 + APP 多端齐发，利用众多平台全域流量。

(2) 灵活易用。企业站、网店商城、手机站等都可一键生成，自由布局，改版方便。

(3) 高端入口。拥有"3000+"精美网站模板，高端专业设计，覆盖"100+"行业。

(4) 支持多语言站点。支持中文简体、繁体、英文、法文等多种语言站点。

(5) 高转化率。超 70 种营销方式、引流—互动—转化—成交效率高。

图 4-15 是时代互联商务建站(PC+手机)的报价。

图 4-15　时代互联商务建站(PC+手机)价格①

---

① 时代互联. 时代互联商务建站(PC+手机)报价[EB/OL]. (2024-08-19)[2024-09-20]. https://www.now.cn/

参 考 文 献

[1]　李怀恩，徐捷，袁燕，等. 电子商务网站建设与完整实例[M]. 2 版. 北京：化学工业出版社，2022.

[2]　邓凯，唐勇，秦云霞，等. 电子商务网站建设与网页设计(微课版)[M]. 北京：人民邮电出版社，2019.

[3]　吉庆彬. 电子商务网站建设[M]. 6 版. 大连：大连理工出版社，2019.

[4]　蔡元萍，逯柳. 电子商务网站建设与管理[M]. 4 版. 大连：东北财经大学出版社，2019.

[5]　雨果跨境. 跨境独立站新手超详细指南：深度分析跨境电商独立站知识的底层逻辑 [EB/OL]. (2024-02-04)[2024-09-20]. https://www.cifnews.com/article/155015.

[6]　Adobe. 适用于中国境内的 Adobe Photoshop 学习和支持[EB/OL]. (2024-04-18)[2024-09-20]. https://helpx.adobe.com/cn/support/photoshop-china.html?promoid=5NHJ8FD2&mv=other.

[7]　Adobe. Dreamweaver 用户指南[EB/OL]. (2024-06-25)[2024-09-20]. https://helpx.adobe.com/cn/dreamweaver/user-guide.html/cn/dreamweaver/using/building-search-results-pages.html.

备课教案　　　　　电子课件　　　　引导案例与教学案例　　　习题指导

第五章 网络商务信息的收集与整理

　　蓬勃发展的互联网为我们提供了一个巨大的信息库，这个信息库几乎涉及人类社会各方面的信息资源，而且，这个信息库每天都在补充大量的新信息。对于利用网络从事商务活动的厂商来说，拥有这样巨大的信息资源，无疑要比利用传统信息渠道获取信息的厂商处于更有利的竞争地位。然而，要利用好这个信息库，却又不是一件容易的事情。无穷尽的网络信息资源，使得很多人经常处于"要找的信息找不到，不要的信息到处跳"的状况。要改变这种状况，必须在网络信息的收集和整理上狠下功夫。本章从商务的角度出发，重点介绍了网络信息检索的一般原理、利用网络收集市场信息和新产品开发信息的方法。

5.1　网络商务信息基础

学思践行

　　毛泽东指出："指挥员的正确的部署来源于正确的决心，正确的决心来源于正确的判断，正确的判断来源于周到的和必要的侦察，和对于各种侦察材料的联贯起来的思索。指挥员使用一切可能的和必要的侦察手段，将侦察得来的敌方情况的各种材料加以去粗取精、去伪存真、由此及彼、由表及里的思索，然后将自己方面的情况加上去，研究双方的对比和相互的关系，因而构成判断，定下决心，作出计划，——这是军事家在作出每一个战略、战役或战斗的计划之前的一个整个的认识情况的过程。"[①]

　　毛泽东在这里详细描述了从信息到决策的整个思维过程：获取信息—信息处理—信息确认—信息转化。同样，在电子商务的活动中，我们也需要"使用一切可能的和必要的侦察手段"获取网络信息，将电子商务的计划和决策建立于"必要的侦察和敌我情况及其相互关系的周密思索的基础之上"。

5.1.1　网络商务信息的概念和特点

　　信息(Information)，广义地讲，它是物质和能量在时间、空间上，定性或定量的模型或其符号的集合。信息的概念非常广泛，从不同的角度对信息可以给出不同的定义。在商务活动中，信息通常是指商业消息、情报、数据、密码、知识等。网络商务信息限定了商务

---

① 毛泽东. 中国革命战争的战略问题[G]//毛泽东选集第一卷. 北京：人民出版社，1991年第二版：179-180.

信息传递的媒介和途径。只有通过计算机网络传递的商务信息，包括文字、数据、表格、图形、影像、声音以及内容能够被人或计算机认知的符号系统，才属于网络商务信息的范畴。信息在网络空间的传递称为网络通信，在网络上停留时称为存储。

相对于传统商务信息，网络商务信息具有以下显著的特点：

(1) 时效性。网络信息更新及时，传递速度快，只要信息收集者及时发现信息，就可以保证信息的时效性。

(2) 相对性。由于网络商务信息时时在更新，良莠不一，因而信息的价值具有相对性。网络商务信息的收集和加工只有与网络信息的变化保持同步，信息的价值才能不断体现出来。

(3) 检索难度大。虽然网络系统提供了许多检索方法，但在浩瀚的网络信息资源中，迅速地找到自己所需要的信息，把反映商务活动本质的、有用的、适合本企业情况的信息提炼出来，需要相当长的一段时间的培训和经验积累。

5.1.2　网络商务信息的分级

不同的网络商务信息对不同用户的使用价值(效用)不同，根据网络商务信息本身所具有的总体价格水平，可以将它粗略地分为四个等级。

第一级是免费商务信息。这些信息主要是社会公益性的信息，是对社会和人们具有普遍服务意义的信息，大约占信息库数据量的 10%。如经济形势信息、产品介绍信息等。

第二级是收取较低费用的信息。这类信息的采集、加工比较容易，花费也较少。这类信息约占信息库数据量的 10%～20%，如一般性文章的全文检索。

第三级是收取标准信息费的信息。这些信息收费采用成本加利润的资费标准。这类信息的采集、加工比较复杂，要花费一定的费用；同时信息的使用价值较高，提供的服务层次较深。这类信息约占信息库数据量的 60%，网络商务信息大部分属于这一范畴。

第四级是优质优价的信息。这类信息是有极高使用价值的专用信息，如重要的市场走向分析、畅销商品的趋势、新产品新技术信息等。这是信息库中成本费用最高的一类信息。一条高价值的信息一旦被采用，将会给企业带来较大的收益。

5.2　网络商务信息的检索

5.2.1　网络商务信息检索的基本要求

网络商务信息检索是指在网络上对商务信息进行寻找和筛选的工作。这是一种有目的、有步骤地从各个网络站点查找和获取信息的行为。一个完整的企业网络商务信息收集系统包括先进的网络检索设备、科学的信息收集方法和精通业务的网络信息检索员。

电子商务对网络商务信息收集的要求是：及时、准确、适度和经济。

(1) 及时。所谓及时，就是迅速、灵敏地反映销售市场发展各方面的最新动态。信息都是有时效性的，其价值与时间成反比。但利用大数据方法，可以有效提高信息的时效。

(2) 准确。准确是指信息真实地反映客观现实，失真度小。在网络营销中，由于买卖双方不直接见面，因而信息的准确性就更为重要。准确的信息才可能带来正确的市场决策。

（3）适度。适度是指提供信息要有针对性和目的性。没有信息，企业的营销活动就会处于一种盲目的状态；信息过多、过滥，也会使得营销人员无所适从。在这样的情况下，网络商务信息的检索必须目标明确，方法恰当，信息收集的范围和数量要适度。

（4）经济。"经济"是指如何以最低的费用获得必要的信息。信息的及时性、准确性和适度性都要求建立在经济性基础之上，同时，经济性要求使所获得的信息发挥最大的效用。

5.2.2　网络商务信息检索的主要内容

1. 网络市场环境信息

（1）国家经济状况，包括经济结构、经济发展水平、经济发展前景、就业、收入分配等。

（2）政治和法律环境，包括政府机构的重要经济政策，政府对网络营销实行的鼓励和限制措施，如关税、税收、商品限制、卫生检疫、安全条例等。

（3）文化环境，包括使用的语言、教育水平、宗教、风俗习惯、价值观念等。

（4）其他，包括人口、交通、地理等情况。

2. 网络市场营销信息

（1）网络市场商品的供给情况，包括商品供应的渠道、来源，生产厂家、生产能力、数量及库存情况等。

（2）网络市场商品需求情况，包括网络市场对商品需求的品种、数量、质量要求等。

（3）网络市场商品价格情况，包括商品的价格、价格与供求变动的关系等。

（4）网络商品销售渠道情况，包括销售网络的设立、批零商的经营能力和经营利润、电商网站的引流能力、售后服务等。

（5）网络广告宣传情况，包括广告内容、投放网站与时间、广告效果等。

（6）竞争对手情况，包括竞争者产品质量、价格、政策、广告、分配路线、占有率等。

3. 网络客户信息

（1）客户政治情况，主要了解客户的政治背景、与政界的关系等。

（2）客户资信情况，包括客户拥有的资本和信誉两个方面。资本指企业的注册资本、实有资本、公积金、其他财产及资产负债等情况，信誉指企业的经营作风。

（3）客户经营业务范围，主要指客户的公司经营的商品及其品种。

（4）客户经营能力，指客户业务活动能力、资金融通能力、贸易关系、经营方式和销售渠道等。

4. 网络消费者信息

（1）线上消费的接受度。注意大中城市与小城市的差别，发达国家与欠发达国家的区别。

（2）线上消费行为的完成方式。注意手机与 PC 桌面端进行的消费。

（3）线上消费的品类，从比重方面分析，如服装类、化妆品占比较高，3C 类需求强劲等。

（4）线上消费的主要驱动力，如商品的价格、物流配送速度、售后服务质量等。

5.2.3　网络商务信息检索的困难

在互联网上检索信息的困难与下列 3 个因素有关：

(1) 互联网信息多而分散。互联网是一个全球分布式网络，大量的信息分别存储在各国的服务器和主机上，给信息的收集和甄选带来很大困难。

(2) 网络信息检索工具能力有限。目前，网络信息的检索主要还是依靠检索软件，很难适应数量大、范围广的海量信息。由于检索软件与人脑的思维还有很大差距，检索准确性和相关性不能完全满足要求。

(3) 网络信息鱼龙混杂。互联网上的信息质量参差不齐，良莠不一。大量的虚假信息和没有源头的信息充斥于虚拟空间，用户无法判断信息的真假。但目前还没有强有力的检索工具对互联网信息进行有效选择、过滤和鉴别。

5.2.4　网络信息检索困难的解决办法

1. 掌握新的检索工具和信息分析工具

为解决海量数据的检索问题，信息管理专家已研发了多种新的检索软件，并收到较好的效果。除传统的网站检索工具(如百度检索、新浪检索)外，数据采集软件(如八爪鱼、后羿采集器)、电商网站的营销数据分析软件(如淘宝网生意参谋、京东商智)也得到广泛应用。掌握新的检索工具和信息分析工具，充分发挥这些信息检索软件的作用，将有效提高企业电子商务的整体水平。

2. 明确检索目标

要完成一个有效检索，首先应当确定检索的目标。检索目标是指要检索的主要内容以及对检索深度和广度的要求。

安徽特酒集团(以下简称安特集团)是我国特级酒精行业的龙头企业，伏特加酒是其主打产品。1998 年该集团试图通过互联网进行伏特加(Vodka)酒类市场信息的检索，开辟欧美市场。为此，该集团确定了信息收集的三个目标：价格信息，关税、贸易政策及国际贸易数据，交易对象信息。由于目标明确，因而收到了很好的检索效果。

检索的深度与需求的针对性有关。如果需求的针对性较强(如伏特加酒)，且涉及大量的特定领域和专业词汇，就需要进行较为深入的检索。检索的广度是指信息所涉及的方面和领域。对市场一般供需状况信息的检索，在深度上不必要求太高，但是在信息的广度上应该有比较高的要求。

当检索概念较广泛，尚未形成一个明确的检索概念时，或仅需对某一专题做泛泛浏览时，可先用主题指南(如新浪导航)的合适类目进行逐级浏览，直到发现相关的网址和关键词后再进行扩检。

当用户已知检索词，但对专业搜索引擎不熟悉或想节省在多个专业搜索引擎之间的转换时间时，可选用综合性搜索引擎做试探性检索，然后再利用专业搜索引擎进行更全面、更深入的检索。多数情况下，要想得到相对全面的检索结果，最好熟练掌握一两个主要的独立专业搜索引擎，充分运用其检索功能，以提高检索质量。

3. 制订信息检索途径

根据不同的查询目的，可以选择不同的信息收集途径。搜索引擎的统计分析表明，仅仅只从一个角度进行查询，收集的信息将是不完全的，甚至会是不正确的。要进行有效的搜索，必须制订信息收集的途径。同时，应通过不同词组的检索，逐渐缩小搜索范围。

4. 分步细化，逐步接近查询结果

如果想查找某一类信息但又找不到合适的关键词，可以使用分类式搜索逐步深化，这样也可以得到较为满意的结果。在搜寻伏特加生产厂商站点时，首先采用的方法是利用综合性搜索引擎，即利用关键字进行数据检索。进而需要利用该搜索引擎的高级检索功能。在使用高级检索功能之前应仔细阅读其关于检索的说明，真正掌握其检索的规律。

例如，要寻找 Vodka 生产商的网址，单纯的关键词"Vodka"检索效果不好。充分利用词语中的同义词组，使用 Vodka(or Spirits or Wine or Liquor or Alcohol) + Manufacturer(or Producer or Maker)之类的词组进行重复检索，就可以收到较好的检索效果。

利用关键词检索出来的结果往往数量很大，不可能一一查看。对此一般采用两个步骤来解决：首先查看几个具体的网址，然后根据这几个网址反映出来的对于某些词的敏感程度，去修改检索时使用的同义词组，来缩小检索结果。进一步的工作是从综合性的搜索引擎转向到专业的搜索引擎。例如，中国的酒仙网(www.jiuxian.com/)、新西兰的酒类搜索网站(www.wine-searcher.com)都是这样的专业搜索引擎。

有时搜索结果不佳是因为选择的查询词不是很妥当。这时，可以通过"相关搜索"扩大搜索范围。例如，百度相关搜索排布在搜索结果页的下方，按搜索热门度排序。点击这些词，可以直接获得较多的检索结果。

5. 将信息的收集贯穿整个营销过程

网络商务信息的收集不仅仅是在网店开店的阶段，它应当贯穿整个网络营销的全过程。图 5-1 是"多多情报通" 围绕拼多多营销流程所能够提供的信息检索服务。

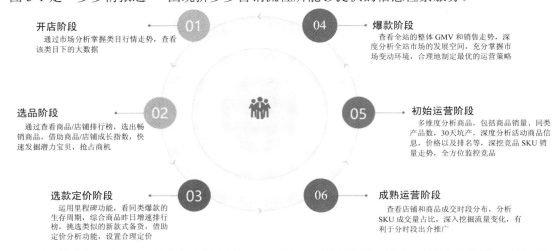

注：坑产即坑位产出，即商品在某个类目(类目就是搜索的关键词，搜索出来就会出现该商品的展位，该方形图文展位就是商品的"坑")下面(类目就是坑位，比如淘宝上的女装类)的成交额(产品单价×销售数量＝成交额＝产出)。

图 5-1　"多多情报通"在网络营销不同阶段提供的信息服务

(1) 开店阶段。通过市场分析掌握类目行情，分析市场份额、竞争强度、类目热销、排行榜等为行业前景作提前了解。

(2) 选品阶段。通过查看商品/店铺排行榜，选出畅销商品，借助商品/店铺成长指数，快速发掘潜力宝贝抢占商机。

(3) 选款定价阶段。运用里程碑功能，看同类爆款的生存周期，综合商品昨日增速排行榜，挑选类似的新款式备货，借助定价分析功能，设置合理定价。

(4) 爆款阶段。查看直通车分析、商品排行榜、店铺评分，多维度掌握商品和竞品、销量、SKU 情况以及用户评价，全方位监控潜在竞争对手，防止超越。

(5) 初始运营阶段。关键字和类目实时排名随时查看，及时监控自己的排名变化，不断优化和调整运营方式，提高曝光率。

(6) 成熟运营阶段。查看大盘数据、百亿补贴数据，结合市场和资源位玩法，掌握市场大环境，挖掘潜在爆款，合理把控和制定最优的运营策略。

5.3　利用网络收集市场信息

5.3.1　利用网络收集价格信息

1. 价格信息收集的途径

图 5-2 是网络价格信息收集的途径。

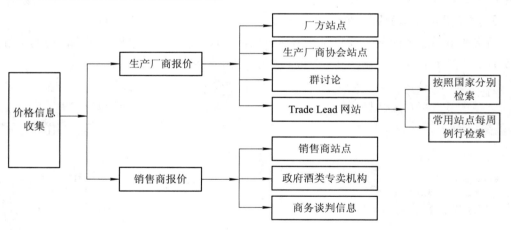

图 5-2　网络价格信息收集的途径

2. 生产商报价的检索

对于生产商的报价从以下几个方面入手。

(1) 搜索厂方站点。这种方法的关键是查找到生产商的互联网站点。找到了厂商站点，也就找到了报价。有的站点还提供最新的集装箱海运信息，也有很高的参考价值。

(2) 利用生产商协会的站点。这类站点也可通过搜索引擎查询到。通常，生产商协会的网站上都列出了该生产商协会所有会员单位的名称及联系办法。

(3) 利用群讨论方式。我国现在流行微信、钉钉等群讨论方式。国外大都采用脸书、推特等群讨论方式。其中专业讨论组的报价大多是生产企业的直接报价。

(4) 利用 TradeLead 网站。许多免费的 TradeLead 和专业的进出口网站专门提供国际贸易的机会和投资信息，类似于国内的供求信息，如 TRADEKEY 的网站(见图 5-3)等。

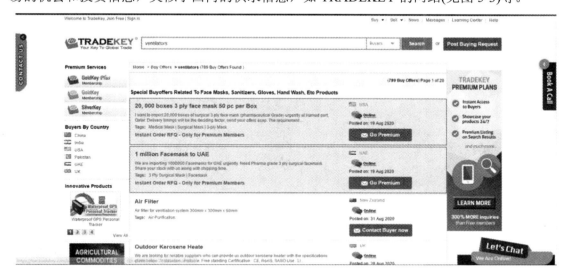

图 5-3　TRADEKEY 的网站(www.tradekey.com)

3. 销售商报价的检索

收集销售商的报价可以从以下几个方面入手。

(1) 销售商站点中的报价。找到销售商的站点，也就找到了它们的报价。也可利用各种搜索引擎的关键词检索方法查找报价。例如，vodka(or alcohol)and import (or trade)。

(2) 政府酒类专卖机构的价格。在某些国家或地区，政府的酒类专卖机构是唯一的进口商和批发商。这些机构中酒类品种多达上百种，价格中的虚头也最少，所以参考价值很高。图 5-4 是美国加州酒类专卖机构的网站。

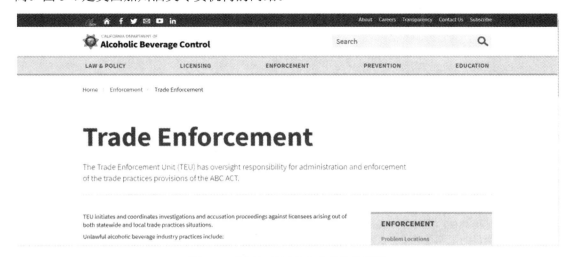

图 5-4　美国加州酒类专卖机构的网站

(3) 商品交易谈判的价格。商品的最终价格往往要通过商务谈判才能确定，这种方式非常复杂，耗费的时间和金钱也最多，但它是现阶段商业定价的最重要方法。然而，商务谈判中的定价信息极难获得，有的企业甚至视其为高度的商业机密。安特集团在实践中发现，搜索各种博览会、交易会的信息公告及经济类媒体的报道，可以发现有用的蛛丝马迹。

4. 销售网站和第三方交易平台价格的检索

利用销售网站可以较快地获得某一产品的价格信息。图 5-5 是通过酒仙网(www.jiuxian.com)查询到的不同国家 Vodka 酒的价格。

图 5-5　不同国家 Vodka 酒类的价格

目前，大的第三方电子商务交易平台都配备有大数据分析工具。在使用这些大数据工具时，首先应当将产品进行分类，然后根据类别再进行价格检索。

关键词是买家在寻找商品信息时采用的词语，关键词同样也在帮助卖家选择买家。以淘宝为例，利用淘词①分析功能，可以实时获取保暖内衣的类目分析表(见图 5-6)。

图 5-6　在生意参谋上查到的保暖内衣类目分析表

从图 5-6 中可以看出，在保暖内衣的关键词下，保暖内衣点击人气最大的类目是女士

---

① "淘词"是跨类目，跨行业，超越排名的限制的淘宝全网数据。应用淘词分析，搜索关键词不需要受所购买的类目的限制了。一个女装的卖家，同样可以搜索童装、男装、甚至 3C 产品的关键词。在输入关键词后，淘词就给出"全站热搜关键词排行""类目分布与趋势""关联热词"和"关联宝贝"的详细数据。

内衣/男士内衣，二级类目中保暖套装或保暖上装类目点击次数最高，所以，商品保暖内衣可以选取的长尾关键词[①]是：女士内衣/男士内衣——保暖套装。

图 5-7 是利用淘宝网生意参谋获得的保暖内衣价格区间分布表。[②]

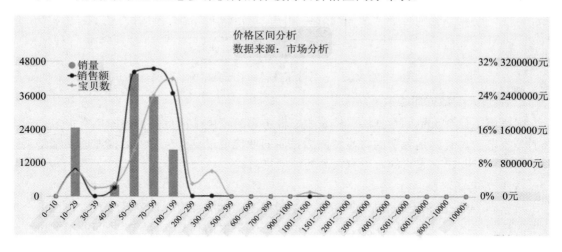

图 5-7　保暖内衣价格区间分布表

从图 5-7 中可以看出，保暖内衣的最优价格区间是"50～69 元"和"70～99 元"。在"50～69 元"价格区间中，保暖内衣的销售量最高，但因产品单价较低，总销售额并不是最高。而在"70～99 元"价格区间中，销售额虽然不是最高，但因单件价格较高，总销售额达到最高。所以，在决定价格策略时，需要综合考虑价格、销量和利润问题。

从生产商、销售商、商务谈判和第三方交易平台得到的价格信息，应该再加以整理、分析，才能确定它们之间的相互关系，最后得出完整的价格体系。

5.3.2　关税及相关政策和数据的收集

1. 关税及相关政策和数据信息收集的途径

关税及相关政策信息在国际贸易活动中占有举足轻重的地位。进口关税的高低影响着最终的消费价格，决定了进口产品的竞争力；有关进口配额和许可证的相关政策关系到向这个国家出口的难易程度；海关提供的进出口贸易数据能够说明这个国家每年的进口量，即进口市场空间的大小；人均消费量及其他相关数据则说明了某个国家总的市场容量。图 5-8 是关税、贸易政策及国际贸易数据检索途径。

---

① 长尾关键词(Long Tail Keyword)是指网站上的非目标关键词，但与目标关键词相关的也可以带来搜索流量的组合型关键词。长尾关键词是长尾理论在关键词研究上的延伸。长尾关键词的特征是比较长，往往由 2～3 个词组成，甚至是短语，存在于内容页面，除了内容页的标题，还存在于内容中。长尾关键词带来的客户，转化为网站产品客户的概率比目标关键词高很多，因为长尾词的目的性更强。例如，目标关键词是服装，其长尾关键词可以是男士服装、冬装、户外运动装等。

② 生意参谋诞生于 2011 年，最早应用在阿里巴巴 B2B 市场，后在淘宝和天猫网站推广，收到很好的效果。目前它能提供竞争情报、选词助手、行业排行、单品分析、商品温度计、销量预测等专项功能。

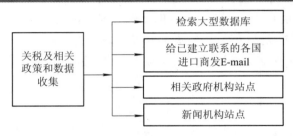

图 5-8　关税、贸易政策及国际贸易数据检索途径

2. 通过大型数据库检索

互联网中包含大量的数据库，涉及电子商务和跨境电子商务的数据库也有很多。其中有的是收费的，有的是免费的。收费的数据库商业价值最高；免费的数据库通常都是某些大学的相关专业建立起来的，也有很高的使用价值。

1) 国外商用数据库

数据网(www.proquest.com，见图 5-9)是世界上最大的数据库检索系统，它包括了全球珍贵的原始档案、英美政府文献、商业数据、著名学术期刊文献等资料。商业市场研究全文资源专辑囊括了 1986 年至今全球众多企业/公司、各个行业、经济及地缘政治等领域的市场研究信息；创业管理数据库旨在为创业者提供关于企业产品与服务发展方面的宝贵见解和重要的资源；全球统计信息摘要整合了约 50 个国家和地区的统计信息摘要内容；美国统计信息摘要收录了美国 1878 年至今的统计报表、报告和数据的回溯内容。

图 5-9　ProQuest 的互联网主页

其他比较著名的商用数据库还有 Europages(www.europages.com)、欧洲进出口公司数据库(www.randburg.com)、中东公司数据库(http://www.middleeasttenders.com)、澳洲贸易网(www.austrade.gov.au)、日本 JETRO 公司数据库(www.jetro.go.jp)、美国国内公司数据库(www.localeyes.com)等。

2) 国内商用数据库

国内比较常用的商用网络数据库有环球资源、千里马招标网等。

环球资源网(www.globalsources.com)是环球资源公司建立的网络数据平台。经历了 20余年的建设，环球资源网已发展到一定的规模，建立了自己的网上社群。现在，全球有超过 100 万名国际买家(其中 95 家来自全球百强零售商)使用环球资源提供的服务，了解供应商及产品的资料；另一方面，环球资源网为供应商提供整合出口、推广服务、公司形象提升、销售查询等服务，赢得了来自逾 240 个国家及地区的买家订单。

环球资源网主要为四个社群提供适当的信息服务，包括商务网页、标志广告、商展、产品查询、产品速递咨询等(见图 5-10)。

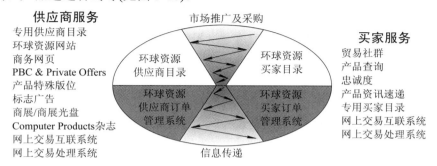

图 5-10　环球资源网站为买家和供应商提供的商务信息服务

千里马招标网(http://qianlima.group/)是一款帮助企业投标管理部、市场销售部等部门人员随时随地掌握全国招中标信息、搜索业务商机的信息平台。基于大数据挖掘技术，通过 PC 端和移动端向企业用户提供招标搜索、订阅推送、拟建项目获取、审批项目查询、企业监控、项目专盯、商机挖掘等服务。

千里马招标网根据招标项目的特点分为乙方宝、企业库、直采对接、找人脉、大数据平台、数据超市、大物业商机等 7 个方面；根据项目的投资金额分为 50 万以下、50 万～200 万、200 万以上三个不同的板块；根据地区的不同形成地区板块。这些检索的分类可以使投标者快速找到合适的项目。

通过十多年实践、研究与积累，千里马招标网已深度应用了智能搜索引擎技术、自然语言处理技术和知识图谱技术，可以实现上百万网站数据的挖掘与整理，建立数据仓库，深化爬虫挖掘系统；实现多渠道数据源采集与挖掘建模，深挖招中标大数据提取商业机会，输出既全面又精准的信息。

图 5-11 是千里马招标网的主页。

图 5-11　千里马招标网的主页

3. 查询各国相关政府机构的站点

随着电子政务的推广，很多政府机构都已建立了独立的网站。用户可以针对不同的问题去访问不同机构的站点，许多问题都可以得到非常详尽的解答。对于没有查到的内容，还可以发 E-mail 请求相关的职能部门或咨询部门给予答复。

例如，美国的酒类进口管理和税收制度是世界上最复杂的，美国的 50 多个州中，有的州实行最严格的管制；有的州实行较宽松的管制，而有的州则完全放开了对酒类的管制。这些更具体、详细的信息，只有从各州的酒类管理机构的站点中才可以查到。图 5-12 是通过美国华盛顿税收基金会的网站(www.taxfoundation.org)检索到的酒类的税率。

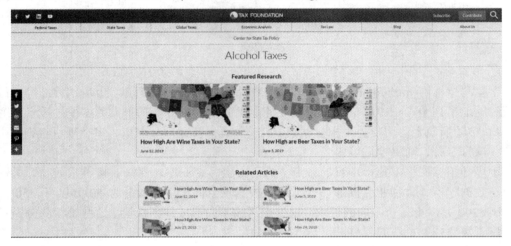

图 5-12　美国华盛顿税收基金会的网站列举的商品税号及税率

我国商品进出口关税可以从海关总署网站(www.customs.gov.cn)上查询(见图 5-13)。

图 5-13　我国海关总署网站查询到的伏特加酒进口税率

从海关总署网站上，还可以检索到相关管理文件，如《关于经香港输往内地葡萄酒全面实施通关征税便利措施的公告》(2017 年)；从国家税务总局网站上，也可以找到有关酒类发展的政策，如《国家税务总局关于配制酒消费税适用税率问题的公告》(2011 年)。

5.3.3　交易客户信息的收集

1. 交易客户信息收集的途径

交易客户信息的收集是跨境电子商务的一个重要环节，其目的是建立一个潜在客户的数据库，从中选出真正的合作伙伴和代理商。图 5-14 是收集交易客户信息的主要途径。

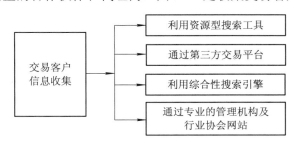

图 5-14　交易客户信息检索途径

2. 利用资源型搜索网站

环球资源网(www.globalsources.com)、Europages(www.europages.cn)等都是很好的资源型搜索工具。Europages 是欧洲著名的企业黄页网站，有来自 25 个国家的 500 000 余个公司的信息。图 5-15 是在 Europages 网站上搜索到的伏特加酒的生产商。

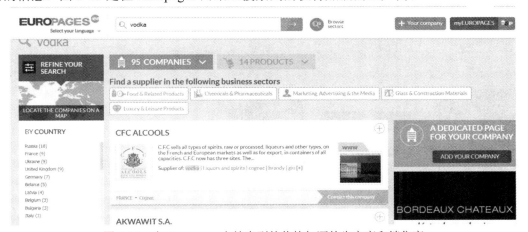

图 5-15　在 Europages 上搜索到的伏特加酒的生产商和销售商

大型数据库也常常包含丰富的客户信息。世界银行数据库(http://data.worldbank.org)、英国 LBMA Trade Data(https://www.lbma.org.uk)、日本 JETRO 公司数据库(www.jetro.go.jp)、美国国内公司数据库(www.localeyes.com)等都可以提供丰富的客户资源。我国赤狐 CRM(www.foxsaas.com) 拥有着遍及 400+城市、超过 100 万不同行业的客户资源。

3. 通过第三方交易平台

通过第三方交易平台，企业可以发现大量的供求信息，其信息收集效率可以成倍提高。阿里巴巴网站是世界上最大的 B2B 平台。平台上的供应商以中小企业为主。图 5-16 是通过阿里巴巴网站检索到的德国红酒供应商名单。

利用电子商务第三方交易平台也可以发现大量的同类商品销售厂家。就 Vodka 酒销售商家而言,淘宝网有 15 家,天猫网有 20 家,京东网有 100 家。图 5-17 是在淘宝网上检索"生命之水伏特加"找到的 10 余家销售网店。利用第三方平台提供的品牌、价格、销量、如实描述、服务态度和发货速度,可以方便地发现竞争对手的水平,也可以进一步发现自己的销售突破口。

图 5-16　通过阿里巴巴检索到的德国红酒生产企业名单

图 5-17　在淘宝网上查到的"生命之水伏特加"的销售商

4. 利用综合性搜索引擎

综合性搜索引擎数据量大,检索便利,如百度(www.baidu.com),目前已经拥有超过 80% 的中文搜索引擎市场份额,每天响应数十亿次的网民检索需求,为超过 40 万家企业提供搜索营销服务。百度搜索引擎由四部分组成:蜘蛛程序、监控程序、索引数据库和检索程序,可定制的、高扩展性的调度算法使得搜索器能在极短的时间内收集到最大数量的互联网信息。图 5-18 显示了通过百度搜索到的伏特加酒的生产商信息。

图 5-18　通过百度搜索到的伏特加酒生产厂家信息

5. 通过专业的管理机构及行业协会网站

这是一种高效快捷的查询手段,不但命中率高,而且信息的利用价值也很高,应当受到高度重视。安特集团在收集美国的生产商及进口商信息时,利用这种方法就收到奇效。在美国的酒类管理体制中,酒基本上被分成啤酒、葡萄酒和烈酒三类,而且每种酒的进口或批发都需要专门的许可证或执照。这就带来了很大的麻烦,因为无法确定一家公司是经营葡萄酒还是伏特加,到底是进口商还是批发商,在商业黄页中查询到的最小分类是酒(Liquor),而没有更细的分类。当找到美国加州酒类管理中心的网站时,这些问题就迎刃而解了。这里不仅按酒的类别、字母的顺序、不同的地域对每个公司进行了分类,而且对每个公司的信息都有详尽的记录,包括公司名称、申请人姓名、地址、许可证的种类、许可证的使用期限、经营历史、电话号码等。

5.3.4　统计信息的收集

在互联网上通过各个渠道收集的信息是分散的、无序的,而企业的市场运作常常需要了解整体的情况。这时,统计数据就显得非常重要了。

收集统计数据时,首选的网站是政府网站。例如,要了解互联网宽带接入用户的发展情况,可以直接登录工业和信息化部网站(www.miit.gov.cn),查询统计信息栏目即可;需要了解美国电子商务发展的统计数据,可以到美国人口普查局网站查询,该网站的"E-Stats"栏目公布了有关电子商务的统计资料(见图 5-19)。

在收集统计资料时,应注意专业网站的调研报告。欧盟电子商务新闻网(https://ecommenrcenews.eu)是专门调查欧盟国家电子商务发展的机构,图 5-20 是该网站发布的移动电子商务报告。阿里研究院、艾瑞咨询等机构每年也都发布多个有关互联网经济的市场研究报告。

有关企业自己的电子商务网站统计资料,可以利用百度统计(https://tongji.baidu.com)或Alexa 网站(www.alexa.com)获得。图 5-21 是百度统计某网站流量的分析图。

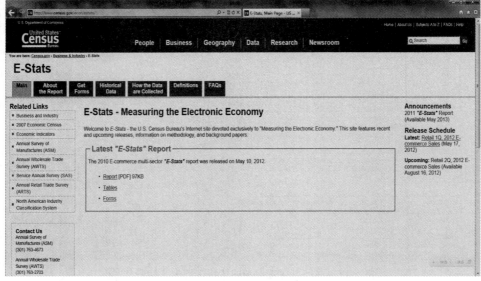

图 5-19   美国人口普查局网站上的"E-Stats"栏目

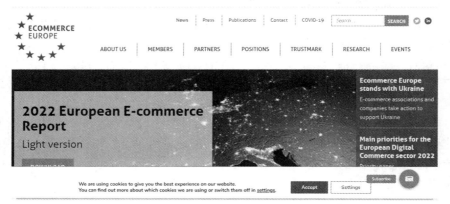

图 5-20   欧盟电子商务新闻网发布的移动电子商务报告

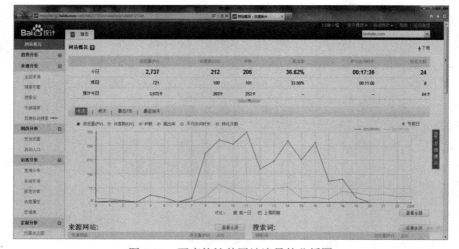

图 5-21   百度统计某网站流量的分析图

5.4 利用网络开展问卷调查

学思践行

1933 年，毛泽东提出："没有调查，没有发言权"，"一切结论产生于调查情况的末尾，而不是在它的先头。"[①] 习近平总书记也强调："各级领导干部在调研工作中，一定要保持求真务实的作风，努力在求深、求实、求细、求准、求效上下工夫。"[②]

我们开展电子商务调研的时候，需要按照习近平总书记的要求，学习毛泽东的调查思路和方法，下大力气摸清电子商务网站在商品、资金、运作模式、交易规划等方面的现状和具体问题，有针对性地提出解决的策略和措施。

在线问卷调查克服了传统问卷调查中成本高、浪费大、效率低等一系列难题，以电子商务手段，广泛收集信息。而且，在线问卷调查具有一定的柔性，调查者可以根据反馈信息不断地改进或推动整个调研项目的进行。

5.4.1 网上调查问卷的形式

网上调查问卷的形式有以下三种。

(1) 简单方式。简单方式的调查问卷问题少，简单明了，一般情况下网站在对热点新闻和突发事件进行调研时通常会采用简单方式。

(2) 组合方式。组合方式是将调查主题分为若干方面，让被调查者可以从多个方面进行回答，从而使调查能够做到更全面、更深入。

(3) 完整问卷方式。这种方式在网页上呈现的是一份完整问卷的形式，通常包含单选、多选以及自由回答项等内容，要求被调查者填写较多的相关信息。

在线问卷制作简单，分发回收方便，但要设计得完美、有效还需要注意下面的问题：

(1) 问卷的结构设计。一般在问卷的上方应列明问卷的主题和调查的简要介绍，在问卷的最后应有结束语，对填表者表示感谢。

(2) 问卷内容的设计。问卷内容应面向普通上网用户，避免使用晦涩的专业术语或有歧义的语言；问卷上的所有问题都应精心设计，使之能够得到较为准确的答案，以便于统计。

(3) 提高填写问卷的参与度和完成率。总的来看，问卷应设计得简明扼要。如果调查的内容较多，不妨分块、分阶段进行或对完成问卷的填表者给予奖励。

5.4.2 问卷调查的方法

1. 电子邮件问卷调研法

电子邮件问卷调研法是以较为完整的电子邮件地址清单作为样本框，随机抽样，直接

[①] 毛泽东. 反对本本主义[G]//毛泽东选集(第一卷). 北京：人民出版社，1991(第 2 版)：109-118.
[②] 习近平. 调研工作务求"深、实、细、准、效"[G]//之江新语. 杭州：浙江人民出版社，2007.

发送到被访问者的电子邮箱中，待被访问者回答完毕后在规定的时间内将问卷回复给调研机构。这种方式一般用于对特定群体网络用户的多方面的行为模式、消费规模、网络广告效果、网上消费者消费心理特征的研究。

实施这种电子邮件问卷调研法要求建立被调查者的电子邮件地址信息库。同时，应利用邮件列表(Mailing List)快速地将有关调查信息发送到众多被调查者的邮箱中。

2. 网站问卷调研法

网站问卷调研法是近年来发展非常快的一种调研方法。调查者在调研网站上设置调研专项网页，被调查者选择有关主题，并以在线方式直接在调研问卷上填写和选择。此方式主要针对网页受众中的特殊兴趣群体，它可以反映调研对象对所调研问题的态度。调研专项的访问率越高，调研结果反映的结果越真实。

国内很多网站可以提供电子商务市场调研的服务，如问卷星(www.wjx.cn) (见图 5-22)、一调网(www.1diaocha.com)、爱调研(www.idiaoyan.com)等，涉及电子商务市场发展趋势调查、企业情况调查、消费者调查、舆论调查等。

图 5-22　问卷星的网站主页

网站问卷调研的一种新形式是互动调查。调研网站以免费或付费为卖点，吸引客户登录网站发布自己个性化的调查问卷，并在注册、发布、提交等流程中添加其他用户的问卷。同时其他用户发表的问卷按人气高低滚动出现在网站主页上，以此来吸引对相关问题感兴趣的潜在客户，最终网站凭借这样的流程可以提高访问量并带来盈利。

3. 在线调查讨论法

在线调查讨论法是利用调查网站上的在线调查讨论区建立微信群，提出问题，征求各方面人士的意见。参与人员通过帖子发表个人的意见。该方法属定性调查方法，也可与定量电子邮件调查配合使用。

5.5　网络商务信息的整理

为了提高信息的价值和效率，需要对收集到的信息进行整理，使收集和存储的信息条理化和有序化，从而发现信息的内部联系并防止信息滞留，为信息的利用奠定坚实的基础。

5.5.1　网络信息的整理

通常我们收集到的信息是零零散散的，不能反映系统的全貌，可能还有一些是过时的甚至无用的信息。通过信息的合理分类、组合、整理，就可以使片面的信息转变为较为系统的信息，这项工作一般分为以下几个步骤：

(1) 明确信息来源。下载信息时，特别是重要信息，一定要有准确的信息来源，没有下载信息来源的，一定要重新检索。

(2) 浏览信息，添加文件名。从互联网上下载的文件，一般不能下载发布的地址，沿用原网站提供的文件，查找不方便。因此，需要对这类文件补充网络地址，添加文件名。

(3) 分类。分类的办法可以采用专题分类，也可以建立自己的查询系统。将各种信息进行分类，必须明确所定义的类特征，把具有相同类特征的信息分为同一类。

(4) 初步筛选。在浏览和分类过程中，对信息应进行初步筛选，确定完全没有用的信息应当及时删去。应当注意，有时有些信息单独看起来是没有用的，但是综合许多信息，就可能发现其价值。比如，市场销售趋势必定在数据的长期积累和整理后才能表现出来。

5.5.2　网络信息的加工处理

网络信息的加工处理是指将各种有关信息进行比较、分析，形成新的有价值的信息资源。这是一个信息再创造的过程，它并不是停留在原有信息的水平上，而是加工出能帮助人们了解和控制下一步计划的程序、方法、模型等信息产品。

信息的加工处理有两种方式：人工处理和机器处理。人工处理是指由人脑进行的信息处理；机器处理是指计算机进行的信息处理(包括专家系统)。两种方式各有优劣：人脑神经系统可以识别明确信息和模糊信息；而计算机具有强大的计算能力，在速度和准确性上要大大超过人脑。综合这两种"信息处理器"的优点，形成一个合理的"人—机"结合信息处理系统，是当前信息处理的较好办法。

目前使用的电子商务交易平台数据处理工具，已具有数据检索、收集和处理的综合功能。例如，在生意参谋中，流量分析展现全店流量概况、流量来源及去向的详细数据；交易分析包括交易概况和交易构成两大功能；营销推广分析包括营销工具、营销效果分析；市场行情专业版具备行业大盘分析、品牌分析、产品分析、属性分析、商品店铺多维度排行等多个功能；搜索词分析可以查看行业热词榜；人群画像直接监控买家、卖家和搜索三大人群。

5.5.3　网络商务信息处理的类型

1. 为提高效率而进行的网络商务信息处理

这种处理主要是指对各种商务信息的压缩，即去除商务信息中的多余成分或次要成分，留下主要成分。当然，压缩的前提是要保证商务信息的失真不会超过允许的限度。新一代的信息压缩技术可能突破语法信息的限制，逐步过渡到语义信息(信息的逻辑含义)和语用信息(信息的效用价值)的压缩。其中，人工智能检索是最重要的筛选方法，包括对文字和图片的检索。

这一阶段，需要完成以下工作：

(1) 剔除来源不清楚的商务信息，例如，从网站下载的无作者署名的营销趋势报告。

(2) 剔除过时的商务信息，例如，已经宣布作废的政策或规章。

(3) 剔除不符合《中华人民共和国电子商务法》《中华人民共和国广告法》的商务信息，例如，夸大产品作用的网络广告。

2. 为提高信息纯度而进行的网络信息处理

对任何特定主体来说，有用信息与无用信息或有害信息往往都同时存在或互为背景。因此，为了提取出有用信息，抑制无用或有害信息，就需要提高信息的纯度。过滤和识别是最典型的处理技术。频域的过滤应用得最广泛，它通过设计具有适当频带的滤波器①来选择有用的频率成分而抑制无用的或干扰的频率成分，排除无用的商务信息。

这一阶段，需要完成以下工作：

(1) 剔除模糊不清的商务信息，例如，表述不清楚的促销条款；

(2) 剔除虚假的网上商业数据，例如，通过刷单产生的销售量数据；

(3) 剔除不负责任的评论，例如，恶意的交易服务评论，或不负责任的产品评论。

(4) 对商务信息内容进行合理编辑、整合或格式转换，形成有参考价值的商务信息。

参 考 文 献

[1] 陈泉，郭利伟，周妍. 网络信息检索与实践教程[M]. 2 版. 北京：清华大学出版社，2023.

[2] 葛敬民. 实用网络信息检索[M]. 7 版. 北京：高等教育出版社，2022.

[3] 刘婧. 网络信息资源检索与利用[M]. 2 版. 北京：电子工业出版社，2022.

[4] 陆伟宇. 电子商务背景下商品信息检索问题研究[J]. 哈尔滨：现代经济信息，2016(3): 329.

[5] 杜优秀. 生意参谋数据产品分析 [EB/OL]. (2020-07-31)[2024-08-20]. https://zhuanlan.zhihu.com/p/44918975.

[6] 多多参谋. 多多参谋：拼多多商家数据分析软件功能介绍[EB/OL]. (2020-03-14)[2024-08-20]. https://jingyan.baidu.com/article/d621e8daf2cd216964913f50.html.

备课教案　　　　　电子课件　　　　引导案例与教学案例　　　习题指导

---

① 在计算机科学中，数字滤波器的功能是对输入离散信号的数字代码进行运算处理，以达到改变信号频谱的目的。在网络商务信息中，常常用人工智能手段排除商务信息。

第二部分

电子商务交易

- 网络交易行为
- 网络营销策略
- 网络促销
- 电子支付
- 电子商务物流
- 网络交易安全管理

第六章
网络交易行为

随着电子商务的发展，网络交易行为已经成为影响网络营销的重要因素。企业为了更好地开展业务，必须了解网络交易行为的特点。

网络市场与实体市场类似，可以分为消费者市场、生产者市场和政府市场三类。消费者市场是指由网民构成的市场；生产者市场是指拥有自己域名，建立了自己的网站或者拥有网络页面的各类企业参与的市场；政府市场主要是指已经上网的政府机构或非营利组织开展电子化政府采购活动的市场。与此相对应，网民、上网企业和政府组织机构构成了不同的网络交易集合体。本章主要从上述三类市场对网络交易行为进行深入的研究。

6.1　网络交易行为概述

网络交易是指交易各方通过计算机网络(主要是互联网)所进行的买卖交易。[①] 这种交易不仅仅是简单地开辟一条新的网上销售渠道，而是采用先进的信息技术手段改善企业的销售模式，提高营销效率，增加企业的销售收入。

现代管理学从心理学、社会学、人类学和管理学等学科的角度，对人的行为进行综合研究，提出了"行为科学"的概念及一般理论。用行为科学的研究方法来分析网络交易行为是一个崭新的领域。在这个领域中，主要研究以下问题：

(1) 虚拟市场主体的行为。网络交易是在网络市场(虚拟市场)上进行的。构成虚拟市场主体的是消费者、企业和政府。在构成虚拟市场的主体、支付能力和购买欲望三个要素中，主体是根本，支付能力是基础，购买欲望是动机，三者缺一不可。因此，需要对主体购买动机、支付能力和购买习惯进行研究，以帮助企业制订网络营销战略。

(2) 网络交易购买类型的研究。随着网络交易的普及，网络交易的形式呈现出多样化。购买者因所处地位、教育水平、生活方式、价值观念、宗教信仰、风俗习惯等的不同，采用的网络购物形式也多种多样。熟悉这些购物形式，将会有力地推动网络营销的开展。

(3) 购买者心理因素的研究。现代人是"经济人"，更是"社会人"与"文化人"，其消费行为已突破狭窄的经济假设。面对空前丰富的产品，今天的消费者常常不是根据理性的比较来选择所需的最佳产品。而传统的、纯经济操作的市场营销也不足以打动消费者的心。因此，运用丰富的文化内涵和独特的人性手法开展营销，满足人们更高、更复杂的需要，是现代企业营销的出路所在。

---

① 电子商务活动包括了诸多内容。除交易活动之外，还有企业形象宣传、网上交易秩序的规制、电子商务人才培养等诸多内容。这里的网络交易仅指网上的买卖行为。

6.2 网络消费者的购买行为

网络消费者的购买行为是影响网络营销的重要因素。传统的商务活动中，消费者仅仅是商品和劳务的购买者，主要是在家庭和朋友间产生影响。而在网络营销中，每一个消费者都是一个虚拟网络环境中的"冲浪者"，一方面扮演着个人购买者的角色，另一方面则扮演着社会消费者的角色。因此，其消费行为是个人消费与社会消费交织在一起的复杂行为。

6.2.1 网络消费者的购买动机

现代社会的商业设施建设已经发展到了相当成熟的地步。无论在大城市，还是在中小城市，到处可以看到现代化的商厦和商店。各类商店都拿出花样翻新的推销手段争夺顾客。应当说，在这样高度发达的商业环境下，消费者得到了极大的便利和实惠。然而，在电子商务出现之后，许多人疏远了这种传统的商店购物方式，转而青睐于上网购物。这些消费者在网上购买和消费的动机究竟是什么，这是网络营销研究者首先碰到的问题。了解和分析网络消费者真实的购买动机，才能够恰当地选择和使用促销手段。

1. 网络消费者购买动机的概念

所谓动机，是指推动人进行活动的内部原动力和驱动力，即激励人行动的原因。人只要处于清醒状态之中，就会从事这样或那样的活动。无论这些活动对主体具有多大的影响，对主体需要的满足具有怎样的吸引力，它们都是由一定的动机所引起的。网络消费者的购买动机是指在网络购买活动中，驱使网络消费者产生购买行为的某些内在的驱动力。

动机是一种内在的心理状态，不容易被直接观察到或被直接测量出来，但可以根据人们的行为表现或自我陈述加以了解和归纳。对于企业促销部门来说，通过了解消费者的动机，就能有依据地说明和预测消费者行为，采取相应的促销手段。而对于网络促销来说，动机研究更为重要。因为网络促销是一种不见面的销售，网络消费者复杂的、多层次的和多变的购买行为不能被直接观察到，只能够通过文字或语言的交流加以想象和体会。

网络消费者的购买动机基本上可以分为两大类：需求动机和心理动机。前者是指人们由于各种需求，包括低级的和高级的需求而引起的购买动机；而后者则是指由人们的认识、感情、意志等心理过程而引起的购买动机。

2. 网络消费者的需求动机

人们在生存和生活的过程中产生了各种各样的需求。需求是人类从事一切活动的基本动力，是消费者产生购买想法，从事购买行为的直接原因。每一个消费者都是直接或间接地、自觉或不自觉地为了满足某种需求，由需求产生购买动机，再由购买动机导致购买行为。因此，研究人们的网络购买行为，首先要研究人们的网络购买需求。

1) 传统需求层次理论在网络需求分析中的应用

在传统的营销过程中，需求层次理论被广泛应用。需求层次理论是由美国心理学家马斯洛(Abraham H. Maslow，1908—1970 年)在 1943 年出版的《人类动机的理论》一书中提出来的。这种理论的构成依据三个基本的假设：

(1) 人们在生活过程中有着不同需求，只有未满足的需求才能够影响人们的行为；

(2) 人的需求按重要性可排成一定层次，从基本的生理需求到复杂的自我实现的需求；

(3) 当人的某一级需求得到最大限度的满足之后，才会追求更高一级的需求。

根据上述三个基本假设，马斯洛把人的需求划分为五个层次：生理的需求、安全的需求、社交的需求、尊重的需求、自我实现的需求。

第一层次：生理的需求。这是人类生活和生存的基本需求，如吃、穿、住、行等。这些需求必须得到起码的满足。传统商业消费模式下的消费者在购物时，将有关生理需要的物品的购买放在首位。而对于网络消费者来说，这种情况则有了较大的变化。作为一种先进的购物方式，能够上网购物的人多数已经解决了基本生活用品的购买问题，因此，购物的便利和价格的优势才能引起他们的注意力重新回到这一层次的需求中。

第二层次：安全的需求。人们在满足了生理需求之后，总是希望自己的人身安全、财产安全得到保障，并为此购买相应的产品或服务。网络消费者也不例外。2020 年春季，由于新冠肺炎的流行，网上购物出现了前所未有的火爆场面，其主要原因是出于安全的需求。而在 B2B 市场中，买卖双方通过网络签订合同、实现网上支付的比例还不高。其中的主要原因仍然是担心资金安全。

第三层次：社交的需求。人在生活中离不开必要的社交活动。希望自己能够成为群体的一员，希望能够从群体中获得友谊、温暖和爱情，人们自然就产生了社交的需求。因为互联网能提供通过电子邮件、微信、博客等传递信息、发表言论和相互沟通的条件和场所，所以对有这种需求的消费者产生了巨大的吸引力。近年来，社交电商的快速发展也反映了消费者对社交的强烈需求。

第四层次：尊重的需求。尊重的需求涉及自我尊重和受别人尊重两个方面。前者包括自主、自由、自尊、自豪等，后者包括地位、荣誉和被尊重等。在这一层次，人们要求网络市场提供各种高品位的饰品和化妆品，提供餐饮、婚礼、旅游等方面的便利服务；对于购买者和消费者给予一定的荣誉，如 VIP 客户、钻石买家等。

第五层次：自我实现的需求。人总是希望自己的才能和潜力能够最大限度地发挥，希望自己在事业上有所成就。随着人们文化教育水平的提高，这种需求变得越来越重要。虚拟市场不仅应当为商品的流转创造更便利的条件，而且还应当为人们创造更广阔的发展空间。近两年电商独立站的蓬勃发展、网络创业风起云涌正是这一需求的真实反映。

应当指出的是，对大多数人来说，实际生活中的需求不是单一层次的，而是多层次的，即在每一个需求层次上都有需求，但由于条件的限制，需求强度是不同的。例如，对于一个收入水平较低的人群来说，生理需求的强度可能达到 85%，安全需求的强度达到 70%，社交需求的强度达到 50%，尊重需求的强度达到 40%，而自我实现需求的强度可能只有 10%。而对于一个收入较高的人群来说，这个比例则可能倒过来，自我实现的需求强度甚至可能达到 90%。这种需求强度的差别可以用图 6-1、图 6-2 和图 6-3 表示。这种差别是每一个网络营销人员必须清楚和了解的。

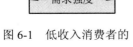

图 6-1　低收入消费者的
　　　　需求强度

图 6-2　一般收入消费者的
　　　　需求强度

图 6-3　高收入消费者的
　　　　需求强度

2) 虚拟社会中消费者的新需求

马斯洛的需求层次理论可以用来解释虚拟市场中消费者的许多购买行为，但是，虚拟社会与实体社会毕竟有很大的差别，马斯洛的需求层次理论也面临着不断补充的需要。

互联网络的发展构成了一个虚拟的社会。从表面上看，这个社会一直在聚集信息以及其他媒体的资源。而实质上，这个社会提供了一种人们的交流环境。这种环境的维系，依靠的是人们的联系和互动。从局部看，人与人之间的联系很多时候都只有一次，但从整体来看，单一的联系包含在一系列的广泛联系之中，并由此引导出一种相互信任和彼此了解的氛围。

虚拟社会中消费者的新需求突出表现出 3 个明显的特征。

(1) 追求便利。随着城市规模的扩大和现代社会生活节奏的加快，人们对时间的安排越来越精细。便利性成为消费者在多种状态下追求的目标。无论是从商品信息的搜索、商品的挑选，还是货款支付、商品配送，便利性都受到消费者，特别是中青年消费人群的青睐。

(2) 兴趣导向。从心理学的角度讲，兴趣具有很大的动机成分。社会上的许多人就是为了兴趣的需求而进行某些活动的。分析畅游在虚拟社会中的网民，我们可以发现，每个网民之所以热衷于网络漫游，是因为对网络活动抱有极大的兴趣。这种兴趣的产生，主要出自两种内在驱动力。一是探索的内在驱动力。人们出于好奇的心理探究网络秘密，希望能够找出符合自己预想的结果，包括查找资料、寻求价廉物美的商品等。二是成功的内在驱动力。当人们在网络宣传中赢得声誉、在网络购物中买到物美价廉的产品时，自然产生一种成功的满足感。随着这种成功的满足感不断加强，对网络的依赖程度也在不断增加。

(3) 社交吸引。人类是聚集生存的动物。虽然我们也曾看到类似于鲁滨逊式人物的报道，但对于绝大多数人来说，孤独是一种极为可怕的情况。虚拟社会给具有相似经历的人们提供了聚集的机会，这种聚集不受时间和空间的限制，并形成颇有意义的新的社交关系。新的社交工具。从博客到微博，从 QQ 群到微信群，越来越多的人参与到网络社交的圈子里。频繁的互动使得社交网站的活跃度大大提升，从而为网络营销的推广打开了广阔的新天地。

人们的行为都是由一定的动机引起的。动机的实质是需求。但需求不等于动机，只有当需求指向具有某种特点的目标时，也就是当人的欲望与具体的对象建立了心理联系时，才会变成行动的动机，才具有实际的意义。从事电子商务活动的网络营销人员要想成功地在互联网上行销，他所构思的网络营销计划除需要考虑传统市场中顾客的各种需求外，还必须照顾到网民对便利、兴趣、社交的新需求。

3. 网络消费者的心理动机

网络消费者购买行为的心理动机主要体现在以下 3 个方面。

(1) 理智动机。这类购买动机是建立在人们对于在线商店推销商品的客观认识基础上的。理智购买动机具有客观性、周密性和控制性等特点。在理智购买动机驱使下的网络消费购买行为，首先注意的是商品的先进性、科学性和质量，其次才注意商品的经济性。这种购买动机的形成基本上受控于理智，而较少受到外界气氛的影响。

(2) 感情动机。感情动机是由人的情绪和感情所引起。这种购买动机还可以分为两种形态。一种是低级形态的感情购买动机，它是由喜欢、快乐、好奇而引起的。这种购买动机一般具有冲动性的特点。2014 年元旦春节期间，腾讯微信推出名为"微信红包"的送礼服务，既新颖又方便，短短两周内，微信支付的用户数破上亿。还有一种是高级形态的感情购买动机，它是由人们的道德感、美感、群体感所引起的，具有稳定性的特点。而且，由于在线商店提供异地买卖送货业务，因而大大促进了这类购买动机的形成。例如，通过在线商店为朋友购买礼品，为外地父母购买老人用品等，都属于这种情况。

(3) 惠顾动机。这是基于理智经验和感情之上，对特定的网站和商品产生特殊的信任与偏好而重复地、习惯性地访问并购买的一种动机。惠顾动机的产生，或者是由于信息搜索的便利、站点内容的吸引；或者是由于某一驰名商标具有的地位和权威性；或者是因为产品质量树立了可靠的信誉。这样，网络消费者在为自己确立购买目标时，心目中首先想到的是由惠顾动机而产生的购买目标，并在购买活动中克服和排除其他同类商品的吸引和干扰。具有惠顾动机的网络消费者，往往是某一站点的忠实浏览者，例如，参加"秒杀"[①]的消费者，他们不仅自己经常光顾某一站点，而且对众多网民也具有较大的宣传和影响能力。

4. 网络消费者的需求特点

(1) 网络消费仍然具有层次性。网络消费本身是一种高级消费形式，但就其消费内容来说，仍然可以分为由低级到高级发展的不同层次。需要注意的是，在传统的商业模式下，人们的需求一般是由低层次向高层次逐步延伸的。而在网络消费中，人们的需求是由高层次向低层次扩展的。在网络消费的开始阶段，消费者侧重于精神产品的消费，如通过购买图书、光盘。到了网络消费的成熟阶段，消费者在完全掌握网络消费的规律和操作，并且对网络购物有了一定的信任感后，才会从精神消费品的购买转向日用消费品的购买。

(2) 网络消费者的需求具有明显的差异性。不同的网络消费者因所处的环境不同而产生不同的需求，他们在同一需求层次上的需求也会有所不同。这是因为网络消费者来自世界各地，年龄和生活习惯也不同，所以有明显的需求差异。这种差异性远远大于实体商务

---

① 秒杀(SecKill)原意是以压倒性优势在极短时间内解决对手，最早用来形容一场足球赛事最后阶段的进球。在网络交易中，秒杀是网上竞拍的一种新方式。网络卖家发布一些超低价的商品，所有买家在同一时间进行网上抢购。由于商品价格低廉，往往一上架就被抢购一空，有时只用一秒钟。

活动的差异。因此，从事网络营销的厂商要想取得成功，必须在整个生产过程中，从产品的构思、设计、制造，到产品的包装、运输、销售，认真思考这种差异性。

(3) 网络消费者的需求具有交叉性。在网络消费中，需求之间广泛存在交叉。例如，在同一张购货单上，消费者可以同时购买普通的生活用品和昂贵的饰品，以满足生理的需求和尊重的需求。这种情况的出现是因为虚拟商店可以囊括几乎所有商品，人们可以在较短的时间里浏览多种商品，由此产生交叉性的购买需求。

(4) 网络消费者需求的超前性和可诱导性。电子商务构造了一个世界性的虚拟大市场，在这个市场中，最先进的产品和最时髦的商品会以最快的速度与消费者见面。具有创新意识的网络消费者必然会很快接受这些新的商品，从而带动周围消费层新的消费热潮。从事网络营销的厂商应当充分发挥自身的优势，采用多种促销方法，启发、刺激网络消费者的新需求，唤起他们的购买兴趣，诱导网络消费者将潜在的需求转变为现实的需求。

6.2.2 影响消费者网上购物的外在因素

1. 商品价格

从消费者的角度来说，价格不是决定消费者购买的唯一因素，但却是消费者购买商品时必须考虑的因素，而且是一个非常重要的因素。对于一般商品，价格与需求量之间经常表现为反比关系，同样的商品，价格越低，销售量越大。网上购物之所以具有生命力，重要的原因之一是网上销售的商品价格普遍低廉。例如，拼多多定位中低收入人群的市场和下沉市场，通过拼团的方式大幅度降低商品价格，3 年中就跻身电子商务行业的头部企业。电子商务营造的"双十一"购物节 2021 年全网销售额达 9523 亿元，同比增长 13.4%。其中，最重要的销售利器就是商品大都以折扣价格出售。

2. 购物时间

这里所说的购物时间包含两方面的内容：购物时间的限制和购物时间的节约。传统的商店，即使是夫妻小店，每天也只能营业 10~14 个小时，许多商店还有公休日。网上购物的情况就不一样了。而网络虚拟商店一天 24 小时营业，没有任何时间限制，为人们在上班前和下班后购物提供了极大的方便。

现代社会，人们的生活节奏大大加快，人们用于外出购物的时间越来越少，人们已没有时间像过去一样去逛商场，反复挑选商品，他们迫切需要新的、快速方便的购物方式和服务。网络购物满足了人们的这种愿望。在人们对网络商店和网上购物的安全性、可靠性有了充分的认识之后，将会越来越多地选择这种新型购物形式。

3. 商品挑选范围

"货比三家"是人们在购物时常常使用的方法。在网络购物中，"货比三家"已不足为奇。人们可以"货比百家""货比千家"，甚至"货比万家"，商品挑选的余地大大扩展。而且，消费者可以从两个方面进行商品的挑选，这是传统的购物方式难以做到的。一方面，网络为消费者提供了众多的检索途径，消费者可以通过网络，方便快速地搜寻全国乃至全世界相关的商品信息，挑选满意的厂商和产品。另一方面，比价网站的出现，提供了最新的产品经销商报价比较。消费者可以通过比价选择性价比最高的产品。在这样大的选择余地下，网络购物的优势就非常明显了。

4．商品的新颖性

追求商品的时尚和新颖是许多消费者，特别是青年消费者重要的购买动机。这类消费者特别重视商品新的款式、格调和社会流行趋势，而对商品的使用程度和价格高低不太计较。这类消费者的经济条件较好，青年人居多，他们是新式高档消费品、新式家具、时髦服装的主要消费者。电子商务利用自己载体的优势，紧紧跟踪最新的消费潮流，适时提供给消费者最直接的购买渠道，对这类消费者的吸引力越来越大。

5．信息的作用

在网络环境下，各种消费基于信息而展开。消费者在使用网络时往往因注意力受到强烈吸引而忽略周围的实体环境，因此信息成为购买行为的重要的刺激因素。而多维的网络沟通方式赋予了消费行为更丰富的内涵，消费者之间不断进行着信息创造与传播，从而形成了独特的基于网络信息的复合型消费行为。

信息获取行为可转化为网络消费决策行为。犹如消费者逛商场，商品信息的浏览可能随时产生购买行为。如果消费者具有明确的购买动机或需求而主动进行信息搜索，则购买意向也就更强烈。互动性对于消费者的心理、行为及决策有积极影响。网站的参与度越高，消费者的感性体验就越强烈，转发程度高、商品的评论多，以及活跃程度高的"网络大 V"的推荐，都可能使消费者产生积极的消费行为反应。

6.2.3 网络消费者的购买过程

网络消费者的购买过程，也就是网络消费者购买行为形成和实现的过程。这一过程不是简单地表现为买或不买，而是一个较为复杂的思维与行动的过程。

与传统消费者购买行为相类似，网络消费者的购买行为早在实际购买之前就已经开始了，并且延长到实际购买后的一段时间。网络消费者的购买过程可以粗略地分为五个阶段：唤起需求、收集信息、比较选择、购买决策和购后评价。它们相互关系可以用图 6-4 表示。

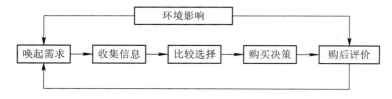

图 6-4 网络消费者的购买过程

1．唤起需求

唤起需求是网络购买过程的起点。在内外因素的刺激下，消费者对市场中出现的某种商品或某种服务产生兴趣，可能产生购买的欲望，这是消费者做出消费决定的基本前提。

在传统购物过程中，诱发需求的动因是多方面的。人体内部的刺激，如饥饿，可以引发对食物的需求；外部的刺激，如看到同事穿了一件新西服，得体、潇洒，因而产生了自己也要买一件的想法。但对于网络营销来说，诱发需求的动因主要局限于视觉和听觉。深入挖掘视觉和听觉的潜力对于网络营销是非常重要的。2018 年，直播市场出现井喷式发展，一方面是因为技术在不断进步，信息的展示方式不断丰富，短视频、AR、VR 等技术都在持续推动信息的富媒体化；另一方面，单纯的文字表述和图片展示已不能有效唤起客户需

求，网络直播赋予了产品宣传新的文化生命力，内容营销成为新的营销热点。

2. 收集信息

在需求唤起之后，每一个消费者都希望需求得到满足。于是，收集信息、了解行情成为消费者购买过程的第二个环节。

网络收集信息的渠道主要有两个：内部渠道和外部渠道。内部渠道是指消费者个人所储存、保留的市场信息，包括购买商品的实际经验、对市场的观察以及个人购买活动的记忆等。外部渠道则是指消费者可以从网络收集信息的通道，包括个人、商业和公共渠道。

个人渠道主要包括消费者亲朋好友的购买信息和体会。这类信息和体会在某种情况下对购买者的购买决策起着决定性的作用。2021 年社交电商增长速度远高于电子商务其他领域，主要原因就是社交电商能够在信任机制覆盖下快速传导商品信息，从而激发购买需求。同样，一件劣质产品、一次失败的销售也可能使网络销售商几个月甚至几年都不得翻身。

商业渠道，如展销、中介推销、各类广告宣传等，主要通过有意识的活动把商品信息传播给消费者。网络营销信息主要通过网络广告和检索系统上的产品条目传播。而网络购买中，消费者的商品信息收集主要是通过商业渠道和公共渠道进行。一方面，上网消费者通过互联网跟踪查询；另一方面，上网消费者不断地在网上浏览，寻找新的购买机会。

3. 比较选择

消费者需求的满足是有条件的，这个条件就是实际支付能力。没有实际支付能力的购买欲望只是一种幻想，不可能导致实际的购买。为了使消费需求与自己的购买能力相匹配，比较选择是购买过程中必不可少的环节。消费者对从各条渠道汇集而来的资料进行比较、分析、研究，了解各种商品的特点和性能，从中选择最为满意的一种。一般来说，消费者的综合评价主要考虑产品的功能、可靠性、性能、样式、价格和售后服务等。通常一般消费品和低值易耗品较易选择，而耐用消费品的选择则比较慎重。

网络购物不直接接触实物。消费者对网上商品的比较依赖于厂商对商品的描述，包括文字的描述和图片的描述。若网络销售商对自己的产品描述得不充分，就不能吸引众多的顾客。而如果对产品的描述过分夸张，甚至带有虚假的成分，则可能永久地失去顾客。对于这种“度”的把握是每个从事网络营销的厂商都必须认真考虑的。

4. 购买决策

网络购买决策是指网络消费者在购买动机的支配下，从两件或两件以上的商品中选择一件满意商品的过程。购买决策基本上反映了网络消费者的购买行为。

与传统的购买方式相比，网络购买者的购买决策有许多独特的特点。首先，网络购买者理智动机所占比重较大，而感情动机所占比重较小。这是因为消费者在网上寻找商品的过程本身就是一个思考的过程。其次，网络购买受外界影响较小。消费者常常是独自坐在计算机前上网浏览、选择，因而决策范围有一定的局限性，大部分的购买决策是自己作出的或是与家人商量后作出的。特别是在网络直播的时候，客户容易产生购买冲动。正是因为这一点，网上购物的决策行为较之传统的购买决策要快得多。

要在没有实物的情况下让消费者乐于消费并非一件容易的事。网络消费者在决定购买某种商品时，一般必须具备三个条件：第一，对厂商有信任感；第二，对产品有好感；第三，对支付有安全感。因此，树立企业形象，全面提高产品质量，改进货款支付方式和商

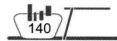

品邮寄办法，是每一个参与网络营销的厂商必须重点抓好的三项工作。

5. 购后评价

消费者购买商品后，常常会对购买选择进行检验和反省，重新考虑购买是否正确、效用是否理想、服务是否周到等问题。这种购后评价往往决定了消费者以后的购买动向。

消费者在购买和试用某种产品后，感到满意或很满意，他们就会重复购买这种产品，并且通过网站留言对产品进行好的评价，向别人宣传这种产品。反之，消费者在购买或试用某种产品后感到不满意或很不满意，他们就会在网站上对产品进行批评，而这种批评将会极大地影响产品的销售。在这里，"满意"的标准是产品的价格、质量和服务与消费者预期的符合程度。图 6-5 是苏宁易购上客户对海尔冰箱的评价。

图 6-5　苏宁易购上客户对海尔冰箱的评价

为了提高企业的竞争力，最大限度地占领市场，企业必须虚心倾听顾客反馈的意见和建议。随着网络的普及，越来越多的企业在网上设立了服务中心，通过网络与客户进行深层次的沟通。图 6-6 是惠普公司计算机与打印机产品的售后服务中心。

图 6-6　惠普公司计算机与打印机产品的售后服务中心

6.2.4　我国网民的消费行为分析

任何一个市场，无论是消费品市场还是工业品市场，都是由成千上万个顾客构成的。这些顾客的购买要求通常各不相同。一个企业，无论其规模大小，几乎不可能同时满足全部顾客对某个产品的不同要求。而市场营销的原则又要求企业必须为顾客提供最佳服务，使其获得最大的满足。解决这一矛盾的方法，通常是进行顾客行为分析，使企业能够在此基础上分辨出它能为之提供服务的顾客群，确定自己的目标市场，从而最大限度地满足顾客的要求。所以，能否找到一个适当的顾客群或目标市场乃是企业网络营销成功的前提。

自1997年以来，中国互联网络信息中心(CNNIC)每半年发布一次中国互联网络发展状况统计报告。该报告对我国上网用户的基本情况和行为习惯等进行了详细的统计调查，对于企业了解我国上网用户的网络使用情况和行为习惯有着十分重要的意义。本节的分析主要参考了CNNIC 2023年[1][2]和2020年的统计报告，同时也参考了过去几年的调查数据。

1. 上网用户个人情况分析

1) 网络用户性别的实证分析

截至2023年12月，我国网民男女比例为51.2∶48.8，与整体人口中男女比例基本一致。

2) 上网用户年龄的实证分析

截至2023年12月，20～29岁、30～39岁、40～49岁网民占比分别为13.7%、19.2%和16.0%；50岁及以上网民群体占比由2022年12月的30.8%提升至32.5%(见图6-7)。互联网进一步向中老年群体渗透，中老年群体是电子商务的一个新的蓝海。

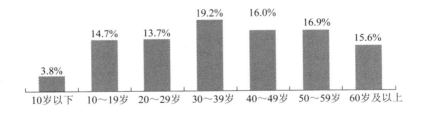

图6-7　2023年12月中国网民年龄的分布情况

(资料来源：CNNIC 中国互联网络发展状况统计调查，2023年12月)

3) 学历结构

截至2020年12月，初中、高中/中专/技校学历的网民群体占比分别为40.3%、20.6%(见图6-8)。这部分网民总体占全部网民的60%以上，电子商务企业应适当调整文字和图片的表述方法，适应这部分人群的网络需求。

---

① 中国互联网络信息中心. 第54次中国互联网络发展状况统计报告[R/OL]. (2024-08-29)[2024-09-23]. https://www.cnnic.net.cn/n4/2024/0829/c88-11065.html.

② 中国互联网络信息中心. 第53次中国互联网络发展状况统计报告[R/OL]. (2024-03-22)[2024-09-23]. https://www.cnnic.net.cn/n4/2024/0322/c88-10964.html.

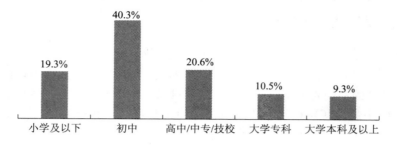

图 6-8　2020 年 12 月中国网民学历的分布情况

(资料来源：CNNIC 中国互联网络发展状况统计调查，2020 年 12 月)

　4) 职业结构

　截至 2020 年 12 月，在我国网民群体中，学生最多，占比为 21.0%；其次是个体户/自由职业者，占比为 16.9%；农林牧渔劳动人员占比为 8.0% (见图 6-9)。

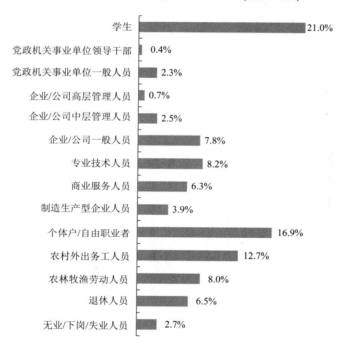

图 6-9　2020 年 12 月中国网民职业的分布情况

(资料来源：CNNIC 中国互联网络发展状况统计调查，2020 年 12 月)

　5) 收入结构

　截至 2020 年 12 月，月收入① 在 2001～5000 元的网民群体占比为 32.6%；月收入在 5000 元以上的网民群体占比为 29.3% (见图 6-10)。

――――――――――――

① 月收入：学生收入包括家庭提供的生活费、勤工俭学工资、奖学金及其他收入；农林牧渔劳动人员收入包括子女提供的生活费、农业生产收入、政府补贴等收入；无业/下岗/失业人员收入包括子女给的生活费、政府救济补贴、抚恤金、低保等；退休人员收入包括子女提供的生活费、退休金等。

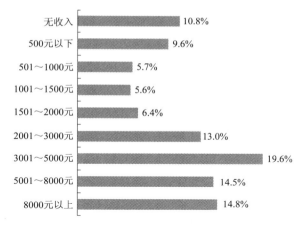

图 6-10　2020 年 12 月中国网民个人月收入的分布情况

(资料来源：CNNIC 中国互联网络发展状况统计调查，2020 年 12 月)

6）城乡网民规模

截至 2023 年 12 月，我国城镇地区互联网普及率为 83.3%，较 2022 年 12 月提升 0.2 个百分点；农村地区互联网普及率为 66.5%，较 2022 年 12 月提升 4.6 个百分点。三四线城市和广大农村电子商务正在快速普及，但仍有较大的发展空间。

2. 电子商务用户情况分析

1）网络支付用户

截至 2024 年 6 月，我国网络支付用户规模达 9.69 亿人，较 2023 年 12 月增长 1498 万人，占网民整体的 88.1%。自 2024 年 3 月国务院办公厅印发《关于进一步优化支付服务提升支付便利性的意见》后，银行系统统筹力量打通支付服务存在的堵点，进一步满足"老""外"多样化支付服务需求，有效提升了支付便利化水平，完善了支付服务体系。

2）网络购物用户

截至 2024 年 6 月，我国网络购物用户规模达 9.05 亿人，占网民整体的 82.3%。网络购物使用率已经达到 82.3%，近两年基本保持在 80%左右(参见图 6-11)。

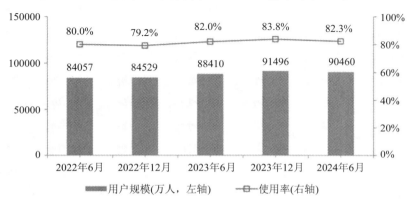

图 6-11　2022 年 6 月—2024 年 6 月网络购物用户规模及使用率

(资料来源：CNNIC 中国互联网络发展状况统计调查，2024 年 6 月)

3) 网络视频用户

截至 2024 年 6 月，我国网络视频(含短视频、微短剧)用户规模达 10.68 亿，较 2023 年 12 月增长 125 万人，占网民整体的 97.1%。其中短视频用户规模为 10.50 亿，占网民整体的 95.5%。

2024 年，短视频用户规模的持续增长主要得益于两方面的工作：

(1) 加速布局知识领域，推动知识传播。2020 年以来，各大短视频平台大力扶持内容创作者，鼓励泛知识内容产出；同时，积极开发出诸如视频合集的新功能和直播课等新形式，打造多层次、立体化的知识图谱。

(2) 短视频行业持续繁荣。一是短视频平台用户规模、使用时长稳步增长。2024 年 3 月，抖音用户使用时长同比增量占网络视频行业的一半以上；一季度，快手月活跃用户数量、总使用时长同比分别增长 6.6%、8.6%。二是短视频盈利能力持续向好。短视频平台的电商业务稳步发展，商业化变现效率持续走高。2024 年一季度，快手电商业务商品交易总额同比增长 28.2%；618 期间，抖音商城订单数量同比增长 94%，成交金额同比增长 85%。

4) 网络直播用户

截至 2024 年 6 月，我国网络直播用户规模达 7.77 亿，占网民整体的 70.6%。

2020—2021 年我国网络直播用户分布见表 6-1。

表 6-1   2020—2021 年我国网络直播用户分布情况

直播用户行业分类	用户规模/人	增长量/人	占网民整体比例/%
电商直播用户	4.64 亿	7579 万	44.9
游戏直播用户	3.02 亿	6268 万	29.2
体育直播用户	2.84 亿	9381 万	27.5
真人秀直播用户	1.94 亿	272 万	18.8
演唱会直播用户	1.42 亿	476 万	13.8
网络直播用户	7.03 亿	8652 万	68.2

2024 年上半年，更多企业布局电商直播，将直播作为巩固核心业务优势，拓展业务领域的重要手段。美团于节假日期间推出专场直播活动，其官方直播扩展到更多地区。京东推出企业家数字人直播形式，借此进一步布局内容生态建设。腾讯通过拓展商品品类和激励更多内容创作者参与直播带货，巩固视频号直播带货生态。同时，新兴技术深度赋能，推动直播形式更加丰富，直播效率进一步提升。百度智能云曦灵推出最新版 2D 数字人直播业务，可通过上传真人视频，复刻数字人主播形象；在输入关键词后，可自动生成商品介绍、场控直播话术。世优科技推出"AI 数字人直播系统"，可帮助商家迅速搭建 AI 数字人直播间。在体育直播中，人工智能技术已可自动实现拍摄、制作、分发，并通过对视频内容自动识别和标注，自动剪辑精彩片段、推荐相关的内容等，有效提升制作效率。

5) 其他用户

截至 2024 年 6 月，我国网络音乐用户规模达 7.29 亿人，较 2023 年 12 月增长 1450 万人，占网民整体的 66.3%。网上外卖用户规模达 5.53 亿人，较 2023 年 12 月增长 850 万人，占网民整体的 50.3%。网约车用户规模达 5.03 亿人，占网民整体的 45.7%。在线旅行预订用户规模达 4.97 亿人，占网民整体的 45.2%。

3. 网民消费新趋势

(1) 数字化消费快速增长。随着移动智能设备的普及和人工智能软件的推广，越来越多的消费者选择在线购物、在线娱乐和数字支付。

(2) 健康产品和服务需求增加。现代消费者越来越关注健康和营养。消费者更倾向于购买低脂、低糖、高纤维的健康食品，以及富含蛋白质和维生素的天然食品；有机蔬菜、水果和肉类等产品因其无化学添加剂和农药残留而受到青睐；健康咨询和服务需求大量增加；健身用品、健康监测设备的销售呈现上升趋势。

(3) 银发经济崛起。随着人口老龄化的加剧，老年人口的消费需求日益增长，养老、保健、旅游和娱乐等领域针对老年人的服务和产品需求增加。

(4) 智能家居和物联网产品快速普及。技术的进步推动了智能家居的发展，消费者越来越倾向于使用智能设备来提高生活的便利性和舒适度。

(5) 国潮兴起。随着国产品牌质量的提升和民族自豪感的增强，越来越多的消费者支持国产品牌。国潮文化和中国元素在时尚、设计和消费品中越来越受欢迎。

(6) 追求高品质生活。从产品销售角度看，消费者更愿意购买高品质和实用功能强的产品，高端品牌和奢侈品消费成为年轻一代的追求；从服务销售的角度看，旅游、食品外卖、修心养生、宠物饲养等产品成为中老年人的新追求，网络服务平台在这些领域将有更广阔的市场。

6.2.5　中国网络营销的地区分布与导向

网络营销本无地区和国家的地理限制，但是在实施过程中却会受到相应的地理限制，其原因是社会经济发展水平、市场营销环境、市场体系发育程度具有区域性的特点。

根据商务部国际贸易经济合作研究院《中国电子商务区域发展大数据分析报告》，从整体来看，全国电商发展呈现"东强西弱"态势。浙江、广东、江苏、福建、山东、上海是全国电商发展的第一梯队，东部地区店铺数量、销量、销售额在全国占比分别为61.58%、86.88%、89.89%。六省市电商销量占全国82.25%，销售额占全国83.37%。其中，上海电商销售额占比位居全国首位，销量占比位居全国第二。[①]

图6-12显示了2023年全国各省、自治区、直辖市店铺数量、销量、销售额在全国占比情况。

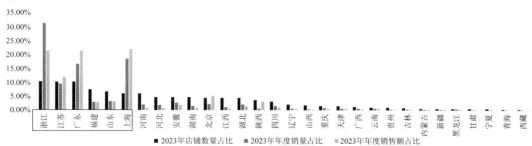

图 6-12　2023 年全国各省、自治区、直辖市店铺数量、销量、销售额在全国占比情况

---

① 上观新闻. 电子商务大会发布报告：上海电子商务销售额占比列全国首位[R/OL]. (2024-09-13) [2024-09-23]. https://www.jfdaily.com.cn/staticsg/res/html/web/newsDetail.html?id=795727&sid=300.

　　针对上述情况，网络营销应注意以下三个方面的问题：

　　(1) 根据我国不同地区的社会经济发展特点，现阶段网络营销的关注点仍应放在市场体系发育程度较高和基础设施建设较好的地区。这一策略可称为网络营销的"带状发展策略"。

　　(2) 目前我国网络购物用户主要集中在东部和部分中部省份，这些省市也是未来网民人口相对集中的省市，具有发展网络营销的良好条件，因此，应当尽快提高这些地区的网络营销水平，包括采用新技术、创造新模式。这一策略可称为"点状发展策略"。

　　(3) 西部地区和东北地区在网络营销的发展上具有巨大的发展潜力，西部地区具有良好的陆路通商口岸，各类资源产品丰富；东北地区是我国重工业基地，也是农产品的重要产地，发展工业电商和农村电商都有很大的空间。网络营销的推广完全可能实现上述两个地区电子商务出现跳跃式增长，需要制订适合这些地区现状的"跳跃式发展策略"。

6.2.6　数字经济背景下网络消费行为的变化

　　数字经济是指以数据资源为关键生产要素，以现代信息网络为重要载体，以信息通信技术融合应用作为重要推动力的新型经济形态。数字经济是继农业经济、工业经济之后的主要经济形态。在数字经济背景下，网络消费行为的特征呈现出新的变化。

　　(1) 从一次性消费到持续性消费。商家利用数字技术分析消费者的喜好、行为特征，预测购物趋势，实施精准化营销。消费者在网购过程中与商家的交互频次显著提高。

　　(2) 从个体消费到群体消费。在数字经济背景下，网民集结成网状结构，社群消费应运而生，拼团模式流行，羊群效应[①]凸显。企业需要提供符合群体特征的商品或服务。

　　(3) 从标准化消费到个性化消费。网络直播技术的运用使消费者个性化需求被激发，大数据技术提供了根据个性化特征定制生产的可能性，使得消费者的不同需求得到满足。

　　(4) 从线上消费到线上线下消费。"互联网+"的推广，使得网络消费正朝着"线上+线下"融合的方向发展。实体商店，特别是果蔬生鲜商店，广泛采用网络营销的手段。

6.3　企业的网上交易行为

6.3.1　我国 B2B 电商的发展

1. 工业品 B2B 电商持续发展

　　在政策拉动、市场需求驱动及数字技术进步等多重力量共同作用下，工业品 B2B 市场规模近 5 年来保持上升的态势。2023 年，B2B 市场规模已达 16.7 万亿元。16.7 万亿元的赛道规模持续吸引头部互联网参与者加强市场布局，如百度爱采购、1688 工业品牌站、淘宝企业服务、京东工业品等。

　　整体来看，在不断加强经济结构优化的背景下，工业品市场仍将面临巨大的升级变革

---

① "羊群效应"也叫"从众效应"，是指个人的观念或行为由于真实的或想象的群体的影响或压力，而向与多数人相一致的方向变化的现象。

空间,这也将为入局工业品 B2B 市场的各大平台提供广阔的发展空间。2023 年,中国 B2B 市场规模的增长速度已恢复到 8.1%。中国 5G 和工业互联网的推进必然会继续促进工业品 B2B 市场的发展(见图 6-13)。①

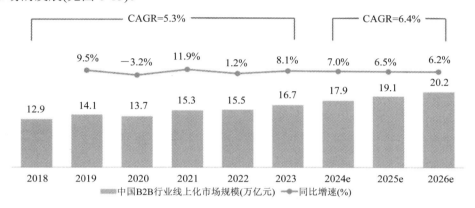

注:1. 中国 B2B 行业规模为原材料、工业品和消费品国内贸易口径,不包含出口贸易,且仅测算 B2B 行业线上化规模。2. CAGR 为复合年均增长率。

图 6-13　2018—2024 年中国工业品 B2B 行业规模及增速

2. B2B 电商基础设施建设持续推进

近年来,随着互联网加速从消费环节、虚拟领域向生产环节、实体领域延伸,工业电子商务加速成长。工业互联网已经成为新一代 B2B 电子商务发展的重要基础和支撑。②

(1) 我国已建成全球规模最大、技术领先的网络基础设施。截至 2023 年底,我国 5G 基站总数达 337.7 万个,规模世界第一。5G 行业应用已融入 71 个国民经济大类,应用案例数超 9.4 万个,5G 行业虚拟专网超 2.9 万个。

(2) 我国已培育具有一定影响力的综合型、特色型、专业型平台、平台数超过 270,其中跨行业、跨领域工业互联网平台达 50 家。聚焦电子信息制造并涵盖化工、钢铁、汽车、装备等多个行业,推动 70 多家集群企业开展工业互联网应用。

(3) 我国算力网络建设实现跨越式提升,带动我国算力规模达到全球第二,并保持 30% 左右的年增长率高速发展。截至 2023 年底,我国在用数据中心机架总规模超过 810 万标准机架;算力总规模达到了 230EFLOPS(即每秒 230 百亿亿次浮点运算);全国约 30 个城市在建或筹建智算中心;已建成 14 个国家超算中心。

(4) 2023 年我国工业互联网产业规模达 1.36 万亿元,较 2022 年增长 11%。我国已在东、中、西部工业基地建成 8 个国家级工业互联网产业示范基地,助力当地支柱产业高质量发展大数据、人工智能、物联网等新一代信息技术,为 B2B 市场发展奠定了坚实的产业基础。

3. 政策推动 B2B 电商的推广

2020 年新冠疫情爆发以来,国家围绕运用新一代信息技术支撑服务疫情防控和复工复产,加快推动 B2B 电子商务的发展,出台了一系列的政策促进措施(见表 6-2)。

① 艾瑞咨询. 2024 年中国 B2B 行业研究报告[R/OL]. (2024-06-14)[2024-09-23]. https://www.iresearch.com.cn/Detail/ report?id=4354&isfree=0.

② 中国信息通信研究院. 中国工业互联网发展成效评估报告(2024 年)[EB/OL]. (2024-07-01)[2024-08-23]. http://www.caict.ac.cn/kxyj/qwfb/bps/202407/t20240701_485906.htm.

表 6-2　2021—2022 年以来国家推动企业电子商务和数字化转型相关政策要点

序号	政策名称	发布机构	发布时间	政策要点
1	《提升中小企业竞争力若干措施》	中华人民共和国国务院	2021 年 11 月	通过培育推广一批符合中小企业需求的数字化平台,推动中小企业数字化产品应用
2	《"十四五"促进中小企业发展规划》	中华人民共和国工业和信息化部等十九部门	2021 年 12 月	推动中小企业数字化转型;推动中小企业数字产业化发展;夯实中小企业数字化服务基础
3	《工业互联网专项工作组 2022 年工作计划》	中华人民共和国工业和信息化部	2022 年 4 月	鼓励大型企业打造符合中小企业特点的数字化平台,开展数字化服务
4	《关于开展"携手行动"促进大中小企业融通创新(2022—2025 年)的通知》	中华人民共和国工业和信息化部	2022 年 5 月	推动工业品 B2B 平台共同举办工业品在线交易活动,引导大企业面向中小企业发布采购需求
5	《关于中央企业助力中小企业纾困解难促进协同发展有关事项通知》	国务院国有资产监督管理委员会	2022 年 5 月	积极建云平台,大力推进"云采购""云签约""云结算""云物流"

6.3.2　企业的业务购买类型

1. 按照业务购买的产品用途分类

按照业务购买的产品用途分类,B2B 电商主要涉及两个领域:一是非生产性物料的销售;二是生产性资料的销售(见图 6-14)。

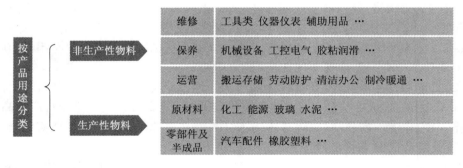

注:图中,非生产性物料包括维修、保养、运营。如震坤行工业超市。
生产性资料包括原材料和零部件及半成品。如中国化工原材料网。

图 6-14　B2B 电商销售产品的用途分类

2. 按照业务购买的活动分类

(1) 直接再采购。直接再采购是指采购部门根据惯例再订购产品的购买 (如购买工具类材料、劳动防护用品)。购买者根据以往购买的满意程度给予不同的供应商以一定的权数,按照"供应者名单"选择供应商。

(2) 修正再采购。修正再采购是指购买者修改产品规格、价格或其他条件,以提高采购质量的购买情况。修正再采购通常对"名单"内的供应商压力很大,怎样保住原有客户是供应商必须考虑的问题。"名单"外的供应商则把修正再采购看成是一次新业务的机会。

(3) 新任务采购。当采购者首次购买某一产品或劳务时,便面临着新任务采购(例如购买新产品开发所需要的材料和设备)。新任务对 B2B 电商网站是一个严峻的挑战。它们必须尽可能多地接触到主要的采购影响者,并向他们提供有用的信息。新任务购买过程需要经历知晓、兴趣、评价、试用和采用等几个阶段。就最初的知晓阶段而言,产品宣传最为重要;而在兴趣阶段,销售人员的影响甚大;评价阶段,技术来源最为重要。

在企业网上采购中,自建 B2B 模式可以分为供应商导向模式和购买者导向模式。供应商导向模式是最普遍的网上采购模式。此模式中,企业购买者进入供应商提供的市场进行采购,比如进入宝武集团的欧冶云商进行采购。在购买者导向模式下,购买者自己开设电子商务市场,邀请潜在的供货商上网投标。

在综合 B2B 模式中,企业购买者与供货商在电商平台上通过中介导向进行交易,如阿里巴巴、京东工业品等。行业网站,特别是现货交易平台近年来发展较快,已经形成新的平台经济形式。如飞马大宗有色金属电商平台就是一个全闭环的有色金属交易平台,货款支付和货权转移都是实时的,买家在进行线上付款之后,仓库将会根据之前的授权,立即将货权转移至买家。

3. 按照企业业务购买的规模分类

大型企业业务购买量大,资金量大,购买行为稳定,但客户数量有限,毛利率不高,应收账期较长。而中小型企业客户数量较多,业务毛利率较高,应收账期较短,但购买稳定性不够。B2B 电商平台应当了解企业购买规模的差异,以此提升业务盈利性,扩大市场份额。图 6-15 显示了大型与中小型工业品采购客户的不同特点。

图 6-15　大型与中小型工业品采购客户的不同特点

6.3.3　企业购买行为的人员因素

1. 企业业务购买过程的参与者

直接再采购时,采购代理人起的作用较大,而在新任务采购时,则可能其他组织人员所起的作用较大。在进行产品选择决策时，工程技术人员的影响较大，而采购代理人则控制着选择供应商的决策权。所以，在新任务采购时，营销者必须把产品信息传递给工程技术人员；而在直接再采购和新任务采购供应商选择阶段，则必须把信息传递给采购代理人。

大中型企业通常都设有采购中心或供销科，其中的人员在购买决策中承担不同角色。

(1) 发起者：提出购买要求的人。他们可能是组织内的使用者或其他人。

(2) 使用者：在许多场合中，使用者首先提出购买建议，并协助确定产品规格。

(3) 影响者：影响购买决策的人。包括资深的采购人员和技术人员。

(4) 决定者：一些有权决定产品要求和供应的人。

(5) 批准者：批准决定者或购买者所提方案的人。

(6) 购买者：正式选择供应商并安排购买条件的人。购买者的主要任务是选择卖主和进行交易谈判。

在任何组织内，采购人员的组成会随不同类别产品而发生数量及构成上的变化。平均卷入购买决策的人数为 3 个人(购买日常使用的服务和商品)到 5 个人(购买高级化产品，如结构性工作机器)。采购小组人员通常由来自不同职能部门的人组成。

2. 影响业务采购人员的因素

1) 影响因素概述

在采购中心里，业务采购人员是相当关键和重要的人物，他们在作出购买决定时会受到多种因素的影响，这些因素可分为 5 类：环境、组织、人际、个人和网络(见图 6-16)。

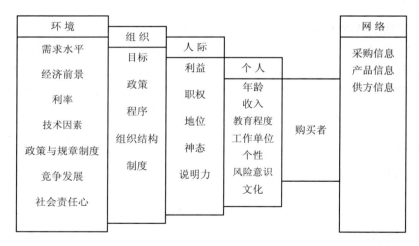

图 6-16　影响业务购买行为的主要因素

2) 环境因素

业务采购者受当前经济环境或预期经济环境的影响较大。在经济衰退时期，业务采购者就会减少对厂房或设备的投资，并设法减少存货。在这种环境下刺激采购人员是无效的，他们只能在增加或维持其需求份额上做出艰苦的努力。

同样，业务采购者也受到技术因素、法律因素以及竞争因素的影响。B2B 电商必须密切关注这些因素，测定这些因素将如何影响采购者，并设法使问题转化为机会。例如，政

府提高了产品的环保要求，有社会责任感的采购者同时向供应商传递了压力。

3）组织因素

每一个采购组织都有其具体目标和程序。电商营销人员必须尽量了解这些因素，并确定购买核心成员在制订决策过程中的期望、目标、态度、设想和所使用的资料。采购组织的组织结构和系统是购买组织运作的基础性条件。业务采购者的购买行为必须在购买组织工作制度的约束下进行，必须遵守组织所规定的购买原则。

电商营销人员在拟定市场营销策略时，必须了解采购企业与购买决策制度有关的工作流程，了解采购企业是如何把报酬制度和管理职权制度结合起来并确定购买核心成员所应承担的决策风险和给予的奖惩。实际情况往往是购买核心成员因决策错误所受的惩罚比因决策正确所受的奖励重得多。

4）人际因素

企业采购部门通常包括一些不同利益、职权、地位的参与者和有说服力的参与者。销售者需要对每个参与者所承担的责任进行详细分析。采购决策的结果不仅要受到部门成员同与购买任务有关的人员之间的活动、交往、意见的影响，同时还要受到与购买行为没有太大关系的人们意见的影响。因此，采购部门制订决策的结果不仅仅只解决了采购问题，同时还应使与采购任务关系不密切的人们感到满意。电商营销人员应了解企业的采购部门的情况，帮助采购部门高效完成采购任务，同时处理好里里外外的诸多人际因素。

5）个人因素

购买决策过程中每一个参与者都带有个人动机、直觉与偏好，这些因素受决策参与者的年龄、收入、教育程度、专业、个性以及对风险意识和文化的影响。"简练"型购买者采购人员希望采购过程简单明了；而"周密"型购买者在选择供应商之前都要进行周密的竞争性方案分析。还有一些采购人员则保留了传统采购的习惯，他们善于同一个又一个的供应商进行谈判。此外，地区的风俗习惯和国家的文化现象也有很大影响，网络销售任务的成功完成要求电商营销人员了解和适应当地的风俗和文化。

6）网络因素

原材料采购是整个企业供销活动中的一个重要环节。能否大幅度降低原材料成本，是企业能否获得高效益的重要因素。在传统商务条件下，企业所获得的原材料卖家的情况很少，也就很难通过比较来挑选出最适合自己情况的卖家。但是在电子商务和网络营销的条件下，这一状况已经大大改善。买方可以方便地了解多家供货商的基本状况，通过多方比较，从中发现既满足需要，价格又比较适合的产品。

在工业互联网时代，网络带给企业的最大利益是信息传递的加速。市场上的产品更替、供求状况等信息都可以最快的速度获得。采购企业可以根据网上信息制订前瞻性的采购和销售计划，销售者则需要在恰当的时候提供最可信、最有用的信息。

6.3.4　企业的网上采购过程

企业网上采购过程大致可以分为以下三个阶段：交易前、交易中和交易后。

1. 交易前

交易前阶段主要进行采购前的准备工作。

(1) 根据企业情况确定需求，选择符合企业特点的采购策略(如经济批量采购策略)，制订采购计划，描述所需采购货物的名称、规格、数量和基本价格，报批采购计划。

(2) 招标、比价的采购计划由 ERP(Enterprise Resource Planning，企业资源计划)、EAM(Enterprise Asset Management，企业资产管理系统)等系统导入企业网上采购系统。

(3) 利用企业网上采购系统原有的采购资料，并在网络上寻找采购货物的各类信息，进行市场调查和分析，有目标地进行询价，拟定可能的供应商名单，确认供应商资格。

2. 交易中

交易中阶段主要进行交易谈判、合同签订和办理发货前的手续等工作。

(1) 交易谈判和合同签订。买卖双方利用电子商务系统对所有交易细节进行网上谈判，包括双方在交易中的权利和义务，所购买商品的种类、数量、价格、交货地点、交货期、交易方式和运输方式、违约和索赔等合同条款。以电子文件的形式签订贸易合同的，合同双方需要通过电子签名等方式进行签约。

(2) 办理发货前的手续。这里主要指买卖双方签订合同后到合同开始履行之前应办理各种手续，出具相应的电子票据和单证。国外采购还涉及电子通关和商检。

3. 交易后

交易后阶段包括交易合同的履行、售后服务和索赔等。

图 6-17 是企业网上购买行为过程示意图。

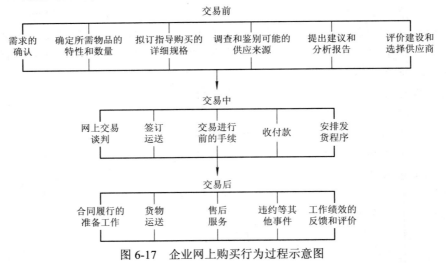

图 6-17　企业网上购买行为过程示意图

6.4　电子化政府采购行为

自 2002 年《中华人民共和国政府采购法》颁布以来，我国采购制度不断完善，政府采购的范围和规模不断扩大，2023 年全国政府采购规模为 33 929.6 亿元，其中，货物、工程、服务政府采购规模比例为 22.8%、42.7%和 34.5%。[①]

6.4.1 电子化政府采购的概念

政府采购是指各级国家机关、事业单位和团体组织，使用财政性资金采购依法制定的集中采购目录以内的或者采购限额标准以上的货物、工程和服务的行为[②]。电子化政府采购是指利用计算机网络和通信技术，通过基于国际互联网的电子采购平台进行政府采购活动的全过程。[③]

虽然政府采购已经有几百年的历史[④]，但电子化政府网上采购的推行仅仅才有 20 年时间。美国自 1999 年起对政府的公务用品采购一律实行网上招标和投标。德国于 2002 年全面实行网上采购。我国于 2015 年颁布《中华人民共和国政府采购法实施条例》，大规模实施电子化政府采购。

经过几年的努力，我国已建成"一网三库五个系统"的电子化采购服务平台。"一网"指中央政府采购网；"三库"包括"采购人库"(拥有所有中央采购单位的详细采购信息)，"供应商库"(参与中央政府采购活动的各类供应商的详细信息)，"商品库"(数量庞大的各类商品信息)；五个系统指咨询论证体系、质量保证体系、服务跟踪体系、绩效考评体系和内部监控体系。2023 年，政府资源数据"一网共享"、交易"一网通办"、服务"一网集成"、监管"一网协同"推进工作持续深化；智能辅助评审、"机器管招投标"等数字评审技术也广泛推广，政府采购流程的电子化、自动化和智能化水平大幅提升。[⑤]

图 6-18 是中国政府采购网主页。

图 6-18 中国政府采购网主页

① 国库司. 2023 年全国政府采购简要情况[EB/OL]. (2024-09-14)[2024-09-23]. http://gks.mof.gov.cn/tongjishuju/ 202409/t20240913_3943796.htm.
② 全国人大常委会办公厅. 中华人民共和国政府采购法(2014 修正)[EB/OL]. (2014-08-31)[2024-06-20]. https://flk.npc.gov.cn/detail2.html?MmM5MDlmZGQ2NzhiZjE3OTAxNjc4YmY3N2UxNzA3NTM%3D.
③ 上海市财政局. 关于印发《上海市电子政府采购管理暂行办法》的通知[EB/OL]. (2012-12-26) [2024-06-20]. http://www.law51.net/law5/shangh12/sh173.htm.
④ 政府采购也称政府购买。美国早在 1761 年就颁布了《联邦采购法》。英国政府在 1782 年设立了文具用品局，专门负责对政府部门所需办公用品的采购工作。
⑤ 中国经济新闻网.《中国公共采购发展报告（2023）》发布[EB/OL]. (2024-05-10)[2024-09-20]. https:// www.cet.com.cn/xwsd/10050095.shtml.

6.4.2　电子化政府采购的特点

(1) 采购合同要求严格。招标方在电子政府采购网上招标，要求供应商投标，并与出价最合适的供应商签订合同。政府需要通过协议合同进行采购，并严格按照合同实施。

(2) 采购信息的检索要求高。由于政府采购的信息量非常大，且各类信息存在于不同的政府网站中，因此，采购信息的检索成为一项非常困难的工作。为政府采购提供商品的企业，需要了解政府采购政策、采购项目、采购限额标准、采购程序、采购过程和结果等。

(3) 政府采购活动中存在寻租行为。政府采购中的"租"是由政府采购特权产生的。对于供应商来说，获得了供应权，就获得了提供产品带来的利润；对于政府采购人员来说，掌握着采购权就掌握了权钱交易的砝码。杜绝寻租行为是电子政府采购的一项重要任务。

(4) 政府采购积极采用最新技术。政府采购电子商城是"互联网+政府采购"深度融合的典型，价格监测、电子发票、场景采购、TMS 物流管理系统等技术的应用，使采购效率进一步提质增效；参与电子化采购的供应商清晰地认识到服务的重要性，不断完善自身售前、售中和售后服务体系，让广大采购人员感受到了不断创新的采购体验。

6.4.3　政府网上采购程序

政府采购有多种形式，如公开招标、邀请招标、竞争性谈判、单一来源采购以及询价等。公开招标是政府采购的主要方式。电子政府采购公开招标主要包括以下 4 个步骤。

(1) 准备招标。招标人须按照所审核的行政事业单位采购计划，核实采购要求、技术标准及各项条件，按照相关法律法规和国际惯例制作标书。

(2) 在网上发布竞标公告。招标人筛选招标网站，在这些网站上发布招标公告。我国已经建立了以国家政府采购网为核心，以各省、市、自治区政府采购网为分支机构的政府采购网络。同时，还有大量的电子商务网站提供公开招标服务。

(3) 投标。投标人浏览招标网站，根据招标条件，在规定的投标截止时间前上传标书(也可通过传真和邮寄方式传递标书)，并按照要求递交有关证明文件(营业执照副本复印件、产品代理协议等相关证件)，缴纳投标保证金。投标人提供的产品质量和服务应能满足采购文件规定的实质性要求。

(4) 开标与评标。政府网络采购通常使用两种方法进行开标与评标。一是通过网络竞价即时开标。投标人可以全程监控网上招标竞价过程，并通过 E-mail 方式将投标人应价信息即时通知招标人。二是通过评标确定中标人。评标委员会按照客观、公正、审慎的原则，根据采购文件规定的评审程序、评审方法和评审标准进行独立评审。

图 6-19 是中央国家机关公开招标流程图。[①]

---

① 中央政府采购网. 中央国家机关政府采购中心服务事项流程[EB/OL]. (2022-08-31)[2024-09-20]. https://www.zycg.gov.cn/freecms/site/zygjjgzfcgzx/sszn/info/2017/61731.html.

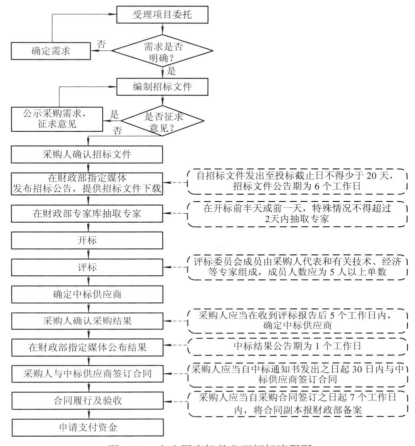

图 6-19　中央国家机关公开招标流程图

参 考 文 献

[1] 杨坚争，梁平，杨立钒，等. 网络营销理论与实务[M]. 北京：中国人民大学出版社，2024.

[2] 雷蒙德·弗罗斯特. 网络营销[M]. 8 版. 北京：中国人民大学出版社，2021.

[3] 斯特劳斯. 网络营销[M]. 5 版. 北京：中国人民大学出版社，2010.

[4] 王玮. 网络营销[M]. 北京：中国人民大学出版社，2022.

[5] 左秀平，张露. 数字经济背景下网络消费行为分析[J]. 江苏商论，2021(8)：30-32.

[6] 卢浩然. 企业采购行为误区及改进措施探析[J]. 现代营销(信息版)，2020(2)：132.

[7] 罗道胜. 政府采购实务操作简明手册[M]. 南昌：江西人民出版社，2018.

[8] 国务院. 中华人民共和国政府采购法实施条例[EB/OL]. (2015-02-27)[2024-09-23]. https://www.gov.cn/gongbao/ content/2015/content_2827183.htm .

备课教案　　　　电子课件　　　引导案例与教学案例　　　习题指导

第七章 网络营销策略

网络营销(E-marketing)是指以互联网络为媒介和手段而进行的各种市场营销活动。按照美国市场营销协会 2007 年 10 月给出的定义:"所谓营销,是指为客户、合作伙伴以及整个社会创造、宣传、传递、交换物有所值的产品和服务,它是一系列活动、制度、流程的综合"①。对于开展网络营销的企业来说,正确的营销策略是保证网络营销成功的关键。在网络营销环境下,传统的市场营销策略被赋予了新的内容,成为独特的网络营销策略。本章主要介绍网络营销的市场细分、目标市场定位以及网络营销的品牌、定价、渠道、服务等策略,有关网络促销问题将在第八章讨论。

7.1 网络营销的市场细分

7.1.1 网络营销市场细分概述

传统的市场细分概念是由美国市场学家温德尔·史密斯(Wendell R. Smith)在 20 世纪 50 年代提出来的。这一观念的提出及应用是具有客观基础的。当时已是买方市场占统治地位,顾客的需求已成为企业营销活动的出发点,而顾客的需求随着商品经济的发展表现出多样性。为满足不同顾客的需求,并在激烈的市场竞争中占据有利地位,就必须进行市场细分。

网络营销市场细分是指为实现网络营销的目标,根据网上消费者对产品不同的欲望与需求、不同的购买行为与购买习惯,把网络上的市场分割成不同的或相同的小市场群。

1. 网络市场与传统市场的差异

相对于传统市场,网络市场与传统市场的差异表现在 3 个方面。

(1) 网络市场是一个全球性的市场。网络市场为企业开创了面对全球的营销橱窗。在全球范围内,只要有网络存在,企业就可以直接与各国的客户进行各种商务活动。这种特点,为中小型企业跻身国际贸易创造了良好的条件,也大大增加了营销机会。

(2) 网络市场是一个产品极为丰富的市场。经过几十年的发展,几乎所有产品,实体产品、服务产品、数字产品,在网络市场上都有展示。只是这种展示是以图像、文字、视

---

① American Marketing Association. Definition of Marketing(Marketing is the activity, set of institutions, and processes for creating, communicating, delivering, and exchanging offerings that have value for customers, clients, partners, and society at large). Approved October 2007[R/OL]. (2008-06-01)[2022-11-20]. https://www.docin.com/p-1381112064.html.

频方式推送给顾客的。

(3) 网络市场是一个信息完全公开的市场。生产厂家的信誉度、商品的质量、商品的价格全都一一呈现在顾客面前。利用电子商务的对比功能，顾客或消费者很容易筛选出适合自己的产品。图 7-1 是慢慢买网站上华为 HUAWEI Mate 60 手机的比价。

图 7-1　慢慢买比价网站上华为 HUAWEI Mate 60 手机的比价

2. 网络营销市场细分的必要性

对市场进行细分，并不是由人们的主观意志决定的，而是商品生产和市场经济不断发展的客观要求和必然产物。在市场经济环境中，随着生产力水平的提高，产品数量的丰富、质量的提高和品种的增多，消费者有了挑选的余地，市场出现了竞争并日趋激烈。为了更好地把握消费者的爱好与需求变化，市场细分应运而生。

从另一方面讲，如果企业决定在某一大市场上开展业务，应当意识到，面对着网络市场消费者千差万别的需求，由于人力、物力及财力的限制，企业不可能生产各种不同的产品来满足所有顾客的不同需求。为了有效地进行竞争，企业必须评价、选择并集中力量用于最有效的市场，这便是市场细分的外在强制性，即它的必要性。

3. 网络营销市场细分的对象

对一个企业来说，网络营销涉及两个主要领域。一是针对供应商、分销商、合作伙伴的运营活动，其目标是与商业伙伴的关系达到最优，降低采购成本；二是针对个体消费者或企业消费者的销售活动，其目标是与消费者的关系达到最优，提升服务效率，增加销售额(见图 7-2)[①]。本章主要讨论第二个领域的网络营销问题。

---

① KOTLER P，KELLER K L. Marketing Management[M]. 14th ed. New Jersey：Prentice Hall，2012：230-232.

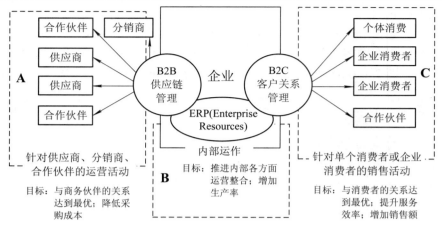

图 7-2　网络营销涉及的两个主要领域

7.1.2　网络营销市场细分的步骤

1. 确定网络市场细分的目的

作为网络市场细分的第一步，首先要明确细分市场的目的。市场细分是为拓展市场服务还是为开发新市场服务？是企业的短期市场需求还是为长期战略需求？是为新产品确定顾客范围还是为增加现有顾客对产品的忠诚度？在进行市场细分前，必须明确这些问题。

2. 确定市场细分的依据

这是市场细分过程中最重要的一步。菲利普科特勒提出[1]，在市场细分企业类型和购买者时，需要研究五大变量：行业、企业规模以及销售范围的人口统计学变量；技术、使用者和非使用者的状况、消费者的需求能力等运营型变量；购买企业的购买集中和分散的程度、购买企业的核心业务、已存在的商业关系、通常的购买政策、购买的评价标准等购买方式变量；是否属于紧急性购买行为、某种具体应用以及购买量的多少等情况因素变量；买卖双方的共同点、对风险的态度以及忠诚的个人特征因素。

对消费者市场而言，一般分为 6 类。一是地理细分，以地理位置、市场密度和气候特征为基础；二是人口细分，包括年龄、性别、收入水平、种族和家庭生命周期等特征；三是心理细分，包括个性、动机和生活方式；四是利益细分，根据消费者从产品中寻求的利益识别消费者；五是使用率细分，通过购买量或消费量来划分市场；六是行为细分，通过消费者对产品或服务的认知程度、使用或反应表现来细分市场。

3. 收集数据

市场细分研究对样本量有较高要求，一般样本量应不少于 500 份。市场细分调查已经有很多成功的经验可以借鉴，数据收集、信息收集都可以通过网络较容易地解决，营销数据库可以帮助调查者解决很多问题。本书第五章介绍的方法都可以在市场细分调研中使用。

---

① KOTLER P，KELLER K L. Marketing Management[M]. 14 th ed. New Jersey: Prentice Hall，2012.

4. 分析数据

收集到的数据可以利用数学工具进行分析。常用的数学分析方法有回归分析、判别分析、聚类分析、时间序列分析等，但无论是回归分析还是聚类分析，都会因分析因子的不同而产生多种结果。虽然没有确定的答案，但可以给研究者提供不同的视角。

在根据用户的需求动机、购买行为、需要数量等因素进行分析时，应注意研究这些因素的相互联系和交叉作用。

5. 构建细分市场

一旦确定了能够代表真实市场的细分方案，就需要对每个细分市场进行简单明了的归纳，一般包括：细分市场的名称，使细分市场产生差异化的重要因素，细分市场中群体的简要描述，网络营销4P(产品、价格、渠道和促销)相关的信息等。

例如，针对消费者对品牌鞋类的需求偏好，可以根据其属性差异进一步划分为品质型、价值型、享乐型及价格型细分市场。2022年热卖的冰淇淋小怪兽盲盒，就是在抓住小学生对奇异事物探知特点的基础上开发的儿童新市场。

7.2 网络营销的目标市场定位

7.2.1 网络营销目标市场的定位策略

1. 正确理解目标市场的定位

网络市场定位的起点是网民的消费心理。只要把握了网民的消费心理，并借助恰当的手段把这一定位传播给目标网民，就可以收到较好的营销效果。在掌握消费者消费心理的同时，也要琢磨产品，使品牌的心理定位与相应产品的功能和利益相匹配，定位才能成功。

仔细分析定位的内涵不难发现，定位是明确产品在消费者心目中占据有利的地位，这个"有利地位"是相对竞争对手而言的。从这个角度讲，定位又需要研究竞争者的优劣势。

2. 目标市场的定位策略

网络营销所定位的目标市场，应具备以下两个条件：

(1) 目标市场内的所有人必须具备一到两个基本相同的条件，比如收入、受教育的程度、职业、消费习惯等，这样才能明确地划分出目标市场的范围。

(2) 目标市场必须具备一定的规模。因为，目标市场太小，购买力相应也小，如果投资过大，就会得不偿失。

在实践中，网络营销应注意初次定位与重新定位、对峙性定位与回避性定位、心理定位等策略。但无论采取什么样的定位策略，都要考虑消费者的需求心理，赋予产品新的特点。

1) 初次定位与重新定位

初次定位也称为潜在定位，是指新成立的企业初入虚拟市场，或新产品投入虚拟市场时，企业运用所有的市场营销组合，使产品特色符合所选择的目标市场的定位策略。但企业进入目标市场时，往往竞争者已在市场露面或形成了一定的市场格局。这时，企业就应

认真研究目标市场上竞争对手及产品所处的位置，从而确定本企业及产品的位置。

重新定位也称为二次定位。它是指企业变动产品特色，改变目标顾客对其原有产品的印象，使目标顾客对其产品新形象重新认识的定位策略。市场重新定位对于企业适应市场环境、应对竞争对手的挑战是必不可少的。但是，企业在重新定位前必须慎重考虑两个问题：一是企业将自己的品牌定位从一个目标子市场转移到另一个目标子市场时所付出的全部成本；二是企业是否能够在新市场中占领一定的市场份额。这取决于新市场的购买者和竞争状况，以及产品在新市场上的销售价格等。

2) 对峙性定位与回避性定位

对峙性定位，又称为竞争性定位。它是指企业选择接近现有竞争者或与其重合的市场位置，争夺同样的顾客，彼此在产品、价格、分销及促销方式方面的区别不大的定位策略。

回避性定位，又称为创新式定位。它是指企业回避与目标市场竞争者直接对抗，将其位置定在市场上某处空白领地或"空隙"，开发并销售目前市场上还不具有某种特色的产品，以开拓新的市场的定位策略。

3) 心理定位

心理定位是指企业从顾客需求心理出发，突出自己产品的特色和优点，从而在顾客心目中留下深刻印象，达到树立市场形象目的的定位策略。心理定位应贯穿于产品定位的始终。

7.2.2　网络营销对象的定位

1. 按照人群性别定位

男性和女性消费者的区分，不仅仅是性别上的差异，更重要的是对商品类型的不同偏好。男性用户购物多为需求驱动型，对价格不太敏感。耐用消费品和不动产，如汽车、房屋、数码产品等，都是男性用户关注的对象。这些物品单价相对较高。女性用户倾向于购买化妆品及美容产品，这类单品价值中等。另一方面，对于高价值消费品，为了获得女性用户的欢心，男性用户通常会主动买单。①

随着时尚元素向网购市场的渗透，女性在化妆品、服装、饰品上展现了强大的购买力。2021 年，全球化妆品的销售已经有 42% 转移到网上销售(参见图 7-3)。2022 年天猫"618"参与销售化妆品的商家达到 26 万，说明女性人群的定位非常明确。

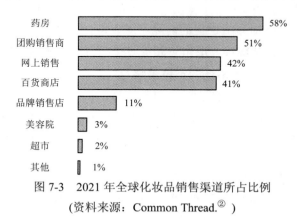

图 7-3　2021 年全球化妆品销售渠道所占比例

（资料来源：Common Thread.②）

---

① 中国互联网络信息中心. 2015 年中国网络购物市场研究报告[R/OL]. (2016-06-22)[2024-09-20]. http://www.cnnic.net.cn/hlwfzyj/hlwxzbg/dzswbg/201606/t20160622_54248.htm.

② Common Thread. 2021 Beauty Industry Trends & Cosmetics Marketing: Statistics and Strategies for Your Ecommerce Growth [EB/OL]. (2022-06-12)[2024-09-20]. https://www.npd.com/industry-expertise/beauty/.

2. 按照年龄定位

1）中青年消费者市场

中青年消费者，特别是青年消费者在使用网络用户中占有绝对的比重。据调查，截至2023年12月，中国20～29岁、30～39岁、40～49岁的网民占比分别为13.7%、19.2%和16.0%，高于其他年龄段群体①。从市场情况来看，20世纪80年代至21世纪00年代出生的人群现在已经成为网络消费者的主体，这部分人群构成了深度网购用户的核心。

中青年的网络购买覆盖范围从低价的日用百货、食品到价格较高的电脑/数码产品、家用电器；从外用的服装鞋帽到美妆用品，不断增长的收入水平使这两部分人具有挖掘的潜力。网络营销必须瞄准中青年消费者。

2）老年消费者市场

2020年以来，互联网应用适老化改造持续推进，互联网配套服务助老化水平稳步提升，很大程度上解决了老年人在运用智能技术方面遇到的突出困难。2024年6月，我国60岁及以上老年网民占比为14.3%，互联网的老年人口达到1.57亿人。②

数据显示，能够独立完成出示健康码/行程卡、购买生活用品、查找信息等网络活动的老年网民相对较多，占比分别为69.7%、52.1%及46.2%。但在独立完成叫车、订票、挂号等网络活动的老年网民对外界帮助仍有较大的依赖性。这种情况说明，老年消费者市场仍然是电子商务的一片蓝海，可以进一步深入挖掘，开发市场消费潜力。

3）母婴消费者市场

母婴消费者市场是一个非常广阔的市场。母婴市场商品包括婴童用品和食品、孕妇用品和食品，也包括婴童玩具和教育、准妈妈妊娠教育和婴童护理教育等。因此，在这样一个市场经营，一方面需要明确服务的对象，另一方面还需要选择对应的商品或服务。

在人群精准定位的前提下，实施跨品类布局、精细化运营，成为天猫618母婴用品销量快速增长的有力引擎。Babycare、嫚熙、全棉时代等头部品牌旗舰店也拓展了童装线。

疫情之下，更多母亲或家人选择在线上"一站购齐"母婴用品和刚需用品，如奶粉、纸尿裤、湿巾等团购的力度大大增加。三孩政策全面放开也利好母婴市场的持续发展。

3. 按照消费者收入结构定位

从2020年的统计情况看，网民中低收入(3000元/月以下)的网民占比40.3%，中等收入(3001～5000元/月)的网民占比19.6%，高收入(8000元/月以上)的网民占比14.8%。这些收入情况是电商企业定位目标市场上应当考虑的。例如，拼多多定位中低收入人群的市场和下沉市场，而唯品会则瞄准中高收入人群市场。

InMobi的《2017化妆品行业移动营销洞察报告》显示③，化妆品用户群体以80、90后为主，占比达到88%，涵盖了拥有稳定收入、追求新鲜时尚、爱美的白领人群。有近1/3

① 中国互联网络信息中心. 第54次中国互联网络发展状况统计报告[R/OL]. (2024-08-29)[2024-09-23]. https://www.cnnic.net.cn/n4/2024/0829/c88-11065.html.
② 中国互联网络信息中心. 第54次中国互联网络发展状况统计报告[R/OL]. (2024-08-29)[2024-09-23]. https://www.cnnic.net.cn/n4/2024/0829/c88-11065.html.
③ InMobi. 2017化妆品行业移动营销洞察报告[R/OL]. (2017-09-12)[2024-07-20]. http://www.199it.com/archives/632155.html.

的女性护肤品的年消费金额集中在 1000～3000 元。而高阶人群更注重品牌，在购买渠道选择上也更多元化。从护肤品来看，50%的高阶女性年消费金额在万元以上，其中面膜、面霜、眼霜的关注较高，祛斑、保湿、抗衰老和防晒的关注度明显提升。

4. 团购群体的定位

从消费者的角度分析，网络团购是将众多的消费者聚合起来，形成一个群体与商家进行谈判和交易。参加网络团购的消费者有共同的需求，集体购买同款商品，享受低价折扣。这些注册用户多以年轻、高学历的用户为主，有一定经济基础。

此外，还有一些商户积极参与团购业务，主要是希望通过合作降低采购成本和销售成本。这些商户主要是小商家或服务提供商，如餐馆、发廊、电影院、文化活动中心等。

《中国青年发展报告》披露，"目前大多数的青年用户因受经济条件所限，他们更希望通过精打细算购买到高性价比的商品"。而"较受当下青年人喜欢的拼多多购物平台，就是通过拼团购的方式，满足了青年人的这种购买意愿"。① 借助这一创新型购物模式，拼多多迅速获得用户认可。截至 2023 年，拼多多平台年度活跃用户数达到 8.69 亿，商家数达到860 万，平均每日在途包裹数逾亿单，是中国大陆地区用户数最多的电商平台，更是全世界最大的农副产品线上零售平台。2020 年以来，淘宝、京东等其他电商平台也纷纷上线了拼团频道，以迎合青年人的"性价比"需求。

7.2.3　网络营销产品的定位

什么样的产品适合于网络营销？这是一个虚拟营销市场产品的定位问题。认真研究产品属性，科学地筛选适应网络销售的产品，是企业网络营销成功的重要因素。如果企业只靠主观臆断，凭借传统市场的营销经验匆匆入网，则要想拓展网络市场是非常困难的。

1. 网络营销产品的分类与特性

本书第一章中提出，由于互联网技术的应用，传统市场分化为实体市场和虚拟市场，产品分化为实体产品与数据产品。在网络条件下，实体产品与数据产品表现出不同的特性。

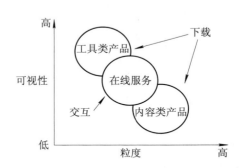

对于数据产品，可以基于可视性、粒度③和价值传递这三个维度将其分为工具类产品、内容类产品和在线服务(见图 7-4)。

图 7-4　数据产品和服务示意图②

工具类产品一般指软件工具，如画图软件、视频工具等；内容类产品指数字化后可以在网上直接传递的图书、电影、音乐等；在线服务指通过网络提供的各类服务，如在线答疑、在线诊疗等。在可视性、粒度和价值传递三

---

① 人民日报. 拼多多为代表的"拼团购"成青年购物方式首选[R/OL]. (2019-05-31)[2019-06-20]. http://it.southcn.com/9/2019-05/31/content_187739324.htm?COLLCC=897027396&from=singlemessage&isappinstalled=0.

② KAI L H, PATRICK Y K. Chau. Classifying Digital Products[J]. Communication of the ACM, 2002, 45 (6): 73-79.

③ 粒度指数字产品的可分性。数字产品的可分性越高，产品的差异化能力越强。

个维度上，三类数据产品表现出很大的差异性(见表 7-1)。

表 7-1　数据产品的分类与特征比较

产品类型	可视性	价值传递	粒度	典型产品
工具类产品	高	下载	低	反病毒软件
内容类产品	低	下载	高	电子化图书
在线服务	中等	交互	中等	在线翻译

对实体产品而言，可以将网络市场中销售的产品分为体验产品(Experience Products)、搜索产品(Search Products)和信任产品(Credence Products)三类。其中，体验产品又划分为体验 1 产品(非耐用产品)和体验 2 产品(耐用产品)。体验 1 产品是指属性信息搜索成本很高或很难的产品(如衣服、香水等)，体验 2 产品是指由于消费者在购买前对产品的主要属性没有直接体验，无法了解使用特性的产品(如手机、电视等)。搜索产品是指消费者在购买前可以判断产品的属性(如书籍、音像产品等)。信任产品则是普通消费者在使用前后都无法验证产品的属性或质量，通常凭借主观信任购买的产品(如维他命、旅游产品等)。

研究表明，消费者最倾向通过网上渠道购买搜索类产品。因为消费者很容易通过网络了解并掌握这些产品的功能和优劣。消费者通过网络购买体验 1 产品的偏好要高于购买体验 2 产品和信任产品。消费者对体验 1 产品的购买倾向增加了这类产品的口碑效应，对企业销售有正向的影响(见表 7-2)。

表 7-2　实体产品的分类与营销方式比较

产品形态			营销方式	销售品种
实体产品	搜索产品		网站销售	图书与音像产品
	体验产品	体验 1 产品	网站销售、货到付款	消费品
		体验 2 产品	货到付款	工业品、农产品
	信任产品		在线浏览、实地购买	药品、服务产品

互联网技术的发展使越来越多的产品适合于网络营销。阿里巴巴集团研究中心总结了我国不同类目商品通过互联网销售的时间及程度(见图 7-5)。

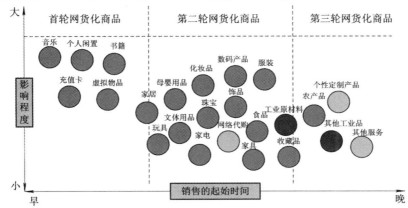

图 7-5　不同类目商品网货化的时间及程度

在图 7-5 中，横轴表示不同商品通过互联网销售的起始时间；纵轴表示商品通过互联网销售的影响程度。由图 7-5 可以看出，最早通过网络销售的产品多为音乐、书籍等，首轮网货[1]化商品是搜索类产品。第二轮网货化商品门类较多，包括化妆品、服装、家电等，主要是体验 1 产品和体验 2 产品，销售程度略低于首轮网货化商品。第三轮网货化商品主要是个性化的产品，其产品属性和特征在购买前后都较难判断，也就是信任产品。[2]

2. 在线数据产品的选择

在线数据产品是指一切可以进行数字化存储，并能通过互联网进行在线交易的产品，包括各种可以通过网络下载或销售的工具软件和集成软件(如 SAS 数据分析集成包)、以内容为主的信息产品(如图书、期刊、报纸和新闻)、在线产品信息(如用户手册)、图像(如数字地图)、音频和视频(如电影、电视和网络游戏)等。

虽然上述产品都属于在线数据产品的范畴，但对于在线销售来说，仍然有很大的差别。图书报刊、音频类产品的销售比较直接；视频类产品的销售就需要解决播放流畅的问题；软件类产品对售后服务的要求则比较高。这些问题都是在开展网络营销时必须考虑的。

3. 在线服务产品的选择

可以通过互联网提供的在线服务大致可分为三类。第一类是情报服务，如股市行情分析、文献资料查询等；第二类是互动式服务，如网络交友、电脑游戏、远程医疗等；第三类是网络预约服务，如预订车船票，旅游预约服务，医院预约挂号等。

电子商务跻身于第三产业有其特殊的优势。以旅游服务为例，实现这种服务需要具备三个条件：客户对旅游景点的了解，客户对饮食居住条件的了解，以及客户对价格的认可。传统的旅游促销大部分是通过报刊、电视广告形式进行的，这些形式很难满足上述三个要求，且价格昂贵。利用互联网进行旅游促销，则可以完全克服传统广告形式的缺陷。一方面，网络多媒体可以提供生动的图文和音像；另一方面，网上报价又可以为顾客提供多种选择。在线支付在方便顾客的同时，也为旅行社提供了准确的旅游人数。

4. 实体产品的选择

由于宽带和手机的普及，几乎所有商品都开始在网络上交易。从 2018 年天猫"双十一"网上销售的情况看，母婴、服装鞋帽、3C 产品、家居日用、美妆、箱包等 17 个品类排名居前[3]。总的来看，销售较好的产品一般具备以下条件：

(1) 容易描述。通过网络文字和图片的描述，可以使客户方便地了解商品的真实特性。

(2) 附加值较高。配送费用占比较低。

(3) 具备独特性或时尚性。网店销售不错的商品往往都是独具特色或者十分时尚的。

(4) 价格较便宜。如果线下可以用相同的价格买到，就不会有太多的人在网上购买了。

(5) 线下没有，只有网上才能买到，比如外贸订单产品。

---

[1] 网货指通过互联网渠道进行销售的货物和商品。

[2] 阿里研究中心. 网货的兴起：2009 年度网货发展研究报告. 阿里简讯 2009(3). [EB/OL]. (2009-01-06) [2024-08-20]. http://www.aliresearch.com/ch/information/informationdetails?articleCode= 11579&type= %E6 %96% B0%E9%97%BB.

[3] 亿邦动力. 天猫淘宝双 11TOP10 榜单囊括 17 个品类网货的兴起[EB/OL]. (2018-11-11) [2024-06-20]. https://www.ebrun.com/20181111/306510.shtml.

7.3　网络营销的品牌策略

学思践行

毛泽东指出："为了同敌人作斗争，我们在一个长时间内形成了一个概念，就是说，在战略上我们要藐视一切敌人，在战术上我们要重视一切敌人。也就是说在整体上我们一定要藐视它，在一个一个的具体问题上我们一定要重视它。"[①]

在现代虚拟市场竞争中，市场就在战场，在战略藐视敌人，在战术上重视敌人的思想仍然是我们做好网络营销工作的指导思想。也就是说，在网络营销的战略策划上，要有全局观念，不要被市场上的头部企业在气势上所压倒；而在网络营销的战术策划上，应当有一套完整的营销策略，包括品牌策略、定价策略、渠道策略和服务策略等；同时，要将这些策略贯彻到每一个具体营销活动计划中，争取每一个营销活动都取得较好的效果。

7.3.1　网络品牌的开发

品牌营销是市场经济高度竞争的产物，经过多年实践，已经发展得相当成熟，形成一个以"品牌经理制"为代表的完整管理体系。网络营销所具有的全球、交互、影像等优势，对于提高企业知名度、树立企业品牌形象都提供了有利的条件。因此，企业应该根据自身的产品与服务特点，利用网络资源创建自己的网络品牌。

(1) 在调查市场、了解消费者需求的基础上开发网络品牌。不管是实体市场品牌在网络市场上的创新，还是网络新品牌的推出，都需要有明确的需求指向，避免出现品牌开发出来却因缺少需求支持而胎死腹中的情况。

(2) 有意识地利用电子商务建立网络品牌。2019 年，拼多多联合老字号品牌蜂花持续探索更契合消费者需求的新品牌，推出了专供拼多多平台的定制化产品"Delighted Time 大家乐"，从而促使蜂花的销量持续增长，月环比超过 30%。更重要的是，拼多多为蜂花带来了宝贵的需求数据，为产品线升级提供了方向。

(3) 通过网络品牌使原有品牌的内涵得到扩充。品牌的内涵已经延伸到售后服务、产品分销、相关信息与服务等多个方面。加拿大亨氏公司以往为了建设亨氏产品的品牌，设立了 800 免费客户服务热线，支持赞助"宝贝俱乐部"。而现在，该公司通过在站点给用户提供丰富的婴幼儿营养学知识、营养配餐、父母须知等信息，开展网络营养知识的传播与营销，使用户在学习为人父母、照顾婴幼儿常识的同时，建立了对亨氏品牌的忠诚度。

(4) 利用网站的交互能力维系品牌的忠诚度。与客户及时进行有效的沟通是提高品牌生命力、维系品牌忠诚度的重要环节。网站的交互特性为市场营销中的交流和沟通提供了方便。一方面，客户可以通过在线方式直接将意见、建议反馈给经营者；另一方面，经营者可以通过对客户意见的及时答复获得客户的好感和信任，从而增强客户对品牌的忠诚度。

(5) 制订一些特殊的品牌策略。传统企业为了在网络营销中取得竞争优势，在使用户

[①] 毛泽东. 在莫斯科共产党和工人党代表会议上的讲话[G]//毛泽东文集(第 7 卷). 北京：人民出版社，1999：328.

获得原有公司高规格的产品与服务的同时，还可以与其他知名的企业共同建设新的网络品牌，使新的网络品牌具有更加广泛的包容性，形成一个新的网络品牌联盟。

7.3.2　网络品牌的经营

品牌是有个性的，需要实力的支撑和文化的承载。没有企业文化支撑的品牌是脆弱的。如果网站只做那些浮躁无效的广告是不可能赢得受众的心理认同的，常常会成为泡沫。

品牌对网民有着重大意义。品牌是品位，透过品牌，网民去认知网店，区分网店，享受网店所带来的服务，甚至和网店产生情感。品牌是经验，一个优质品牌是客户信心的再保证。网店为了能够创造不断增长的访问量及销售额，需要建立长期品牌策略。

一个著名品牌的崛起往往在于其内在精神与当时社会的整体时代精神及人们生活方式的深层次需求的高度契合。从 20 世纪 90 年代开始，这一特征在网络商业活动中表现得越来越明显。阿里巴巴将塑造新商业文明作为企业品牌发展的切入点，通过新商业文明核心范式①的宣传在网商和网民中树立自己的品牌形象，收到了很好的效果。

7.3.3　品牌形象的树立

网络营销的跨时空性和无形性更督促着第三方平台内的商家诚信经营，否则，过低的店铺动态评分以及消费者的不良评价，将给第三方平台内的商家造成无可估量的形象损失。商家要提高自身的网络品牌形象，除策划各种宣传广告活动外，更重要的是要加强法治观念，诚信经营，树立其在网上的权威，只有这样，才能有良好的口碑和形象。

从天猫平台入驻的商家来看，要想提升品牌的个性和特色，需要做好 3 方面的工作：

(1) 从视觉营销的角度装修好天猫商铺。风格统一、简洁明了的店铺装修是天猫获得消费者青睐的必备条件。

(2) 给予消费者独特的价值，吸引消费者。给消费者以优惠的价格和特殊的打折活动，或者提供给消费者有独特价值的附加产品，提高消费者的让渡价值。

(3) 信守品牌承诺，给予品牌独特的文化。除了继续打造独具特色的品牌宣传外，还应该赋予品牌特有的文化，品牌有了文化内涵，才真正不容易为他人所盗用。

天猫超级品牌日也是品牌营销的重要阵地。2022 年 3 月 20 日，泰国国民美妆品牌 Mistine 以"不惧晒 敢追光"为主题，精准聚焦 Z 世代消费群体，以"热带青春能量美妆"为全新品牌定位，强化品牌热带青春能量基因，建立品牌与年轻消费者的深度链接。同时，围绕"追光"这一关键词，Mistine 选取 Z 世代群体聚集地——高校，展开了创意营销活动，通过线上线下深度交互的营销，实现流量与销量双增长。数据显示，此次天猫超级品牌日 Mistine 全域曝光"10 亿+"，品牌天猫防晒类目日销量/销售额为双料 TOP1。

7.3.4　网络品牌的保护

网络品牌保护(Online Brand Protection)就是对品牌的所有人、合法使用人的品牌实行资

---

① 阿里巴巴提出的新商业文明的核心范式包括：人与自然的关系特点；新商业文明形成了以网商为主体、网货为客体的新财富体系；人与人的关系特点；新商业文明推动以诚信为标志的社会资本所有制变革，以分享为标志的分配制度变革，以责任为标志的管理制度变革；人与自然、人与人的关系；新商业文明复归直接以人为本、生态和谐的发展方式。

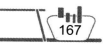

格保护措施，以防范来自网络上的侵害和侵权行为。

传统的企业产品商标已经有比较健全的法律保护机制。在商标法中，如果两家公司属于不同的行业，使用相同的名称不会造成产品和服务来源的混淆。因此，拥有相同的商标名称是合法的。但互联网是全球性的，而且允许商标注册为域名。使用范围的交叉导致了新问题的产生。例如，一个国内互联网用户，想以其在外国注册的商标作为域名，就可能因该域名已被一个使用同样商标的外国公司抢注而无法实现。因此，域名对商标权的侵犯在网络上是相当严重的。侵权者不仅盗用了他人的商标，而且还限制了商标权人在网络上用其商标作为域名的权利。

面对全新的虚拟市场环境，企业应当更加珍惜自己历经几年甚至几十年培植起来的产品名牌。从以下方面加强网络品牌的保护。

(1) 对于新成立的企业，一旦确定了公司名称，第一时间应建立自己的域名防御注册表单，即列出与自身品牌相关的域名，包含通用网址和一些主流后缀，诸如 .com/.net/.cn/.cc等，建立一套完整的域名保护系统。表 7-3 是拼多多已经注册的域名。[1]

表 7-3　拼多多已经注册的域名

域名类型	品牌域名	说　　明
.com	pdd.com	目前国际最广泛流行的通用域名格式，含义为公司，现全球的用户超过 1.1 亿个
	拼多多.com	
.cn	pdd.cn	全球唯一由中国管理的英文国际顶级域名，是中国企业自己的互联网标识，体现文化认同、自身价值和定位
	拼多多.cn	
.中国	拼多多.中国	全球唯一的中文顶级域名，非常易于识别记忆，适合中国人使用
	pdd.中国	

(2) 必须清楚地认识到，网络商标也是商标，同样也要依照商标法，向商标局申请商标注册，取得商标专用权。

(3) 注意商标作为域名的可能性，将必要的商标注册为域名。同时，也应注意与企业相关的一些名称和领导人姓名的域名注册。例如，苹果公司创始人乔布斯逝世后，许多乔布斯相关域名被注册，直到 2012 年苹果公司向法院提起诉讼请求，通过法律途径才最终获得了乔布斯域名 Steve.Jobs 的合法使用权利。

(4) 利用信息检测技术，通过社交应用、浏览器和路由器实现网址的全覆盖，检测品牌的仿冒网站，有效防止钓鱼网站产品品牌，维护品牌自身影响力。在这方面，腾讯云、阿里云等网站都可以提供专门服务。

7.4　网络营销的定价策略

价格无疑是企业销售最重要的因素。在 4P(Product、Price、Place、Public)理论中，只有价格是收入，其他都是成本。随着市场的变化，价格一直都处于变化之中。网上经营也

① 名商网. "拼多多"品牌域名分析报告[R/OL]. (2022-02-25)[2024-09-20]. https://www.360docs.net/doc/ba12185556.html .

不例外。在做商业计划书时，就必须明确价格。新浪网对电子信箱收费是为了弥补收益上的不足；网易的电子邮箱坚持不收费，吸引了更多的浏览者，获得了更多的广告收益。所以，电子商务网站在开业前都必须对有关收费与价格政策做出选择。

7.4.1　选择定价目标

在价格方面，网络营销具有明显的优势。由于网络沟通的费用很低，除网络连接的费用外，基本不需额外支付费用，因此，整体营销费用的低廉就会反映到产品的价格上。由于信息空前透明，鼠标一点，所有的产品及其价格都会出现在同一个页面上，用户拥有绝对的主动权，因此，价格应当定在用户愿意支付的水平上。

网络产品的定价目标与传统营销的定价目标相似，主要有以下 4 种。

(1) 生存目标。电子商务企业进入市场后，面临的第一个问题就是生存问题。生存目标是电商企业的基本经营目标。电子商务经过 20 多年的发展，竞争达到白热化的程度，价格已经非常透明，"烧钱"不可避免。但如果不考虑成本，必然会造成企业的资金短缺。2018年，大批共享单车企业退出市场，最重要的原因是没有顾及企业的生存目标，一味追求扩张，造成资金链断裂。所以，为了保证电商企业的连续运行，企业必须估算最低商品或服务的出售价格。只有弥补可变成本和部分固定成本，企业的生存才可以得以维持。

(2) 市场占有率最大化。这是电商企业选择最多的定价目标。电商企业都希望以尽可能低的价格来控制市场，达到市场占有率的最大化。这种目标的选择，虽然能够刺激销售量的快速增长，但本身也具有较大的风险。因为一旦资金不充足，很可能导致企业陷入绝境。

(3) 当期利润最大化。传统企业在销售时，总是希望制订一个能使当期利润最大化的价格。而在网络市场上，虽然市场占有率是最重要的目标，但电商企业也需要对其产品或服务的价格理智地估计，确保当期有一定的资金回笼。

(4) 产品质量最优化。电商企业也需要考虑产品质量的目标，并在销售过程中始终贯彻质量第一的指导思想。这就要求从网店进货到配送都注意质量问题。在追求产品优质优价的同时，还应辅以相应的优质服务，从而在网络市场上塑造企业的产品形象。

7.4.2　选择定价策略

1. 低于进价销售策略

这种定价方式听起来有些不可思议，但在网络销售中这是一种常用的定价策略。因为采取此种定价方式能够吸引更多的消费者。弥补价格亏空一般有 3 方面的考虑。第一，供货商乐于在流量大的网上商店上做广告，网站可以靠广告收入抵销开支；第二，网站将销售的商品按功能细分，背负着不同功能的产品实行不同的定价策略，以弥补整体的亏损。第三，以迅速增长的市场份额吸引更多的风险投资。

2009 年开始兴起的"秒杀(SecKill)"就是低于进价销售策略最典型的应用。所谓"秒杀"，就是网络卖家发布一些超低价格的商品，公开邀请所有买家在同一时间在网上抢购。由于带动流量效果明显，经过十几年的发展，"秒杀"已经开发出多种形式，并从一般商品拓展到贵重商品。

在服务产品的定价上，"免费"成为最重要的打败竞争对手的武器。淘宝用摊位的免费

打败了易趣；360 用杀毒软件的免费打败了瑞星、卡巴斯基等软件；腾讯用微信的免费打败了 MSN 等通信软件；阿里巴巴的"快的"和腾讯的"滴滴"打车软件更是用免费和补贴手段将大黄蜂等所有的打车软件挤出市场。

需要注意的是，在使用低价手段时，应当遵守《中华人民共和国价格法》《中华人民共和国反不正当竞争法》的规定。

2. 差别定价策略

差别定价策略是希望鱼与熊掌兼得：一方面是要让消费者觉得商品很便宜，要抢市场，要扩张；另一方面是要赚钱，维持利润率。差别定价策略在旅游网站上得到充分的利用。在携程旅行网上，客户可以看到机票购买的种种限制，包括机票预订时间、航程往返、热门城市、退改签规定等。这些限制成为携程旅行网差别定价的主要手段。在稳定客运量的同时，也争取到一些愿意支付较高价格机票的客户，增加销售收入。

3. 高价策略

由于网上商品价格的透明度比传统市场要高，网上商品的价格一般会比传统营销商品的价格低。不过，有时也有部分商品价格高于传统营销方式的价格，这主要指一些独特的商品或对价格不敏感的商品。比如艺术品，在传统营销方式中，由于顾客群相对很小，因而价格上不去；而在网上，却可能面向全球的买主销售，卖出好价钱。再比如鲜花，因为属于情感消费，顾客在一定范围内对价格并不敏感，但他们愿意为方便而支付较高的费用。

4. 竞价策略

早期的网上竞价主要应用于商品的拍卖。委托人可以只规定一个底价，然后通过拍卖网站让竞买人竞价。采用竞价策略，委托人所花费用极低，甚至免费。

金马甲网就是一个专门从事资产与权益交易的交易平台。该网站采用集中竞价方式、动态竞价方式、一口价竞价方式和一次报价方式开展竞价交易①。2009 年 3 月 16 日，90 个特殊编号的"奥运缶"在金马甲竞价大厅以总价 1283.65 万元人民币成交，单缶成交均价达到 14.26 万元。这是集中竞价方式应用的一个成功案例。

5. 集体砍价

集体砍价是网上出现的一种团购业务。随着每一个新的购买者(竞标者)的加入，原定价格就会下跌一些，竞买的人越多，价格越低，呈滑梯曲线(见图 7-6)。这种由于购买人数的增加，价格不断下降的趋势正是典型的网络需求趋势。齐家网在家装行业就采用了这种团购方法。

京东商城在团购业务中，针对中低收入的消费者对特定产品的需求，使用阶梯价格的定价形式。比如：消费者在京东商城购买某件产品的单价为 50 元，同样的产品一次购买两件需要 90 元，而一次购买三件则只需 120 元。

---

① "集中竞价方式"是一种竞买人在竞价开始前，在规定的时间内履行注册报名、申请竞价、资格审核、交纳保证金、账户激活等程序，然后集中参与竞价的方式。"动态竞价方式"是一种在整个竞价过程中，竞买人可随时注册报名并参与竞价的方式。"一口价竞价方式"是一种设定了竞价标的最高成交价的竞价方式，在整个竞价过程中，竞买人可随时注册报名并参与竞价。"一次报价方式"是一种在规定时间内，各竞买人只允许进行一次有效报价的竞价方式。

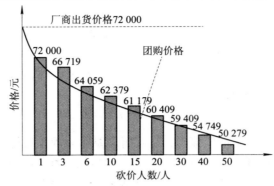

图 7-6　集体砍价示意图

产品品牌知名度较高的产品，也可以采用固定价格的团购模式。例如：韩都衣舍的一款加绒卫衣，其团购活动价格为 136 元，活动期间商品限量 100 件，100 件商品售完，则活动结束。此次团购活动中无论 100 件商品是否售完，无论参与人数多少，无论单个消费者购买商品数量多少，单件商品的价格都是 136 元。

6. 智能定价

依赖大数据的智能定价包括三部分内容：

(1) 智能出价。综合大盘流量分布、实时竞价情况等因素，通过智能算法给出最优出价，降低投放成本，提升投放效果。

(2) 智能定向。智能优选高潜用户一键式投放，可以精确定向到货，匹配爆品借力打力，满足拉新、转化等不同营销需求。

(3) 智能诊断。智能诊断可以解决在投放过程中存在的"异常"或"建议优化"的问题。

京东将智能定价方法运用到品牌营销中，聚焦营销目标和策略，提炼三大类核心诉求：目标消耗型、目标成本型、人工增强型。荣耀品牌、苏菲品牌、西门子家电等品牌商从一刀切的手动统一出价，到系统预估流量质量、实时个性化出价，助力品牌抢占高质量流量，不仅节省了人力成本，而且营销效果显著提高。西门子家电 ROI[1] 提升 20%，荣耀品牌 CPC[2] 下降 20%；苏菲品牌订单成本下降至 22 元。

7.5　网络营销的渠道策略

合理的分销渠道，一方面可以最有效地把产品及时提供给消费者，满足用户的需要；另一方面也有利于扩大销售，加速物品和资金的流转速度，降低营销费用。

7.5.1　传统营销渠道与网络营销渠道的区别

1. 作用分析

传统营销渠道的作用是单一的，它仅仅是商品从生产者向消费者转移的一个通道。从

---

① ROI 指投资回报率，Return On Investment。
② CPC 指每次点击费用，Cost Per Click。

广告或其他媒体获得商品信息的消费者通过企业自己的直接分销渠道，或由中间商代理的间接分销渠道购得自己所需的商品。

网络营销渠道的作用则是多方面的。第一，网络营销渠道是信息发布的渠道。企业概况，产品种类、质量和价格等，都可以通过这一渠道告诉用户。第二，网络营销渠道是销售产品、提供服务的快捷途径，用户可以从网上直接挑选和购买自己需要的商品，并通过网络方便地支付款项。第三，网络营销渠道是企业间洽谈业务、开展商务活动的场所，也是进行客户技术培训和售后服务的理想园地。

2. 结构分析

根据有无中间商，传统营销渠道可以分为直接分销渠道和间接分销渠道。由生产者直接将商品卖给消费者的营销渠道称作直接分销渠道；而包括至少一个的中间商的营销渠道则称作间接分销渠道。根据中间商数目的多少，可以将营销渠道分为若干级别。直接分销渠道没有中间商，因而称作零级分销渠道；间接分销渠道则包括一级、二级、三级乃至级数更多的渠道。传统营销渠道的分类如图 7-7 所示。

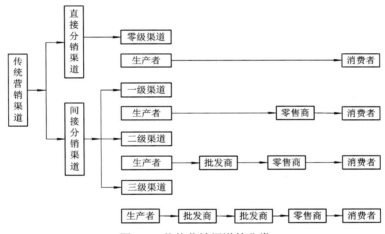

图 7-7　传统营销渠道的分类

相对于传统的营销渠道，网络营销渠道也可分为直接分销渠道和间接分销渠道，但其结构要简单得多(见图 7-8)。网络的直接分销渠道和传统的直接分销渠道一样，都是零级分销渠道，没有大的差别。重要的是对于间接分销渠道，企业在网络营销中大部分仅有一级分销渠道，即只存在一个信息中介商沟通买卖双方的信息，而不存在多个批发商和零售商，因而也就不存在多级分销渠道。

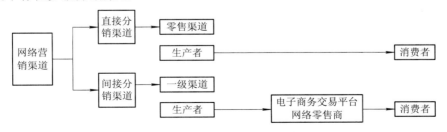

图 7-8　网络营销渠道的分类

3. 费用分析

无论是直接分销渠道还是间接分销渠道，网络营销的渠道结构较之传统营销的渠道结构都大大减少了流通环节，有效地降低了交易成本。

通过传统的直接分销渠道销售产品，企业通常采用两种实施方法。一是直接出售，外地没有仓库。推销员卖了产品后，把订单邮寄给工厂，工厂把货物直接寄给买货物的人。工厂只需支付推销员的工资和日常推销开支。二是直接出售，在各地设立分仓库。在这种方法中，工厂一方面要支付推销员的工资和其他费用，另一方面还需要支付仓库的租赁费。

通过网络的直接分销渠道销售产品，一般也采用在各地设立分仓库的方法。借助网络通信，订单直接传递给当地的仓库，有效降低了仓库管理员工资费用和产品的运损费用。

网络的间接分销渠道则克服了传统的间接分销渠道中间环节过多的缺点。电子商务交易平台通过互联网强大的信息传递功能，完全承担起信息中介商的作用。同时它也利用其在各地的分支机构承担起批发商和零售商的作用。这种交易平台最多将中介商的数目减少到一个，使得商品流通的费用降到最低限度。这种现代化的交易模式是对千百年来传统交易模式的一次根本性的变革，其对于整个社会生产力的推动正逐步显现出来。

7.5.2　网络直销

1. 网络直销及其优点

网络直销是指生产厂家通过网络直接分销渠道直接销售产品，目前常见的做法有两种。一种做法是企业在互联网上建立自己独立的站点，申请域名，制作主页和销售网页，由网络管理员专门处理有关产品的销售事务。另一种做法是企业委托信息服务商在其网点上发布信息，企业利用有关信息与客户联系，直接销售产品。虽然在这一过程中有信息服务商参加，但主要的销售活动仍然是在买卖双方之间完成的。

网络直销的优点是多方面的。首先，网络直销促成产需直接见面。企业可以直接从市场上搜集到真实的第一手资料，合理地安排生产。第二，网络直销对买卖双方都有直接的经济利益。网络营销大大降低了企业的营销成本，消费者也能够买到大大低于现货市场价格的产品。第三，营销人员可以利用各种网络工具，随时根据用户的愿望和需要，开展多种形式的促销活动，迅速扩大产品的市场占有率。第四，企业能够通过网络及时了解到用户对产品的意见和建议，有针对性地提供技术服务，解决疑难问题，改善经营管理。

戴尔公司(Dell)的分销渠道是典型的网络直销。戴尔按照客户需求来生产计算机，并直接向客户发货。一对一的直销方式抛弃了中间渠道，建立了良好有效的"零库存"机制。戴尔公司的这种网络直销模式在计算机匮乏的年代被实践证明行之有效，这种模式帮助戴尔公司成为 21 世纪初全球 PC 生产厂商的霸主。

2. 网络直销的缺点与解决的方法

网络直销也有自身的缺点。由于越来越多的企业和商家在互联网上建站，将用户置于无所适从的尴尬境地。面对大量分散的企业域名，网络访问者很难有耐心一个个去访问制作大量类似的企业主页。这个问题的解决，必须从两方面入手：一方面需要尽快组建具有高水平的专门服务于商务活动的网络信息服务站点；另一方面则需要从网络间接分销渠道中寻找出路。

传统企业开展网络直销，最大的问题是要解决线上和线下销售渠道融合的问题。一方面，如果线上和线下的销售对象是同一批消费者，则意味着网上多销售一件产品，线下就少销售一件产品。另一方面，虽然线下实体店为商品做了宣传和推广，但消费者却通过比价去网上购买价格更低的货品；即使价格实现同步，便捷的购物方式也对线下实体店形成了冲击。为解决这一问题，很多传统企业都进行了大胆的探索。

苏宁易购在上线初期，将线上销售与线下销售进行了分割，实现了网络营销的大发展后，开始推行电脑品类的线上和线下同价，在确保价格优势的前提下，实现客户体验的统一。体育用品销售商安踏(中国)有限公司在实行线上和线下融合的过程中，严格把控线上和线下渠道，形成产品差异化销售。该公司还通过数字营销部与电子商务部的结合，整合销售和库存信息，打通虚拟库存，消费者一旦在网上订购，即通过信息系统将订单发送到距离最近的经销商处，由经销商实施货品的配送，扣除掉成本之后，经销商也可分享网上销售得到的利润，从而大大缓解了线上和线下营销的矛盾。

7.5.3 网络间接销售

为了克服网络直销的缺点，网络商品交易中介机构(电子商务第三方交易平台)应运而生。这类机构成为连接买卖双方的枢纽，使得网络间接销售成为可能。阿里巴巴、中国制造网、敦煌网等都是这类中介机构。虽然这一新事物在发展过程中仍然有很多问题需要解决，但其在未来虚拟市场中的作用却是其他机构所不能代替的。

1. 第三方交易平台存在的原因

1) 网络商品中介交易简化了市场交易过程

设想一种最简单的情况，市场上仅存在三个生产者和三个消费者。在没有网络商品中介机构的情况下，一个生产企业要想销售自己的产品，需要面对三个消费者；而一个消费者要想买到自己需要的商品，也要面对三个生产者。因此，如果每个生产者和每个消费者都利用网络直销建立联系，则总共需要发生 9 次交易关系(见图 7-9)。

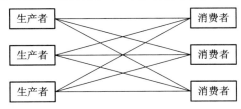

图 7-9 买卖双方信息的直接传递

如果在生产者和消费者之间增加一个中介机构，发挥商品交易机构集中、平衡和扩散三大功能，则每个生产者只需通过一个途径(商品交易中介机构)与消费者发生关系；每一个消费者也只需通过同样一个途径与生产者发生关系。在网络直销中必须发生的 9 次交易关系由此减少到 6 次(见图 7-10)。计算表明，当存在 5 个生产者和 10 个消费者时，这种交易关系可由 50 次减少到 15 次；当存在 50 个生产者和 100 个消费者时，这种交易关系则由 5000 次减少到 150 次。由此可见，网络商品交易中介机构的存在大大简化了市场交易过程。

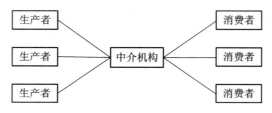

图 7-10　商品交易中介机构存在下买卖双方的信息传递

2) 第三方交易平台的撮合功能有利于平均订货量的规模化

对生产企业而言，大工业的规模化生产性质决定了它们必须追求平均订货规模的扩大。而我国现有的商品分销渠道很难适应生产企业的这种要求。这就使得参与流通的商品的流通成本加大，有些情况下还造成了工业生产能力的极大浪费，严重影响了我国工业企业的竞争能力。为了改善这种状况，工业企业不断调换自己的商业合作伙伴，从而导致原有商业企业的危机。1998 年，生产电视机的长虹集团和郑州百货文化站的合作就是一个典型的例证①。作为连接生产者和消费者的一种新型纽带，网络商品交易中介机构可以有效地克服传统商业的弊端。一方面，它能够以最短的渠道销售商品，满足消费者对商品价格的要求；另一方面，它能够通过计算机自动撮合的功能，组织商品的批量订货，满足生产者对规模经济的要求。这种功能集约的商品流转形式的出现，为从根本上解决现代工业发展中批量组货与订货的难题创造了先行条件。

3) 第三方交易平台使得交易活动常规化

传统交易活动中，影响交易的因素不可胜数。价格、数量、运输方式、交货时间和地点、支付方式等，每一个条件、每一个环节都可能使交易失败。如果这些因素能够在一定条件下常规化，交易成本就会显著降低，从而有效提高交易的成功率。

网络商品交易中介机构在这方面做了许多有益的尝试。由于是虚拟市场，这种机构可以一天 24 小时、一年 365 天不停地运转，避免了时间上、时差上的限制；买卖双方的意愿通过固定的交易表格统一、规范地表达，减少了相互的重复问询；中介机构所属的配送中心分散在全国各地，可以最大限度地减少运输费用；网络交易严密的支付程序，使得买卖双方彼此增加了信任感。很明显，网络商品交易中介机构的规范化运作，减少了交易过程中大量的不确定因素，降低了交易成本，提高了交易成功率。

4) 第三方交易平台便利了买卖双方的信息收集过程

传统的交易中，买卖双方都被卷入到一个双向的信息收集过程中。这种信息收集既要付出成本，也要承担一定的风险。电子商务交易平台的出现改变了这种状况，为信息收集和处理提供了极大的便利。交易平台本身是一个巨大的数据库，云集了全国乃至全世界众多厂商、各类商品的相关信息。买卖双方完全可以在不同的地区、在不同的时间、在同一个网址上查询不同的信息，方便地交流不同的意见，匹配供应意愿和需求意愿。

---

① 郑州百货文化站原来是一个百货文化用品批发站，后与四川长虹建立起购销关系，承担其 1/3 的彩电销售。1998 年，四川长虹放弃单纯依靠大批发商的营销体制，郑州百货文化站销售长虹彩电的数量急剧下降，资金链断裂，以致破产。

2. 筛选第三方交易平台应注意的问题

在筛选第三方交易平台时，必须考虑成本、信誉度、覆盖面、交易特色和连续性五大要素，这五大要素是网络间接营销的 5 个关键要素，也称为"5C"因素。

(1) 成本(Cost)。第三方交易平台的收费是有差别的，选择交易平台时需要考虑投入与产出的情况。

(2) 信誉度(Credit)。推销产品的企业应通过查看平台的营业执照以确认其真实性；通过了解平台建立的时间和社会影响力，考察平台信誉程度。

(3) 覆盖面(Coverage)。综合性交易平台覆盖面广，影响力大，收费较高；专业性交易平台收费相对较低，但覆盖面窄。企业可以根据自己的实际情况，选择适合的交易平台。

(4) 交易特色(Characteristic)。选择交易平台时需要考虑该平台的特色，挑选适合自身的交易模式。在有特色的交易平台上，自己的产品才比较容易崭露头角。

(5) 连续性(Continuity)。连续性是开展电子商务的基本要求。电子商务竞争激烈，淘汰率很高。在连续稳定运行的交易平台上开展营销，才能推动企业电子商务持续发展。

7.5.4　双道法——企业网络营销的最佳选择

在众多企业的网络营销活动中，双道法是最常见的方法。所谓双道法，是指企业同时使用网络直接分销渠道和网络间接分销渠道，以达到销售量最大的目的。在买方市场的现实情况下，通过两条渠道推销产品比通过单一渠道更容易实现"市场渗透"。

企业在互联网上建站，一方面为自己打开了一扇对外开放的窗口，另一方面也建立了自己的网络直销渠道。随着电子商务的普及，企业的新老客户逐渐认识了企业的网络直销渠道，也学会了利用它。美国的 IBM 公司、国内青岛海尔集团的实践都说明，企业上网建站大有可为，建站越早，收益越大。而且，一旦企业的网页与信息服务商链接，例如与百度搜索引擎链接，其宣传作用不可估量，不仅可以波及全国，而且可以波及全世界。

在现代化大生产和市场经济的条件下，企业在自己建立网站的同时，还应积极利用网络间接渠道销售自己的产品，通过中介商的信息服务、广告服务和撮合服务，扩大企业的影响，开拓企业产品的销售领域，降低销售成本。天猫平台在成立的 10 多年中，已经吸引了 50 万家品牌企业入驻，反映了企业对于这一新的间接营销渠道的认可。

7.6　网络营销的服务策略

7.6.1　网络客户的特殊需求

人们在开始习惯电子商务服务的同时，也开始对网上服务提出了全新的要求。因此，对现代企业来说，能否制订适合于网络销售的服务策略就显得格外重要。

在大众营销时代，大部分的销售形式是一个区域内的客户在一个小的百货商店购买日常用品。由于顾客少，购买集中，零售店主比较熟悉各位客户的消费习惯和偏好，因此，在组织货源时店主会引进人们所需的物品，并在顾客购买时根据客户的消费习惯和偏好向他推荐相应的商品。此时的零售店主进行的是自发性的较低级的个性化顾客服务。

在大规模营销时代，电视广告、购物商城、超级市场改变了人们的消费方式，企业逐渐失去了和客户的亲密关系。但是，如果市场上只有企业的独白，没有顾客意见的反馈，企业又怎样满足客户的需求呢？因此，这种服务方式在 20 世纪 90 年代受到冷落。

伴随着网络虚拟市场的形成，一种全新的个性化营销在 21 世纪出现了。个性化营销是市场细分的终极目标，它使客户逐渐走向营销舞台与企业对话。此时的客户个性化服务与大众营销时代的个性化顾客服务相比，在许多方面的要求又都有了极大的提高。

网络客户对企业服务的需求由低到高一般可分为四个层次：

(1) 获取信息。在网络上，客户需要通过网站全面了解产品信息，并从中寻找满足他们个性化需求的特定信息。"我的钢铁网"就是通过行业聚焦、行情快递、市场分析等栏目，为客户提供国内外钢铁行情、产销资料等资讯内容，从而将客户锁定在自己的网站上。

(2) 问题解答。通过文字、音频和视频，企业与客户间的网络双向交流已经非常方便。常见的问题都可以通过网站服务自动解决。通过向客户提供自我学习的知识库，企业还可以很好地满足客户的求知心理，这有利于改善企业与顾客的关系。

(3) 直接接触。网络客户有时也像传统客户一样，希望与公司的有关人员直接接触，从而解决一些比较困难的问题，或反馈自己的意见。企业应尽量满足客户的这类要求。

(4) 参与设计。在网络条件下，客户的个性化需求可以通过网站信息的汇集，形成一定的生产规模，批量定制成为可能。例如，红领集团的酷特服装利用数据库系统，实现了"一人一版，一衣一款，一件一流，7 个工作日交付"的大规模个性化定制。

以上四个层次需求之间存在互相促进的作用。本层次需求满足得越好就越能推动下一层次的需求。需求满足得越好，企业和客户之间的关系就越密切，最终实现 "一对一"关系的建立。这个过程被称为"客户整合"。它是网络营销服务发展的结果，充分体现在满足客户个性化需求的双向互动的过程中。

7.6.2　网络客户的服务策略

网络客户"一对一"的服务策略思路可用图 7-11 表示。

图 7-11　网络客户"一对一"的服务策略思路

1．信息提供

为客户提供信息的基础是对交易信息的收集。随着时间的推移，网上商务活动相互影响的程度也在不断提高，促使企业不断优化信息服务的质量。由于这个过程是渐进的，因而有时被称为渐进的个性化服务。

渐进的个性化服务是通过提供外在资料和内在资料而实现的。外在资料是指通过调查、检索、分析所获得的市场信息，它对于客户了解整个行业发展走势、市场价格波动等具有指导意义。内在资料是指在网站后端收集的数据，例如通过网站所记录的顾客交易行为、网络广告发布的数量和频率等。

2010年3月31日,阿里巴巴旗下的淘宝网正式面向全球首度开放淘宝原始商业数据,并联合第三方专业研究机构为淘宝网上的商家提供基于数据之上的分析和建议服务[①]。商家可以通过这些提炼对自己有用的信息,并利用这些信息为消费者提供更有针对性的服务。

2. 信息反馈

网络时代使信息渠道变得畅通无阻,电商客服的工作量也直线上升。特别是在重大促销活动期间,如双十一期间,面对大量的咨询,电商客服加强了两个方面的工作。一是提高客服人员的整体素质,提高回复速度;二是推广人工智能客服,提高回复率和回复速度。

人工智能客服主要用于解决网络营销中客户经常重复咨询的一些简单问题,如产品有效期、退换货政策等,也可以帮助企业的客服人员实时监控网站访问情况,帮助企业发现访客并为访客提供服务。应用人工智能客服处理这些简单重复的、碎片化的客户需求可以大大提高客服人员的工作效率。人工智能客服系统主要应用的是自然语言识别技术和自主学习技术。阿里巴巴的阿里小蜜是基于阿里海量的消费者和商家数据,通过人工智能算法,为用户提供智能导购、服务等购物体验的智能私人助理。JIMI 京东智能客服机器人通过机器学习、自然语言处理、深度神经网络、知识图谱等技术,更精准地把握电商和服务行业需求,为客户提供全年无休、快速响应、精准应答的专业智能客服服务。苏宁客服机器人可以支撑客服电话质检、物流派前电联、物流语音播报、客服无货回访等多个业务场景。

3. 客户关系管理

电子商务客户关系管理(e-commerce Customer Relationship Management,eCRM)是利用当今最新的信息网络技术了解客户需求,加强与客户的沟通,挖掘客户需求,不断改进产品与服务,提高客户忠诚度和满意度的过程。

在网络营销中,电子商务企业常常用"客户忠诚度"来衡量网站客户关系维系的好坏。由于网络市场竞争激烈,使得吸引新顾客的成本变得很昂贵,因此,如何留住老顾客就成为电子商务网站的主要服务目标。为了留住老顾客,电子商务网站需要真正了解客户的需要,也需要提供高质量的产品或服务,同时还需要保护客户的隐私。

传统的营销组织结构是按照为客户服务的不同活动来划分的,这种划分妨碍了客户信息在企业内部的自由流动,从而影响了客户关系的建立和客户定制服务的提供。电子商务网站需要彻底打破职能部门的界限,以整合的方式完成客户关系管理业务流程的调整,形成同客户的直接沟通并履行相应的职责,高质量地完成确定客户状态、开具事故处理单、追踪产品售后状况、执行监督服务协议、提供退货服务等任务。

电子商务客户关系管理的高级阶段是客户关怀。客户关怀的主要工作包括商品信息推送、产品体验、定期意见征求、售后服务跟踪等。区分客户关怀的不同阶段是为了营造出友好、高效的网络购物氛围,提高客户忠诚度和保有率,从而全面提升企业盈利能力。

① 阿里研究中心. 淘宝网首度向全球开放原始数据商业数据[EB/OL]. (2010-04-09)[2020-04-20]. https://www.pcbeta.com/viewnews-7310-1.html.

7.6.3　电商客服的工作内容

1. 售前服务

电商客服售前服务是指网店在销售产品之前为顾客提供的一系列服务，包括：

(1) 建立联系，树立形象。顾客进入网店，网店留给新客户的第一印象非常重要。客服人员需要从产品品牌、店铺实力、新品特点、售后服务等方面展开介绍，传递给顾客有价值的信息和热情洋溢的正面形象，吸引顾客继续了解下去。

(2) 突出特点，稳定销售。在同类产品竞争比较激烈的情况下，许多产品只有细微的差别，消费者往往不易察觉。网店需要通过富有特色的一系列售前服务，使自己的产品与竞争者的产品区别开来，展示新产品带给消费者的新利益，稳定老客户，挖掘潜在客户。

(3) 解答疑问，转化需求。一般的客户在决定购买某种产品时，很大程度上依赖于对品牌的熟悉程度。售前服务只有满足了客户的这些供其决策之用的信息需要，解答了客户的疑惑，才能使他们从准顾客转化成现实的客户。

2. 售中服务

电商客服的售中服务是指电商企业在产品交易过程中向购买者提供的服务。售中服务主要执行订单跟进，回答客户在下订单过程中遇到的疑问，处理订单换货和订单取消，处理地址变更、物流跟踪等问题。

(1) 已发货通知。发货后，应在第一时间给买家发送信息，告知客户物流渠道以及物流跟踪号，最好能有一个预计到达的时间，让买家感受到客服无比贴心的服务。

(2) 未发货通知。因特殊情况延迟发货的订单，客服应及时主动联系买家，道歉并说明情况。如遇到买家催发货应尽全力安抚情绪。

(3) 催付提醒。有的买家已下单但还未付款，这时需要发送催付信息。一般情况下，买家收到提醒后会尽快付款，这种做法不仅给客户留下良好的印象，也会大大提升转化率。

3. 售后服务

电商客服的售后服务是指与网络上销售的产品有连带关系的服务。

(1) 产品保修。如产品在质保期内制造质量问题发生损坏或不能正常工作时，网店或营销平台有义务帮助客户联系生产厂家免费为用户修理或更换零件。

(2) 退换货。由于网上交易主要利用文字和图片介绍商品，客户买到商品后不合适或不满意的情况较多，退换货工作是电商企业一项非常重要的工作。

(3) 邀请买家留评。买家收货后，客服应积极引导买家留下好评，以提高店铺信誉级别。

(4) 建立黑名单。当遇到一些不良买家的恶意诈骗或威胁，或故意给差评，客服应妥善应对。在处理差评时，应当筛选出少数恶意买家，建立一个黑名单库，做好记录和防范。

(5) 解决交易纠纷。买家与卖家由于产品质量、收验货等问题产生争议，客服人员需要详细了解问题的根结所在，提出解决的方法，有效处理客户与网店或厂家的矛盾。

(6) 问题的收集与总结。客服人员应及时收集客户提出的问题，结合本网店的运营情况，反映给客服负责人，督促有关部门尽快解决客户在购买过程中出现的各类问题。

7.7　网络营销的市场拓展策略

随着电子商务的普及，电子商务市场竞争越来越激烈。阿里巴巴提出"新零售"的概念、拼多多下沉农村市场等都反映出企业在寻找新市场、营销新客户方面所做的努力。电商企业需要认真考虑这些现状，并在网络营销中采用正确的市场拓展策略。

7.7.1　引流线下客源

"新零售"是 2016 年 10 月阿里巴巴集团提出的。它是指以互联网为技术载体，通过数据分析和人工智能等方法，重构商品的制造、流通和向最终消费者运输的环节，实现线上、线下和物流的高度整合，建立新型的商业模式和完整的生态链条。

在传统的 B2C 电商购物模式下，用户与商品处于分离状态，无法感受商品带来的直观体验。因此，随着电商平台竞争的白热化，体验式购物成为各个电商平台建立持续竞争力的有效砝码。网络营销开始改善潜在消费者与商品的互动形式，由产品试用、线上 AR 技术到逐渐与线下门店联手，依据用户的流量数据进行个性化的产品推荐与定制服务，不断丰富商品或服务的体验环节，推动线上和线下购物一体化。

盒马鲜生是新零售线下市场拓展的一个典型。盒马凭借线下的实体体验店快速拉近与消费者的距离，真正做到"所见即所得"，消费者可以在周边的体验式门店亲自挑选新鲜的生鲜食品，从而快速消除纯生鲜电商"摸不着"的信任危机，为线上带来真正的流量。

7.7.2　深耕农村市场

"十三五"期间，我国农村电商实现跨越式发展，全国农村网络零售额由 2016 年的 0.89 万亿元增长到 2023 年的 2.49 万亿元，年均增长率为 22.86%。[1] 但整体发展中还存在农产品电商供应链尚不完善、农产品标准化程度较低、电商数量和水平不能满足快速发展的农村电商的需求、农村电商人才培养滞后等问题，农村电商市场仍是一个可以深耕的大市场。

近年来，农村电商的新模式、新业态不断涌现，打通了农产品销路，激发了中小城市和农村地区网购消费潜力。2019—2020 年，通过快手直播平台获得收入的农户数达 2570 万，其中来自贫困地区的用户数达 664 万。拼多多以市场为导向完善覆盖产区的产品结构，以技术为支撑打造契合新消费需求的"农货中央处理系统"，创新了以农户为中心的"原产地直发"农货上行模式，从而实现了农产品及农副产品订单大幅增加的好成绩。盒马鲜生、叮咚买菜、每日优鲜、本来生活、天天果园等生鲜电商企业不仅为农产品的销售打开了通道，也有力支持了某些特殊封闭条件下的食品社团购买。

① 金观平. 构建高质量农村电商生态圈[EB/OL]. (2024-04-02)[2024-07-20]. http://www.moa.gov.cn/ztzl/ymksn/ jjrbbd/ 202404/t20240402_6452929.htm.

7.7.3　开拓服务新市场

近年来,在服务行业出现了多个网络营销新领域,如网上订餐、网约车、共享单车、生活服务业、网络教育等。美团网作为中国领先的生活服务电子商务平台,其服务已经涵盖 200 多个品类,业务覆盖全国 2800 个县区市。

2024 年 6 月,我国网上外卖用户规模达 5.53 亿,网上订外卖已经占到网民总数的 50.3%。办公白领群体的刚性需求推动外卖市场持续发展。外卖营销的重点已经从在线平台运营转向对餐品质量监控以及直供模式的推广;外卖企业的营销视角也瞄准了二三线中小城市的潜在市场,订单量及商户数量也明显增加。

2024 年 6 月,我国网约车用户规模达 5.03 亿,占网民整体的 45.7%。网约车行业合规化进程稳步推进。交通运输部要求各地交通运输主管部门加强对网约车平台的事前、事中、事后全链条、全领域监管。网约车行业的保障体系也逐渐完善,网约车驾驶员被认定为数字经济下的新就业形态劳动者。同时,智能车联网技术进一步应用推广。2022 年 7 月,华为宣布正式上线 Petal 出行。腾讯出行也在微信支付页面显示"微信打车"字样。2024 年,武汉、上海、广州开始试行无人驾驶出租车。

共享单车在一番激烈对决后,以各自不同的方式收场。美团、哈啰、青桔等共享单车生存下来。作为一个成功的逆袭者,哈啰出行调整了营销策略,免除了抵押金,调高了使用租金,并开始拓展网约车业务,从而使哈啰出行逐步从单一的共享单车平台,变成出行大平台。

7.7.4　综合运用多种方式开发新市场

2022 年,618 购物节电商平台销售数据再创新高。在整个购物节中,拼多多的异军突起引起了业界很大的关注。拼多多的异军突起绝非偶然,与传统电商、传统商业相比,其运营模式和效率已经发生了革命性的变化,其中主要有 4 点原因。

(1) 购买渠道的变化。智能手机的普及、网络条件的改善、大量顾客开始从传统电商的搜索入口转向了社交入口,导致用户的购买渠道发生了巨大变化。拼多多通过拼团模式,精准地连接商品和消费者,颠覆了传统电商的搜索型购物模式。

(2) 流量来源的变化。移动互联网使三四线,甚至五线的城镇居民成为互联网流量的新来源。当电商的一二线城市人口红利逐渐消失、获客成本越来越高的时候,拼多多瞄准了更广泛的流量来源人群,借助社交平台迅速提升了自己的关注度,使自己成为互联网历史上访客增长最快的网站。

(3) 进一步减少中间环节。相对于传统电商,拼多多直接对接生产者,特别是农民,直接将农产品从地头送到消费者手中,减少了农产品的收购环节,因此,销售的商品更有竞争力。

(4) 打造自己的网络品牌。经过几十年的努力,一大批"中国制造"风靡世界,但很多都是在帮国外品牌代工,中国企业要做出自己的品牌,仍然面临着营销资源和能力不足的问题。拼多多利用网络优势,解决了品牌影响力与生产制造能力不匹配的问题。如重庆百亚、家卫士等。在传统品牌影响力不断减弱的现状下,利用电子商务和网络营销提升品牌的影响力是正确的选择。

中国电商经历了 20 多年的高速发展，以阿里巴巴、京东为代表的电商生态已经日趋完善，很多人认为不可能再有新形式的电商平台出现。然而，电商营销渠道的变化反映出电商新企业对营销渠道的新探索。随着 5G 技术的推广，必将产生新的风口，电子商务经营者一定要随时把握电子商务发展的新动向，抓住创新机会，赢得新一轮竞争中的新优势。

参 考 文 献

[1] [美] 雷蒙德·弗罗斯特. 网络营销[M]. 8 版. 时启亮，陈育君，译. 北京：中国人民大学出版社，2021.

[2] 李东进，秦勇，陈爽. 网络营销：理论、工具与方法(微课版)[M]. 2 版. 北京：人民邮电出版社，2021.

[3] 刘芸，汤晓鸿，陈葵花，等. 网络营销与策划[M]. 3 版. 北京：清华大学出版社，2020.

[4] 杨坚争，梁平，杨立钒，等. 网络营销理论与实务[M]. 北京：中国人民大学出版社，2024.

[5] 刘俊斌. 网络客户关系管理[M]. 北京：中国人民大学出版社，2020.

[6] 陈金先. 网络营销的定价策略探析：以京东商城为例[J]. 电子商务，2019(5)：44，88.

[7] 魏清晨. 目标市场细分理论综述及案例分析[J]. 现代商贸工业. 2021(7)：36-37.

[8] 姚剑芳，徐羡文. 人工智能技术在电子商务领域的应用研究[J]. 产业创新研究，2022(13)：108-110.

备课教案　　　　电子课件　　　引导案例与教学案例　　习题指导

第八章 网络促销

促销是厂商拓展市场的重要方法和手段。在传统的市场环境下，企业的促销活动已经形成了一套有效的、完整的模式。互联网的出现，极大地改变了原有的市场营销理论和实务存在的基础，使得网络促销在方式、手段、环境条件等方面都发生了深刻的变化。企业家和企业营销人员必须充分认识这一点，才有可能迅速地从传统的促销模式转变过来，在现代市场营销理念的指导下，正确运用各种新的促销方法，吸引越来越多的消费者转向网络购物，提高自己的产品在网络市场上的占有率。

8.1　网络促销的概念、分类与作用

8.1.1　网络促销的概念与特点

网络促销是指利用现代网络技术向虚拟市场传递有关商品和劳务的信息，以启发需要，引起消费者购买欲望和购买行为的各种活动。它突出表现出三个明显的特点：

(1) 网络促销是通过网络技术传递商品和劳务信息的。网络促销建立在网络技术基础之上，并且随着网络技术的不断改进而改进。因此，网络促销需要营销人员不仅要熟悉传统的营销技能，还要具有相应的网络技术知识，包括各种软件的操作和某些硬件的使用。

(2) 网络促销需要应用虚拟市场的思维方法。网络促销是在互联网这个虚拟市场上进行的。这个虚拟市场中聚集了广泛的人口，融合了多种文化成分。因此，从事网上促销的人员需要摆脱实体市场营销的局限性，采用虚拟市场营销的思维方法。

(3) 所有企业都必须面对世界市场。互联网虚拟市场的出现，将所有企业，不论是大企业还是中小企业，都推向了全球统一的大市场。传统的区域性市场正在被一步步打破，全球性的竞争迫使每个企业都必须学会在世界市场上做生意，否则这个企业就站不住脚跟。

8.1.2　网络促销的分类

网络促销活动有很多种，现在最常见的有网络广告促销、网络站点促销、网络直播、微信促销、数据库营销以及其他新的促销方式。

网络广告促销是指通过信息服务商(ISP)进行广告宣传，具有宣传面广、影响力大的特点，但费用相对偏高。网络站点促销是指利用企业自己的网站或独立站树立企业形象，宣传产品，具有直接、快速、简便的特点。网络直播营销是以直播平台为载体，以网络主播

为核心,激发消费者购买热情,直接效果明显。微信营销通过语音/文本消息、图片/视频分享等形式为买卖双方交流和互动服务。数据库营销充分利用了其信息量大、互动性强的优势,使一对一营销成为可能。合理地应用多种促销方法,是保证网络促销成功的关键。

8.1.3 网络促销与传统促销的区别

(1) 时空观念的变化。人类社会正处于两种不同时空观念交替作用的时期。反映现代生活和生产的信息需求是建立在网络化社会柔性可变、没有物理距离的时空环境之上的。时间和空间观念的变化要求网络营销者随之调整自己的促销策略和具体实施方案。

(2) 信息沟通方式的变化。在网络上,网络可视化技术,提供了近似于现实交易过程中的商品表现形式;双向、快捷的信息传播将买卖双方的意愿表达得淋漓尽致。在这种环境下,网络营销者需要掌握一系列新的促销方法和手段,促进买卖双方的交易。

(3) 消费群体和消费行为的变化。网络消费者是一类特殊的消费群体,具有不同于传统消费群体的消费需求。这些消费者直接参与生产和商业流通的循环,普遍实行大范围的选择和理性的购买。这些变化对传统的促销理论和模式产生了重要影响。

理解网络促销,一方面应当站在全新的角度去认识这种依赖现代网络技术、与顾客不见面交流的商品推销形式;另一方面,则应当通过与传统促销方式的比较去体会两者之间的差别,吸收传统促销方式的设计思想和促销技巧,打开网络促销的新局面。

8.1.4 网络促销的作用

(1) 告知。网络促销能够把产品、服务、价格等信息传递给目标公众,引起他们注意。

(2) 说服。网络促销的目的在于通过各种宣传方式,解除目标公众对产品或服务的疑虑,坚定公众的购买决心。例如,在同类商品中,许多产品往往只有细微的差别。企业通过促销活动,使用户认识到本企业产品可能带来的特殊效用和利益,进而乐于购买。

(3) 反馈。网络促销能够通过电子邮件、微信等及时收集和汇总顾客的需求和意见,迅速判断产品或服务存在的问题并将改进的情况反馈给顾客。网络促销所获得的信息基本上都是文字或图片,信息准确,可靠性强,对企业经营决策具有较大的参考价值。

(4) 创造需求。运作良好的网络促销活动,不仅可以诱导需求,而且可以创造需求,发掘潜在的顾客,扩大销售量。

(5) 稳定销售。由于某种原因,一个企业的产品销售量可能时高时低,波动很大,这是市场地位不稳的反映。通过适当的网络促销活动,可以树立良好的企业和产品形象,改变用户对本企业产品的认识,提高用户的信任度,达到稳定销售的目的。

8.2 网络促销的实施程序

网络促销分为六个步骤,即确定网络促销对象、设计网络促销内容、决定网络促销组合方式、制订网络促销预算方案、衡量网络促销效果和加强网络促销过程的综合管理。

8.2.1　确定网络促销对象

网络促销对象是针对可能在虚拟市场上产生购买行为的消费群体提出来的概念。随着网络的普及，这一群体也在不断膨胀，并且联系越来越便利。这一群体主要包括三部分人员：

(1) 产品的使用者，这里指实际使用或消费产品的人。实际的需求构成了这些顾客购买的直接动因。抓住了这一部分消费者，网络销售就有了稳定的市场。

(2) 产品购买的决策者，在许多情况下，产品的使用者和购买决策者是一致的。但在另外一些情况下，二者可能是分离的。例如，中小学生网络课程实际的购买决策往往是由学生家长做出的。婴儿用品更为特殊，购买的决策者是婴儿的母亲或其他有关的成年人。

(3) 产品购买的影响者。在低价易耗品的购买决策中，较少受到其他人的影响。但在高价耐用消费品的购买决策上，外人的影响则较大。这是因为购买者在购买高价耐用品时往往比较谨慎，希望广泛征求意见后再做决定。而这种征求意见在网络条件下更容易实现。

8.2.2　设计网络促销内容

消费者的购买过程是一个复杂的、多阶段的过程，促销内容应当根据购买者目前所处的购买决策过程的不同阶段和产品所处的经济寿命周期的不同阶段来决定。

一般来讲，一项产品完成试制定型后，从投入市场到退出市场，大体上要经历四个阶段：投入期、成长期、成熟期和衰退期。

在新产品投入市场的开始阶段，消费者对该种产品还非常生疏，这一阶段促销活动的内容侧重于宣传产品的特点，引起消费者的注意。当产品在市场上已有了一定的影响力时，促销活动的内容则偏重于唤起消费者的购买欲望。产品进入成熟阶段后，市场竞争变得十分激烈，促销活动的内容除了针对产品本身外，还需要对企业形象做大量的宣传工作，使消费者树立对企业产品的信心。在产品的衰退阶段，促销活动的重点在于加强与消费者之间的感情沟通，通过各种让利促销活动来延长产品的生命周期。

8.2.3　决定网络促销组合方式

促销组合是一个非常复杂的问题。企业应当根据各种网络促销方式的特点和优势，根据自己产品的市场情况、顾客情况，扬长避短，合理组合，以达到最佳促销效果。

网络广告促销主要实施"推战略"，其主要功能是将企业的产品推向市场，获得广大消费者的认可。网络站点促销主要实施"拉战略"，其主要功能是将顾客牢牢地吸引过来，保持稳定的市场份额。而网络直播既有"推"的功能，也有"拉"的功能。图 8-1 显示了这两种不同战略的运作过程。

一般来说，对于日用消费品，如化妆品、食品饮料、医药制品、家用电器等，"推战略"的效果比较好；而大型机械产品、专用品则采用"拉战略"的方法比较有效。在产品的成长期，应侧重于"推战略"，宣传产品的新性能、新特点。在产品的成熟期，则应加强"拉战略"的应用，树立企业形象，巩固已有市场。

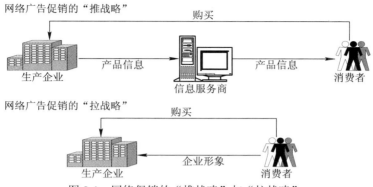

图 8-1　网络促销的"推战略"与"拉战略"

8.2.4　制订网络促销预算方案

网络促销实施过程中，使企业感到最困难的是预算方案的制订。所有的价格和支出都需要在实践中不断摸索、比较和体会，不断地总结经验。

首先，必须明确网上促销方法及组合办法。选择不同的信息服务商，需要支付的费用也不同。在著名网站上做广告的价格远远高于在专业网站上做广告的价格，而在自己设立站点上宣传价格最低，但覆盖面可能最小。因此，企业应当认真比较投放站点的服务质量和服务价格，从中筛选出适合本企业并且质量与价格相匹配的信息服务站点。

其次，需要确定网络促销的目标，并围绕这些目标来策划营销的内容。以网络广告为例，需要考虑广告文案的数量、图形的多少、投放时间的长短、频率和密度，以及广告宣传的位置等。这些细节确定好了，就有了对整体的投资数额进行预算的依据。

最后，需要明确希望影响的群体和阶层。不同信息服务站点所侧重的服务对象有较大差别。一般来讲，侧重于学术交流的站点的服务费较低，从事商品推销的站点的服务费较高，而综合性的网络站点费用最高。在宣传形式上，单纯使用中文促销的费用较低，使用中英文促销则费用较高；有图片显示的效果较好，但费用也较高。

8.2.5　衡量网络促销效果

网络促销的实施过程后，必须对已经执行的促销内容进行评价，衡量一下促销的实际效果是否达到了预期的目标。对促销效果的评价主要依赖于两个方面的数据。

一方面，要充分利用互联网上的统计软件及时对促销活动的好坏做出评价。这些数据包括主页点击次数、千人广告成本等。与报纸或电视媒体不同，网站上的推广活动可以很容易地统计出网站的访问人数和广告的阅览人数。利用这些统计数字，网上促销人员可以了解自己在网上的优势与弱点以及与其他促销者的差距。另一方面，效果评价要建立在对实际效果全面调查的基础上，通过调查市场占有率、产品销售量、利润和促销成本的变化情况，判断促销决策是否正确。同时，还应注意促销对象、促销内容、促销方法组合等与促销目标之间的因果关系，对其进行分析并对整个促销工作做出符合实际的评价。

表 8-1 显示了百度营销在衡量网络促销效果时采用的主要指标。[①]

---

① 百度营销. 揭秘啄木鸟成本大降、订单量暴涨的本地营销之道[EB/OL]. (2022-07-28)[2024-09-25]. https:// e.baidu.com/case/101.html?refer=20699432&bd_vid=8307760563031201987&token_id=22.

表 8-1　百度营销在衡量网络促销效果时采用的主要指标

序号	指　　标	指　标　内　容
1	点击率	推广点击率对比同期网链推广计划的提升度
2	转化率	推广店铺页对比网链推广计划投放普通营销单页的转化率提升度
3	线索转化成本降低率	推广线索转化成本对比网链推广计划线索转化成本降低率
4	日均订单增长率	日均订单量对比付费推广前的增长率
5	访问积累量提升率	访问积累量的提升率

8.2.6　加强网络促销过程的综合管理

　　网络促销是网络营销新领域中的一个重要分支。要在这个领域中取得成功，科学的管理起着极为重要的作用。在衡量网络促销效果的基础上，对偏离预期促销目标的活动进行调整是保证促销取得最佳效果的必不可少的程序。同时，在促销实施过程中，不断地进行信息沟通的协调，也是保证企业促销连续性、统一性的必要手段。

8.3　网络广告促销

学思践行

　　2016 年 2 月 19 日，习近平总书记在党的新闻舆论工作座谈会上强调："广告宣传也要讲导向"。[①] 随着电子商务的蓬勃发展，电子商务的广告业也呈现出"五化"趋势，即专业化、国际化、集约化、高技化、快速化。应用电子商务广告开展营销活动，必须坚持正确舆论导向，合时、适度、有效地反映商品质量和促销手段，合理引导舆情动态，有效传播正能量，实现广告经营市场属性与意识形态属性的有效统一，社会效益与经济效益的有机结合。

8.3.1　网络广告概述

1. 网络广告的定义

　　传统广告通常定义为"由厂商支付费用为某种产品或企业本身进行的、无人员参与的、单向的大众宣传"[②]。相对于传统广告，网络广告的作用没有发生大的变化，但其表现形式却发生了很大的变化。按照国家市场监督管理总局发布的《互联网广告监督管理暂行办法)》[③] 规定，互联网广告是指"利用网站、网页、互联网应用程序等互联网媒介，以文字、图片、音频、视频或者其他形式，直接或者间接地推销商品或者服务的商业广告。"

　　从法律角度看，广告是为了某种特定的需要，通过一定形式的媒体，公开而广泛地向

---

① 央广网. 习近平主持召开新闻舆论工作座谈会并发表重要讲话[EB/OL]. (2016-02-20) [2024-09-20]. http://china.cnr.cn/news/20160220/t20160220_521420357.shtml.

② Lamb Charles W，Hair Josefh F，Carl Mc Daniel. Marketing[M]. 6th ed. South-Western Publishing，a division of Thomson Learing，2002.

③ 国家市场监督管理总局. 互联网广告管理办法[EB/OL]. (2023-02-25)[2024-09-25]. https:// www. samr.gov.cn/ zw/zfxxgk/fdzdgknr/fgs/art/2023/art_d93a579afd45413e8576e4623fab348f.html.

公众传递信息的宣传手段。《中华人民共和国广告法》(简称《广告法》)第二条规定："在中华人民共和国境内，商品经营者或者服务提供者通过一定媒介和形式直接或者间接地介绍自己所推销的商品或者服务的商业广告活动，适用本法。"[①]　根据这一规定，网络广告可以定义为：网络广告是网络商品经营者或者服务提供者通过计算机网络媒介和形式直接或者间接地介绍自己所推销的商品或者服务的活动。

从技术层面考察，网络广告是指以数字代码为载体，采用先进的电子多媒体技术设计制作，通过互联网广泛传播，具有良好的交互功能的广告形式。

早期的网络广告，由于屏幕大小和带宽的限制，一般在 400～600 像素[②]之间，相当于 8.44～12.66 cm；高度一般在 80～100 像素之间，相当于 1.69～2.11 cm。在这样的尺寸中，图形文件的大小一般控制在 10～100 KB 以内。[③]

随着互联网技术的发展，对网络广告的大小已经没有过多的限制。2018 年，我国正式实施 3 项互动广告标准，规定：广告尺寸(advertising size)一般以<素材宽>×<素材高>表示，单位为像素。[④]

2. 网络广告的分类

根据国家互动广告标准，网络广告主要分为通栏广告、矩形广告、富媒体广告和视频广告 4 类。

1) 通栏广告(leaderboard)

通栏广告指横贯页面长度的大尺寸广告条。图 8-2 是搜狐网上的通栏广告。

图 8-2　搜狐网上的通栏广告

---

① 全国人大常委会. 中华人民共和国广告法(2018 年修正)[EB/OL]. (2021-04-29)[2024-09-20]. https://www.samr.gov.cn/zw/zfxxgk/fdzdgknr/fgs/art/2023/art_5474cf75173c45d6a0379730fb4e8d97.html.

② 为了能用计算机进行图像处理，先要把连续图像取样为离散图像，取样点便称作"像素(pixel)"。像素有不同的坐标以及灰度(辞海编辑委员会. 辞海[M]. 上海：上海辞书出版社，1989：685)。

③ Marketing Association. Mobile Advertising Guidelines(Version5.0) [EB/OL]. (2012-03-01)[2024-09-25]. https://www.docin.com/p-351382105.html.

④ 国家标准委. 中华人民共和国国家标准(GB/T 34090.1—2017)，互动广告第 1 部分：术语概述[EB/OL]. (2018-02-01)[2024-09-25]. https://openstd.samr.gov.cn/bzgk/gb/newGbInfo?hcno= 673C7E5CE26B4DFFFE3EC02680495435 .

2) 矩形广告(rectangle advertisement)

矩形广告指被嵌入在新闻或专题报道等文章内页,四周为文字内容环绕,用户阅读文字内容时会被关注的广告。又被称为"面中面"广告(见图8-3)。

图 8-3　新浪网上的矩形广告

3) 富媒体广告(rich media advertisement)

富媒体广告是指具有动画、声音、视频以及交互性信息传播方式的广告。广告中包含下列常见的形式之一或者几种的组合:流媒体、声音、Flash 等(见图8-4)。

图 8-4　某网站的富媒体广告

4) 视频广告(video advertisement)

视频广告是在视频网站上投放的一种新型广告。这种类型的广告可提供数种广告格式。投放到网页上的视频广告将显示为静态初始图片。如果用户点击播放按钮,视频就会播放。用户可以在视频广告播放过程中点击显示网址或该广告来访问广告客户的网站。用户可以控制音量,也可以选择重新播放视频。图 8-5 是 360 网站上播出的网络视频广告。图 8-6

小红书手机网站上播出的移动网络视频广告。

图 8-5　360 网站上的汽车视频广告

图 8-6　小红书手机网站上播出的移动视频广告

截至 2024 年 6 月，我国网络视频用户规模达到 10.67 亿，网民使用率达 97.1%，网络视频用户使用率为 73.9%，网络视频广告的发展潜力巨大。[①]

3. 网络广告的特点

(1) 投资低、效果好。传统广告的价格不断增长，成为很多企业的一种负担。网络广告的价格要便宜很多，而浏览率在部分网站上比电视、报刊广告还要高。

(2) 跨越地域和时空，宣传范围广。网络广告可以跨越地域和时空，不受电视广告的时间限制，也不受报纸广告的版面限制；其所面对的对象是全球 50 亿的互联网用户。

(3) 表现形式灵活，交互界面操作简单。网络广告以图、文、声、像等多种形式，将产品的形状、用途、使用方法、价格、购买方法等信息展示在用户面前。交互式界面可以

---

① 中国互联网络信息中心. 第 54 次中国互联网络发展状况统计报告[R/OL]. (2024-08-29)[2024-09-23]. https://www.cnnic.net.cn/n4/2024/0829/c88-11065.html.

使感兴趣的用户有选择地阅读详细资料，请求特殊的咨询服务。

(4) 便于检索。不论是销售产品还是推广企业形象，利用搜索引擎都可以发现哪些广告备受关注，而哪些广告不被注意。这些信息有利于企业捕捉商机。

(5) 目标准确，更改方便。网络广告能够针对相关群体准确投放，可以追踪网民在网上的行踪。而且，网络广告的内容可以随时更改，更改费用很小。

4．网络广告的缺点

(1) 效果评估困难。在中国至今尚未有一家公认的第三方机构可以提供量化的评估标准和方法。目前对网络广告效果的评估主要是基于网站提供的数据，而这些数据的准确性、公正性一直受到某些广告主和代理商的质疑。

(2) 网页上可供选择的广告位有限。目前网络广告的形式主要还是矩形广告，而每个网页上可以提供的广告位置是很有限的。

(3) 创意的局限性。网络广告最常用的尺寸是 468 像素 × 120 像素，近似为 15 厘米 × 4 厘米，要在这样小的广告空间里形成吸引目标消费者的广告创意，其难度可想而知。通栏广告的尺寸比较大，但网民对通栏广告比较反感，故使用起来受到一定的限制。

5．网络广告的崛起

1994 年 10 月，美国《热线杂志》(Hotwired)站点卖出了全球第一个网络广告，开创了互联网广告的新时代，也标志着数字媒体开始成形。1997 年，Intel 的一幅 468 像素 × 60 像素的动画旗帜广告贴在了 Chinabyte 的网站上，这是中国第一个商业性网络广告。1999 年，北京三元牛奶在网易上发布网络广告，开创了我国传统企业做网络广告的先例。

历经 20 多年的发展，网络广告行业已逐渐走向成熟。今天，大大小小的网站都挂上了各种网络广告。2021 年全球广告支出总额达到 6825 亿美元，较 2020 年增长 17.05%。其中，数字广告支出占比达到为 52.9%，远高于电视(28.3%)、刊登(7.8%)、户外广告(5.4%)、无线电广播(5.3%)和电影院(0.3%)的广告份额。[①]

图 8-7 显示了 2019—2024 年全球数字广告支出及预测情况(单位：亿美元)。

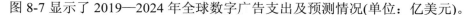
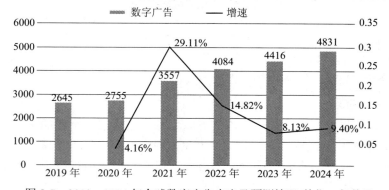

图 8-7　2019—2024 年全球数字广告支出及预测情况(单位：亿美元)

2023 年，全国广告业事业单位和规模以上企业广告业务收入 1.31 万亿元，比上年增长 17.5%，市场规模稳居世界第二。其中，互联网广告业务在各类媒体业务总量中占比近八成，

---

① Dentsu，智研咨询. 2021 全球广告行业支出情况：数字广告支出 3557 亿美元，占比 52.9% [EB/OL]. (2022-05-27)[2022-08-20]. https://www.163.com/dy/article/H8CS4FAT0552YGNW.html.

成为拉动广告业持续发展的主要动力。①

8.3.2 网络广告构思的基本思路

一个经过精心设计的横幅广告和一个创意平淡的横幅广告在点击率上将会差很多。在构思概念上，我们必须对网络广告所链接的目标站点内容有通盘的了解，找出目标站点最吸引访问者的地方，转换为网络广告设计时的销售理念(Selling Idea)。

1. 引起注意

消费者对网络广告的认识离不开对它的注意。因为有了注意，人的认识才能够离开周围的其他事物而集中精力到虚拟社会的网络广告上来。因此，要使本网络广告成为消费者注意的中心，就必须采取措施增强人们对这一网络广告的注意程度。

注意程度的大小与刺激的强弱成正比。突出的目标、移动的画面、鲜艳的色彩都会引起人们不同程度的注意。正确地使用各种先进的设计手段，才能够使广告收到良好的效果。例如燕京啤酒于 2008 年北京奥运会期间在搜狐网上投放的广告，利用"奥运金牌 0 突破"来吸引网民的注意力，以提升企业品牌(参见图 8-8)。

图 8-8　燕京啤酒在搜狐网上投放的奥运赞助广告

2. 明确主旨

一个专业的、有营销意识的网络广告，应该让访问者能够快速理解广告的含义及其业务。如果一个网络广告缺乏主旨，那么这个网络广告就没有灵魂。

网络广告文案的内容也是决定网络广告能否吸引人的重要因素。例如，奇瑞在搜狐网上所做的广告，其吸引年轻家庭用车的主题就非常突出(参见图 8-9)。

图 8-9　奇瑞在搜狐网上所做的吸引年轻家庭用车的推销广告

① 人民日报海外版. 网络广告更加"清爽"了[EB/OL]. (2024-09-09)[2024-09-20]. https://www.samr.gov.cn/xw/mtjj/art/2024/art_a4e1cb4ebb244495a43381d015483f48.html.

3. 产品特点和企业精神的结合

顾客最终掏钱购买商品要经过货类和货主两个选择：一是决定究竟购买什么样的商品，二是确定究竟购买谁的商品。企业开发出一种新产品只是满足了第一种选择。要满足第二种选择，必须使顾客了解生产厂家。如果开发新产品的厂家不止一家，广告宣传的竞争就会十分激烈。只有构思别具一格，具有思维新颖性的广告才能脱颖而出。

图 8-10 是蒙牛公司在腾讯网上做的纯甄广告。该广告将产品形象、功能特点、受众利益点等信息全方位向目标消费者渗透，而左上角的图标又使人们对该公司的挑战精神产生深刻记忆。

图 8-10　蒙牛公司在腾讯网上所做纯甄广告

8.3.3　网络广告的价格水平

1. 影响网络广告价格的因素

网络广告价格受到多种因素的影响，包括网络广告提供商的知名度、网络广告幅面的大小与位置、网页浏览次数和网页浏览率等。

(1) 网络广告提供商的知名度。网络广告提供商知名度越高，业务分布范围越广，其网络广告的价位越高。国际上公认的重要网站，如 Google、Yahoo、新浪等，本身就是刊登网络广告的最好站点，同时也是衡量其他导航站点知名度的标尺。

(2) 网络广告的幅面大小与位置。同传统广告一样，互联网上网络广告的价格也因幅面大小的不同而有所不同。幅面越大，价格越贵。网络广告放置的位置也很有讲究。在主页放置网络广告的效果会好于其他位置。位置不同，价格也不同。

(3) 网页浏览次数(Pageview)和网页浏览率。网页浏览次数是指当网民在网上漫游或在导航站点上检索时，插在页面中的网络广告会给浏览者留下视觉印象的次数。在这种印象阶段，浏览者只是浏览了网页，并没有形成点击行为。含有网络广告的网页被浏览的次数，即在浏览者视觉中留下印象的次数，一次就叫一个 Pageview，或叫一个 Impression。主页被浏览的次数越多，表示其在人们视觉中留下的印象越深。在一定时间里统计出来的浏览次数就叫作网页浏览率。不同的导航网站具有不同的网络浏览人次，因而具有不同的广告作用。在许多情况下，网页浏览次数往往与点击次数(Hit)交叉使用，不同的网站有不同的使用习惯，但两个概念的基本内涵是相同的。

(4) 点进次数和点击率(Click-through and Click-through Rate)。点进次数是指网络广告被用户打开、浏览的次数。网络广告被点击的次数与被浏览次数之比(点进/广告浏览)即为点击率。据统计，产生点击行为的浏览者一般只占主页访问人数的2%左右。

(5) 伴随关键词检索显示的网络广告(Keyword-triggered Banner Advertising)。这种网络广告在导航网站或可检索的主页中，根据浏览者使用的检索关键词的不同，在其检索结果中显示不同的图标。例如，查询花店时，花店的网络广告就出现在花店的检索结果页面上。

2. 网络广告的通用计价方式

(1) CPT(Cost Per Time)。CPT是按照时间(天、小时等)收费的网络广告计费模式。目前绝大多数的广告，如旗帜广告、跳出广告等都是以CPT的方式计费的。

(2) CPC(Cost Per Click-Through，每点击成本)。CPC以每点击一次为计费单位。这是网络媒体搜索引擎广告的主要计费模式。

(3) CPM(Cost Per Mille 或 Cost Per Thousand Impressions，千人广告成本)。CPM是传统媒体中的术语，即每产生1000个广告印数的费用，电视媒体主要采用这种计费方式。目前，部分网络媒体也开始采用这种方法。如果一个网络广告的单价是10元人民币/CPM，意味着每1000人次看到这个广告就要支付10元人民币费用，以此类推。

(4) CPA(Cost Per Action)。CPA是按实际行为效果收费的模式，即根据由于广告指引产生的有效下载、注册、购买或者其他互动行为的情况进行计费。CPA还可细分为按引导效果付费(CPL，Cost Per Lead)、按购买结果付费(CPS，Cost Per Sail)、按实际销售产品数量付费(CPS，Cost Per Sales)等。

3. 百度推广的收费方式

百度投放广告费用分为两个部分，开户费用及投放广告费用，顾客可以通过设置每日最高消耗费用，如最高1000、3000、5000、10000等数额来控制广告投放费用。

百度计费方式是以点击计费为基础的综合计费方式，包括：

(1) 点击出价——CPC(按点击付费)；

(2) 智能转化目标出价——oCPC(控制转化成本，提升广告投放效率)；

(3) 智能点击系数出价——eCPC(优化转化率，提升转化量)。

当用户对广告主所投放的广告进行点击时，广告主才需要支付给百度费用。不管点击多少次，都是按照实际每次的点击来扣费。客户注册的所有关键词指向的参与百度推广服务的所有推广页面都予以计费，而不只是针对客户推广网站的首页进行计费。点击费用和推广服务费用都将自动从管理账户中直接扣除。

百度广告的展示是免费的，只有发生点击才计费。每次点击的价格按照下列公式计算：

每次点击价格 = (下一名的出价 × 下一名的质量度)/本关键词质量度 + 0.01。

4. 抖音广告的收费方式

投放抖音广告，按CPC、CPM、CPA扣费模式计费，广告主可自主选择合适的模式。

(1) CPM：千次展示成本，1000次曝光4元起。即1000个人看到广告收费4元起，点击不另收费。

(2) CPC：每个点击成本，即按点击付费，展示不进行收费。如展示量为 10 000，点击量为 10 次，则只收取 10 次点击的费用。点击一次 0.2 元起。

(3) CPA：按照表单收费，曝光免费，点击免费，拨打电话免费。客户只有留下了自己的姓名电话等信息才会进行扣费。扣费 50～200 元左右一个表单。

5. 微信朋友圈广告收费标准

微信拥有超过 13 亿月活跃用户，可以帮助用户实现海量品牌曝光，传递品牌文化，强化品牌形象，并配合精准定向，让更多用户参与品牌活动，实现品效合一。表 8-2 是微信朋友圈广告代运营报价表。

表 8-2   微信朋友圈广告代运营报价表

传播平台	投放位置	广告形式	促销价	阶梯促销价
微信朋友圈广告	朋友圈第五条	图片	4000 元/曝光 10 万人（单价：4 分/人次）	1 万元/曝光 28.5 万人（单价：3 分 5/人次）
	朋友圈第五条	视频	4000 元/曝光 10 万人（单价：4 分/人次）	1 万元/曝光 28.5 万人（单价：3 分 5/人次）
	朋友圈第五条	视频号	1 万元/曝光 25 万人（单价：4 分/人次）	2 万元/曝光 62.5 万人（单价：3 分 2/人次）
传播平台	投放位置	广告形式	阶梯促销价	
微信朋友圈广告	朋友圈第五条	图片	2 万元/曝光 62.5 万人（单价：3 分 2/人次）	3 万元/曝光 107 万人（单价：2 分 8/人次）
	朋友圈第五条	视频	2 万元/曝光 62.5 万人（单价：3 分 2/人次）	3 万元/曝光 107 万人（单价：2 分 8/人次）
	朋友圈第五条	视频号	3 万元/曝光 107 万人（单价：2 分 8/人次）	4 万元/曝光 160 万人（单价：2 分 5/人次）

（资料来源：红枫叶传媒）

8.3.4   网络广告策略

网络广告策略是实现网络广告目的的方法和手段。制定网络广告策略是一项创造性的劳动，策略的成败决定着网络广告宣传的成败。

1. 网络广告定位策略

所谓网络广告定位，就是网络广告宣传主题定位，这是确定诉求的重点，或者说是确定商品的卖点，确定企业的自我推销点。常用的网络广告定位策略主要有抢先定位、比附定位、空隙定位、品牌形象定位、企业形象定位、文化定位等。

对绝大多数网络广告作品来说，宣传的根本目的是劝说目标公众购买网络广告主的产品、劳务或提高网络广告主的知名度。用什么理由来说服呢？独特的理由，即不同于同类产品、同类服务、同类企业的理由。越独特，越不同于他人，说服效果越好。这种独特性，就是网络广告诉求的重点，也就是网络广告宣传的主题所在。

就其实质而言，网络广告定位也就是网络广告所宣传的产品、劳务、企业形象的市场定位，就是在消费者心目中为网络广告主的产品、劳务或企业形象确定一个位置，一个独特的位置。产品、劳务、企业的市场位置确定了，网络广告宣传的主题、特殊理由也就确定了。

2. 网络广告时间策略

网络广告的时间策略包括网络广告发布的时机、时序、时限等策略。

时机策略就是抓住有利的时机，发起网络广告攻势的策略。有时候抓住一个有利的时机，能使网络广告产品一夜成名。一些重大文体活动，比如奥运会、奥斯卡电影节都是举世瞩目的网络广告良机；订货会、展览会也都可能成为网络广告宣传的良机。

为了使网络广告有较高的点击率，需要考虑网络广告的时段安排。做好时段安排还有利于费用的节约。例如，上班族习惯工作时间上网，学生习惯节假日上网，老师习惯晚上上网，这些都是不同受众的不同生活习惯，在网络广告时段安排时必须要意识到这一点。

网络广告时限策略是指在一次网络广告宣传中宣传时间的长短。网络广告时限分为集中速决型和持续均衡型两种。集中速决型就是在短暂的时间里，向目标市场大量投放广告，强烈目标公众，适用于新产品投入期，也适于一些季节性强的商品。持续均衡策略为的是不断地给消费者以信息刺激，以保持消费者对产品的持久记忆，适用于产品的成长期和成熟期。科学地利用人们的遗忘规律，合理地安排网络广告推出次数和各次网络广告之间的时距以及各个时间段里的网络广告频率，是网络广告策略中重要的研究课题。

3. 网络广告导向策略

这里所说的网络广告导向策略，是指网络广告作品诱导公众接受网络广告信息的方式。它是网络广告定位、目标公众心理研究和网络广告设计的有机结合。

(1) 利益导向方式。所谓利益导向，就是抓住消费者关注自身利益的心理特点，重点宣传网络广告产品带来的好处。如唯品会的产品以女性为主，采用"名品折扣+限时抢购"的促销方式，强化女性在购物过程中抢购的快感，使网站拥有了名品销售的主导权。图 8-11 是唯品会体现利益导向的推销广告。

(2) 情感导向方式。网络广告宣传侧重调动消费者的某种情绪，以实现其网络广告目的。图 8-12 是哈根达斯冰激凌的网络广告。该广告正是利用情感与消费者进行沟通。

图 8-11 体现利益导向的唯品会推销广告　　　图 8-12 哈根达斯冰激凌的网络情感广告

(3) 观念导向方式。网络广告侧重宣传一种新的消费观念、生活观念，可以扩展消费者的视野，开拓其需求领域，为新产品创造市场。观念定位产品的网络广告，必然采取观念导向策略。三星手机在其广告中使用了这样的广告词——"品位决定成功"，就是希望消费者建立一种新观念，从而接受与这种新观念并生的新产品(参见图 8-13)。

图 8-13　体现观念导向策略的三星网络广告

(4) 权威导向方式。借助权威人物、机构、事件等的影响，进行广告策划，以提高企业或产品的知名度和可信度。图 8-14 是具有这样权威导向作用的鲁花花生油的网络广告。

图 8-14　体现权威导向策略的鲁花花生油网络广告

8.3.5　网络广告发布

网络广告的推广方式有三种：一是站点发布，二是直接投放，三是利用其他渠道，如利用电子邮件、微信、微博等发布网络广告。正确选择网络广告发布渠道，对于提高网络广告效率、降低网络广告成本具有非常重要的作用。

1. 网络广告的站点发布

网络广告的站点发布是指企业在自己的网站上发布自己公司的产品和服务广告。这类广告主要是企业自身产品的宣传，也广泛用作与其他网站的广告链接。

在自己的网站上发布广告，应注意以下几个问题：

(1) 虚拟市场上有上百种专业分类市场，顾客在任何一个专业市场上都可以找到成千上万家卖家。站点网络广告的设计一定要清楚地认识这种形势，从卖方市场观念彻底地转变到买方市场观念，千方百计为顾客着想，为顾客提供高质量的产品和满意的服务。

(2) 企业必须不断提升自己网站的水平，否则自己的广告不可能吸引浏览者。也许在现阶段，某些产品的虚拟市场销售还不赚钱，但这是一个积累的过程。具有远见的公司经理,特别是营销经理,一定要在网站建设方面投入较大的精力,尽快占领营销的"制高点"。

(3) 企业网站应当努力打造一个虚拟小社会。在这个虚拟小社会中,除了满足顾客的交易需求外,还要满足其他三种需要,即兴趣的需要、聚集的需要和交流的需要。不断吸引顾客加入网站,参加各种活动,从而为自己的企业培养一大批稳定的购买者。

2. 网络广告的网络媒体投放

从广告主的角度出发,网络广告的投放基本有三种类型:一是直接投放,即广告主直接把广告投向网络媒体,投放的对象是搜索引擎、门户网站和垂直媒体资源;二是通过代理商投放;三是通过网络广告联盟进行投放,考虑到费用较低,一些中小广告主常常会选择这类平台进行投放。图 8-15 是网络广告投放三种类型的示意图。

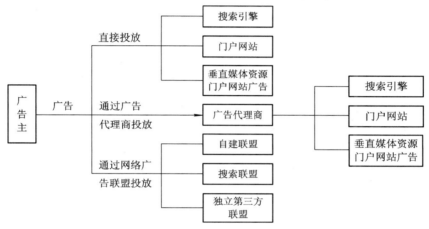

图 8-15 网络广告投放的类型

在选择网络广告站点时,一般首先考虑网站的网页浏览次数。含有优秀内容的高流量站点可以给广告主带来更多的广告暴露机会。

投放网络广告的首选站点是搜索引擎网站和门户网站。在这些网络中投放网络广告,网民覆盖面广,数量大。另外,还可以选择有明确浏览者定位的站点。这种站点的浏览者数量可能较少,覆盖面也会比较窄,但这些浏览者也许正是有效的宣传对象。从这个角度看,这样的选择可能获得更多的有效点击量。

选择网络广告服务提供商时主要应当考虑五个方面的要素:服务商提供的信息服务种类和用户支持服务;服务商的设备条件和技术力量配备;服务商的通信出口速率;服务商的组织背景;服务商的收费标准。

8.4 网络站点促销

8.4.1 网络站点促销对网站建设的要求

开展网络站点促销需要建设优秀的网站。2005 年,美国根据网站建设在营销效果上的表现开展了网站建设评比,对每个网站重点进行五个方面的指标考核:

（1）网站信息质量高低：网站提供的信息呈现方式；公司业务的介绍；有无关于产品服务的信息；有无完整的企业联系信息；有无区别于其他同类产品的产品说明或评估工具。

（2）网站导航易用度：网站信息是否组织良好；是否有站内搜索引擎；网站各部分是否很方便地链接互通。

（3）网站设计优劣：网站设计的美观及愉悦程度；文本是否容易阅读；图片使用是否适当；是否创造性地采用了音频与视频手段增强宣传效果。

（4）电子商务功能。该指标考核以下内容：能否实现在线订购和在线支付；能否实现配送跟踪和网上售后服务。

（5）网站的特色应用：网站有无社区或论坛；是否能够增强用户体验；用户能否通过网站获得实时的帮助(如在线自助系统、即时通讯工具)；网站有无互补性的资源链接。

根据这套标准，美国评出了 100 个优秀网站。其中，苹果电脑公司和美国运通银行的网站受到专门推荐(见图 8-16)。

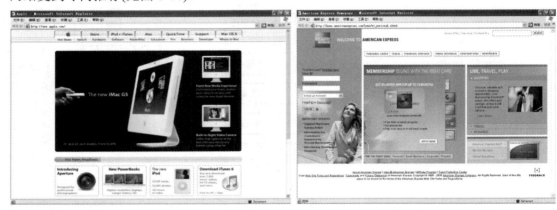

图 8-16　苹果电脑公司和美国运通银行的网站主页

8.4.2　网络竞争对手的分析

在开展网络促销的过程中，不可避免地要遇到业务与自己相同或相近的竞争对手。深入研究竞争对手及其促销方法，取长补短，是网络促销竞争中保持优势的重要途径。

1. 网络竞争对手的寻找

寻找网络竞争对手比较方便的方法是在搜索引擎和门户网站中查找，如国外的Google、Yahoo；国内的百度、新浪、搜狐、网易等。一般来说，从检索结果的描述中可以看出从事相同或相近业务的站点的建设情况，这些都是自己的竞争对手。这些站点在搜索引擎和门户网站上的排位就是未来竞争的焦点。

2. 竞争对手的主页研究

从竞争的角度出发，需要研究网络竞争对手的网站主页。

（1）整体印象。看一看竞争对手主页的整体创意是否能够抓住浏览者。如果网站首页不能让浏览者有比较强烈的好感和突出的印象，会在一定程度上影响顾客对站点的兴趣。

（2）设计水平。主页的标志是否突出，色彩搭配是否协调；主页能否涵盖企业的主要业务活动；网页文字的表达是否准确，文章的内容是否及时更新等。

(3) 链接情况。网页间的链接是否方便浏览；下载速度是否影响浏览者的耐心。面对网上如此众多的站点，节省浏览者的时间就能给自己创造机会来抓住来访者。

(4) 宣传力度。竞争对手在著名网站、电子商务交易平台上的宣传力度、网络广告的投放量；站点上是否有其他企业的网络广告，为什么能够吸引其他企业等。

8.4.3　网站促销思路

1. 实现网站的高访问量

建设一个好的网络站点，根本目的是要实现较高的网络浏览率和点击率。只有大量的网民访问，才有可能实现网络销售根本性的突破。实现网站的高访问量应从 5 方面入手。

(1) 在搜索引擎上注册。在搜索引擎上注册是最经典、最常用的网站推广方式。据估计，搜索引擎对网站的宣传会给一个网站带来 20%～60%的在线交易。如果自己的网站能够在搜索引擎中排名在前 20 位，那么对网站的宣传效果就非同寻常了。但如果网站的排名在几百名之后，则起到的作用将是很小的。

(2) 建立关键词列表。网站促销应该认真考虑最适合网站的关键词。设想的关键词与潜在访问者最可能输入搜索引擎的关键词匹配得越好，通过搜索引擎检索出来网站的可能性就越大。因为一般用户首先会输入通用的词汇，然后才会逐步缩小关键词的范围。

(3) 充分利用友情链接。网站促销也需要通过交换链接的方法来增加访问量。在线生意链中相关站点建立彼此的交换链接，可以有效地扩展其销售范围，更重要的是，这对网站本身也是一种互补，可以更好地为顾客群体创造便利的服务。

(4) 利用搜索推广服务。搜索推广服务是搜索引擎提供的一项网站推广服务。例如，"百度推广"采用搜索关键词技术，对企业潜在客户进行精准投放，支持按时间、按地域投放，帮助企业有效覆盖潜在客户。该服务按点击效果付费，企业可以实时控制营销投入。

(5) 应用图像检索技术。人工智能可以理解商品的品牌、规格、款式、颜色及其他特征，帮助消费者找到他们所需要的商品。应用人工智能图像检索技术，可以提高消费者检索商品的效率，提供更好的购物体验。例如，使用拍立淘的淘宝网用户只需要随手拍一张照片，即可快速检索出希望购买的商品，省去了繁琐的文字输入，购物体验得到很大改善。

2. 举办各种活动引发顾客的参与意识

为了能够在自己的网站上拓展电子商务业务，网上商店需要开展各种形式的促销活动，引发顾客的参与意识。相对于传统的促销方式，企业网站不仅可以吸引广大消费者参与到促销活动中来，而且可以进一步引导消费者参与到整个销售过程。

典型的顾客参与活动有举办网上比赛、问题征答、抽奖活动、申请优惠卡等；更深入的活动可以让顾客了解公司和产品的情况，征求顾客对企业的管理及对产品的改进意见。在进行上述活动中，及时答复、相互沟通是至关重要的。

消费者最大的购物乐趣在于买到既便宜且质量又好的商品。网络购物节一天的交易额可能比一周，甚至一个月的交易额还要高。网络站点应积极参加这些购物狂欢活动，也可以定期推出每周(每月)一物活动，以优惠价格营造购物气氛，刺激消费者的购买欲望。

利用网站方便的沟通条件，广泛开展产品使用跟踪服务，及时解决顾客的各种问题，

也是提高网络站点访问率的重要措施。这项工作应当贯穿于消费者购买的全过程。

3. "免费"的作用

在网络营销中，"免费"(Free)一词很具有吸引力，所以被使用的频率是最高的。但免费在不同的地方有着不同的含义。在矩形广告中，免费并不意味着要完全免费赠予物品或所有的服务，还蕴含着另一层意思，即浏览者可以自由参与该网站的某种活动而得到一种"免费"的物品或服务。而在站点促销中，免费则意味着提供免费的产品和服务。

在网络促销中，实体样品赠送的方式主要是通过快递、邮局寄送。某些软体产品可以允许消费者在网络上直接下载试用。

4. 折扣手段的应用

折扣，即让价，是指企业对标价或成交价实行降价或减少部分收款的促销方法。在传统的促销活动中，折扣是历史最为悠久但如今仍颇为流行的一项极为重要的促销手段。在网络促销中，折扣手段也得到广泛的应用。在人民邮电出版社的网站上，不管是前几年出版的图书还是最近出版的图书，都可以看到有关折扣的信息(见图 8-17)。

沉浮的巨轮：十大工业巨头的转型之路

[美]斯科特·戴维斯（Scott Davis），[美]卡特·科普兰（Carter Copeland），[美]罗布·韦特海默（Rob Wertheimer?）

企业管理者提升管理水平和经营能力的行动指南，聚焦美国历史上的十个巨头企业成败的经验教训，让新经济中的企业长盛不衰，掌握正确的生意之道。

¥79.84 [8.0折] [定价:99.8元]

库存	239
数量	− 　1　 +
购买	立即购买
收藏	☆

图 8-17　从人民邮电出版社的网站上检索出来的打折图书

会员制也是网络企业常常使用的手段。如唯品会，按照会员在唯品网累计合格购物金额的不同，分为 3 个等级：银卡、金卡和白金卡会员。会员可通过成功购物、完善信息、互动活跃等方式提升 V 值(成长值)。不同的会员等级可享受不同的会员特权，如会员专享价，即在特定专场享受等级专属的折扣优惠，等级越高，享受的优惠力度越大。

8.5　第三方交易平台店铺促销

8.5.1　第三方交易平台店铺竞争对手分析

在网络零售市场中，存在着大量的卖家。要想在网络零售市场中战胜竞争对手并最终生存下来，就必须知己知彼，对竞争对手进行深入分析，制订相应的对策和措施。

目前网络零售的第三方交易平台都配备有统计分析软件，如淘宝网的生意参谋、京东商城的京东商智、拼多多的多多宝盒等。利用这些数据分析工具，可以方便地发现同等规模的店铺和类似产品的交易状况并做出深入的分析。下面以一个复古风格、客单价在200～300元之间的玛丽珍女鞋店为例，介绍生意参谋竞争对手筛选的步骤。[①]

(1) 按照店铺宝贝的属性和特征确定最符合实际情况的检索词，如"粗跟单鞋""流行女鞋"等，利用生意参谋检索，圈定与本店销售产品相近的两家竞争对手(见图 8-18)。

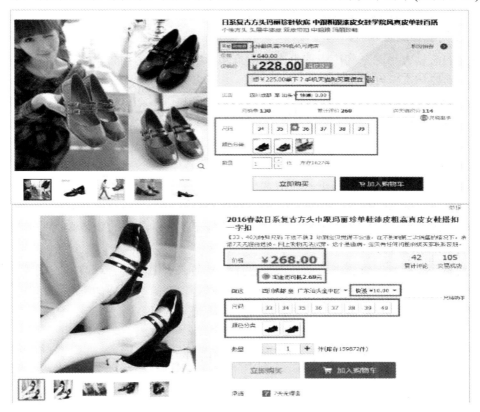

图 8-18 淘宝网上玛丽珍女鞋店铺类似的两家竞争对手

(2) 对圈定的前面两家店铺的宝贝进行分析。从宝贝信息分析：与第一家相比，在价格、包邮、优惠方面都处于一个相对的弱势，SKU(Stock Keeping Unit，库存量单位)也只有一种颜色。而与第二家相比，在价格、鞋码齐全度、优惠方面也处于一个相对的弱势。所以，自己的销量方面少于两家竞争对手近一倍。

(3) 从详情页分析来看：由于店铺本身是原创品牌，注重店铺装修，因此详情页问题不大。建议对比详情页，通过对比找到竞争对手详情页值得学习的地方。从评论分析来看：第一家评论较多，反映经营情况较好。

---

① 本案例参考：甩手网. 淘宝经验分享：教你如何分析竞争对手的店铺[EB/OL]. (2016-05-11)[2024-09-25]. https://www.shuaishou.com/school/infos17752.html.

8.5.2   第三方交易平台店铺促销策略

1．针对竞争对手弥补促销短板

通过对前面两家竞争对手经营情况的分析，买家最在意的是鞋子的款式、质量、舒适度、码数，对服务质量也比较在意。也就是说，产品类目、价格和风格直接影响到店铺的客单价、店铺的消费人群、店铺的装修风格和营销策略。所以，店铺的促销策略应当从上述三个方面入手。一是增加 SKU 的种类；二是参考同行使用最有效的优惠方式；三是丰富店铺宣传的内容，提高店铺流量。

2．提高店铺流量和点击率

店铺的流量大小关系到广告的点击率，直接影响到店铺的销售量。提高店铺的流量和点击率，需要切实做好以下几项工作：

(1) 了解买家需求，分析消费者的关注点，并在制作图片时清晰表达。

(2) 了解买家背景，针对消费者的不同年龄段调整色彩搭配。

(3) 了解买家痛点，通过促销填补消费者的缺失感。

3．提炼产品的卖点

虽然大部分网络消费者属于感性消费群体，但还有一部分人是属于理智型的，他们会对所买商品进行细致的研究。因此，店铺一定要对销售的产品进行多角度的分析，充分挖掘产品的款式、价格、功能等方面的特性，形成与竞争对手不同的销售卖点吸引买家。

4．形成高质量的文案

文案的写作，要逻辑清晰，扬长避短、通俗易懂，直击消费者利益点，或者制造购买的紧迫感，使消费者明白为什么要购买、购买的好处，消除购买后的顾虑。同时，要结合流行的网络热词或流行用语吸引消费者的目光，从而获得更多的点击。

8.6　网络促销的新方法

新技术带来了多种网络促销新方法。本节介绍了 7 种市场行之有效的促销新方法。

8.6.1　大数据营销

1．大数据营销的作用

大数据库营销是数据库技术和市场营销有机结合后形成的营销方法，也叫"一对一营销"或"精准营销"。一对一营销的概念是 20 世纪 90 年代提出来的，主要强调针对每个客户创建个性化的营销沟通，但由于信息手段的局限，没有形成大范围的应用。

随着数字化技术的发展，人类产生和存储的数据量呈现爆发式增长态势，全球的总存储数据量的量级已突破艾字节(EB)，达到泽字节(ZB)(1 ZB $=1024$ EB，1 EB $=1024$ PB，1 PB $=1024$ TB)。大数据技术的运用正在给网络营销带来翻天覆地的变化。

在客户洞察方面，电商企业可以通过对客户海量信息流的汇集，实现对客户消费行为模式的分析，提高客户转化率；在市场洞察方面，大数据可以帮助电商企业寻找其中的商

业创新机会；在营销变革方面，电商企业可以利用海量数据改善营销方式，实施精准营销。

2. 大数据营销的步骤

大数据营销一般有 4 个步骤：

(1) 数据采集。大数据的采集包括一手数据和二手数据的采集。电子商务网站的交易数据是一手数据的主要来源，客户的调查、社交网站的数据是二手数据主要的来源。两个方面数据的汇总将更加全面而准确地刻画网民的行为。

(2) 预处理。将收集来的预处理工作和来自前端的数据导入到集中的大型分布式数据库，并在导入基础上做一些简单的清洗。

(3) 统计分析。利用统计分析可以更好地了解公司的客户和潜在客户，了解企业产品的销售情况和地区分布，并从已经获得的数据中提炼出有重大营销机会的信息。

(4) 挖掘。在现有数据上进行基于各种算法的计算，从而实现一些高级别数据分析的需求，如用户行为分析、竞争对手监测、品牌传播、重点客户筛选、发现市场新趋势等。

3. 大数据营销应用案例

碧欧泉(www.biotherm.com.cn)是欧莱雅的一个分公司，专门从事护肤品销售。为了吸引更多男性用户，碧欧泉引入 Quadas 京纬数据，开展了机场大数据营销的应用尝试。

(1) 搜集人群标签。首先，京纬数据通过独家的 Q+SaaS 平台，对接了腾讯广点通、百度 BES 和阿里巴巴 TANX，监测过去两个月中曾出现在目标机场附近 3 公里以内的移动设备号。团队将这些设备号打上标签，通过自动优化引擎分析这些人群的基础数据；利用机器学习算法找出已转化用户的共同特征，建立用户模型，得到目标用户群的精准画像。

(2) 测试投放。基于人群标签，综合京纬数据私有 DMP 平台[①]上积累的海量历史投放数据，补充从第三方数据提供商对接的人群数据，过滤掉可能居住在附近的住户及一次性旅游人群，挑选出一批经常旅行和出差的男士，进行了为期一周的测试投放。

(3) 正式投放。利用 LBS[②]技术对这三个目标机场中 3 公里以内的范围进行精准定向投放，并选择了新闻、社区、阅读类 APP 为主要投放渠道。同时通过判断每次展示请求是否为广告主期望接触的目标人群，进而决定竞价策略及价格，促进转化率提高。

(4) 重定向及优化。京纬数据根据实时投放的反馈数据，对曾经表达过意向的用户进行全网重定向投放(不限定区域)。同时，借助 LBS 获取用户实时的行为轨迹，当用户访问广告主项目时，对用户进行基于场景的定向投放，抢夺优质客户。

(5) 衡量营销效果。此次大数据营销不仅大幅提升了碧欧泉男士产品的知名度，同时也在推广过程中有效实现了消费转化。在正式投放中，点击率高达 4.76%，有大量消费者通过媒体渠道参加活动并进行线上购买，网上免税店碧欧泉男士的产品日均销量相比活动前增长了 42%，远远超出了预期。另外，还有许多目标用户被引导至线下免税店，极大地刺激了产品关注度和销量，使品牌传播和销售达到完美整合。

---

① DMP(Data-Management Platform)数据管理平台是把分散的多方数据进行整合纳入统一的技术平台，并对这些数据进行标准化和细分，让用户可以把这些细分结果推向现有的互动营销环境里。

② LBS(Location Based Service)基站定位一般应用于手机用户，它是基于位置的服务，通过电信、移动运营商的无线电通信网络(如 GSM 网、CDMA 网)或外部定位方式(如 GPS)获取移动终端用户的位置信息(地理坐标，或大地坐标)。

8.6.2　关键词竞价排名

1. 关键词竞价排名的概念与特点

关键词竞价排名是一种付费推广的新型网络站点促销方式。企业用户可以根据自己经营的商品在搜索引擎上设置不同"产品关键词"，通过控制每次点击的价格决定该关键词的广告排名，并且按点击次数付费。按照《电子商务法》第四十条的规定：对于竞价排名的商品或者服务，应当显著标明"广告"①。这里的排名是指每条企业信息在搜索结果中展示时的排位。竞争力最强、和网民搜索词最相关的推广信息会出现在最前面(见图 8-19)。

图 8-19　百度推广显示的订花信息

排名是由质量度和出价(质量度 × 出价)共同决定的，是由系统实时调整的。在关键词质量度②相同的情况下，出价越高，排名就越靠前；在出价相同的情况下，质量度越高，排名就越靠前。

竞价排名有以下 4 个特点：

(1) 海量用户群。关键词竞价基本上可以覆盖线上 90%以上的用户。

(2) 按点击次数付费。这种方法使用户的每一分投资都能有合理的回报。

(3) 联合性的展示。提供竞价排名的网站一般和若干类似网站形成了联盟关系。因此，用户提交的"关键词"可能在不同站点上出现，潜在客户可以在多个地方发现可用信息。

(4) 精准引流。线上流量都是基于搜索需求发生的，通过搜索引擎的表示，可以清晰地了解不同的时间节点、地域和用户需求的情况。

---

① 全国人大常委会. 中华人民共和国电子商务法[EB/OL]. (2018-08-31)[2024-09-20]. http://www.npc.gov.cn/zgrdw/npc/lfzt/rlyw/2018-08/31/content_2060827.htm.

② 质量度主要反映网民对参与竞价推广的关键词以及关键词创意的认可程度。

2. 关键词竞价排名推广的基本步骤

以百度为例，实施关键词广告竞价推广包括以下 6 个步骤：

(1) 明确需要推广的企业网站或网页。

(2) 签订合同且缴纳首次开户费用。首次开户需要与百度营销签订推广合同，缴纳基本预存推广费用 6000 元(起)、服务费 1000 元(起)。

(3) 资质审核。为了保证推广信息真实有效，百度针对不同行业，制订了不同的客户资质审核要求，需要企业提供包括营业执照、ICP 备案、行业资质等材料。

(4) 选择关键词。客户首先需要根据自己的产品情况自助选择关键词。当搜索用户点击客户的关键词访问企业网站或网页时，系统会从预存推广费中收取一次点击的费用。

(5) 设置投放计划。客户根据推广资金的预算和实际推广的需求确定每次点击的价格。

(6) 费用调整。在整个推广过程中，客户可以通过多种方式自主控制推广费用：包括查看推广效果和费用情况，调整费用上限；控制关键词数量、投放地域、投放时间及每日消费限额等，以匹配业务发展节奏，达到最优的关键词投放效果。

3. 关键词通配符的使用

在关键词推广中，百度营销提供了通配符"{ }"。将关键词放在大括号内表示。如"同城{鲜花}配送"，"鲜花"就是设置为通配符的"默认关键词"。插入关键词通配符的创意得到展现时，系统会根据匹配策略，将默认关键词替换为用户搜索的关键词，提高创意与用户搜索意图之间的相关性。同时创意中和用户搜索词一致的词汇，可能得到飘红展示。

如果填写了"北京同城{鲜花}配送"，且购买了"玫瑰花"这个关键词，当用户搜索"北京哪里可以送玫瑰花"时，系统可能以"北京同城玫瑰花配送"展示给用户。将意义相近、结构相同的关键词放在同一推广单元中，可以使通配符的效果发挥到最佳。

8.6.3 网络公关

企业公关不是庸俗的关系学，而是企业与外界环境融合的重要手段。企业公关的基本目标是在社会公众面前树立较高的知名度和美誉度，从而实现产品的大量销售。网络公关与企业公关的基本目标是一致的，但网络公关是通过网站推广来实现这一目标的。

(1) 利用网站具有互动的特性。利用网站的互动特性，企业可以开展与顾客的沟通活动，了解顾客的需求，听取顾客的意见，并对公众(客体)产生直接影响。

(2) 利用网上会议建立面向网络社区的公共关系。网站能够为企业提供多种形式的网络会议服务。互联网上有洽谈室、会议室，允许参与者在其中进行文本、音频、视频讨论。

(3) 通过网站发布自己的新闻信息。这种方法尤其适用于产品更换频率高的企业，计算机软件公司就常常利用这种方法发布新产品、产品升级以及产品促销的消息。

(4) 创建面向客户的单向通知。企业可以利用短信通知或单向邮件清单，及时将公司新闻发送给他们，可以巩固和提高与他们的关系。

(5) 创建新闻稿页面。通过创建新闻稿页面，使企业站点成为记者有用的信息来源，从而将企业的最新信息通过媒体传播。一些记者甚至希望所有企业的新闻都存放到一个可搜索的数据库中，一旦需要涉及的产品和公司状况的信息，他们就能很快地检索到。

(6) 密切监控公共论坛等场合中舆论对公司的评论。公关人员特别要密切监视公共论坛和新闻组中对公司不利的言论，及时采取措施清除不良影响，这样做不仅可以澄清有关事实，还有利于提高顾客的忠诚度。

8.6.4　微信营销

1. 微信营销概述

微信是一款集移动即时文本及语音消息传递通信服务功能于一体的手机软件，通过文本消息、即时语音消息、一对多群发消息、图片/视频分享、位置分享等创新形式为用户提供一个与朋友交流和互动的平台。

在微信营销环境下，企业信息平台特性与信息质量特性促进微信用户沉浸[①]，进而引起用户信息关注行为及信息分享行为的发生。图 8-20 显示了微信营销环境下信息的传导机制。

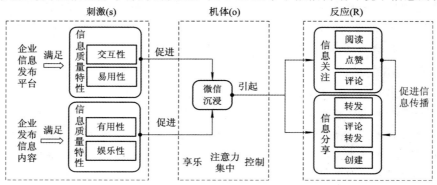

图 8-20　微信营销环境下用户信息行为的传导机制[②]

微信营销能走上营销主流的舞台，最关键在于其即时性和传输的低成本。随着智能手机的普及，手机功能大大提升，商家可以利用多种手段宣传新产品和新服务，推广优惠促销活动，比利用电视、报纸等媒体发布广告更快捷、更方便。

2. 微信营销方法

(1) 微信公众号推广。微信公众号是一个可以不断吸引流量和输出的地方，能够一对多地触达到用户，非常适合发布营销信息。微信公众号由用户主动搜索并进行关注，其粉丝一般来源于企业的忠实客户。基于这一前提，微信公众号的内容建设显得尤为重要。

(2) 信息推送。微信具有信息推送的功能，企业可以根据营销需要及顾客的需求利用微信把产品或者企业信息以语音、文本、图片、视频等方式发送给客户。当客户对企业的产品产生兴趣后，可以通过推送地址，让顾客到实体店体验相关的产品以及服务。

(3) 微信会员营销。用户通过微信扫描商家二维码成为会员，从而享受会员权益。另外，辅助的营销手段，如微信红包等对于开展会员营销也具有非常重要的作用。

(4) 朋友圈或微信群广告。通过朋友圈或微信群的推送软文、广告等方式，达到熟人之间广而告之的目的。如果配合"欢迎转阅"的微信红包形成二次传播，效果更佳。

---

① 沉浸理论认为，沉浸状态下的人们以高度的注意力投入到某一活动中，以至于失去自我意识，忽视周围环境的存在，且这种状态具有重复性、反复性发生的特点。

② 薛杨，许正良. 微信营销环境下用户信息行为影响因素分析与模型构建：基于沉浸理论的视角[J]. 北京：情报理论与实践，2016(06): 104-109.

（5）微信售后服务。微信在客户互动、售后服务等方面有很大的潜力。文字、声音、图片等可以全方位提升服务质量。

（6）小程序展示。微信小程序的功能越来越强大，由于小程序的便捷和轻量，作为流量入口，可以不断地增加用户的关注，达到营销引流的目的。

3. 企业微信营销中应采取的策略

（1）加强内容建设。微信营销内容的运营尤其重要，其组成不仅包括文字，还包括图片、语音、视频等。微信营销的内容必须具有真实性、即时性、可读性，核心是让顾客对企业产生依赖，维护粉丝不流失。

（2）加强与粉丝的互动。企业需要通过与粉丝互动，提升粉丝的忠诚度。有的企业对客户提出的问题大部分采用机器回复，对人工服务不重视，这样就不能产生应有的回复效果。因此，企业应提高人工服务的频率，改善人工服务的态度，加强与粉丝的交流；也可以通过人机结合的方式与粉丝加强互动，使粉丝逐步接受企业的品牌和产品。

（3）建设完善的微信平台。在完善的微信平台基础上，及时发布微信营销信息，用户才能有连续的体验。企业的微信营销要充分发挥点对点的优势，传播的信息要保证数量的均衡，推送的时间也要恰当，使企业和客户的关系更进一步，从而获取和稳定客户。

（4）加强对产品的监管力度。利用微信营销，企业要高度重视产品的质量，保证通过微信营销所销售产品的质量标准，使微信传播的消极效应降到最低。同时也要加强监管微信环境的力度，对假冒伪劣产品进行有针对性的打击。

8.6.5 微博营销

1. 微博简介

微博(MicroBlog)是在博客基础上发展起来的一种简略的博客形式。与其他的平台不同，微博的舆论场是天然形成的，聚合的是网民真实关注的热点话题。

相对于博客，微博只允许发布 140 个字，但很多企业通过短短的 140 个字就能实现作者与浏览者之间的信息分享、传播和获取，获取了丰厚利润。

2018 年 12 月，我国微博使用率为 42.3%，在社交应用中位于第三位[①]。截至 2022 年底，微博月活用户已经超过 5 亿，成为一个承载了明星、社会、综艺、新时代、电竞、情感等多种类兴趣人群的社会化舆论场。

2. 微博营销方式

1) 开机报头

开机报头可以在第一时间向微博 5 亿日活用户展现文字和图片，单轮 2000 万 PV 强曝光，全天 9 轮通投+2 轮区域，支持 4 种素材类型和 3 种互动形式，可对不同区域定向精准投放。图 8-21 是兰蔻所做的开机报头广告。

2) 热搜榜

热搜榜处于网页的焦点位置，可以根据火爆热度超强曝光，能够有效吸引用户关注度。图 8-22 是幻塔游戏视频广告在热搜榜的推广。

① 中国互联网络信息中心. 第 43 次中国互联网络发展状况统计报告[R/OL]. (2019-02-28) [2023-01-23]. http://www.cnnic.cn/n4/2022/0401/c88-838.html.

图 8-21　兰蔻所做的开机报头广告　　　　图 8-22　幻塔游戏视频广告在热搜榜的推广

3) 超级粉丝通

超级粉丝通依据用户属性、社交关系及内容关联，助力广告主营销内容高效触达目标受众，全方位影响用户；具有灵活样式完整展现、专属落地提升效率、社交传播精准把握的特点。图 8-23 是甄稀奶制品制作的超级粉丝通微博广告。

图 8-23　甄稀奶制品的超级粉丝通广告

3. 微博营销的优势

相对于新兴社交工具，微博营销仍然有自己的优势：

(1) 营销阵地相对稳定。销售人员只需在微博平台上完成注册，就可以进行营销活动。而相对于微信来说，微博的营销阵地比较稳定，许多老粉丝仍然习惯在微博上获得信息。

(2) 受众面广。微博的浏览人数没有限制。特别是微博红人、明星大 V，其粉丝可以从

几十万人到几亿人。微博红人、明星大 V 赞过的电影、服装、用品，往往都成为流行的时尚商品。

(3) 互动性强。在微博平台上，每个人既是传播者，又是受众，两种角色交错，极大地提高了多方交流的互动性。中国东方航空公司的微博@东航凌燕汇集了众多东航空中乘务员，拥有 3 万多名粉丝，通过空乘与客户互动，解释飞机误点、介绍世界风情、推广会员卡，极大地提升了东航售后服务的质量。

(4) 精准度高。微博营销广告针对性强。集中于某一话题的微博粉丝都有类似的爱好，容易受到其他粉丝的影响。企业抓住这一点，就可以开发大批潜在的客户。

8.6.6　短视频营销

1. 短视频简介

短视频是一种集视频拍摄与社交功能于一体的基于智能移动终端的应用程序，其视频长度以秒计数，一般在几十秒到三分钟之间，内容融合了技能分享、幽默搞怪、时尚潮流、社会热点等主题，突出抓住一个热点或突发事件进行传播，让用户在最短的时间内得到最有效的信息。短视频营销是指以娱乐、时尚、热点等形式为基础构成的短视频媒体为载体的营销活动。通过短视频营销，受众可以在获取视频内容和信息的同时，对其附加的宣传内容形成偏好，从而促进消费行为的形成。

截至 2024 年 6 月，我国网络视频(含短视频)用户规模达 10.5 亿，占网民整体的 95.5%。[1] 短视频平台上，中、长视频内容不断丰富，一至五分钟内容仍占绝对优势，达 85%。[2] 短视频的分类定义及代表如表 8-3 所示。

表 8-3　短视频分类定义及代表

分类	内　　容	代　　表
达人 IP 型	具有高知名度的达人形象	李子柒、papi 酱
短纪录片型	纪录片与真人秀、综艺、访谈、旅行等节目结合	一条、二更
技能分享型	美容美发、各类厨艺、跳舞等技能学习	—
草根恶搞型	搞笑搞怪视频	快手
街头采访型	话题性强，深受都市年轻人喜爱	
情景短剧型	以搞笑创意、有深度幽默为主	报告老板、万万没想到
巧妙剪辑型	利用剪辑技巧和创意，加入各类元素制作视频，符合 90 后、00 后用户兴趣特点	—

(资料来源：华经产业研究院)

2. 短视频营销的主要模式

1) 广告植入模式

广告植入是短视频最早出现的营销形式，也是目前常用的模式之一。其植入形式相当

① 中国互联网络信息中心. 第 54 次中国互联网络发展状况统计报告[R/OL]. (2024-08-29)[2024-09-23]. https://www.cnnic.net.cn/n4/2024/0829/c88-11065.html.
② 华经情报网. 2021 年中国短视频市场规模、用户规模及行业趋势分析[EB/OL]. (2021-12-03)[2024-09-24]. https://bg.qianzhan.com/trends/detail/506/211203-38c9a4fd.html.

丰富，包括道具、台词、题材、场景、音效的植入等。由于短视频时长很短，内容高度浓缩，更容易在瞬间抓住用户注意力。传统广告植入追求显著度和契合度的平衡，而短视频的广告植入强调对受众感官的冲击。同时，由于碎片化的消费习惯，受众对短视频广告的包容度和接受度也更大。销售者一方面可以通过多频次方式进一步强化广告显著度，另一方面可以通过趣味化的方式扩大消费者对品牌和产品的好感度和长效记忆。

图 8-24 是抖音平台联合国际奢侈品牌 MICHAEL KORS 携手制作的短视频。合作双方以此为契机，举办了"城市 T 台，不服来抖"主题挑战赛，开启了中国市场的短视频社交营销尝试。该挑战赛于 2018 年 11 月 15 日上线，短短一周就吸引了 3 万多抖音用户自发创作短视频，收获超过 2 亿播放量、850 万点赞数，大幅提升 MICHAEL KORS 在中国时尚年轻群体中的品牌影响力。

图 8-24　抖音平台联合国际奢侈品牌 MICHAEL KORS 携手制作的短视频广告

2) 内容定制模式

短视频内容定制不同于传统广告片制作。传统广告片通常作为硬广告投放于各类视频媒体，包括电视、电影贴片、视频网站贴片等，属于单向传播，重点在于传达品牌信息和广告诉求。而短视频内容定制通常作为内容原生广告在全网分发，包括短视频平台、社交媒体等，属于互动传播，因此，需要更加注重内容的完整性和品牌信息的原生性，需要通过拍摄、剧情、创意等系列的内容定制创作，实现短视频的自发性传播。

相对于广告植入模式，内容定制的要求较高。销售者在选择内容定制方式进行短视频营销时，需重点考虑以下三个要素：

(1) 内容情节：只有紧跟潮流、具备精彩剧情内容的短视频作品才能吸引客户观看并产生购物冲动，这是短视频营销成功的关键。短视频需要捕捉热点或突发事件，并注意内容细节，力求在较短的播放时间里形成一个可带动消费的故事情节，产生广告促销作用。

(2) 话题热度：短视频定制营销内容要获得好的传播效果，除了被更多人看到外，还需要更多人的讨论，可采用热门话题增加社交互动。

(3) 渠道兼容性：短视频营销一大优势是互动传播和二次传播，因此在内容定制的过程中，需要更多地考虑内容在各个渠道传播的兼容性。

图 8-25 是风行美盏×京东短视频内容定制的案例。

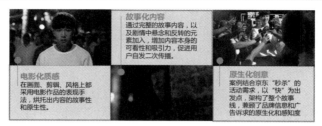

图 8-25 风行美盏×京东短视频内容定制的案例

(资料来源：艾瑞咨询，中国短视频营销市场研究报告)

3) 网络达人传播模式

网络达人的营销价值主要体现在网络达人的影响力和 UGC 内容[①]的互动性上，一方面通过网络达人触达其背后的粉丝群体，另一方面通过互动元素的加入激发用户的深度参与。

推销者在短视频网络达人活动营销策划和执行中，通常分为 4 个步骤：

(1) 确认营销目标。推销者在进行短视频网络达人活动营销前，一定要有清晰的营销目标，这将直接成为指导后面环节的标准。

(2) 选择合作的网络达人资源。推销者在选择网络达人资源时，不要一味地追求大流量的头部网络达人，垂直领域的网络达人对其领域的粉丝的触达力和影响力更大。

(3) 策划活动方案。短视频网络达人活动营销的重要营销价值在于跟用户的互动和沟通，进而鼓励用户生产相关主题的 UGC 内容，进一步扩大活动影响。因此，在活动策划中，参与门槛和社交属性是重要的策划因素。

(4) 推广活动信息，激励用户参与。短视频网络达人活动营销最难在于起步阶段，当活动热度到达阈值后，便会呈现出病毒式传播的特征。因此，运用各种激励手段，促进早期的用户参与成为关键，比如设置奖励机制等。

上述 4 个环节中，网络达人资源环节对整个营销活动的影响最大，因此，选择合适的网络达人合作尤为重要。除了网络达人自身的粉丝数量和影响力外，网络达人领域和品牌个性的一致性、风格与活动内容的契合度、主要入驻的平台等也是需要重点考虑的因素。

图 8-26 是微播易×苏宁易购短视频网络达人活动流程案例。

图 8-26 微播易×苏宁易购短视频网络达人活动流程案例

(资料来源：艾瑞咨询，中国短视频营销市场研究报告)

3. 使用短视频营销应当注意的问题

(1) 科学设计营销策略。开展短视频营销需要根据企业及产品特点，根据受众人群的

---

① UGC(User Generated Content)即用户原创内容。在网络营销中，指用户将自己原创的内容通过互联网平台进行展示或者提供给其他用户。

消费观和购买特征，在内容、渠道、场景、转化等四个维度实现有针对性的营销策略布局。

(2) 丰富短视频内容，提高可视性。对内容形式而言，应使营销内容中符合短视频产品的娱乐产品特性，以幽默、炫酷、青春时尚等为主题特色，促使用户在看过短视频后仍然通过自主查阅信息的方式来获取更多信息。

(3) 精心选择投放渠道。应选择更有利于增加营销效果与接收度的营销渠道。一方面，选择的投放渠道应具有很强的社交属性，容易介入熟人关系链；另一方面，应选择在用户信任度较高的渠道上投放，或者用户喜爱的渠道(如针对青年人的网站)上投放。

(4) 捕捉用户产品使用需求高峰，实现定向补给。对于用户而言，在其使用需求强烈、广告推送偏好的时间段实施营销策略将更有效触达用户，加深宣传效果，最终实现用户转化。数据调查显示，短视频用户在睡前、通勤、间歇时间段使用频率较高，跨境电商企业需要根据不同国家和地区的时差在特定时间段实现定向补给。

8.6.7　网络直播营销

伴随着移动网络提速和智能设备的普及，网络直播成为消费者狂热追捧的对象。网络直播平台逐渐被公众接受。

截至 2024 年 6 月，我国网络直播用户规模达 7.76 亿，占网民整体的 70.1%。[1] 2023 年，6 月直播电商用户规模达到 5.3 亿人，占网络购物用户规模的比例达到 59.5%。[2] 2024 年上半年，更多企业布局电商直播，巩固优势、拓展业务。新兴技术深度赋能直播行业，创新形式、提升效率。

1. 网络直播营销的概念与优势

网络直播营销是指在营销现场随着事件的发生、发展进程同时制作和播出节目的营销方式。这种营销活动以直播平台为载体，以网络主播为核心，以达到商品销量增长或企业品牌提升的目的。

随着网络直播与电商企业的深度融合，网络直播营销对于电商的影响突出表现在 3 个方面(见图 8-27)：

图 8-27　网络直播对于电商的影响[3]

① 中国互联网络信息中心. 第 54 次中国互联网络发展状况统计报告[R/OL]. (2024-08-29) [2024-09-23]. https:// www.cnnic.net.cn/n4/2024/0829/c88-11065.html.
② 艾瑞咨询. 中国直播电商行业研究报告 [R/OL]. (2024-02-29)[2024-09-23]. https://report.iresearch.cn/report/202402/4316.shtml.
③ 艾瑞网. 2019 年中国企业直播服务市场研究报告[R/OL]. (2019-06-04) [2023-01-23]. https://report.iresearch.cn/report/201906/3376.shtml.

(1) 拉近买家与卖家的距离，建立信任感；

(2) 直播视频形式向购买者展示更多的产品细节，方便用户决策；

(3) 实现更直接和实时的交互能力，提高购买效率。

2. 网络直播营销的主要模式

网络直播营销主要是基于社交平台和电商平台建立直播窗口开展营销活动的，大多采用两种模式：达人播模式和店播模式。

1) 达人播模式

达人播模式是利用达人主播的信任背书将粉丝和流量快速变现的一种营销模式。这种模式由网络达人或各界名人担任主播，易于吸引网民眼球，常常用于消费品的推销中。由于达人播模式专业性强，流量大，转化率高，较早地被电商企业所采用。

达人播可以为多种品牌带来流量，提升短时间内的销量，但达人播的短时流量取决于粉丝对主播的偏好，属于阶段性的销量提升。因此，对达人播各个细节的把控与精细化运营成为成功的基础要素。例如，如何确定用户信任的选品和货品池的存货，对价格、品牌、款式的深入理解与市场分析，以及如何组合引流品与爆品、利润款与常规款，都直接影响到直播过程的促销策略、脚本编写和播出效果。

图 8-28 显示了达人播模式的运作流程。

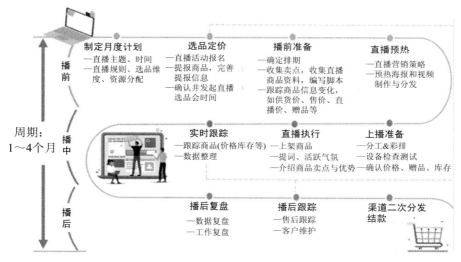

图 8-28　达人播的运作流程

(资料来源：艾瑞网)

2) 店播模式

店播模式与达人播模式不同，它是以生产企业或销售企业为主角，主播可能不固定，但产品基本是固定的。商家通过与用户的即时互动，提供有针对性的服务帮助用户做出购买决策，以此获得忠诚于品牌的用户。

店播模式除在电商零售行业广泛应用外，在其他行业也开始推广。例如，IT 行业具有产品更新快、技术含量高等特征，店播模式可以通过专业的内容营销，帮助企业实现营销破局。经过几年的发展，IT 行业企业店播已经进入全连接时代，形成了品牌型、会展型、渠道伙伴型等直播模式。在房地产行业，店播营销已经进入到精细化经营阶段。房地产企业一方面对自有数据进行大数据分析，对消费群体进行营销定位；另一方面，实现线上线下联动，企业与消费者互动，形成直销互动、营销交易闭环的新型营销模式。

图 8-29 反映了店播模式流程的关键环节与所需能力。

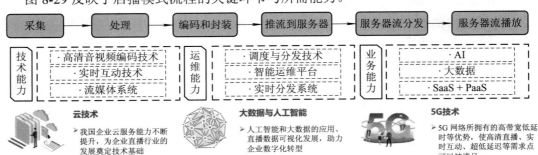

图 8-29　店播模式流程的关键环节与所需能力

（资料来源：艾瑞网）

3) 网络直播营销成功的关键

达人播模式和店播模式之所以成为网络直播营销的主要模式，是因为抓住了网络直播营销成功的关键：一是对营销内容的全新组织，实现"内容+电商"的完美结合；二是建立主播与粉丝之间的密切关系，强化"人、货、场"的关联度；三是充分利用网络互动性的优势，通过观看与参与，调动购买者的购买欲望；四是充分发挥了音视频、实时互动、大数据等现代信息技术的优势。

3. 网络直播的促销手段

(1) 打赏和广告营销。直播平台与主播签订合约，通过主播收到的粉丝打赏分成来赚取利润。粉丝花钱购买礼物送给主播的行为，是粉丝实现自我满足的过程，在这个过程中吸引了大量的投资者和创业者。所以，直播营销中优质的主播是营销成功的关键。直播平台利用用户对主播的喜爱，在直播中植入一些产品广告，达到广告商宣传的目的。

(2) 垂直营销。垂直营销是指用户可以在直播的同时通过发弹幕提问等方式与主播或者商家进行直接的沟通和交流，了解更多商品信息，形成互动。以"明星=公益""直播+淘宝"为切入点的直播形式，已成为越来越多的直播平台获取利益的方式。这种营销手段激活了用户的体验需求，加强了主播与粉丝间的交互，以动态的角度向用户展示商品，形成更直观更全面的感官刺激。

(3) 技术营销。许多直播平台紧紧跟随虚拟现实技术和人工智能技术对网络直播从视觉到听觉进行了一系列的改进，使用户的体验效果大幅度提升，缩短了用户与平台之间的距离，在短时间内吸引大量用户，为直播营销带来了更多的潜力和发展空间。

4. 运用网络直播营销应注意的问题

(1) 深入开展市场调研，准确市场受众定位。直播营销是指向大众推销产品或企业，鉴于时间的限制，推销前一定要深刻了解用户需要什么，我们能够提供什么。能够产生购买的营销才是一个有价值的营销，不同的受众有不同的需求和爱好，瞄准合适的受众才能使直播营销收到效果。

（2）良好的直播方案设计。直播方案是直播成功的关键。在整个方案设计中需要销售策划及广告策划的共同参与，让产品的营销推广适应视觉效果的要求。在直播过程中，应注意宣传正能量，避免低俗内容和过度营销，以免引起用户反感。因此，在设计直播方案时，需要把握内容选择、视觉效果和营销方式。

（3）提高主播的整体素质。主播是网络直播营销的核心人物，选择主播是直播带货成功的关键。从事直播带货的主播有三个基本的要求：话术、经验和外形。话术是关键项，产品性能的讲解、观众情绪的调动都需要由话术完成。经验是补充项，有销售经验，会讲故事，就能够把专业知识变成口语化表达，也可以很好地把控直播节奏，应对直播间出现的特殊情况。外形是加分项，形象好、气质佳，站在镜头前就能够吸引更多的网民，让观众形成记忆点。

（4）有效的反馈。营销最终要落实在转化率上，实时的及后期的反馈要跟上，要不断强化直播的黏性。

（5）严格执行有关标准。湖北省标准化学会、武汉市软件行业协会 2019 年 1 月 28 日联合发布了《网络直播平台管理规范》和《网络直播主播管理规范》，这是中国直播行业发展至今正式出台并实施的首批网络直播团体标准。该标准明确了直播平台的主播监控、账号监管、平台巡查等多个方面内容，并对主播着装要求、准入标准、直播内容等进行了规范；重点疏通了用户举报的渠道；提出强制禁言、封号等处理措施①。

参 考 文 献

[1] 杨坚争，梁平，杨立钒，等. 网络营销理论与实务[M]. 北京：中国人民大学出版社，2024.

[2] 田玲. 网络营销策划与推广(慕课版)[M]. 北京：人民邮电出版社，2021.

[3] 王亚红. 大数据下网络营销有效方法分析[J]. 营销界. 2019(3)：128-129.

[4] 杨立钒，杨坚争，李学迁. 网络广告学[M]. 4 版. 北京：电子工业出版社，2016.

[5] 侯玥. 网络广告创意与设计[M]. 北京：中国传媒大学出版社，2017.

[6] 肖凭. 新媒体营销实务[M]. 2 版. 北京：中国人民大学出版社，2021.

[7] 王媛. 关于微信营销现状及对策的思考[J]. 上海企业. 2022(1)：42-43.

[8] 韩纬. 电商直播营销的传播现状及发展策略研究[D]. 兰州财经大学. 2021.

[9] 毕翔. 后疫情时代短视频营销模式重构与优化策略研究[J]. 价格理论与实践(网络首发). (2022-03-22) [2023-01-23]. http://www.hb.chinanews.com.cn/news/2019/0128/316541.html.

备课教案

电子课件

引导案例与教学案例

习题指导

---

① 新华网. 中国首批网络直播团体标准在武汉发布[EB/OL]. [2019-01-28][2023-01-23]. https://gbdsj.gd. gov.cn/zxzx/hydt/content/post_2166658.html.

电子支付是电子商务中一个极为重要的、关键性的组成部分。电子商务因其较之传统商务的优越性，吸引了越来越多的人上网购物和消费。然而，如何通过电子支付安全地完成整个交易过程，又是人们在选择网上交易时所必须面对的而且是首先要考虑的问题。本章将对电子支付的概念、支付的方式与特点、支付的安全性等问题进行讨论。

9.1　传统的支付方式

电子支付的技术设计是建立在对传统支付方式的深入研究基础上的。所以，在讨论电子支付之前，有必要对传统支付方式进行一次再认识。

9.1.1　现金

现金有两种形式：纸币和硬币。纸币本身没有价值，它只是一种由国家发行并强制通用的货币符号；硬币本身含有一定的金属成分，故自身具有一定的价值。

在现金交易中，买卖双方处于同一位置，而且交易是匿名进行的。卖方不需要了解买方的身份，因为现金的价值可以由发行机构加以保证。现金交易流程如图 9-1 所示。

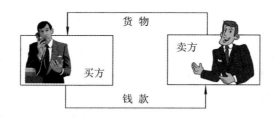

图 9-1　现金交易流程

现金交易主要有两个缺点。一是受时间和空间的限制，对于不在同一时间、同一地点进行的交易，无法采用现金支付的方式；二是在大宗交易中需要携带大量现金，这种携带的不便性以及由此产生的不安全性在一定程度上限制了现金作为支付手段的功能。

9.1.2　票据

票据一词，可以从广义和狭义两方面理解。广义的票据包括各种记载一定文字、代表一定权利的文书凭证，如股票、债券、汇票等；狭义的票据专指票据法所规定的汇票、本票和支票等票据。[①]

　　在商业异地交易中，经常会产生在异地之间兑换或转移金钱的需要。通过在甲地将现金转化为票据，再在乙地将票据转化为现金的办法，可以大大减少上述麻烦或风险。

　　在支票交易中，支票由买方签名后即可生效，故而买卖双方无须处于同一位置。卖方需通过银行来处理支票，还需要为此支付一定的费用，并需要等待提款(见图 9-2)。

图 9-2　支票交易流程

　　汇票交易流程与支票大体相同，而本票是由买方通过银行处理的。但是无论怎样，票据本身的特性决定了交易可以异时、异地进行，这样就突破了现金交易同时同地的局限。

9.1.3　信用卡

　　信用卡是银行或金融公司发行的，授权持卡人在指定的商店或场所进行记账消费的信用凭证。

　　信用卡最早诞生于美国。1915 年，美国一些百货商店给顾客发放信用筹码，约期付款。这种方便顾客的新方法对扩大销售起到明显的促进作用。1952 年，美国富兰克林银行首先发行银行信用卡。20 世纪 80 年代后，信用卡在西方已成为一种普遍采用的支付工具。

　　信用卡进入中国是在改革开放之后。1978 年中国银行广东省分行首先代理了香港东亚银行信用卡业务。1985 年，中国银行珠海分行发行了我国第一张信用卡，1989 年中国银行发行了第一张长城 VISA 卡。截至 2023 年末，全国共开立银行卡 97.87 亿张，同比增长 3.26%。其中，借记卡 90.20 亿张，同比增长 3.92%。[②]

　　信用卡之所以能在世界范围内被广泛使用，与其本身的特点是分不开的。信用卡具有转账结算、消费借贷、储蓄和汇兑等多种功能。它能够为持卡人和特约商家提供高效的结算服务，减少现金货币流通量；同时，还可以避免随身携带大量现金的不便，为支付提供较好的安全保障。信用卡交易的流程如图 9-3 所示。

[①] 根据我国《票据法》，汇票是出票人委托他人于到期日无条件支付一定金额给受款人的票据；本票是出票人自己于到期日无条件支付一定金额给受款人的票据；支票则是出票人委托银行或其他法定金融机构于见票时无条件支付一定金额给受款人的票据。因此可以说，票据是出票人依票据法发行的、无条件支付一定金额或委托他人无条件支付一定金额给受款人或持票人的一种文书凭证。

[②] 中国人民银行. 2023 年支付体系运行总体情况[EB/OL]. (2024-06-28)[2024-09-22]. http://www.pbc.gov.cn/zhifujiesuansi/128525/128545/128643/5386175/index.html.

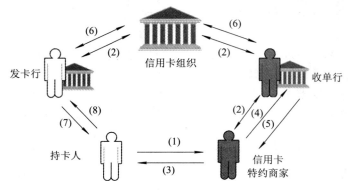

图 9-3　信用卡交易的流程

图 9-3 中各数字序号含义如下：

(1) 持卡人到信用卡特约商家处消费。

(2) 特约商家向收单行要求支付授权，收单行通过信用卡组织向发卡行要求支付授权。

(3) 特约商家向持卡人确认支付及金额。

(4) 特约商家向收单行请款。

(5) 收单行付款给特约商家。

(6) 收单行与发卡行通过信用卡组织的清算网络进行清算。

(7) 发卡行给持卡人账单。

(8) 持卡人付款。

9.1.4　借记卡

银行借记卡是商业银行向个人或单位发行的银行卡，可以购物、消费或存取现金。持卡人在使用借记卡支付前需要在卡内预存一定的金额，银行不提供信贷服务。

借记卡支付同样包括发卡行、收单行、持卡人、特约商家及清算网络。收单行会先通过清算网络验证持卡人出示的卡号和密码，并查询其账户中是否有足够的资金用于支付。支付完成后资金将直接从持卡人的账户中划拨到收单行，然后支付给特约商家。借记卡与信用卡的主要区别在于借记卡无信贷功能，具体的流程如图 9-4 所示。

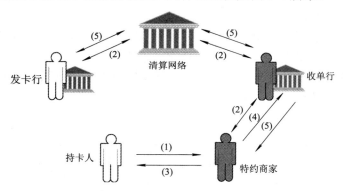

图 9-4　借记卡支付的流程

图 9-4 中各数字序号含义如下:

(1) 持卡人到特约商家处消费。

(2) 特约商家向收单行要求支付授权,收单行向发卡行验证卡号、密码及账户金额。

(3) 特约商家向持卡人确认支付及金额。

(4) 特约商家向收单行请款。

(5) 收单行从发卡行的持卡人账户划拨资金到特约商家。

9.2 电子支付

9.2.1 电子支付的概念与类型

美国将电子支付定义为:电子支付是支付指令发送方把存放于商业银行的资金,通过一条线路划入收益方开户银行,以支付给收益方的一系列转移过程。[1] 我国给出的定义:电子支付是指单位、个人直接或授权他人通过电子终端发出支付指令,实现货币支付与资金转移的行为[2]。

电子支付以金融专用网络为基础,通过计算机网络系统传输电子信息来实现支付。使用互联网的电子支付也叫互联网支付,即支付指令从互联网传输至支付网关再进入金融专线网络的一种电子支付。

按照电子支付指令发起方式,电子支付分为网上支付、电话支付、移动支付、销售点终端(ATM)业务、自动柜员机(POS)业务和其他电子支付等六种业务类型。按照支付指令的传输渠道,电子支付分为卡基支付、互联网支付和移动支付(见图 9-5)。通过银行专有网络传递支付指令的是卡基支付,通过移动通信网络传递支付指令的是移动支付。

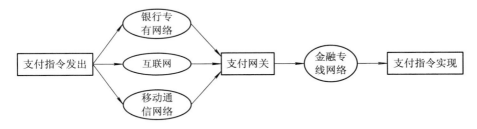

图 9-5 基于支付指令传输渠道划分的电子支付类型

按照支付主导者的身份,电子支付可以分为 4 种类型,包括网络银行、非金融支付机构、移动支付和其他形式(见图 9-6)。

与传统的支付方式相比,电子支付具有以下特征:

(1) 电子支付是通过数字流转来完成款项支付的;而传统支付依托物理实体完成流转。

---

① 参见 1989 年美国全国统一州法专员会议(National Conference of Commissioners of Uniform State Law,NCCUSL)和美国法律学会(ALI)批准的"统一商业法规"第 4A 篇。

② 中国人民银行. 电子支付指引(第一号)[EB/OL]. (2005-10-30)[2024-08-20]. http://www.pbc.gov.cn/tiaofasi/144941/3581332/3583057/index.html.

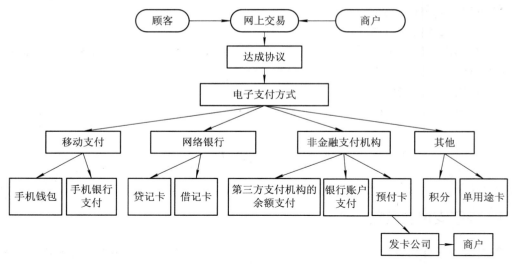

图 9-6　电子支付分类

　　(2) 电子支付的工作环境基于一个开放的系统平台运作；传统支付则在较为封闭的系统中运作。

　　(3) 电子支付对软、硬件设施的要求较高，而传统支付没有这么高的要求。

　　(4) 电子支付具有方便、快捷、高效、经济的优点，支付费用远远低于传统支付。

　　就目前而言，电子支付仍然存在一些缺陷。比如安全问题一直是困扰电子支付发展的关键性问题。电子支付还存在支付条件的问题，要有相应的支付系统和商家所在银行支持。

9.2.2　电子支付工具

　　电子支付系统中使用的支付工具可以分为以下三大类：

　　(1) 银行卡电子支付工具，主要包括信用卡和借记卡；

　　(2) 电子现金支付工具，如微信、支付宝等；

　　(3) 电子票据支付工具，如电子支票等。

1. 银行卡

　　在所有传统的支付方式中，银行卡(主要是信用卡和借记卡)最早适应了电子支付的形式。支付者可以使用申请了在线转账功能的银行卡转移小额资金到另外的银行账户中。

　　银行卡电子支付的参与者包括付款人、收款人、认证中心以及发卡行和收单行等，其支付流程如图 9-7 所示。

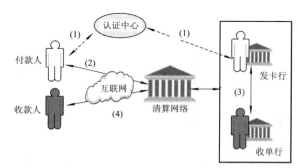

图 9-7　银行卡电子支付流程

　　图 9-7 中各数字序号含义如下：

　　(1) 付款人向发卡行申请认证，使得支付过程双方能够确认身份。

　　(2) 付款人通过软件登录发卡行，并发出转账请求。转账请求包括汇入银行名称、汇入资金账号及支付金额等信息。

(3) 发卡行接受转账请求之后，通过清算网络与收单行进行资金清算。

(4) 收款人与收单行结算。

2. 电子现金与电子钱包

1) 电子现金

所谓电子现金(E-cash)，是一种以电子数据形式流通的、通过互联网购买商品或服务时可以使用的货币。电子现金是现实货币的电子化或数字模拟，它以数字信息形式存在。电子现金具有基于借记/贷记应用上实现的小额支付功能，采用非对称密钥体系与对称密钥体系相结合的安全机制，主要应用于脱机小额支付交易，支持消费、退货、现金充值和自动圈存[①]交易，不支持取现交易。

我国发行的电子现金有 3 种形式[②]：

(1) 商业银行发行实名单电子现金。

(2) 省会(首府)城市及副省级城市承办全国或国际性经济、文化、体育等大型活动时，经活动组织方建议，与该活动组织方签署金融服务合作协议的商业银行，可向中国人民银行申请阶段性发行非实名单电子现金。

(3) 通过中国人民银行发卡技术标准符合性和系统安全性审核的商业银行，经持卡人申请，可发行与持卡人银行卡账户关联、基于银行卡借贷记功能使用的主账户复合电子现金。

例如，中国银联在大陆发行有单币种电子现金卡，其主应用币种为人民币，余额上限定为 1000 元人民币；在中国香港、澳门等地发行双币种电子现金卡，主应用币种为当地货币，第二币种为人民币，余额上限定为 1000 个当地货币单位。银联卡电子现金支持消费交易、退货交易、现金充值交易，不支持取现交易。

电子现金的支付流程如图 9-8 所示。

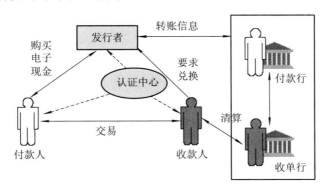

图 9-8　电子现金支付流程

---

① 圈存即是将消费者平时从银行户头中提领现金放在口袋里进行消费付款的方式变成将消费者银行户头中的钱直接圈存(存入)IC 晶片上。这样一来，消费者就免除携带现金找零、遗失、伪钞、被抢之风险。圈存的资金大多是个人在特定的消费环境下进行刷卡消费的。

② 中国人民银行. 中国人民银行关于规范银行业金融机构发行磁条预付卡和电子现金的通知 [EB/OL]. (2012-01-18) [2023-01-20]. http://www.pbc.gov.cn/tiaofasi/144941/3581332/3586943/index.html.

图 9-8 中主要包括以下工作：

(1) 付款人从发行者处开设电子现金账号，并存入一定数量的资金，利用客户端软件兑换电子现金。接受电子现金付款的商家也要在发行者处注册，并签约收单行用于兑换电子现金。

(2) 付款人与收款人达成购销协议，付款人验证收款人身份并确定对方能够接受相应的电子现金支付。

(3) 付款人将订单与电子现金一起发给收款人。这些信息使用收款人的公开密钥加密，收款人使用自己的私钥解密。

(4) 收款人收到电子现金后，可以要求发行者兑换成实体现金。

(5) 发行者通过银行转账的方式将实体资金转到付款行，付款行与收单行联系，收款人与收单行清算。

虽然从 2013 年开始，我国在金融 IC 卡中提供了电子现金使用功能，但电子现金的使用比例一直较小，始终徘徊在 3%左右，最多的应用集中在城市的公共交通卡中。而随着互联网技术的发展，基于卡基的电子现金越来越多地被第三方支付工具，如支付宝、微信支付所代替。

2) 电子钱包

电子钱包(Electronic Purse)是一种为方便持卡人小额消费而设计的电子支付应用，现已成为全球客户支付的前沿和中心，既方便又安全。电子钱包支持圈存、消费等交易。我国目前使用的公交卡和社保卡都属于电子钱包的范畴。支付宝、微信支付都有电子钱包的设置，可以通过银行卡转入现金并消费。图 9-9 显示了电子商务中电子钱包的支付流程。

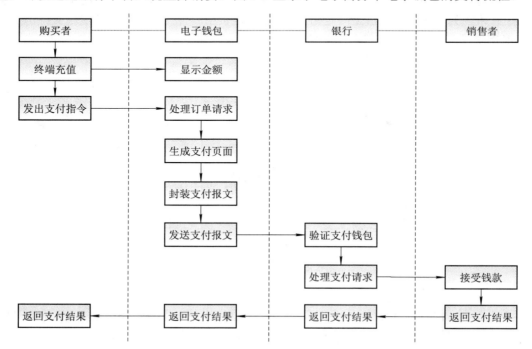

图 9-9　电子商务中电子钱包的支付流程

3. 二维码支付

1) 二维码简介

二维条码(2D Barcode，简称二维码)的英文标准名称是 417 Barcode，如图 9-10 所示，它是在水平和垂直方向的二维空间存储信息的条码。它可存放 1 KB 字符，储存数据是一维条码的几十倍到几百倍；它可通过英文、中文、数字、符号和图形描述货物的详细信息，并采用原来的标签打印机打印；同时还可根据需要进行加密，防止数据的非法篡改。

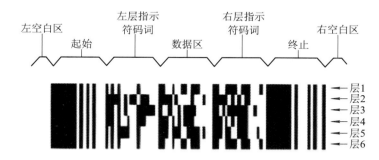

图 9-10　PDF417 条码(二维条码)[①]

2) 二维码支付交易流程

支付二维码的使用方式有两种：付款方主扫模式和收款方主扫模式。其主要设备是移动终端设备，其中，基于手机的移动二维码支付是使用最广泛的支付形式。

在付款方主扫模式中，付款方使用支付客户端 APP 内置的二维码识读软件(扫一扫)扫描包含支付链接的二维码进行支付。收款方二维码中包含的是支付接入系统 URL 和访问参数，支付指令是付款人主动发起的。付款方主扫模式支付交易流程如图 9-11 所示。

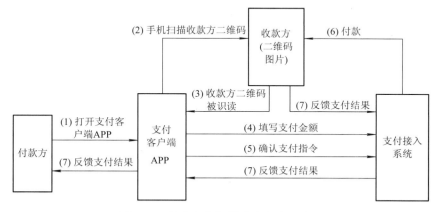

图 9-11　付款方主扫模式支付交易流程

在收款方主扫模式中，收款方使用扫描枪扫描付款方的二维码。付款方二维码中包含的是支付凭证。付款方二维码被识读后，收款方向支付系统直接提交支付请求，支付系统

---

① PDF417 码是由留美华人王寅敬(音译)发明的。PDF(Portable Data File)意为"便携数据文件"。因为组成条码的每一符号字符都是由 4 个条和 4 个空构成，如果将组成条码的最窄条或空称为一个模块，则上述的 4 个条和 4 个空的总模块数一定为 17，所以称 417 码或 PDF417 码。

处理完支付请求后,将支付结果反馈给付款方和收款方(见图 9-12)。

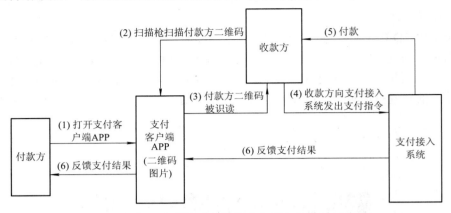

图 9-12   收款方主扫模式支付交易流程

4. 电子票据

1) 电子支票

电子支票是利用数字化支付指令将钱款从一个账户转移到另一个账户的电子付款形式。电子支票的支付主要通过专用网络及一套完整的用户识别、标准报文、数据验证等规范化协议完成数据传输。

根据支票处理的类型,电子支票可以分为两类:一类是借记支票(Credit Check),即债权人向银行发出支付指令,以向债务人收款的划拨;另一类是贷记支票(Debit Check),即债务人向银行发出支付指令,以向债权人付款的划拨。

电子借记支票的流转程序可分为以下几个步骤(见图 9-13):

(1) 出票人和持票人达成购销协议并选择用电子支票支付。

(2) 出票人通过网络向持票人发出电子支票。

(3) 持票人将电子支票寄送持票人开户银行索付。

(4) 持票人开户银行通过票据清算中心将电子支票寄送至出票人开户银行。

(5) 出票人开户银行通过票据清算中心将资金划转至持票人开户银行。

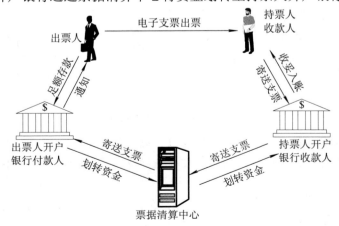

图 9-13   电子借记支票的流转程序

电子贷记支票的流转程序可参见图 9-14。

(1) 出票人向出票人开户银行提示支票付款。

(2) 出票人开户银行通过票据清算中心与收款人开户银行交换进账单并划转资金。

(3) 收款人开户银行向收款人划转资金。

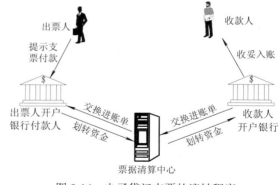

图 9-14 电子贷记支票的流转程序

2) 支票影像交换系统

支票影像交换系统是指运用影像技术将实物支票转换为支票影像信息,通过计算机及网络将影像信息传递至出票人开户银行提示付款的业务处理系统。支票影像业务的处理分为影像信息交换和业务回执处理两个阶段,即支票提出银行通过影像交换系统将支票影像信息发送至提入行提示付款;提入行通过中国人民银行覆盖全国的小额支付系统向提出行发送回执完成付款。

我国的全国影像交换系统为两级两层结构,涉及全国范围内的所有商业银行、人民银行的省级分行和人民银行的票交所,第一层为全国中心(或称总中心),第二层为分中心。如图 9-15 所示。

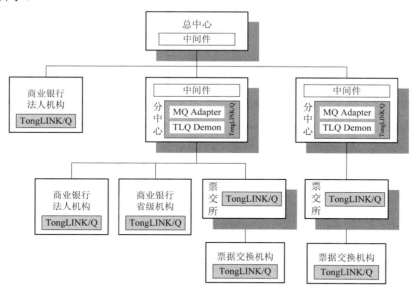

注:图中 TongLINK/Q 指中国人民银行选用的东方力通(TongTech)的消息中间件。

图 9-15 全国支票影像交换系统拓扑图

3) 电子商业汇票

电子商业汇票是指出票人依托电子商业汇票系统,以数据电文形式制作的,委托付款人在指定日期无条件支付确定的金额给收款人或者持票人的票据。电子商业汇票分为电子银行承兑汇票和电子商业承兑汇票,电子银行承兑汇票由银行或财务公司承兑,电子商业承兑汇票由银行、财务公司以外的法人或其他组织承兑。

电子商业汇票以数据电文形式代替原有纸质实物票据，以电子签名代替实体签章，以网络传输代替人工传递，实现了出票、流转、兑付等业务过程的完全电子化，确保了电子商业汇票使用的安全性。图 9-16 是电子商业汇票的票样。

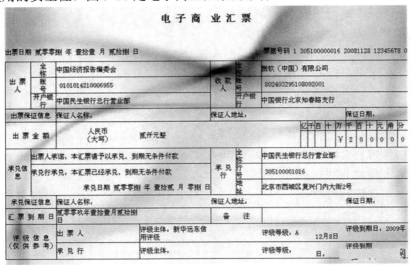

图 9-16　电子商业汇票票样

5. 电子资金划拨

美国《电子资金划拨法》定义电子资金划拨(Electronic Fund Transfer)是"除支票、汇票或类似的纸质工具的交易以外的，通过电子终端、电话工具、或计算机或磁盘命令、指令或委托金融机构借记或贷记账户的任何资金的划拨"[①]。

目前，中国人民银行清算总中心提供 5 类电子资金划拨服务。

(1) 大额实时支付系统(High Value Payment System，简称 HVPS)。HVPS 主要处理同城和异地的大额贷记支付业务和紧急的小额贷记支付业务，为银行业金融机构和金融市场提供快速、高效、安全、可靠的清算服务。

(2) 小额批量支付系统(Bulk Electronic Payment System，BEPS)。BEPS 为广大企事业单位和居民个人提供全天候不间断的支付服务，主要处理同城和异地 5 万元以下的小额批量支付系统可支持汇兑业务，以及不限金额的实时借记、定期借贷记、集中代收付等特色业务。

(3) 网上支付跨行清算系统(Internet Banking Payment System，IBPS)。IBPS 支持网上支付的跨行(同行)资金汇划处理，能满足用户全天候的支付需求，办理跨行账户管理、资金汇划、资金归集等多项业务，有力支持了我国电子商务的发展。

(4) 境内外币支付系统(China Foreign Exchange Payment System，CFXPS)。CFXPS 通过中国银行、中国工商银行、中国建设银行和上海浦东发展银行等 4 家结算行，分别代理港币、英镑、欧元、日元、加拿大元、澳大利亚元、瑞士法郎和美元 8 个币种的支付业务结

---

① Congress U S. Electronic Fund Transfer Act [EB/OL]. (1978-11-10)[2024-08-20]. https://www.fdic.gov/news/financial-institution-letters/2019/fil19009b.pdf .

算，支付指令逐笔发送，实时全额结算，满足了国内对多个币种支付的需求，提高了结算效率和信息安全性。

(5) 中央银行会计核算数据集中系统(Central Bank Accounting Centralized Book System，ACS)。ACS 是中国人民银行为履行职责进行会计核算业务处理的应用系统，是反映社会资金运动、体现中央银行作为资金最终结算者重要地位的核心业务系统，涉及准备金管理、再贷款、再贴现、现金及发行基金等各项中央银行业务，包含央行会计核算、事后监督、统计分析、会计档案管理、客户对账等功能。

图 9-17 显示了大额实时支付系统的业务处理流程。北京工行通过大额支付系统向上海农行支付一笔金额为 100 万元大额汇款，具体步骤包括：

(1) 北京工行将大额支付指令实时发送至北京 CCPC(City Cleaning Processing Center，城市处理中心)。

(2) 北京 CCPC 将大额支付指令实时转发至 NPC(National Processing Center，国家处理中心)。

(3) NPC 实时全额完成资金清算后转发至上海 CCPC。

(4) 上海 CCPC 将大额支付指令实时转发至农业银行上海农行，完成资金汇划。

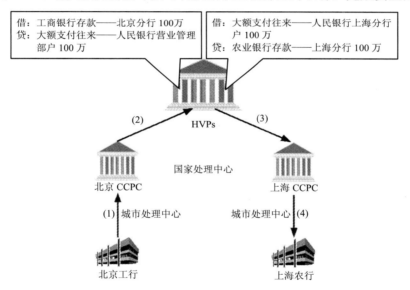

图 9-17　大额实时支付系统的业务处理流程

9.2.3　电子支付模式

根据美国资金服务技术协会(Financial Services Technology Consortium，FSTC)的分类，电子支付，不论是使用银行卡、电子现金，还是使用电子支票或电子资金划拨，支付活动可以分为 4 种模式(见图 9-18)。

在图 9-18 的 A 模式中，付款人在商店购买商品，使用电子支付工具支付款项；收款人将电子支付工具的信息通知自己的开户银行；收款人开户银行与付款人开户银行清算，并通知收款人；付款人开户银行将支付账单交给付款人。A 模式是最一般的支付模式。

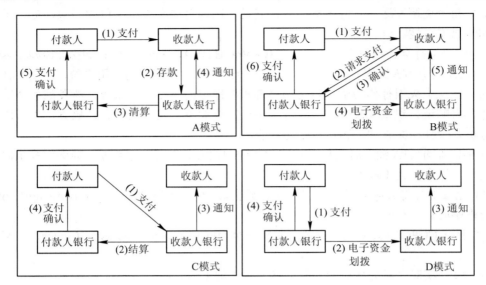

图 9-18　电子支付的四种模式

　　在图 9-18 的 B 模式中，付款人使用电子支付工具支付款项；收款人根据电子支付工具的信息向付款人开户银行请求支付；付款人开户银行通过电子资金划拨将款项支付给收款人开户银行；收款人开户银行通知收款人；付款人开户银行将支付账单交给付款人。例如，支付电话费，消费者将有关电子支付的信息告诉电信局；电信局直接请求消费者的开户银行支付；消费者的开户银行将款项划拨给电信局的开户银行；电信局的开户银行通知电信局款项已到；消费者的开户银行将支付账单交给消费者。网上支付水电费也采用这样一种模式。

　　在图 9-18 的 C 模式中，付款人使用电子支付工具直接将款项支付给收款人开户银行；收款人开户银行根据电子支付工具的信息向付款人开户银行请求支付；付款人开户银行通过电子资金划拨将款项支付给收款人开户银行；收款人开户银行通知收款人；付款人开户银行将支付账单交给付款人。例如，一个人驾驶汽车时违反了交通规则，警察开出罚款单；驾车人到邻近的银行利用电子支付工具将款项划入警察局的开户银行；警察局的开户银行与驾车人的开户银行清算，警察局的开户银行通知警察款项已到；驾车人的开户银行将支付账单交给驾车人。

　　在图 9-18 的 D 模式中，付款人使用电子支付工具将款项存入自己的开户银行；付款人开户银行将资金划拨给收款人开户银行；收款人开户银行通知收款人；付款人开户银行将支付账单交给付款人。例如，贷款购房，首先使用电子支付工具将款项存入自己的开户银行；付款人开户银行将款项划拨给房屋开发商的开户银行；房屋开发商的开户银行通知房屋开发商款项已到，付款人开户银行将支付账单交给付款人。

9.2.4　数字货币

1. 数字货币的概念与分类

　　数字货币(Digital Currency)是基于分布式账本、数据加密、大数据等技术开发的，在某些情况下可以作为货币替代物价值的数字表现。

数字货币是一种全新的货币形式。数字货币的数据包由数据码和标识码组成，数据码是需要传送的内容，而标识码则指明了该数据包从哪里来，要到哪里去等属性。数字货币有两种，一种是大众版(去中心化的虚拟货币，如比特币)，另一种是法定版(货币当局，主要是各国的中央银行发行的虚拟货币，如数字人民币)。

大众版数字货币是基于某些开放的特定算法求解获得的，没有发行主体，具有匿名性，交易双方可点对点直接交易，所以也可以叫作私人准数字货币。但这种货币价格波动太大，不具备价值尺度的职能。法定数字货币是货币当局发行，以政府信用为担保的数字货币，安全性较高，并且能够跟踪货币流向。

法定数字货币不同于纸币和硬币，前者是虚拟货币，后者是实物货币。法定数字货币与微信和支付宝也有根本性区别。微信和支付宝都需要绑定银行卡才能使用，而法定数字货币则完全不需要，用户与用户之间的转账是独立于银行账户的。

2. 我国央行数字货币的设计思路

1) 原始模型

我国央行数字货币(CBDC)建设的总体思路是：由央行主导，在保持实物现金发行的同时发行以加密算法为基础的数字货币，即 $M0^{①}$ 的一部分由数字货币构成，目标是构建一个兼具安全性与灵活性的简明、高效、符合国情的数字货币发行流通体系。图 9-19 是按二元模式思路设计的央行数字货币原型系统，整个CBDC 的运行分为 3 层体系。

(1) 第 1 层参与主体包括中央银行和商业银行，涉及 CBDC 发行、回笼以及在商业银行之间转移，原型系统一期完成从中央银行到商业银行的闭环，通过发行和回笼，CBDC 在中央银行的发行库和商业银行的银行库之间转移，整个社会

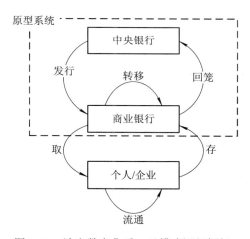

图 9-19　法定数字货币二元模式运行框架

的 CBDC 总量发生增加或减少的变化，同时机制上要保证中央银行货币发行总量不变。

(2) 第 2 层是商业银行到个人或企业用户的 CBDC 存取，CBDC 在商业银行库和个人或企业的数字货币钱包中转移。

(3) 第 3 层是个人或企业用户之间 CBDC 流通，CBDC 在个人或企业的数字货币钱包之间转移。

2) 关键要素

央行数字货币体系的核心要素为"一币、两库、三中心"。一币是指 CBDC：由央行担

---

① M(Money Supply，货币供应量)是指在一国经济中，一定时期内可用于各种交易的货币总存量。货币供应量可以按照货币流动性的强弱划分为不同的等级，即 M0、M1、M2 等。M0：流通中的纸币加硬币；M1：M0＋企业活期存款＋机关团体部队存款＋农村存款＋个人持有的信用卡类存款；M2：M1+城乡居民储蓄存款＋企业存款中具有定期性质的存款＋外币存款＋信托类存款。

保并签名发行的代表具体金额的加密数字串；两库是指中央银行发行库和商业银行的银行库，同时还包括在流通市场上个人或单位用户使用 CBDC 的数字货币钱包；三中心是指认证中心、登记中心和大数据分析中心。认证中心：央行对央行数字货币机构及用户身份信息进行集中管理，它是系统安全的基础组件，也是可控匿名设计的重要环节。登记中心：记录 CBDC 及对应用户身份，完成权属登记；记录流水，完成 CBDC 产生、流通、清点核对及消亡全过程登记。大数据分析中心：反洗钱、支付行为分析、监管调控指标分析等。

3) 主要功能

CBDC 包含 4 种功能：扫码支付、汇款、收付款以及"碰一碰"转账，这些功能涵盖了普通货币和电子支付的功能。所不同的是，通过采用分布式账本技术和数据加密技术，使 CBDC 具备了一定匿名性，又实现了可追踪。如果涉及犯罪，大数据可以追踪到使用人的真实身份；而且，CBDC 既可以使用互联网，也可以使用支持设备短距离通信的无线电技术。在断网情况下，使用 CBDC 支付，只需要把两个手机放在一起"碰一碰"，就能把自己数字钱包里的资金转给另一个人。

9.3　国际上通行的电子支付安全协议

9.3.1　SSL 安全协议

1. SSL 安全协议的基本概念

SSL(Secure Sockets Layer，安全套接层)安全协议是一种保护 Web 通信的工业标准，是基于强公钥加密技术以及 RSA 的专用密钥序列密码，能够对信用卡和个人信息、电子商务提供较强的加密保护。SSL 安全协议最初由 Netscape Communication 公司设计开发，其主要目的是提供互联网上的安全通信服务，提高应用程序之间数据的安全系数。SSL 协议的整个概念可以被总结为：一个保证任何安装了安全套接层的客户和服务器间事务安全的协议，它涉及所有 TCP/IP 应用程序。

SSL 安全协议主要提供三个方面的服务：

(1) 认证用户和服务器，使得它们能够确信数据将被发送到正确的客户机和服务器上。

(2) 加密数据以隐藏被传送的数据。

(3) 维护数据的完整性，确保数据在传输过程中不被改变。

SSL 安全协议在建立连接过程中采用公开密钥，在会话过程中使用专有密钥。在每个 SSL 会话中(其中客户机和服务器都被证实了身份)，要求服务器完成一次使用服务器专用密钥的操作和一次使用客户机公开密钥的操作。SSL 提供数据加密、服务器认证、报文完整以及 TCP/IP 连用可选客户认证等，对计算机之间的整个会话过程进行加密。采用 SSL 安全协议，可确保信息在传输过程中不被修改，实现数据的保密与完整性。在信用卡交易方面，商家可以通过 SSL 在 Web 上实现对信用卡订单的加密，由于 SSL 适合各类主流浏览器及 Web 服务器，因此只要安装一个数字证书就可使 SSL 成为可能。

SSL 的缺陷是只能保证传输过程的安全，无法知道在传输过程中是否被窃听，黑客可以此破译 SSL 的加密数据，破坏和盗窃 Web 信息。新的 SSL 安全协议被命名为 TLS(Transport Layer Security)，其安全可靠性有所提高，但仍不能消除原有技术的基本缺陷。

2. SSL 安全协议的运行步骤

SSL 安全协议的运行步骤如下：

(1) 接通阶段。客户通过网络向服务商打招呼，服务商回应。

(2) 密码交换阶段。客户与服务商之间交换双方认可的密码。一般选用 RSA 密码[①]算法，也可选用 Diffie-Hellman 和 Fortezza-KEA 密码算法。

(3) 会谈密码阶段。客户与服务商间产生彼此交谈的会谈密码。

(4) 检验阶段。检验服务商取得的密码。

(5) 客户认证阶段。验证客户的可信度。

(6) 结束阶段。客户与服务商之间相互交换结束的信息。

当上述动作完成之后，两者间的资料传送就会加以密码，等到另外一端收到资料后，再将编码后的资料还原。即使盗窃者在网络上取得了编码后的资料，如果没有原先编制的密码算法，也不能获得可读的有用资料。

在电子商务交易过程中，由于有银行参与，按照 SSL 安全协议，客户购买的信息首先发往商家，商家再将信息转发给银行，银行验证客户信息的合法性后，通知商家付款成功，商家再通知客户购买成功，将商品寄送给客户。图 9-20 所示为在线支付 SSL 模式工作流程。

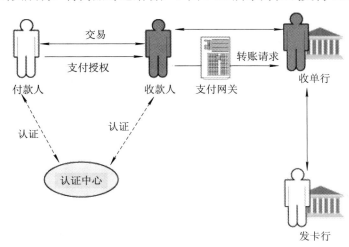

图 9-20　在线支付 SSL 模式工作流程

在线支付 SSL 模式工作流程可分为以下几个步骤：

(1) 身份认证。SSL 模式的身份认证机制比较简单，只需付款人与收款人在建立"握手"关系时交换数字证书。

(2) 付款人和收款人之间建立加密传输通道之后，将商品订单和信用卡转账授权传递给收款人。

---

① RSA 是数据保密技术中使用的一种通用关键字密码方法，它是基于大数作因子分解的难度而建立的方法，由 Rivest、Shamir、Adleman 所提出。

(3) 收款人通过支付网关将转账授权传递给其收单行。

(4) 收单行通过信用卡清算网络向发卡行验证授权信息，发卡行验证信用卡相关信息无误后，通知收单行。

(5) 收单行通知收款人电子支付成功，收款人向收单行请款。

3. SSL 安全协议的应用

SSL 安全协议是国际上最早应用于电子商务的一种网络安全协议，至今仍然有许多网上商店在使用。当然，在使用时 SSL 协议根据邮购的原理进行了部分改进。在传统的邮购活动中，客户首先寻找商品信息，然后汇款给商家，商家再把商品寄给客户。这里，商家是可以信赖的。在电子商务的开始阶段，商家也担心客户购买后不付款，或使用过期作废的信用卡，因而希望银行给予认证。SSL 安全协议正是在这种背景下应用于电子商务的。

9.3.2 SET 安全协议

在开放的互联网上处理电子商务，如何保证买卖双方传输数据的安全成为电子商务能否普及的最重要问题。为了克服 SSL 安全协议的缺点，两大信用卡组织，VISA 和 Master Card，联合开发了 SET(Secure Electronic Transaction，安全电子交易)协议。SET 是一种应用于开放网络环境下，以智能卡为基础的电子支付系统协议。SET 给出了一套完备的电子交易过程的安全协议，可实现电子商务交易中的加密、认证、密钥管理等任务。在保留对客户信用卡认证的前提下，SET 又增加了对商家身份的认证，这对于需要支付货币的交易来讲是至关重要的。由于设计合理，SET 协议得到了 IBM、HP、Microsoft、Netscape 等许多大公司的支持，成为事实上的行业标准，并已获得 IETF[①]标准的认可。

安全电子交易基于互联网的卡基支付，是授权业务信息传输的安全标准，它采用 RSA 公开密钥体系对通信双方进行认证。利用 DES、RC4 或任何标准对称加密方法进行信息的加密传输，并用 HASH 算法来鉴别信息真伪、有无篡改。在 SET 体系中有一个关键的认证机构(CA)，CA 根据 X.509 标准发布和管理证书。

1. SET 安全协议运行的目标

SET 安全协议要达到的目标主要有以下五个：

(1) 保证信息在互联网上安全传输，防止数据被黑客或被内部人员窃取。

(2) 保证电子商务参与者信息的相互隔离。客户的资料加密或打包后通过商家到达银行，但是商家不能看到客户的账户和密码信息。

(3) 解决多方认证问题，不仅要对消费者的信用卡认证，而且要对在线商店的信誉程度认证，同时还有对消费者、在线商店与银行间的认证。

(4) 保证了网上交易的实时性，使所有的支付过程都是在线的。

(5) 仿效 EDI 贸易的形式，规范协议和消息格式，促使不同厂家开发的软件具有兼容性和互操作功能，并且可以运行在不同的硬件和操作系统平台上。

---

① IETF(Internet Engineering Task Force，互联网工程工作组)是全世界最重要的互联网技术标准机构，成立于 1986 年。

2. SET 安全协议涉及的范围

SET 安全协议所涉及的对象有：

(1) 消费者：包括个人消费者和团体消费者，按照在线商店的要求填写订货单，通过由发卡银行发行的信用卡进行付款。

(2) 在线商店：提供商品或服务，具备相应电子货币使用的条件。

(3) 收单银行：通过支付网关处理消费者和在线商店之间的交易付款问题。

(4) 电子货币(如智能卡、电子现金、电子钱包)发行公司，以及某些兼有电子货币发行的银行：负责处理智能卡的审核和支付工作。

(5) 认证中心(CA)：负责交易双方的身份确认，对厂商的信誉度和消费者的支付手段进行认证。

3. SET 的技术规范

SET 协议分为三个部分：

(1) 商业描述(The Business Description)。提供处理的总述。

(2) 程序员指导(The Programmer's Guide)。介绍数据区、消息以及处理流程，分为系统设计考虑、证书管理、支付系统。

(3) 正式的协议定义(The Formal Protocol Definition)。提供 SET 消息和数据区最严格的定义，协议定义采用 ASN.1 语法进行。

4. SET 安全协议的工作原理

SET 安全协议的工作原理如图 9-21 所示。

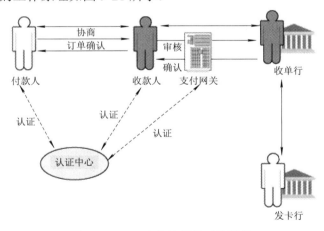

图 9-21　SET 安全协议的工作原理

其工作流程可分为以下 7 个步骤：

(1) 消费者利用自己的 PC 机通过互联网选定所要购买的物品，并在计算机上输入订货单，订货单上包括在线商店名称、购买物品名称及数量、交货时间及地点等相关信息。

(2) 通过电子商务服务器与有关在线商店联系，在线商店作出应答，告诉消费者所填订货单的货物单价、应付款数、交货方式等信息是否准确，是否有变化。

(3) 消费者选择付款方式，确认订单，签发付款指令。此时 SET 开始介入。

(4) 在 SET 中，消费者必须对订单和付款指令进行数字签名。同时利用双重签名技术保证商家看不到消费者的账号信息。

(5) 在线商店接受订单后，向消费者所在银行请求支付认可。信息通过支付网关到收单行，再到电子货币发行公司确认。批准交易后，返回确认信息给在线商店。

(6) 在线商店发送订单确认信息给消费者。消费者端软件可记录交易日志，以备将来查询。

(7) 在线商店发送货物，或提供服务；并通知收单行将钱从消费者的账号转移到商店账号，或通知发卡行请求支付。

在认证操作和支付操作中间一般会有一个时间间隔，例如，在每天下班前请求银行结一天的账。

上述流程的前两步与 SET 无关，从第(3)步开始 SET 起作用，一直到第(7)步。在处理过程中，对通信协议、请求信息的格式、数据类型的定义等，SET 都有明确的规定。每一步的操作，消费者、在线商店、支付网关都通过 CA 来验证通信主体的身份，以确保通信的对方不被冒名顶替。因此，也可以简单地认为，SET 协议充分发挥了认证中心的作用，保证了在任何开放网络上的电子商务参与者提供信息的真实性和保密性。

9.3.3　3DS2.0 协议

1. 3DS2.0 发展背景

在互联网支付业务的起步阶段，Visa、Mastercard 等国际品牌广泛将无磁无密业务作为互联网交易的主要模式。该模式下，可仅凭卡号、有效期、CVV2 及姓名等卡片关键信息完成交易，发卡机构不进行密码验证。无磁无密模式虽然为 V/M 带来了 90% 的市场份额，但也导致互联网交易盗刷率猛增。

2001 年，为保障互联网在线支付安全，Visa 发布了 3-D Secure1.0 标准(3-Domain Secure 1.0 简称 3DS1.0)，该标准将身份认证中的各实体划分为三个域：发卡域、收单域和交互域，使得各方可以在支付过程中明确自己的责任，核心是确保交易过程中发卡银行对持卡人身份认证的真实可信。

尽管 3DS1.0 解决了支付安全问题，但在用户体验、交易成功率、应用场景覆盖等方面仍存在不足，市场应用效果一般。为适应全球移动互联网的发展，Visa 与万事达共同建议由 EMVCo(国际芯片卡标准化组织，Europay MasterCard Visa Company)于 2016 年发布 3-D Secure2.0 标准(简称 3DS2.0)，用于在移动互联网背景下发卡行对持卡人和商户的身份认证。

2. 3DS2.0 的定义与特点

3DS2.0 是一套用于在线交易身份验证的报文传输协议。通过该协议，可实现对持卡人及商户的验证，从而降低互联网交易的欺诈率。

为克服 3DS1.0 的不足，3DS2.0 在持卡人体验、支持设备种类、数据与风险的分析等方面都有较大改进，主要具备以下特点：

(1) 通过基于风险的认证提升持卡人体验。3DS2.0 提出根据用户当前的风险状况决定是否需要用户介入，旨在减少不必要的人机交互、提升体验。3DS2.0 允许发卡行借助相关的用户和设备数据开展风险评估，决策使用无须用户参与的平滑模式还是需要用户参与的挑战模式。

(2) 提供更好的安全性、扩展性和兼容性。3DS2.0 的主要目标就是完成用户身份认证，因此它不仅可以与现有的支付技术很好地结合，还可以作为独立的身份认证解决方案与其他业务产品进行包装和整合。

(3) 新增对移动互联网设备的支持。3DS2.0 定位为同时支持 PC 机与手机，可以覆盖浏览器、客户端程序等不同上网工具，可以支持短消息码、静态密码、回答问题、指纹验证等不同验证手段。

3. 3DS2.0 的应用流程

3DS2.0 包括了平滑型 (见图 9-22)与挑战型(见图 9-23)两种不同的应用流程。挑战型流程是在平滑型流程的基础上，增加了一部分挑战活动。

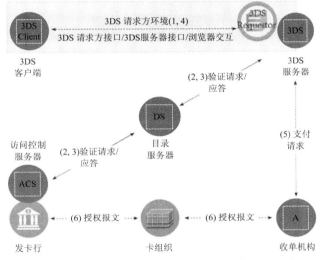

图 9-22　平滑型 3DS2.0 应用要求

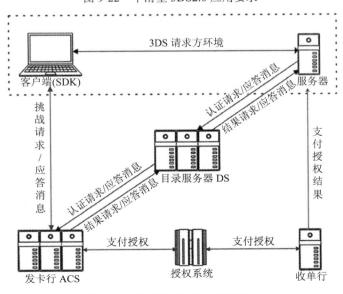

图 9-23　挑战型 3DS2.0 应用要求

3DS2.0 仍包含三个域:

(1) 发卡域(Issuer Domain,发卡机构与持卡人),发卡机构建立 ACS(控制访问服务器),根据交易风险动态决定是否额外验证持卡人,如需验证,则发卡机构返回验证要素,对持卡人直接验证,验证结果用于风险职责分担。

(2) 收单域(Acquirer Domain,收单机构与商户),商户建立 3DS Server(3DS 服务器),支持消息处理,商户网站/应用程序需集成 3DS SDK(软件开发包),采集设备信息、支持消息处理。

(3) 交互域(Interoperability Domain,卡组织),卡组织建立 DS(目录服务器),消息转接,也可为发卡机构提供代交易风险评估功能。

4. 3DS2.0 在 Visa 交易中的实际应用

近 20 年来,Visa 一直在探索用 3-D 安全技术帮助在线商家和发行人识别潜在的欺诈交易。由于手机、平板电脑和连接互联网的可穿戴设备在消费者中越来越普遍,新的支付技术和手段也在不断涌现。但每一种新的支付技术都会带来大量的欺诈问题,68% 的受访者对移动支付欺诈表示担忧,手机钱包占 60%,个人支付占 58%。而在这些担忧的背后,是三大欺诈问题的困扰:身份验证、数据隐私/数据盗窃管理和事务监控。

为此,Visa 根据 3DS2.0 协议开发了自己的测试套件,支持跨多种设备的交易,同时收集 10 倍以上的数据,以支持基于风险的高级决策,从而可以允许更有效的交易身份验证,并导致更高的批准率和更低的购物车放弃。商家、发行者和消费者都可以从更有效地捕捉和避免欺诈中受益。实验表明,消费者交易结算时间可以减少 85%;购物者购买放弃率降低了 70%。Visa 3DS2.0 测试套件的工作原理如图 9-24 所示。

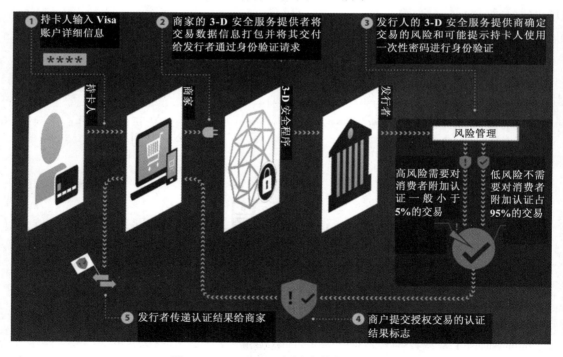

图 9-24 Visa 3DS2.0 测试套件的工作原理

9.4 电子银行支付

自 1995 年全球第一家电子银行——"安全第一银行"[①] 在美国诞生后，电子银行以极为迅猛的速度在全球普及。进入 21 世纪后，虽然世界经济一度陷入徘徊状态，但电子银行仍然保持了强劲的发展势头，对于社会发展的积极作用日益突出。

9.4.1 我国电子银行的建设与发展

中国第一家上网的银行是中国银行，成立时间是 1996 年。上网初期，中国银行网页主要用于发布中国银行的广告信息和业务信息，进行全球范围的电子邮件通信。

招商银行也是国内较早开展网上业务的银行。1997 年 2 月，招商银行在互联网上推出了自己的网上转账业务，在国内引起极大反响。在此基础上，招商银行又推出了"一网通"网上业务。该业务的推出，大大促进了招商银行的网站建设。

1998 年 3 月，中国银行和世纪互联有限公司首次通过互联网进行了资金转移，开创了中国网上支付的先河。之后，国有商业银行和股份制商业银行开始积极规划各自网上银行的发展，并陆续开始建立网站，开展网上银行业务。2002 年，国有商业银行都在互联网上建立了自己的网站，网上银行业务呈现出快速发展的态势。

最近几年，随着各类支付系统的不断建成运行，我国的非现金支付业务量迅速增长。2023 年，全国银行共办理非现金支付业务 35 425.89 亿笔，金额 5251.30 万亿元，同比分别增长 17.28% 和 9.27%。[②]

9.4.2 电子银行的特点与主要业务

电子银行，又称网络银行、虚拟银行，是指通过互联网或公共计算机通信网络提供金融服务的银行机构。电子银行业务是指"商业银行等银行业金融机构利用面向社会公众开放的通信通道或开放型公众网络，以及银行为特定自助服务设施或客户建立的专用网络，向客户提供的银行服务"[③]。

电子银行具有以下特点：

(1) 功能丰富。电子银行可以打破传统银行的部门局限，综合客户的多种需求，提供多种类型的金融服务，如信用卡、储蓄、投融资、理财、信息服务等。

(2) 操作简单。在使用中，网上银行以登录卡为主线，可为不同类型的账户申请不同功能，并可在线对各种账户的各项功能进行修改。

(3) 跨越时空。电子银行可以提供跨区域和全天候的服务，超越了传统银行受时间、

[①] 美国安全第一网络银行的英文全称为 Security First Network Bank(SFNB)。

[②] 中国人民银行. 2023 年支付体系运行总体情况[EB/OL]. (2024-06-28)[2024-09-22]. http://www.pbc.gov.cn/ zhifujiesuansi/ 128525/128545/128643/5386175/index.html.

[③] 原中国银行业监督管理委员会. 电子银行业务管理办法[EB/OL]. (2006-02-66)[2024-09-01]. https:// www.cbirc.gov.cn/cn/view/pages/ItemDetail.html?docId=197&itemId=928&generaltype=0.

地点、人员等多方面的限制。

(4) 信息共享。电子银行通过互联网可以更广泛地收集和分析最新的金融信息，并以快捷便利的方式传递给电子银行的各个客户，从而大大减少了信用风险和道德风险。

电子银行业务包括四个部分：

(1) 利用计算机和互联网开展的银行业务(简称网上银行业务)。

(2) 利用电话等声讯设备和电信网络开展的银行业务(简称电话银行业务)。

(3) 利用移动电话和无线网络开展的银行业务(简称手机银行业务)。

(4) 其他利用电子服务设备和网络，由客户通过自助服务方式完成金融交易的银行业务。

电子银行运作的基本流程如图 9-25 所示。

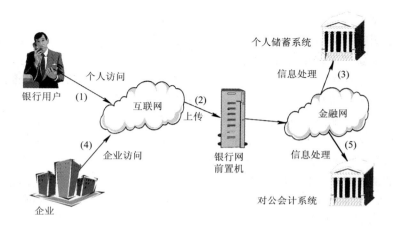

图 9-25　电子银行运作的基本流程

9.4.3　支付网关

支付网关是银行金融系统和互联网之间的接口，是由银行操作的、将互联网上的传输数据转换为金融机构内部数据的设备。支付网关也可以是指派的第三方支付平台，通过设在第三方支付平台的接口处理信息和顾客的支付指令。支付网关是网上银行的关键设备，离开了支付网关，电子银行的电子支付功能就无从实现。

银行使用支付网关可以实现以下功能：

(1) 保障网上支付正常进行。

(2) 避免对现有主机系统的修改。

(3) 采用直观的用户图形接口进行系统管理。

(4) 适用诸如扣账卡、电子支票、电子现金以及微电子支付等电子支付手段。

(5) 通过采用 RSA 公共密钥加密和 SET 协议，确保网络交易的安全性。

(6) 提供完整的商户支付处理功能，包括授权、数据捕获和结算、对账等。

(7) 通过对网上交易的报告和跟踪，对网上活动进行监视。

(8) 使网络的支付处理过程与当前支付处理商的业务模式相符，确保商户信息管理上的一致性。

1998 年,中银信用卡有限公司与 IBM 香港有限公司宣布合作设立香港第一个安全支付网关。该支付网关采用 SET 标准。随着电子银行业务的发展，支付网关已经广泛应用于各个领域。图 9-26 和图 9-27 反映了支付网关在网上商城和电子税务中的应用。

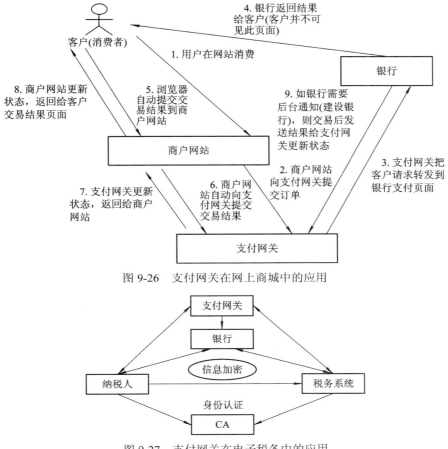

图 9-26　支付网关在网上商城中的应用

图 9-27　支付网关在电子税务中的应用

9.4.4　电子银行支付业务的监管

随着电子银行业务品种的不断增加和业务量的快速上升，电子银行业务的经营风险也随之扩大。加强电子银行支付业务的监管，进一步增强商业银行对电子银行业务的风险控制能力，就成为银行监管机构的一项重要任务。

电子银行业务是指商业银行、投资银行等金融机构利用互联网建立专用网络，向客户提供的银行服务。由于电子银行业务的运行机制和环境与传统银行业务有很大区别，一些传统的监管规则和制度已经不适应网上银行监管的需要。2006 年，中国银行业监督管理委员会(现国家金融监督管理总局)颁布了《电子银行业务管理办法》和《电子银行安全评估指引》，为中国电子银行业务的发展提供了基本的管理依据。

《电子银行业务管理办法》共 9 章 99 条，分为总则、申请与变更、风险管理、数据交换与转移管理、业务外包管理、跨境业务活动管理、监督管理、法律责任和附则等 9

部分。^{①②}

《电子银行业务管理办法》在第一章中明确界定了电子银行的概念和范围，将电话银行，网上银行、手机银行等统一到电子银行的监管范畴之中。在第二章到第七章中，该办法规定了金融机构申请开办电子银行业务，或者变更电子银行业务品种的条件、要求和审批程序；提出了电子银行战略风险、信誉风险、运营风险、法律风险、信用风险、市场风险等风险管理的基本原则和方法；阐述了电子银行数据转移的条件和管理方式；规定了电子银行业务外包和选择外包方的基本要求、开展跨境业务活动的要求和电子银行业务日常监管的基本要求。

《电子银行安全评估指引》^③共 5 章 57 条，分为总则、安全评估机构、安全评估的实施、安全评估活动的管理和附则等 5 部分，主要规定了电子银行安全评估应遵守的基本流程、评估内容和评估方式；阐述了涉及电子银行安全评估的各类相关机构和在电子银行安全评估过程中应遵守的要求。

9.5   非金融机构支付

9.5.1   非金融机构支付简介

非金融机构支付(俗称第三方支付)服务，是指非金融机构在收付款人之间作为中介机构提供下列部分或全部货币资金转移服务：包括网络支付、预付卡的发行与受理、银行卡收单和中国人民银行确定的其他支付服务^④。

由于第三方支付平台是架构在虚拟支付层上的，本身不涉及银行卡内资金的实际划拨，信息传递流程在自身的系统内运行，因而第三方支付服务商可以有比较大的发展空间。截至 2022 年 8 月，中国人民银行根据《非金融机构支付服务管理办法》的要求，分批给 201 家企业发放了第三方支付牌照^⑤，其业务已经涉及货币汇兑、互联网支付、移动电话支付、固定电话支付、数字电视支付、预付卡发行与受理和银行卡收单等 7 大业务类型。2023 年，我国非银行支付机构处理网络支付业务 121.23 万亿笔，金额 340.25 万亿元，按可比口径同

---

① 原中国银行业监督管理委员会. 电子银行业务管理办法[EB/OL]. (2006-02-66)[2024-09-01]. https://www.cbirc.gov.cn/cn/view/pages/ItemDetail.html?docId=197&itemId=928&generaltype=0.

② 该办法主要借鉴了巴塞尔银行监管委员会的《电子银行业务风险管理原则》，美国货币监理署(OCC)的《电子银行最终规则》(Electronic Banking：Final Rule)、《规则 E：电子资金转移法》(Regulation E/Electronic Funds Transfer Act)、《电子通道信息披露统一标准：规则 M、Z、B、E 和 DD》(Uniform Standards for the Electronic Delivery of Disclosures：Regulations M、Z、B、E and DD)、《网络银行检查手册》(Examination Handbook on Internet Banking)，以及欧洲银行标准委员会的《电子银行》报告，香港金融管理局的《电子银行服务的安全风险管理》等国际金融机构和境外监管机构的有关监管规定和规则。

③ 原中国银行保险监督管理委员会. 电子银行安全评估指引[EB/OL]. (2006-01-26)[2024-09-01]. https://www.cbirc.gov.cn/cn/view/pages/governmentDetail.html?docId=272121&itemId=883&generaltype=1.

④ 中国人民银行. 非金融机构支付服务管理办法 [EB/OL]. (2015-04-17)[2024-01-20]. http:// www.pbc.gov.cn/ zhengwugongkai/4081330/4406346/4406348/4431240/index.html.

⑤ 中国人民银行. 已获许可机构(支付机构)[EB/OL]. (2024-09-05) [2024-09-20]. http://www.pbc.gov.cn/zhengwugongkai/4081330/4081344/4081407/4081702/4081749/4081783/9398ddc0/index1.html.

比分别增长 17.02%和 11.46%。[①]

在我国第三方支付发展的近 20 年中，涌现出一大批致力于为企业和个人提供"简单、安全、快速、便捷"支付方案、覆盖面广，深受广大用户欢迎的第三方支付平台。比较突出的品牌包括：支付宝、微信支付、银联在线、云闪付、快钱、易宝支付、京东支付等。

9.5.2 第三方支付流程

第三方支付是典型的应用支付层架构。提供第三方支付服务的商家往往都会在自己的产品中加入一些具有自身特色的内容。但是总体来看，其支付流程都是付款人提出付款授权后，平台将付款人账户中的相应金额转移到收款人账户中，并要求其发货。有的支付平台会有"担保"业务，如支付宝。担保业务是指将付款人将要支付的金额暂时存放于支付平台的账户中，等到付款人确认已经得到货物(或者服务)、或在某段时间内没有提出拒绝付款的要求，支付平台才将款项转到收款人账户中。

第三方平台结算支付模式的资金划拨是在平台内部进行的，此时划拨的是虚拟的资金。真正的实体资金还需要通过实际支付层来完成(见图 9-28)。

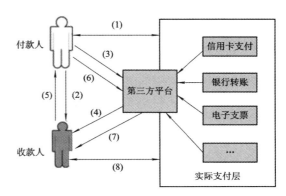

图 9-28 第三方支付平台结算支付流程

图 9-28 中各数字序号含义如下：

(1) 付款人将实体资金转移到支付平台的支付账户中。

(2) 付款人购买商品(或服务)。

(3) 付款人发出支付授权，第三方平台将付款人账户中相应的资金转移到自己的账户中保管。

(4) 第三方平台告诉收款人已经收到货款，可以发货。

(5) 收款人完成发货许诺(或完成服务)。

(6) 付款人确认可以付款。

(7) 第三方平台将临时保管的资金划拨到收款人账户中。

(8) 收款人可以将账户中的款项通过第三方平台和实际支付层的支付平台兑换成实体货币，也可以用于购买商品。

9.5.3 第三方支付规范

第三方支付模式具有支付成本低、使用方便等优点，但同时也存在以下缺点：

(1) 这是一种虚拟支付层的支付模式，需要其他的"实际支付方式"完成操作。

(2) 付款人的银行卡信息将暴露给第三方支付平台，如果这个第三方支付平台的信用

---

① 中国人民银行. 2023 年支付体系运行总体情况[EB/OL]. (2024-06-28)[2024-09-22]. http://www.pbc.gov.cn/zhifujiesuansi/128525/128545/128643/5386175/index.html.

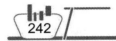

度或者保密手段欠佳，将带给付款人相关风险。

(3) 第三方支付机构的法律地位尚缺乏规定，一旦该机构终结破产，消费者所购买的"电子货币"可能成为破产债权，无法追回。

(4) 由于有大量资金寄存在支付平台账户内，而第三方支付机构并非金融机构，因而存在资金寄存的风险。

为促进支付服务市场健康发展，规范非金融机构支付服务行为，防范支付风险，保护当事人的合法权益，2010 年中国人民银行出台了《非金融机构支付服务管理办法》[1]和《非金融机构支付服务管理办法实施细则》[2]，并于 2019 年进行了修改，主要规定包括：

(1) 非金融机构支付服务是指非金融机构在收付款人之间作为中介机构提供部分或全部货币资金转移服务，包括网络支付、预付卡的发行与受理、银行卡收单等服务。[3]

(2) 非金融机构提供支付服务，应当按规定取得《支付业务许可证》。申请人及其高级管理人员最近 3 年内未因利用支付业务实施违法犯罪活动或为违法犯罪活动办理支付业务等受过处罚。申请人拟在全国范围内从事支付业务的，其注册资本最低限额为 1 亿元人民币；拟在省(自治区、直辖市)范围内从事支付业务的，其注册资本最低限额为 3 千万元人民币。

(3) 非金融支付机构应当按照《支付业务许可证》核准的业务范围从事经营活动，不得从事核准范围之外的业务，不得将业务外包。

(4) 非金融支付机构接受的客户备付金不属于支付机构的自有财产。支付机构只能根据客户发起的支付指令转移备付金。禁止支付机构以任何形式挪用客户备付金。

(5) 非金融支付机构应当具备必要的技术手段，确保支付指令的完整性、一致性和不可抵赖性；具备灾难恢复处理能力和应急处理能力，确保支付业务的连续性。

(6) 非银行支付机构不得挪用、占用客户备付金，客户备付金账户应开立在人民银行或符合要求的商业银行。人民银行或商业银行不向非银行支付机构备付金账户计付利息，防止支付机构以"吃利差"为主要盈利模式，理顺支付机构业务发展激励机制，引导非银行支付机构回归提供小额、快捷、便民小微支付服务的宗旨。

9.6　加强监管，推动我国电子支付的快速发展

学思践行

习近平总书记在中国共产党第二十次全国代表大会工作报告强调："深化金融体制改革，建设现代中央银行制度，加强和完善现代金融监管，强化金融稳定保障体系，依法将

---

① 中国人民银行. 非金融机构支付服务管理办法[EB/OL]. (2010-06-14)[2019-06-25]. http://chengdu.pbc.gov.cn/chengdu/129312/3108163/index.html.

② 中国人民银行. 非金融机构支付服务管理办法实施细则[EB/OL]. (2010-12-01)[2022-09-25]. http://chengdu.pbc.gov.cn/chengdu/129312/3108300/index.html.

③ 网络支付是指依托公共网络或专用网络在收付款人之间转移货币资金的行为，包括货币汇兑、互联网支付、移动电话支付、固定电话支付、数字电视支付等。预付卡是指以盈利为目的发行的、在发行机构之外购买商品或服务的预付价值，包括采取磁条、芯片等技术以卡片、密码等形式发行的预付卡。银行卡收单是指通过销售点(POS)终端等为银行卡特约商户代收货币资金的行为。

各类金融活动全部纳入监管，守住不发生系统性风险底线。"①

现代信息科技的广泛应用使金融业态、风险形态、传导路径和安全边界发生重大变化。互联网平台开办金融业务带来特殊挑战，一些平台企业占有数据、知识、技术等要素优势，并与资本紧密结合。如何保证公平竞争、鼓励科技创新，同时防止无序扩张和野蛮生长，是我们面临的艰巨任务。在电子支付的应用过程中，需要加快金融监管数字化、智能化转型，积极推进监管大数据平台建设，开发智能化风险分析工具，完善风险早期预警模块，增强风险监测前瞻性、穿透性、全面性，确保电子支付系统不发生系统性风险。

近年来，我国的电子支付发展非常迅速，新兴电子支付工具不断出现，电子支付交易量不断提高，逐步成为我国零售支付体系的重要组成部分。因此，迫切要求就电子支付活动的业务规则、操作规范、交易认证方式、风险控制、参与各方的权利义务等进行规范，从而防范支付风险，维护电子支付交易参与者的合法权益，确保银行和客户资金的安全。为此，中国人民银行先后发布了《电子支付指引(第一号)》《非金融机构支付服务管理办法》等多个文件。2015 年中国人民银行等十部门又联合发布了《关于促进互联网金融健康发展的指导意见》②，提出了互联网金融管理的基本原则和管理思路。

9.6.1　加强分类监管

(1) 互联网支付应始终坚持服务电子商务发展和为社会提供小额、快捷、便民小微支付服务的宗旨。银行业金融机构和第三方支付机构从事互联网支付，应遵守现行法律法规和监管规定。第三方支付机构与其他机构开展合作的，应清晰界定各方的权利义务关系，建立有效的风险隔离机制和客户权益保障机制，要向客户充分披露服务信息，清晰地提示业务风险，不得夸大支付服务中介的性质和职能。互联网支付业务由人民银行负责监管。

(2) 加强商业银行互联网贷款业务管理。要求商业银行履行贷款管理主体责任，提高互联网贷款风险管控能力；完整准确获取身份验证、贷前调查、风险评估和贷后管理所需要的信息数据，并采取有效措施核实其真实性；主动加强贷款资金管理，有效监测资金用途，确保贷款资金安全；切实保障消费者合法权益，严禁不当催收等行为。③

(3) 网络借贷平台应守住法律底线和政策红线，落实信息中介性质，不得设立资金池，不得发放贷款，不得非法集资，不得自融自保，代替客户承诺保本保息、期限错配、期限拆分、虚假宣传、虚构标的，不得通过虚构、夸大融资项目收益前景等方法误导出借人，除信用信息采集及核实、贷后跟踪、抵质押管理等业务外，不得从事线下营销。④

---

① 习近平. 高举中国特色社会主义伟大旗帜　为全面建设社会主义现代化国家而团结奋斗：在中国共产党第二十次全国代表大会上的报告 [EB/OL]. (2022-10-16) [2023-01-20]. http://www.gov.cn/xinwen/2022-10/25/content_5721685.htm.

② 中国人民银行等十部委. 关于促进互联网金融健康发展的指导意见[EB/OL]. (2015-07-18) [2024-10-20]. http://www.pbc.gov.cn/zhengwugongkai/4081330/4406346/4693545/4086258/index.html.

③ 中国银保监会. 关于加强商业银行互联网贷款业务管理，提升金融服务质效的通知[EB/OL]. (2024-07-15) [2022-09-20]. http://www.cbirc.gov.cn/cn/view/pages/govermentDetail.html?docId=1061876&itemId= 861&generaltype=1.

④ 国务院办公厅. 国务院办公厅关于印发互联网金融风险专项整治工作实施方案的通知[EB/OL]. (2016-04-12)[2024-09-20]. https://www.gov.cn/zhengce/content/2016/10/13/content_5118471.htm.

(4) 股权众筹平台不得发布虚假标的，不得自筹，不得变相乱集资，应强化对融资者、股权众筹平台的信息披露义务和股东权益保护要求，不得进行虚假陈述和误导性宣传。[①]

9.6.2　加强银行与客户之间关系的调整

作为银行向客户提供的新型金融服务产品，大量的电子支付服务面对的是个人消费者和商业企业在经济交往中产生的一般性支付需求。这类电子支付参与主体众多，涉及银行、客户、商家、系统开发商、网络运营服务商、认证服务提供机构等。加强银行与客户之间关系的调整，才能营造电子支付应用的良好环境。

为维护客户权益，办理电子支付的银行和非金融机构必须充分披露其电子支付业务活动中的基本信息，尤其是对电子支付业务的风险。

客户申请电子支付业务，必须与银行或非金融机构签订相关协议，并对协议的必要事项进行列举。银行或非金融机构有权要求客户提供其身份证明资料，有义务向客户披露有关电子支付业务的初始信息并妥善保管客户资料。

客户应按照其与发起银行的协议规定，发起电子支付指令；发起银行或非金融机构应当建立必要的安全程序，对客户身份和电子支付指令进行确认，并形成日志文件等记录；银行应当按照协议规定及时发送、接收和执行电子支付指令，并回复确认。

9.6.3　高度重视电子支付的安全管理

办理电子支付的银行应当采取下列措施保证电子支付的安全：
(1) 采用符合有关规定的信息安全标准、技术标准、业务标准。
(2) 建立针对电子支付业务的管理制度，采取适当的内部制约机制。
(3) 具备灾难恢复处理能力和应急处理能力，确保电子支付业务处理系统的安全性。
(4) 提倡银行或非金融机构和客户使用第三方认证，妥善保管密码、密钥等认证数据。
(5) 银行或非金融机构对客户的责任不因相关业务的外包关系而转移，并应与开展电子支付业务相关的专业化服务机构签订协议，并确立持续性的程序，以管理其外包关系。
(6) 银行或非金融机构要建立电子支付业务运作重大事项报告制度，按有关法律法规披露电子支付交易信息，及时向有关部门报告电子支付经营过程中发生的危及安全的事项。

根据审慎性原则，办理电子支付的银行或非金融机构应针对不同客户，在电子支付和转账等方面做出合理限制：
(1) 通过互联网为客户办理电子支付业务，除采用数字证书、电子签名等安全认证方式外，需要对客户做出电子支付(或转帐)单笔限额、日累计限额、日累计笔数和年累计限额，超出限额和笔数的，可到电子银行或非金融机构办理调整相关限额的操作。
(2) 为客户办理电子支付业务，单位客户从其银行或非金融机构结算账户支付给个人银行结算账户的款项，其单笔金额不得超过 5 万元人民币。
(3) 银行或非金融机构应在客户的信用卡授信额度内，设定用于网上支付交易的额度供客户选择，但该额度不得超过信用卡的预借现金额度。

---

① 国务院办公厅. 国务院办公厅关于印发互联网金融风险专项整治工作实施方案的通知[EB/OL].
(2016-04-12)[2024-09-20]. https://www.gov.cn/zhengce/content/2016-10/13/content_5118471.htm.

9.6.4 加强电子支付信息的管理

电子支付是通过开放的网络来实现的，支付信息很容易受到来自各种途径的攻击和破坏，信息的泄露和受损直接威胁到企业和用户的切身利益，支付机构应当具备必要的技术手段，确保支付指令的完整性、一致性和不可抵赖性。

(1) 银行在物理上保证电子支付业务处理系统的设计和运行能够避免电子支付交易数据在传送、处理、存储、使用和修改过程中被泄漏和篡改。

(2) 银行应采取有效的内部控制措施为交易数据保密。

(3) 在法律法规许可和客户授权的范围内妥善保管和使用各种信息和交易资料。

(4) 必须按照会计档案要求保管电子支付交易数据。

(5) 提倡由合法的第三方认证机构提供认证服务，以保证认证的公正性。

(6) 及时在境内完成境内发生的人民币电子支付交易信息处理及资金清算。

参 考 文 献

[1] 杨立钒，万以娴. 电子商务安全与电子支付[M]. 4 版. 北京：机械工业出版社，2020.

[2] 张璇，李成功，黄勤龙，等. OpenSSL 在安全电子商务系统中的应用[J]. 昆明：云南大学学报(自然科学版)，2010(2)：140-146.

[3] 蔡俊杰. 电子商务协议 SSL 与 SET 的分析研究[J]. 网络安全技术与应用，2022(5)：117-134+163.

[4] EWING A. Visa 3-D Secure 2.0 Payment security, evolved[EB/OL]. (2024-01-18)[2024-08-20]. https://usa.visa.com/content/dam/VCOM/global/run-your-business/documents/visa-3d-secure-2-infographic.pdf .

[5] 钟红，郝毅. 央行数字货币对国家金融安全的影响及应对[J]. 北京：国家安全研究，2017(8)：31-33.

[6] 孙宁华，戴嘉. 数字货币：货币本质的延续与颠覆[J]. 兰州：兰州大学学报(社会科学版)，2022(9)：43-52.

备课教案　　　　电子课件　　　引导案例与教学案例　　　习题指导

物流产业被认为是国民经济发展的动脉和基础产业，其发展程度成为衡量一国现代化程度和综合国力的主要标志之一。物流已经从原来的"货物配送"发展到集物流、信息流、资金流于一体的全方位服务。电子商务物流是现代物流中一个新的、重要的发展方向。本章在介绍物流基本知识的基础上，对电子商务物流的概念、模式和技术进行了专门的研究。

10.1　电子商务物流概述

10.1.1　物流

1．物流概念的起源与发展

物流的概念起源于 20 世纪 30 年代的美国，原意为"实物分配"或"货物配送"(Physical Distribution，PD)，1963 年被引入日本，译为"物的流通"。20 世纪 70 年代以后，"物流"一词逐渐取代了"物的流通"，定义为"在连接生产和消费间对物资履行保管、运输、装卸、包装、加工等功能，以及作为控制这类功能后援的信息功能，它在物资销售中起桥梁作用。"

我国是 20 世纪 80 年代引入"物流"这个概念的，此时的物流已被称为 Logistics。Logistics 的原意为"后勤"，是二战期间军队在运输战争物资时使用的一个名词。后来把 Logistics 转用于物资的流通中，这时的物流不再单纯考虑从生产者到消费者的货物配送，同时还要考虑生产者原材料的采购，以及在产品制造过程中的运输、保管和信息等方面的问题。

1999 年，联合国物流委员会对物流做了新的界定：物流是为了满足消费者需要而进行的从起点到终点的原材料、中间过程库存、最终产品和相关信息有效流动和存储计划、实现和控制管理的过程。这个定义强调了从起点到终点的过程，提高了物流的标准和要求。

"物流"概念中的"物"，是指所有的物质资料，既包括一定积累的社会劳动产品，也包括用于社会生产和社会消费的各种自然资源；既包括用于生产性消费的劳动资料、劳动对象，也包括用于人们最终消费的生活资料(即消费资料)。现代物流有两个重要功能：第一，能够管理货物的流通质量，减少环节间的重复劳动，缩短物流距离和时间；第二，通过互联网建立商务联系，直接从客户处获得订单。

我国物流行业起步较晚，但发展速度很快，已经成为国民经济的重要支柱产业之一。2023 年，我国全年社会物流总额达 352.4 万亿元，按可比价格计算，同比增长 5.2%，增速比 2022 年提高 1.8 个百分点。图 10-1 反映了 2017—2023 年我国物流业发展的状况。[①]

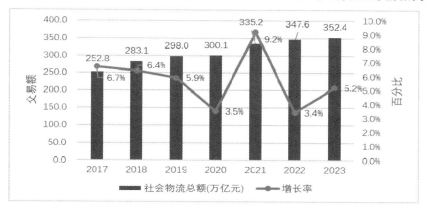

图 10-1　2017—2023 年我国社会物流总额增长情况(单位：万亿元)

2023 年，邮政行业寄递业务量累计完成 1624.8 亿件，同比增长 16.8%。其中，快递业务量(不包含邮政集团包裹业务)累计完成 1320.7 亿件，同比增长 19.4%。[②]

物流业的快速发展，得益于国家对物流业的高度重视。2014 年国务院印发了《物流业发展中长期规划(2014—2020 年)》[③]。2018 年国务院办公厅又发布《国务院办公厅关于推进电子商务与快递物流协同发展的意见》[④]，提出推进电子商务与快递物流协同发展的 6 项具体措施。《中华人民共和国国民经济和社会发展第十四个五年规划和 2035 年远景目标纲》[⑤]进一步明确了物流未来的发展目标：建设现代物流体系，加快发展冷链物流，统筹物流枢纽设施、骨干线路、区域分拨中心和末端配送节点建设，完善国家物流枢纽、骨干冷链物流基地设施条件，健全县乡村三级物流配送体系，发展高铁快运等铁路快捷货运产品，加强国际航空货运能力建设，提升国际海运竞争力。优化国际物流通道，加快形成内外联通、安全高效的物流网络。完善现代商贸流通体系，培育一批具有全球竞争力的现代流通企业，支持便利店、农贸市场等商贸流通设施改造升级，发展无接触交易服务，加强商贸流通标准化建设和绿色发展。加快建立储备充足、反应迅速、抗冲击能力强的应急物流体系。

2. 物流的分类

物流的分类有：宏观物流和微观物流、社会物流和企业物流、国际物流和区域物流、一般物流和特殊物流。

① 中国物流与采购联合会. 物流恢复向好质效提升：2023 年物流运行情况分析 [EB/OL]. (2024-02-07)[2024-08-20]. http://www.chinawuliu.com.cn/lhhzq/202402/07/626450.shtml.
② 国家邮政局. 国家邮政局公布 2023 年邮政行业运行情况[EB/OL]. (2024-03-04)[2024-09-27]. https://www.spb.gov.cn/gjyzj/2022lhbjzlkt/202403/22e465692d4746f8ae89c7beae8b404e.shtml.
③ 国务院. 国务院关于印发物流业发展中长期规划(2014—2020 年)的通知[EB/OL]. (2014-10-04) [2024-09-20]. https://www.gov.cn/zhengce/zhengceku/2014-10/04/content_9120.htm.
④ 国务院办公厅. 国务院办公厅关于推进电子商务与快递物流协同发展的意见[EB/OL]. (2018-01-23) [2024-08-20]. http://www.gov.cn/zhengce/content/2018-01/23/content_5259695.htm.
⑤ 中华人民共和国中央人民政府. 中华人民共和国国民经济和社会发展第十四个五年规划和 2035 年远景目标纲要[EB/OL]. (2021-03-13) [2024-08-20]. http://www.gov.cn/xinwen/2021-03/13/content_5592681.htm.

(1) 宏观物流和微观物流。宏观物流是指社会再生产总体的物流活动，从社会再生产总体角度认识和研究物流活动；微观物流是指企业所从事的实际的、具体的物流活动，如企业物流、生产物流、供应物流、销售物流、回收物流、废弃物流、生活物流等。

(2) 社会物流和企业物流。社会物流(也叫第三方物流)可以理解为各需求点和生产点之间的各种物资流动，由外部的物流网络来完成；也可以理解为物流的实际需求方(假定为第一方)和物流的实际供给方(假定为第二方)之外的第三方通过合约向第一方和第二方提供的物流服务。企业物流是指生产企业中原料或半成品在各个生产环节之间的流动，以及企业将自己生产出的成品直接送抵需求方的物资流动。

(3) 国际物流和区域物流。国际物流是现代物流系统中伴随和支撑国际经济交往、贸易活动和其他国际交流所发生的物流活动。相对于国际物流而言，一个国家范围内的物流、一个城市内的物流和一个经济区域内的物流被称为区域物流。

(4) 一般物流和特殊物流。一般物流是指具有物流活动共同点的物流。一般物流涉及大部分产品和企业，其物流系统的建立及物流活动的运作可以普遍适用。带有特殊制约因素(如特殊劳动对象、机械装备)的物流则属于特殊物流范围。如按劳动对象的特殊性有石油物流、危险品物流等；按装备及技术不同有集装箱物流、托盘物流等。

10.1.2　物流系统

1. 物流系统的概念

物流系统是指在一定时间和空间里，由所需输送的物料和包括有关设备、输送工具、仓储设备、人员以及通信联系等若干相互制约的动态要素构成的具有特定功能的有机整体。随着信息技术的发展，物流管理系统也从简单方式迅速向自动化管理演变，其主要标志是自动物流设备，如自动存储和提取系统、物流计算机管理与控制系统的出现。

2. 物流系统的分类

1) 按照运营主体分类

(1) 以制造商为主体的物流系统。这里的商品都是制造商自己制造的，用以及时地将元器件运送到规定的加工和装配工位。这种物流系统的设计比较容易，从商品制造到生产出来后条码和包装的配合等多方面都较易控制，但不具备社会化的要求。

(2) 以批发商为主体的物流系统。批发商一般按部门或商品类别的不同，把每个制造商的商品集中起来，然后以单一品种或搭配向消费地的零售商进行配送。这种物流系统的商品来自各个制造商，它所进行的一项重要的活动是对商品进行汇总和再销售，而它的全部进货和出货都是社会配送的，社会化程度较高。

(3) 以零售业为主体的物流系统。零售商发展到一定规模后，就可以考虑建立自己的物流系统，为专业商品零售店、超级市场、百货商店、建材商场、粮油食品商店、宾馆饭店等服务，其社会化程度介于以制造商为主体的和以批发商为主体的物流系统之间。

(4) 以仓储运输业为主体的物流系统。这种物流系统最强的是运输配送能力，它的地理位置优越，如港湾、铁路和公路枢纽，可迅速地将到达的货物配送给用户。它提供仓储储位给制造商或供应商，而物流系统的货物仍属于制造商或供应商所有，物流系统只提供仓储管理和运输配送服务。

2) 按照运送货物的系统分类

(1) 集货型物流系统。这种系统主要是针对上游企业的采购物流过程进行创新而形成的。其上游企业关联性较强，下游企业则互相独立。上游企业对物流系统的依存度明显大于下游企业。此类物流系统适于成品或半成品物资的推销，如汽车的物流配送。

(2) 散货型物流系统。这种系统主要是对下游企业的供货物流进行优化而形成的。上游企业对物流系统的依存度小于下游企业，而下游企业相对集中或利益共享(如连锁业)。此类物流系统适于原材料或半成品物资的配送，如机电产品的物流配送。

(3) 混合型物流系统。这种系统综合了上述两种物流系统的优点，并对商品的流通全过程进行有效控制，克服了传统物流的弊端。采用这种物流系统的流通企业规模较大，具有相当大的设备投资。在实际流通中，这种物流比较符合新型物流配送的要求，特别是电子商务下的物流配送。

10.1.3 电子商务物流的概念与特点

1. 电子商务物流的概念

如同传统的商务活动，电子商务中的任何一笔交易都包含着信息流、商流、资金流和物流。信息流既包括商品信息的提供，也包括商业贸易单证。商流是指商品在供应商、制造商、批发代理商、零售商和物流公司之间进行的商品所有权转移的过程。资金流主要是指资金的转移过程，包括信用证、汇票、现金在买卖双方及其代理人之间的流动。在电子商务条件下，信息流、商流和资金流都可以通过计算机和网络通信设备处理。

物流作为"四流"中最为特殊的一种，涵盖了商品或服务的流动过程，包括运输、储存、配送、装卸、保管等各种活动。对于少数商品和服务来说，可以直接通过网络传输的方式进行配送，如电子出版物、信息咨询服务等。而对于大多数实体商品和服务来说，其配送仍要通过物理方式传输，但由于自动化工具的应用和监控，物流的速度加快、准确率提高。因此可以说，电子商务物流是指基于信息流、商流、资金流网络化的物资或服务的配送活动，包括实体产品(或服务)的物理传送和数据产品(或服务)的网络传送。

2. 电子商务物流系统的构成

电子商务物流系统由物流作业系统和物流信息系统两个部分构成。

(1) 物流作业系统：在采购、运输、仓储、装卸、配送等作业环节中使用各种先进技术，并使生产据点、物流据点、运输线路、运输手段等网络化，以提高物流活动的效率。

(2) 物流信息系统：在保证订货、进货、库存、出货、配送等信息通畅的基础上，使通信据点、通信线路、通信手段网络化，提高物流作业系统的效率。

电子商务物流系统以 Speed(速度)、Safety(安全)、Surety(可靠)和 Low-cost(低费用)(3S1L)为原则，力求提供最好的物流服务，提高配送效率，降低物流成本。为此，在这一系统中，要求实物流和信息流在物流作业的各个环节都实现有效融合(见图 10-2)。

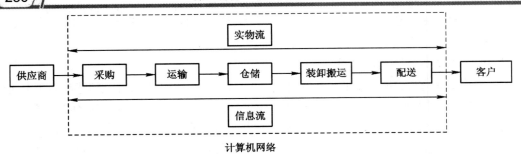

图 10-2　电子商务物流系统的构成

3. 电子商务物流的特点

电子商务时代的来临，给全球物流带来了新的发展，使现代物流具备了一系列新特点。

(1) 物流信息化。物流信息化表现为物流信息全部联网，包括物流信息的收集、物流信息的处理、物流信息的传递、物流信息的存储等环节的信息都实现网络化。

(2) 物流智能化。近年来，随着信息技术的蓬勃发展，智慧物流已经成为现代物流新的发展潮流。2023 年底，我国交通运输、仓储和邮政业法人单位近 60 万家，个体经营户 580 多万个，物流相关市场主体超过 600 万。[①] 物联网、云计算、大数据、人工智能、区块链等新一代信息技术与传统物流融合；无人仓、无人码头、无人配送、无人机、物流机器人、智能驾驶卡车等技术装备加快应用。

(3) 物流组织的网络化。物流组织网络是指打破单个物流企业界限，通过相互协调和资源整合为客户提供满意服务的网络化组织形态。电子商务物流参与者众多，主体复杂，要成为有竞争力的物流企业必须在物流组织的整合上有所突破。"十四五"期间，我国将建设 120 个国家物流枢纽，并且互联成网，形成具有区域集聚辐射能力的产业集群。

10.1.4　物流在电子商务中的作用

物流在电子商务的发展中有着举足轻重的地位，物流的发展促进着电子商务的发展。

(1) 物流是实现电子商务的保证。电子商务条件下企业成本优势的建立和保持必须以可行和高效的物流运作为保证。没有一个高效、合理、畅通的物流系统，电子商务所具有的优势就难以得到有效的发挥，也难以得到有效的发展。

(2) 物流影响电子商务的运作质量。电子商务"以顾客为中心"的理念只有通过物流才能最终体现。缺少了现代化的物流技术，电子商务给消费者带来的购物便捷可能完全消失，消费者必然会转向他们认为更为安全的传统购物方式。因此，加强物流配送工作，是电子商务吸引顾客、提高运作质量的关键环节。

(3) 物流是实现电子商务企业盈利的重要环节。在传统的商品成本中，物流成本可以占到商品总价值的 30%～50%。而现代物流可以大大降低来自该部分的成本。调查显示，虽然国内社会整体物价水平一直在上涨，但由于先进物流技术和管理方式的推广，我国物流运行效率持续改善，单位物流成本稳中有降，社会物流总费用与 GDP 的比率为 14.4%，

---

① 中国物流与采购联合会. 物流恢复向好质效提升：2023 年物流运行情况分析[EB/OL]. (2024-02-07) [2024-08-20]. http://www.chinawuliu.com.cn/lhhzq/202402/07/626450.shtml.

比上年下降 0.3 个百分点。[①]

10.1.5　电子商务对物流的影响

电子商务对物流的影响主要体现在以下几个方面。

(1) 电子商务改变传统的物流观念。电子商务为物流创造了一个虚拟的运作空间。在电子商务状态下，物流的很多职能及功能可以通过虚拟化的方式表现出来，人们需要通过各种组合方式寻求物流的合理化，使商品实体在实际的运动过程中效率最高、费用最低。

(2) 电子商务改变物流的运作方式。首先，电子商务可使物流实现网络的实时控制。在电子商务条件下，信息不但决定着物流的运动方向，而且也决定着物流的运作方式。在实际运作过程中，通过网络信息的传递可以有效实现对物流的实时控制。其次，网络对物流的实时控制是围绕物流供应链进行的。传统的物流活动虽然也依靠计算机对物流进行实时控制，但这种控制是以单个运作方式来进行的，而在电商时代是对整个供应链实时监控。

(3) 电子商务改变物流企业的经营形态。在传统经济条件下，物流是从企业的角度进行组织和管理的，而电子商务则要求物流从社会的角度实行系统的组织和管理，以打破传统物流的分散状态。在传统经济活动中，物流企业之间的竞争往往是依靠本企业提供优质服务、降低物流费用等方式来进行的。而在电子商务时代，需要一个全球性的物流系统来保证商品的合理流动，单个企业很难满足这一要求。这就要求物流企业相互联合起来，在竞争中形成一种协同竞争的状态，以实现物流的高效化、合理化、系统化。

(4) 电子商务促进物流基础设施的改善和物流技术与物流管理水平的提高。首先，电子商务高效率和全球性的特点，要求物流基础设施随之改善，提高物流技术的进步。其次，电子商务的高效率要求物流也要有较高的管理水平，建立科学合理的管理制度，将科学的管理手段和方法应用于物流管理当中，实现物流的合理化和高效化。

(5) 电子商务对物流人才提出了更高的要求。电子商务不仅要求物流管理人员具有较高的物流管理水平，也要求物流管理人员具有较高的电子商务知识，并在实际的运作过程中，能够有效地将二者有机地结合在一起。

10.1.6　电子商务与物流的协同发展

学思践行

习近平总书记在中国共产党第二十次全国代表大会工作报告中提出"加快发展物联网，建设高效顺畅的流通体系，降低物流成本"。[②]

社会物流成本水平是国民经济发展质量和综合竞争力的集中体现。近年来，按照党中央、国务院有关部署，我国物流降本增效工作并取得良好成效，物流绩效水平在全球 160 多个经

---

① 中国物流与采购联合会. 物流恢复向好质效提升：2023 年物流运行情况分析[EB/OL]. (2024-02-07) [2024-08-20]. http://www.chinawuliu.com.cn/lhhzq/202402/07/626450.shtml.

② 习近平. 高举中国特色社会主义伟大旗帜　为全面建设社会主义现代化国家而团结奋斗：在中国共产党第二十次全国代表大会上的报告 [EB/OL]. (2022-10-16)[2022-11-20]. http://www.gov.cn/xinwen/2014-08/18/content_2736451.htm.

济体中排名第 26 位，在同等收入水平经济体中位居前列。[①] 但与发达国家相比，我国物流"成本高、效率低"的问题仍较为突出，不能有效满足电子商务高质量发展和现代化经济体系建设的总体要求。特别是最近几年受新冠疫情影响，电子商务社会物流成本出现阶段性上升，不利于正常经济社会运行秩序的加快恢复。我们需要直面问题，聚焦制约物流降成本的"老大难"问题，创新思路和政策手段，着力提高电商物流企业的降低物流成本的效果。

推进电子商务与快递物流协同发展，有利于快递物流转型升级、电子商务提质增效；有利于技术标准衔接统一、数据资源规范共享、供应链协同创新；有利于扩大消费、提升用户体验，更好适应和满足网购消费者美好生活需要。国务院办公厅《关于推进电子商务与快递物流协同发展的意见》[②] 明确了 6 个方面的政策措施。

(1) 强化制度创新，优化协同发展政策法规环境。简化快递业务经营许可程序，改革快递企业年度报告制度；创新产业支持政策；健全企业间数据共享制度；健全协同共治管理模式。

(2) 强化规划引领，完善电子商务快递物流基础设施。统筹规划电子商务与快递物流发展，构建适应电子商务发展的快递物流服务体系，保障基础设施建设用地；加强基础设施网络建设；完善优化快递物流网络布局，推动电子商务和快递物流园区建设与升级。

(3) 强化规范运营，优化电子商务配送通行管理。推动各地从规范城市配送车辆运营入手，完善城市配送车辆通行管理政策，对快递服务车辆给予通行便利。

(4) 强化服务创新，提升快递末端服务能力。鼓励将推广智能快件箱纳入便民服务、民生工程等项目，推广智能投递设施；鼓励建设快递末端综合服务场所，促进快递末端配送、服务资源有效组织和统筹利用，发展集约化末端服务。

(5) 强化标准化智能化，提高协同运行效率。加强现代信息技术和装备的应用，大力推进库存前置、智能分仓、科学配载、线路优化；加强快递物流标准体系建设，引导电商与物流系统互联和业务联动；发展仓配一体化服务，优化资源配置，提升供应链协同效率。

(6) 强化绿色理念，发展绿色生态链。鼓励电商与快递物流企业开展供应链绿色流程再造，推广绿色包装，制定绿色包装、减量包装标准，鼓励电商平台开展绿色消费活动；推动绿色运输与配送，逐步提高快递物流领域新能源汽车使用比例。

10.2 电子商务物流模式

10.2.1 自营物流

1. 自营物流的概念

自营物流是指电子商务企业借助于自身物质条件(包括物流设施、设备和管理机构等)

---

① 国家发展改革委. 国家发展改革委有关负责同志就《关于进一步降低物流成本的实施意见》答记者问 [EB/OL]. (2020-06-03)[2022-11-20]. http://www.gov.cn/zhengce/2020/06/03/content_5517092.htm.
② 国务院办公厅. 国务院办公厅关于推进电子商务与快递物流协同发展的意见[EB/OL]. (2018-01-02) [2024-08-20]. http://www.gov.cn/zhengce/content/2018/01/23/content_5259695.htm.

自行组织的物流活动。对于电子商务企业来说，自营物流启动容易，配送速度快，但配送能力较弱，配送费用不易控制。如果电子商务企业有很高的顾客服务需求标准，而自己的物流管理能力又比较强，一般选择自营物流方式。

在自营物流方式中，电子商务企业也会向运输公司购买运输服务或向仓储企业购买仓储服务，但这些服务一般只限于一次或一系列分散物流功能，而且是临时的、纯市场交易的服务。物流服务与电子商务企业的价值链是松散的。

2. 京东物流模式

京东物流成立于 2007 年，是我国第一个自建物流的电商企业，是典型的自营物流。京东物流建立了包含仓储网络、综合运输网络、最后一公里配送网络、大件网络、冷链物流网络和跨境物流网络在内的高度协同的六大网络，具备数字化、广泛和灵活的特点，服务范围几乎覆盖了我国所有地区、城镇和人口，不仅建立了中国电商与消费者之间的信赖关系，还通过 211 限时达等时效产品和上门服务，重新定义了物流服务标准。

截至 2022 年 3 月 31 日，京东物流运营约有 1400 个仓库，含云仓生态平台的管理面积在内，京东物流仓储总面积超过 2500 万平方米。京东物流助力约 90%的京东线上零售订单实现当日和次日达，客户体验持续领先行业。其信息系统可以支持每分钟亿级的高并发场景吞吐量和每天亿级订单量。在每一个用户的订单处理背后，如何实现看似简单的发货与收货，实际上背后隐藏着一套复杂的物流系统，京东称之为"青龙系统"(见图 10-3)。

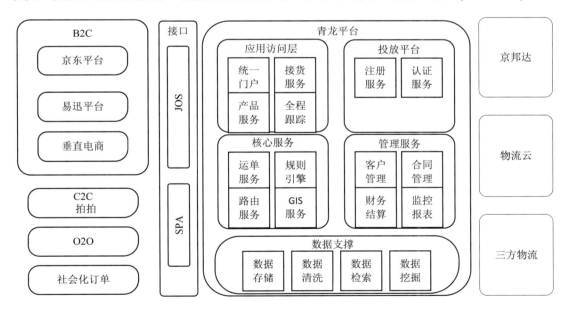

图 10-3 京东商城青龙系统的基本架构

青龙系统的核心子系统由 6 大核心结构组成(见图 10-4)，包括：

(1) 对外拓展子系统：主要任务是拓展快递业务，发展快递网站、商家客户端、接货中心和客户拓展等。

(2) 终端服务子系统：涉及配送最终阶段的各类活动，包括快件跟踪扫描记录仪(PDA)的使用、站点的资源管理(ERP)、与第三方物流(3PL)的联系、自提点和自提柜的管理等。

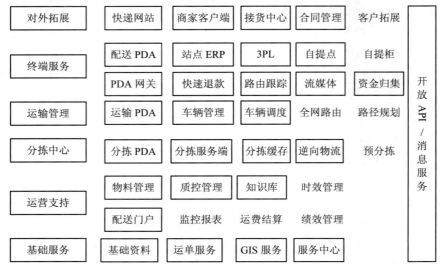

图 10-4   京东商城青龙系统的核心子系统

(3) 运输管理子系统：主要包括车辆管理、车辆调度、路径规划等。

(4) 分拣中心子系统：主要处理预分拣、分拣服务的安排等。

(5) 运营支持子系统：涉及物料管理、质控管理、绩效管理、运费结算等。

(6) 基础服务子系统：主要包括运单服务、位置(GIS)服务、服务中心等。

10.2.2   第三方物流

1. 第三方物流的概念

第三方物流(Third Party Logistics，TPL)是近年来广泛流行的新概念，它是指物流渠道中的专业化物流中间公司以签订合同的方式，在一定期间内，为其他公司提供所有或某些方面的物流业务服务。如果物流在电子商务企业中所占比重不大，且该企业自身物流管理能力也比较欠缺，采用"第三方物流"模式是最佳选择，它能够大幅度降低物流成本，提高为顾客服务的水平。

从广义的角度以及物流运行的角度看，第三方物流可以涵盖电子商务的一切物流活动，以及从专业物流代理商处得到的其他一些增值服务。提供这一服务是以发货人和物流代理商之间的正式合同为条件的。这一合同明确规定了服务费用、期限及相互责任等事项。

狭义的第三方物流专指本身承接物流业务的物流企业负责代替发货人完成整个物流过程的一种物流管理方式。

2. 顺丰速运模式

顺丰速运是国内领先的快递物流综合服务商，是第三方物流的代表。顺丰速运于 1993 年在广东顺德成立，然后服务范围迅速延伸至广东其他地区。现今顺丰速运服务网络已经覆盖了全国所有省份，包括港澳台地区，也覆盖了国际上几十个国家。

顺丰速运经过多年发展，已初步建立为客户提供一体化综合物流解决方案的能力，服务范围延伸至价值链前端的产、供、销、配等环节。利用大数据分析和云计算技术，顺丰

速运为客户提供智能仓储管理、销售预测、大数据自助分析等一揽子解决方案。

客户在顺丰物流平台下单送交订单后，订单进入仓储管理系统，然后通过拣、包装，安排货运，配送信息系统实时跟踪订单移动位置，最后快递人员上门送货，客户签收。图10-5为顺丰物流电子商务物流配送体系示意图。

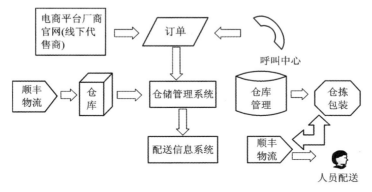

图 10-5　顺丰物流电子商务物流配送体系

2019 年，顺丰速运推出"粹御数据安全解决方案"，涵盖物流的数据资产管理、隐私数据管理、数据脱敏管理、数据追溯管理与数据加解密服务管理五大方面。该方案不仅帮助顺丰物流解决了数据安全问题，还对其他企业的数据安全管理提供了帮助，被各行各业借鉴和采用。

顺丰速运的做法得到电子商务企业的认可。2019 年 11 月，著名电商企业唯品会宣布与顺丰速运达成业务合作，终止旗下曾经投入巨大精力的自营快递品骏的快递业务，并全面委托顺丰速运完成其订单的配送服务。

10.2.3　物流联盟

1. 物流联盟的概念

物流联盟是指电子商务网站、电子商务企业、物流企业等各方面通过契约形成优势互补，要素双向或多向流动，互相信任，共担风险，共享收益的物流伙伴关系。组建物流联盟可以降低成本，减少投资，获得管理技术，提高为顾客服务的水平，取得竞争优势，降低风险和不确定性。

组建物流联盟可以吸收不同企业的优势和长处，在物流设施、运输能力、专业管理技巧上互补，取得较好的经济效益。

2. 菜鸟驿站模式

菜鸟物流于 2013 年成立，定位于"社会化物流协同、以数据为驱动力的平台"，并且明确五大战略：快递、仓配、跨境、农村和驿站。

菜鸟物流通过两个方面来改变物流现状。一是在全国范围内通过"自建 + 合作"的方式搭建起智能物流骨干网，以此来缩短物流半径，实现仓储中心之间的 8 小时连接和24 小时送达；二是建立一个基于仓储设施的数据应用平台，实现信息共享，提升现有物流企业的仓库利用率与运作效率。图 10-6 为菜鸟物流的在线付和货到付两种业务模式。

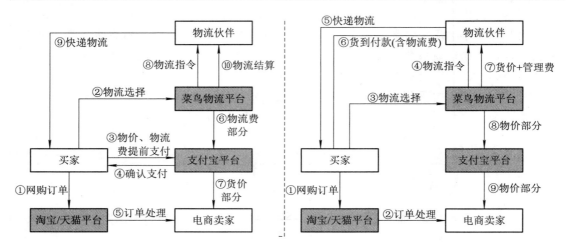

图 10-6　菜鸟物流的在线付和货到付业务模式

作为菜鸟物流五大战略方向之一的菜鸟驿站，通过物流联盟形式开展菜鸟驿站建设，收到很好的效果。经过几年的发展，菜鸟物流已经覆盖了 100 多个城市，40 000 多个社区和高校，服务消费者超过 1 个亿，形成覆盖全国主要城市的末端公共服务网络。

菜鸟驿站主要提供快递暂存自提和代寄服务。站点的基础收入是包裹的派件和寄件收入。另外站点包裹业务带来的人流量也会带动其他商业业务的增收。派件是每单 5 角到 1 元不等，寄件是每单 3 元到 8 元不等；包裹流量增加客流量，转化为店铺营业额；店铺还可以开展团购、广告、回收、洗衣等商业增收业务。

菜鸟驿站主要有社区站点、校园站点、社区服务商三种类型，入驻标准见表 10-1。

表 10-1　菜鸟驿站社区站点的入驻标准

渠道定义	面向社区，店铺为个人所有或租用，无统一供应链管理
入驻标准	(1) 合作类型：快递代办点，个人创业菜鸟驿站及部分零售类&服务类店铺； (2) 硬件设备：店内有联网电脑或智能手机、小 yi 工作台、PDA、云监控、小票打印机、专业包裹货架、地台、烟雾报警器、自动应急照明设备、防毒口罩、长胶手套(耐强酸强碱)、灭火器等；如需购买驿站硬件设备，请访问物料商城； (3) 经营空间：专业点——店铺实际场地面积≥20 m²，小站——店铺实际场地面积≥10 m²。需要有独立的包裹存放区域，可以容纳开展业务所需的接待台、货架等； (4) 经营时间：08:00—22:00 内不低于 10 小时，且营业时间内有专人值班
入驻流程	提交申请——初评——培训——详细信息提交——平台审核——签署协议，冻结保证金——入驻成功

(资料来源：菜鸟驿站. 入驻标准[EB/OL]. (2021-01-24)[2022-08-23]. https://yz.cainiao.com/ settledStandard.htm? spm= a2d0c.7662385.0.0.77094fbdo2roYs.)

10.2.4　电子商务物流模式建设中应注意的问题

在电子商务环境下，物流业务模式的建设应当从以下几个方面考虑：

(1) 物流网站应提供强有力的客户服务功能。物流网站应包括客户登录、信息查询、沟通、广告宣传、信息储存和分析、业务处理和信息反馈等功能。

(2) 建设移动物流管理信息系统，实现物流管理的移动处理。移动物流管理信息系统应当能够处理物资编码与仓库货位、物资入库与出库、运输调度、客户与供应商、成本、系统运转等信息；能够做到信息共享、提高处理速度和处理效率，而且要能够及时更新，及时将信息反馈给各个业务部门、反馈给客户，为前台的客户服务功能提供支持。

(3) 形成线上运作与线下运作的联动，全方位提高服务质量。电子商务环境为物流提供了有利的环境条件，在充分利用网上资源的同时，也要重视线下运作，要把线上运作和线下运作结合起来，充分发挥各自的优势，共同实现物流企业的高效运作。

(4) 发挥资源整合的优势。通过整合第三方物流服务商、管理咨询服务商、信息技术服务商、电子商务服务商的资源，为客户企业提供个性化、多样化的供应链解决方案，帮助客户企业降低物流成本，提高配送质量，稳定国内外市场。

10.3 电子商务物流技术

10.3.1 电子商务物流的基本流程

一次完整的电子商务物流过程分为以下几个环节：厂家将生产的单个产品进行包装，并将多个产品集中在大的包装箱内；然后，经过批发、运输等环节；最后，产品通过零售环节流通到消费者手中，产品通常在这一环节中再还原为单个产品。各个环节不是孤立的行为，而是相互制约、相辅相成的。因此，各环节必须协调一致，才能完成整个配送过程。

电子商务交易中的商品从厂家到最终用户，或者从厂家到商家再到消费者的物流过程是整个供应链中的一个重要组成部分。但长期以来人们总是将它看作是一个独立的系统，并未从整体角度去设计其物流架构，因而未能发挥供应链系统的总体优势。供应链系统连接多个供应商、生产企业、配送企业和用户，地域和时间跨度大，对信息依赖程度高。从供应链系统的角度全面考虑，才能够使电子商务物流架构保持足够的灵活性和可变性。

1. 物流系统的设计与布局规划

要实现电子商务物流的高效运转，必须对物流设备和物流工艺进行更加有效的设计与布局规划。通过对不同物流系统的比较，对不同生产能力的考察，对各种物流方案的评价，设计出符合本地区、本部门电子商务物流特点的运作方案。

目前，物流系统的设计与布局规划的一个重要工具是仿真。仿真软件对设计一个复杂的工艺流程特别有效。在屏幕上，操作者可以观察到不同的场景，通过不同的生产能力数据对各种物流方案进行评价，设定假设条件，观察可能发生的情况。最新的软件通过四维(x、y、z、时间)设计，使得系统更加接近现实世界。更加复杂的软件在设计时是一个很好的帮助工具，在实际应用中也成为了一个很好的操作控制工具。

2. 接货

接货要达到的目标是使接收物料更快、更安全、高效和准确。码头承担接货和发货双重任务，码头的物流布局分为结合型、分离型和直接转发型。供应商和客户之间及时的信息交流是码头物流畅通的关键，包括：

(1) 到货时这些货物的发货目的地就已经知道；

(2) 需要这些到货的客户已经做好了接收准备；

(3) 到货物品被预先贴好标签或打好条码；

(4) 了解仓库或配送中心的存储情况；

(5) 到货物料的价格是预先确定好的。

3. 存储

接货的下一步是存储。现代制造业的一些新的概念，像 JIT(Just In Time)、连续物流和跨码头直接发运(Cross Docking)等，使得库存量和库存时间都大大减少。存储越来越被认为是一个物流的过程而不只是一种静态的存储技术。

全面的库存控制是高效仓库管理的关键，也是降低整个企业库存成本的重要环节。新的 WMS(Warehouse Management Software，仓库管理软件)是通过出入库业务、仓库调拨、库存调拨和虚仓管理等功能，综合批次管理、物料对应、库存盘点、质检管理、虚仓管理和即时库存管理等功能综合运用的管理系统，有效控制并跟踪仓库业务的物流和成本管理全过程，实现完善的企业仓储信息管理，并为采购和销售部门提供信息决策参考。

4. 分类与处理

分类与处理是将货品科学地堆放与处置。全盘计划、改进物料搬运和信息处理系统是提高后续工序生产率的关键。在这一过程中，很多运输设备包括叉车、自动导引车(AGV)以及传送带等都起到了重要作用。

对库存物品科学分析是正确选择存储设备和仓储区域的关键。例如，物品的体积、拣选的数量都将缩小存储设备的选择范围。通过对产品重量、物品种类、产品易碎程度等的分析，可以帮助选择更合适的仓储区域，有目的地对物品分区存放，大大提高拣选效率。

5. 货品拣选

在所有的仓库操作中，订单拣选是一项劳动密集型工作。这项工作既要求提高拣选效率又要求不牺牲准确度，人工分拣劳动强度很大。目前，在一些大型电子商务企业的物流中心，如阿里巴巴、京东等，此项工作已经开始由物流机器人承担。

人工拣选主要有三种策略：严格拣选、批量拣选和区域拣选。严格拣选是一次完成一个订单货品的拣选，当订单涉及的产品项目不多时，这种策略非常理想；批量拣选是指操作者同时拣选多个订单，主要优点是操作者在仓库中走一趟就可完成多个订单的拣选；区域拣选类似批量拣选，只是每个操作者固定负责一定区域，其优点是大大减少了行走距离。

6. 包装和发运

包装是制造过程的一个延伸，其关键是将包装设备集成于制造和订单完成过程，使得从订单到货物发运码头形成自然的流动。包装环节要求做到产品包装完好、识别标识清晰、避免发运错误等。纸箱树立机、标签打印机、电子秤、自动分配机和码垛机等一些包装设备的集成应用，使包装物流更加流畅。

发运是指发货单位按照运输计划的安排和运输部门的规定，办理运输手续，通过运输工具把商品发给接收单位。发运流程包括以下环节：发货组配、发货准备、申请车船、办

理托运、交付认定。

10.3.2 物流信息技术

1. 条码技术

1) 条码简介

条码(Barcode)是一个机器可以识别的符号。条码技术为我们提供了一种对物流中的物品进行标识和描述的方法。当今物流行业兴起的 ECR(高效消费者响应)、QR(快速响应)、AR(自动补货系统)等供应链管理策略,都离不开条码技术的应用。条码是实现 POS(电子收款机系统)、EDI、电子商务、供应链管理的技术基础,是提高企业物流管理水平的重要技术手段。

目前物流作业中主要使用的条码有一维条码和二维条码。

一维条码(1D Barcode,见图 10-7)只在一个方向(一般是水平方向)上表达信息,而在另一方向(一般是垂直方向)则不表达任何信息,其一定的高度通常是为了便于阅读器的对准。一维条码的应用可以提高信息录入速度,减少差错率。但是一维条码数据容量较小(30 个字符左右),只能包含字母和数字,条码尺寸相对较大(空间利用率较低),条码遭到损坏后便不能阅读。

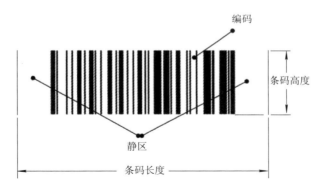

图 10-7 一维条码图

二维条码在"9.2.2 电子支付工具"一节中已有介绍。二维码是用某种特定的几何图形按一定规律在平面(二维方向上)分布的、黑白相间的、记录数据符号信息的图形,通过图像输入设备或光电扫描设备自动识读以实现信息自动处理。

二维码一共有 40 个尺寸。Version 1 是 21×21 的矩阵,Version 2 是 25×25 的矩阵,每增加一个 Version,就会增加 4 个单位的尺寸,公式是:$(V - 1) \times 4 + 21$(V 是版本号)最高为 Version 40,$(40 - 1) \times 4 + 21 = 177$,即 177×177 的正方形。

二维条码是 20 世纪 90 年代产生的。目前,我国已批准使用 4 种二维条码标准,其中 PDF417 条码标准使用最为普遍。由于 PDF417 二维条码具有很强的自动纠错能力,因而在实际的货物运输中,即使条码标签受到一定的污损,PDF417 二维条码依然可以正确地被识读。二维条码实现了货物运输的全过程跟踪,消除了数据的重复录入,加快了货物运输的数据处理速度,从而实现了物流管理和信息流管理的完美结合。

2) 条码在物流业中的应用领域

(1) 商业零售领域。零售业是条码应用最为成熟的领域。大多数在超市中出售的商品都申请使用了 EAN(国际物品编码协会)条码，在销售时，用扫描器扫描 EAN 码，POS 系统从数据库中查找到相应的名称、价格等信息，并对客户所购买的商品进行统计，大大加快了收银的速度和准确性，同时各种销售数据还可作为商场的供应商进货、供货的参考数据。

(2) 仓储管理与物流跟踪。对于大量物品的场合，应用条码技术，可以实现快速、准确地记录每一件物品，使得各种统计数据能够准确地、及时地反映物品的状况。

(3) 质量跟踪管理。ISO9000 质量保证体系强调质量管理的可追溯性。采用条码可以在生产过程的主要环节中，对生产者及产品的数据通过扫描条码进行记录，并利用计算机系统进行处理和存储。如产品质量出现问题，可利用电脑系统很快地查到该产品生产时的数据，为工厂查找事故原因、改进工作质量提供依据。

(4) 数据自动录入。有了二维条码技术，可以把上千个字母或几百个汉字放入名片大小的一个二维条码中，并可用专用的扫描器在几秒钟内正确地输入这些内容。

2. 无线射频识别技术

1) 无线射频识别技术的概念

无线射频识别技术(RFID，电子标签)是一种非接触式的自动识别技术，它通过射频信号自动识别目标对象并获取相关数据。RFID 系统由三部分组成：

(1) 标签(Tag)：由耦合元件及芯片组成，每个标签具有唯一的电子编码，附着在物体上标识目标对象。

(2) 识别器(Reader)：读取(有时还可以写入)标签信息的设备，可设计为手持式或固定式。

(3) 天线(Antenna)：在标签和读取器间传递射频信号。

当标签进入磁场后，接收解读器发出的射频信号，凭借感应电流所获得的能量发送存储在芯片中的产品信息(Passive Tag，无源标签或被动标签)，或者主动发送某一频率的信号(Active Tag，有源标签或主动标签)；识别器读取信息并解码后，送至计算机系统进行有关数据处理(见图 10-8)。

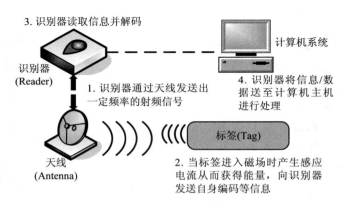

图 10-8　RFID 系统工作原理

相对于条形码，RFID 具有许多优点。表 10-2 比较了两者的差别。

表 10-2　条形码与 RFID 的区别

条 形 码	RFID
一次只能扫描一个条形码	识别器可同时识读多个 RFID 标签
读取时需要光线	阅读时不需要光线
存储容量小	存储容量大
资料不可更新	可反复读、写
介质需要清晰，不能污损或折叠	在天气恶劣、卫生条件差的情况下仍然可以读取
不能被覆盖	读取时不受非金属覆盖的影响
只能慢速移动	可以在高速运动中读取

我国 2005 年成立了 RFID 国家标准工作组，并于 2006 年发表了《中国 RFID 技术政策白皮书》，明确了中国 RFID 的发展路线。2006 年 12 月，关于 RFID 动物应用的推荐性国家标准《动物射频识别代码结构》正式实施。2020 年中国 RFID 行业市场规模达到 1265 亿元，同比增长 15.0%[①]。

2) 无线射频识别技术的应用

RFID 适用于物料跟踪、运载工具和货架识别等要求非接触数据采集和交换的场合，由于 RFID 标签具有可读写能力，对于需要频繁改变数据内容的场合尤为适用。目前，在物流领域，RFID 主要用于仓储库存、产品跟踪、供应链自动管理、交通管理、防伪等领域。

我国 RFID 在高速公路的收费站口已大面积使用。ETC(Electronic Toll Collection，不停车收费)系统是通过安装于车辆上的车载装置和安装在收费站车道上的天线之间进行无线通信和信息交换的。在公交电子月票系统、铁路车辆和货运集装箱的识别、汽车防盗系统等方面也有很好的应用。

在零售领域，自动计费系统连接超市内部的数据库和物联网，顾客可在显示器屏幕上见到清单，并可选择信用卡或现金进行付费。付费完成后系统将控制通道末端的闸门开放，顾客可将购物车推离通道，系统将自动修改库存相关信息。

在产品追溯领域，全国各个城市都在加快建设重要产品追溯体系，主要涉及食用农产品、食品、药品、农业生产资料、特种设备、危险品、稀土产品等 7 类产品，有关统一的追溯标准也在积极推进。

3. 卫星定位技术及应用

1) 卫星定位技术的概念

卫星定位技术是指利用卫星和接收机的双向通信来确定接收机的位置，以实现全球范围内实时为用户提供准确的位置坐标及相关的属性特征的技术。卫星定位如果采用差分技术，其精度甚至可以达到米级。

美国是从 20 世纪 70 年代开始研制卫星定位技术的。其产品全球定位系统 GPS(Global Positioning System)是具备全天候、全球覆盖、高精度特征的导航系统，于 1994 年全面建成，能够为全球范围内的各类目标提供实时的三维定位，已广泛应用于大地测量、工程测量、资源勘查、运载工具导航等多个领域。

我国北斗卫星导航系统(BeiDou(COMPASS)Navigation Satellite System)是自主研发、独立

---

① 前瞻产业研究院. 2022 年中国 RFID 行业市场现状及发展趋势分析[EB/OL]. (2021-12-24) [2022-09-20]. http://stock.stockstar.com/IG2021122400006953.shtml.

运行的全球卫星导航系统。2000 年建成的北斗一号系统向中国区域提供服务；2012 年建成的北斗二号系统向亚太地区提供服务；2024 年建成的北斗三号系统提供全球服务。中国北斗系统可以向全球用户提供定位导航授时、国际搜救、全球短报文通信等三种全球服务；向亚太地区提供区域短报文通信、星基增强、精密单点定位、地基增强等四种区域服务。2023 年，中国卫星导航与位置服务产业的总体产值达到了 5362 亿元人民币，较 2022 年增长 7.09%。[①]

2) 卫星导航技术的功能

(1) 实时监控功能。调度人员可以利用卫星导航技术进行运输控制管理。通过发出指令查询运输工具所在的地理位置和速度等信息，了解货物到达的地点和运输状况。

(2) 双向通信功能。以北斗卫星为例，用户可使用话音功能与司机进行通话或使用本系统安装在运输工具上的移动设备汉字显示终端进行汉字消息收发对话。

(3) 动态调度功能。调度人员可以利用北斗卫星进行动态调度，通过分析运输工具的运能信息、在途信息、司机人员信息，提高重车率，减少空车时间和空车距离，充分利用运输工具的运能。

(4) 数据存储、分析功能。各类运输信息记录在数据库中，不仅可以方便查询，还可以用于分析决策。

3) 卫星导航技术在物流领域的应用

(1) 用于汽车自定位和跟踪调度。在我国首个行业示范项目"重点运输过程监控管理示范工程"的带动下，全国已有超过 700 万辆营运车辆安装北斗兼容终端，形成了全球最大的营运车辆动态监管系统，建立了包含测试、审查、数据接入、管理、考核等要素的一整套营运车辆动态监控管理体系，有效加强了道路营运车辆监控效率。北斗系统的规模化应用使得近年来中国道路运输重特大事故发生率和死亡率均下降约 50 个百分点。[②]

(2) 用于铁路运输管理。我国铁路开发的基于北斗卫星的计算机管理信息系统，可以通过北斗卫星和计算机网络实时收集全路列车、机车、车辆、集装箱及所运货物的动态信息，可实现列车、货物追踪管理。铁路部门运用这项技术大大提高了其路网及其运营的透明度，为货主提供更高质量的服务。

(3) 用于军事物流。全球卫星定位系统首先是因为军事目的而建立的，在军事物流中，如后勤装备的保障等方面，应用相当普遍，尤其是在美国。美军在 20 世纪末的两伊战争中依靠 GPS 为前线部队提供强有力的后勤保障就是一个典型案例。目前，我国军事部门也在运用北斗卫星。

(4) 用于共享单车。美团单车利用"北斗+GPS"多模块卫星定位系统，为上亿用户提供了智能、便捷的绿色出行服务，并不断探索共享单车的高效、精细化运营。哈啰出行全面接入北斗高精度导航定位之后，每天会从路面上的哈啰单车收到数亿次定位信息，了解每一辆车的实时位置和行动轨迹，形成大数据分析报表，预测骑行需求，对路面运维团队发送如"填补特定区域车辆需求缺口"等智能化车辆调度指令。

4. 物联网技术及应用

1) 物联网的概念与特点

物联网(the Internet of Things)是指通过射频识别(RFID)、红外感应器、全球定位系统、

---

① 中国卫星导航定位协会. 我国卫星导航与位置服务产业发展增速提升，2023 年总产值达 5362 亿！[EB/OL]. (2024-05-20)[2024-08-20]. http://www.beidou.gov.cn/yw/xwzx/202405/t20240530_27973.html.
② 《瞭望》新闻周刊. 中国北斗：创新超车[EB/OL]. (2020-12-10)[2024-08-20]. http://www.beidou.gov.cn/yw/xwzx/202012/t20201211_21711.html.

激光扫描器等信息传感设备，按约定的协议，把任何物品与因特网相连接，进行信息交换和通信，以实现智能化识别、定位、跟踪、监控和管理的一种网络。或者说，物联网是将互联网用户端延伸和扩展到任何物品，并与任何物品之间进行信息交换和通信的一种网络。

物联网有三个重要特点：

(1) 全面感知：利用 RFID、传感器、二维码等随地获取物体的信息。

(2) 可靠传递：通过各种电信网络与互联网的融合，将物体的信息实时准确地传递出去。

(3) 智能处理：利用云计算①、模糊识别等各种智能计算技术，对海量的数据和信息进行分析和处理，对物体实施智能化的控制。

2024 年 9 月，工业和信息化部发布的《关于推进移动物联网"万物智联"发展的通知》提出：移动物联网是以移动通信技术和网络为载体，通过多网协同实现人、机、物泛在智联的新型信息基础设施，是经济社会数字化转型的重要驱动力量。随着人工智能、大数据等信息通信技术与移动物联网加快融合，"万物智联"已成为移动物联网未来发展的大趋势，我国移动物联网高质量发展面临网络覆盖有待优化、高端产业有待突破、行业应用有待深入、连接价值有待提升等问题，需要引导产业各方合力，加快移动物联网与行业融合发展的进程。②

2) 物联网涉及的关键技术

物联网涉及信息获取、传输、存储、处理、应用的全过程，涉及材料、器件、软件、系统、网络等多学科。物联网的具体实现需要信息采集技术、近程通信技术、信息远程传输技术、海量信息智能分析与控制技术、窄带物联网技术的相互配合与完善。

(1) 信息采集技术。信息采集是物联网的基础，目前的信息采集主要采用传感器和电子标签等方式完成，传感器用来感知采集点的环境参数，如温度、震动等，电子标签用于对采集点的信息进行"标准化"标识。

(2) 近程通信技术。近程通信技术是新兴的短距离连接技术，从很多无接触式的认证和互联技术演化而来，RFID 和蓝牙技术是其中的重要代表。

(3) 信息远程传输技术。在物联网的机器到机器、人到机器和机器到人的信息远程传输中，有多种技术可供选择，目前主要有有线(如 DSL、PON 等)、无线(如 CDMA、GPRS、IEEE 802.11a/b/g WLAN 等)技术。

(4) 海量信息智能分析与控制技术。依托先进的软件技术，对各种物联网信息进行海量存储与快速处理，并将处理结果实时反馈给物联网的各种"控制"部件。目前兴起的云计算就是满足物联网海量信息处理需求的计算模型。

(5) 窄带物联网((Narrow Band Internet of Things，NB－IoT)技术。窄带物联网也叫作低功耗广域网(LPWAN)，因其低功耗、连接稳定、成本低、架构优化出色等特点而备受关注，广泛应用于制造行业和公共事业。

---

① 云计算(Cloud Computing)，是一种基于因特网的计算新方式，是分布式处理(Distributed Computing)、并行处理(Parallel Computing)和网格计算(Grid Computing)的最新发展。狭义云计算是指 IT 基础设施的交付和使用模式，指通过网络以按需、易扩展的方式获得所需的资源；广义云计算是指服务的交付和使用模式，指通过网络以按需、易扩展的方式获得所需的服务。由于在电脑流程图中，网际网路常以一个云状图案来表示，因此形象地类比为云计算。

② 工业和信息化部. 关于推进移动物联网"万物智联"发展的通知[EB/OL]. (2024-09-12)[2024-09-20]. https://www.miit.gov.cn/zwgk/zcjd/art/2024/art_94b826fc633b4458bcc98501d686561e.html.

3) 物联网在物流行业中的应用

2020 年，全球物联网整体市场规模达到 1.7 万亿美元，全球物联网设备连接数量高达 126 亿个。2023 年，我国物联网行业市场规模达 3.5 万亿元①，5G 物联网终端连接数超过 3000 万户。②

物联网技术是实现智慧物流的基础，物流是物联网技术最重要的应用领域之一。物联网在物流行业中的应用突出表现在 4 个方面，即货物仓储、运输监测、货物跟踪以及智能快递柜。

(1) 货物仓储。在传统的仓储中，往往需要人工进行货物扫描以及数据录取，工作效率低下；同时仓储货位有时候划分不清晰，堆放混乱，缺乏流程跟踪。将物联网技术应用于仓储中，形成智能仓储管理系统，可以提高货物进出效率、扩大存储的容量、减少人工的劳动力强度以及人工的成本，且能实时显示、监控货物进出情况，提高交货准确率。

(2) 运输监测。利用卫星导航、传感、RFID 等多种技术，在物流过程中实时对车辆定位、运输物品监控、在线调度与配送可视化管理，同时监测运输车辆的速度、胎压、油耗等车辆行驶行为，并将货物、司机以及车辆驾驶情况等信息高效地结合起来，提高运输效率、降低运输成本，降低货物损耗。

(3) 货物跟踪。利用物联网可以对寄递货物进行识别、定位、查询、信息采集与管理等方面的活动，并向寄递者发送货物运输中的各种状态信息。

(4) 智能快递柜。智能快递柜是一个基于物联网技术的，能够对物品进行识别、存储、监控和管理的设备，可以与 PC 服务器一起构成智能快递投递系统。快递员将快件送到指定的地点，将其存入到智能快递柜后，智能系统就可以自动为用户发送取件地址以及验证码等信息，用户能在 24 小时内随时去智能快递柜取货物，简单快捷地完成取件服务。

5. 物流机器人技术

应用于物流中的机器人的发展大致可分为三代：第一代物流机器人主要是以传送带及相关机械为主的设备；第二代机器人主要是以自动导引车(AGV)为代表的设备；第三代机器人增加了替换人工的机械手、机械臂、视觉系统、智能系统，提供更友好的人机交互界面，并且与现有物流管理系统对接更完善，具有更高的执行效率和准确性。

阿里巴巴菜鸟研发的末端配送机器人小 G 通过自主感知描绘地图，规划多个包裹的最优派送顺序和路线，将包裹送到收件人手中。若有人错拿或者多拿包裹，小 G 会自动报警。阿里的仓储分拣机器人"曹操"，可承重 50 公斤，速度达 2 米/秒，可迅速定位商品位置，以最优拣货路径拣货后，自动把货物送到打包台。在无锡的菜鸟未来园区，有 700 余台智能搬运机器人在园区仓库内作业。在机器人的帮助下，拣货员的拣货数量提高 3 倍。图 10-9 是分拣机器人工作画面。

无人机送货已经成为各大电商竞争的热点(见图 10-10)。在京东成功完成无人机配送试飞之后，淘宝网、亚马逊也进入试用阶段。2017 年，京东获得覆盖陕西省全境的无人机空域书面批文；2018 年京东在海南省试运营的首个无人机配送站正式启用。未来，京东希望

① 工业和信息化部. 关于推进移动物联网"万物智联"发展的通知[EB/OL]. (2024-09-12)[2024-09-20]. https://www.miit.gov.cn/zwgk/zcjd/art/2024/art_94b826fc633b4458bcc98501d686561e.html.
② 中研普华研究院. 2024—2029 年中国智能物联网(AIOT)行业发展前景及投资趋势预测研究报告[R/OL]. (2024-08-28)[2024-09-20]. https://www.chinairn.com/scfx/20240828/175637945.shtml.

能用无人机为全国 40 万个村庄送货,大幅度降低偏远农村的物流成本。

图 10-9　电商使用的分拣机器人工作画面

图 10-10　无人机送货

6. 智慧物流技术

智慧物流(Intelligent Logistics System, ILS)是指通过智能硬件、物联网、大数据、云计算等智慧化技术与手段,提高物流系统分析决策和智能执行的能力,提升整个物流系统的智能化、自动化水平。

智慧物流主要包括三层技术架构。

(1) 感知层。感知层是智慧物流系统实现对货物感知的基础,是智慧物流的起点。物流系统的感知层通过多种感知技术实现对物品的感知,常用的感知技术有:条码自动识别、RFID 感知、GPS 移动感知、传感器感知、红外感知、语音感知、机器视觉感知、无线传感网技术等。所有能够用于物品感知的各类技术都可以在物流系统中得到应用。

(2) 网络层。网络层是智慧物流的神经网络与虚拟空间。物流系统借助感知技术获得的数据进入网络层,利用大数据、云计算、人工智能等技术分析处理,产生决策指令,再通过感知通信技术向执行系统下达指令。

(3) 应用层。应用层是智慧物流的应用系统。借助物联网感知技术,感知到网络层的决策指令,在应用层实时执行操作。

智慧物流技术应用的具体环节如图 10-11 所示。

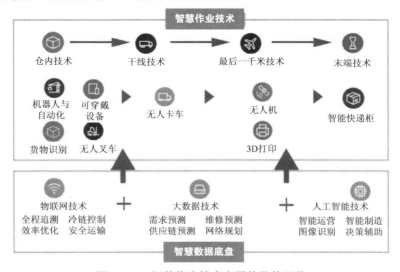

图 10-11　智慧物流技术应用的具体环节

10.4　物流供应链管理

1. 物流供应链的概念

物流供应链是指由供应商、制造商、仓库、配送中心和渠道商等构成的物流网络。物流供应链也可以理解为一条有机的物流链条，是从产品或服务市场需求开始，到满足需求为止的时间范围内所从事的经济活动中所有涉及到的物流活动所形成的链条。

物流供应链管理(Supply Chain Management，SCM)是对产品从生产企业到零售企业全过程的跟踪管理，包括原材料采购、生产计划和控制、物流和仓储以及分销和送货。电子商务物流供应链管理的主角既可以是生产企业，也可以是零售企业。对于生产企业来说，它需要根据自己的出货渠道建立与第三方平台或网商的供应链，以保证其产品的正常销售和运输；而对于第三方平台和网商来说，它需要建立连接不同生产企业的供应链。

一般来讲，一个企业物流供应链的通畅程度决定了这个企业的经营效益。从订货到销售，供应链管理通过选择订货数量、库存控制、运输和配送方式，实现最低采购成本、最优库存数量和最佳运输管理。

2. 大数据背景下的物流供应链

在电子商务发展过程中，互联网技术的应用推动了供应链管理的发展，提升了物流供应链的效率，降低了成本和风险，构建了更加完善和更全面的产业服务体系。

过去的物流供应链是一个线性的、链式的结构，而大数据背景下的物流供应链则呈现出"网状"结构(见图 10-12)。在这一网状结构中，制造商、供应商、零售商等参与主体通过数字化核心实现了直接的连接，大大加强了企业之间的沟通和运作协同。

图 10-12　大数据背景下的供应链网状结构

(资料来源：舜世通网络货运)

　　物流供应链管理所面临的沟通、协作和特殊需求的挑战在云计算中得到解决。云端数据的快速处理和精准把握使得物流的准确率和效率得到有效提高；网络技术和大数据技术的结合为企业构建网络化信息共享，实现供应链各个环节的智能化协作，满足个性化订单、库存、销售预测之间的平衡，使整个供应链更具灵活性和敏捷性。

　　例如，金蝶供应链云解决方案运用大数据技术打通了供应链上的商流、信息流、资金流、物流，实现供应链可视化管理，具有即时、可视、可感知、可调节的能力，满足个性化订单、库存、销售预测之间的平衡，建立柔性供应链系统，提升了企业的效率和效益(见图 10-13)。[①] 养元集团应用的金蝶供应链云涵盖了总部、4 个生产基地、1842 个经销商、300 个供应商、12 个配运商、4500 余名司机；在上游连接 100 家核心供应商，采购成本降低 0.5%，原材料库存数量降低 10%，供应商满意度达到 95%；在下游与经销商实现在线订货、在线支付、电子发票、在线对账，消除了信息的不对称，实现订单准确率高达 99.5%。

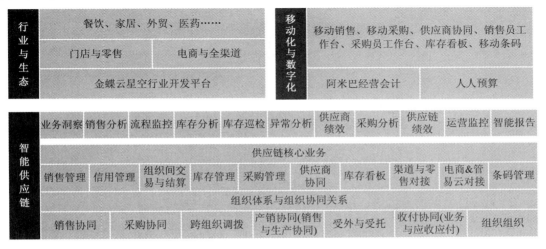

图 10-13　大数据背景下的金蝶供应链云解决方案

　　图 10-14 是锐特信息 56n 智慧供应链云平台的流程示意图。[②] 56n 智慧供应链云平台依托云计算服务，结合大数据分析及 AI 深度学习算法，为供应链上下游企业提供全链路一体化的协同协作服务平台。

　　锐特平台的协同云以追求物流企业上下游的高效协作为初衷，解决不同物流主体的痛点，使各物流主体的能力得到最充分的发挥，优化了供应链服务，降低了企业物流的管理成本，为企业物流与物流企业提供一个基于协同、高效、透明、稳定、安全的信息化管理协作平台，提高物流作业规范化、可视化、协同化，高效完成物流运输管理任务和实现多方信息快速准确同步，从而推动供应链上下游合作生态圈的形成和发展。

　　锐特平台的服务门户云主要面向企业的货主提供全面的协同解决方案和独立的收货人协同解决方案，包含协同门户、APP、微信公众号、小程序等多端应用，使货主的业务集

① aidekangsai. 一站式搞定供应链管理，金蝶赋能企业效率效益双提升[EB/OL]. (2021-10-18)[2024-09-20]. https://www.kingdee.com/article/1449946671185207298.html?share_token=c82f904e-701a-4e9d-95c7-6c5a92ffc3fe.
② 锐特信息. 56n 智慧供应链云平台[EB/OL]. (2022-05-16)[2024-09-20]. https://www.sinoservices.com/portal/products2.html.

成轻松流畅；同时结合客户实际的资源情况，通过基于大数据分析技术结合机器学习算法，在智能配载、路径优化、装箱优化、采购预测、自动补货等场景，为客户生成有效的决策建议及成本优化方案，满足客户要求，提高企业服务能力，支撑企业进行业务精细化管理。

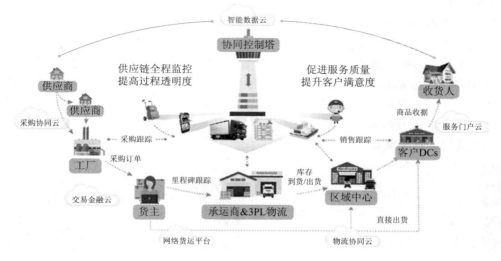

图 10-14　锐特信息 56n 智慧供应链云平台流程示意图

锐特平台的交易金融云将"物流""商流""信息流"等信息沉淀，通过大数据处理和分析提供有效的风控评估数据，为融资提供可靠的参考数据；云支付提供移动收单 SaaS 服务，为服务商开展业务提供了开放、可靠和低成本的移动支付收单通道。

3. 供应链发展的新机遇、目标和特点

1）物流供应链发展的新机遇

（1）产业升级和扩大内需开拓了物流供应链发展的新空间。目前，我国已转向高质量发展阶段，推动产业加快迈向全球价值链中高端，对高品质、精细化、个性化的物流供应链服务需求日益增长。"十四五"时期，随着城乡居民消费结构不断升级，超大规模市场潜力将加速释放，为物流供应链提高供给水平、适配新型消费、加快规模扩张奠定了坚实基础。

（2）科技创新和数字转型正在激发物流供应链发展的新动力。伴随新一轮科技革命和产业变革，大数据、物联网、5G、云计算等新技术快速推广，有效赋能物流供应链各领域和各环节，加快物流设施装备数字化转型，提高信息实时采集、动态监测效率，为实现物流供应链全链条货物可控、过程可视、源头可溯，提升仓储、运输、配送等环节一体化运作和精准管控能力提供了有力支撑，有效促进物流业态模式创新和行业治理能力现代化。

（3）实行高水平对外开放，创造物流供应链发展新机遇。深入推进共建"一带一路"和推动构建面向全球的高标准自由贸易区网络将进一步优化区域供应链环境，有效发挥我国超大规模市场优势，深化与相关国家贸易往来，扩大进出口规模，推动国内国际物流标准接轨，借鉴推广先进物流技术和管理经验，促进物流供应链高质量发展。

2）物流供应链发展的目标

商务部、中物联等 8 单位印发的《关于开展全国供应链创新与应用示范创建工作的通

知》^① 提出了我国供应链发展的新目标：

(1) 供应链优势培育取得新成效。现代信息技术深入供应链各环节，与实体产业深度融合，培育供应链的新增长点，加速形成供应链新竞争优势，全面建立供应链创新生态。

(2) 供应链效率和效益得到新提高。各产业供应链组织方式和流程优化，各类要素资源在供应链上高效连接、顺畅流转，实现全链条效率和效益系统化提升。

(3) 供应链安全稳定达到新水平。在关乎国民经济安全稳定的基础、关键和核心领域，培育一批核心企业和头部企业，增强重点行业供应链控制力，保障全球供应链地位。

(4) 供应链治理效能得到新提升。供应链思维融入政府治理理念，改革体制机制，提高跨部门、跨行业、跨区域政策措施的适应性、协调性，有效激发供应链发展活力。

新型电子商务供应链目标的总体思路是通过电子商务供应链技术，使得商品的生产商和零售商通过互联网联系在一起，建立起最大范围的供应链。通过供应链管理，生产企业可以了解产品销售信息，并按照这个信息组织对产品的生产和对零售商的供货。零售商可以降低库存费用，进而降低商品销售成本，从而达到增加利润的目的。

"十四五"期间，我国将大力推动供应链数字化转型。支持 B2B 电商平台与物流、仓储等供应链资源的数字化整合；鼓励工业电子商务平台向数字供应链综合服务平台转型，提供线上线下一站式服务，解决采购、营销、配送、客户服务等业务痛点；鼓励企业建立自动化立体库、云仓系统，推广无人机、无人仓、无人配送等设备和技术的应用；鼓励企业依托电子商务平台发展可视化、弹性化供应链业务体系，提升供应链快速响应能力。

"十四五"期间，我国将开展数字供应链能力建设行动。培育一批数字供应链平台和数字化解决方案优质服务商，分行业、分场景遴选一批最佳应用实践开展试点示范，建设体验和推广中心。支持第三方电子商务平台、解决方案服务商面向中小企业开放应用资源，组织中小企业开展联合采购、即时采购等数字化降本增效活动，带动中小企业深度融入供应链协同发展。研制数字供应链实施指南和标准规范，建立健全区域数字供应链发展评价体系，开展企业数字供应链能力诊断行动，依托区域特色产业集群打造数字供应链网络。

碳达峰、碳中和对电子商务物流供应链低碳化发展提出了新任务。电子商务在规模扩张的同时，也面临着包装材料重复利用低、冷链物流耗能高、运输碳排放控制不力的突出矛盾。"十四五"期间，电商物流供应链需要建立健全绿色运营体系，加大节能环保技术设备推广应用，加快仓储物流设施、产业园区绿色转型升级，持续推动节能减排，推动包装减量化和循环使用，打造绿色商品流通供应链，实现整个供应链健康可持续发展。

3) 物流供应链发展的特点

新型电子商务供应链"以顾客需求为中心"，采用"拉动式"的经营方式，以消费需求刺激、促进和拉动商品供给。它主要表现出以下特点：

(1) 周转环节少，供应链条短。由于供、产、销直接见面，商品流转的中间环节大大减少，因而提高了商品的流转速度。

(2) 灵活性强。这里要强调商业收款机(Point of Sells，POS)的重要作用，它不仅是收银器，通过它还可以得到很多的资料及分配情况，使供应链更灵活。

---

① 商务部等 8 单位. 商务部等 8 单位关于开展全国供应链创新与应用示范创建工作的通知[EB/OL]. (2021-03-30) [2024-09-20]. http://www.gov.cn/zhengce/zhengceku/2021-04/01/content_5597349.htm.

(3) 交易成本低。由于提高了商品信息的流通速度，减少了商品流通的中间环节，使得整个交易的成本大大降低，这对于买卖双方都是非常有利的。

4. 物流供应链管理的主要工作

1) 传统物流供应链管理的内容

国际供应链协会(SCC)2001 年发布的供应链运作参考模型(Supply-Chain Operations Reference-model V5.0, SCOR)将供应链的运作分为五个基本环节：计划(Plan)、采购(Source)、生产(Make)、配送(Deliver)和退货(Return)。其供应链运作模型如图 10-15 所示。

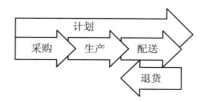

图 10-15   国际供应链协会(SCC)的供应链运作模型

根据供应链运作的五个基本环节，可以确定供应链管理的基本内容。

(1) 计划管理。计划是供应链管理的首要环节。在企业生产活动中，生产计划负责产品供应和产品需求的协调。企业首先根据市场预测和实际订单判断总的需求，再结合库存情况安排生产，制订物料需求、采购、生产、配送和退货计划。

(2) 采购管理。采购是为企业获得原材料、商品和服务的过程。由于所采购的原材料、商品和服务质量直接影响着企业的生产效率和产品质量，而且采购成本是企业最主要的日常支出，因此，采购管理是供应链管理的重要内容。采购管理要求企业根据采购计划，对原材料及其他材料的用量作出合理的测算，统筹安排采购资金、采购时间和采购批量，挑选合适的供应商，保证供应链系统的有序高效运作。

(3) 生产管理。供应链管理要求生产部门实现标准化的产品生产工序或处理过程，精确地确定产品的提前期；推行全面质量管理，严格控制产品质量；保证设备运行状况良好，具备快速修理能力，实现最终产品的准时交付。

(4) 配送管理。配送的主要功能是在供应链中移动各种物料与产品，从原料供应点到生产工厂，从制造厂商到零售商再到顾客。配送管理是控制货物移动的一项具体工作，包括选择运输方式和运输路径，安排装载量，确定交付时间表，跟踪并监督配送过程。

(5) 退货管理。物料入厂，需要对所购物料进行验收，需要根据购买订单和供应商发货单详细检验实际货物，确定所收货物和所订购的货物完全一致。如有问题，应立即通知采购部门、使用部门以及财务部门。若发现货物损坏或与订单不符，应根据验货制度予以退回。

2) 现代物流供应链管理的拓展内容

(1) 建立新型供应链运作模式。应对大数据环境下的企业竞争，需要建立与企业自身发展相符的供应链模式。例如，京东的供应链模式改变了以客户定制仓库的模式，建立了标准化的仓网结构，通过高效能的多级仓网及庞大的运输力，使配送效率得到了明显提高。

(2) 推动传统流通企业创新转型。应用供应链理念和技术，大力发展智慧商店、智慧商圈、智慧物流，提升流通供应链智能化水平；鼓励批发、零售、物流企业整合供应链资源，构建采购、分销、仓储、配送供应链协同平台；引导传统流通企业向供应链服务企业转型，大力培育新型供应链服务企业；推动建立供应链综合服务平台，提供采购执行、物流服务、分销执行、融资结算、商检报关等一体化服务。

(3) 推进流通与生产深度融合。鼓励流通企业与生产企业合作，建设供应链协同平台，准确及时传导需求信息，实现需求、库存和物流信息的实时共享，引导生产端优化配置生产资源，按需组织生产，合理安排库存。

(4) 实现供应链信息集成及共享。从字面上理解，供应链的信息集成，即对供应链上的相关信息进行收集和处理，提取价值性信息并加以利用。在供应链信息集成及共享过程中，更需要供应链上各企业的通力配合，只有这样才能更加高效、准确、真实地反映出供应链的情况，最终实现网络信息和相关数据的集成与共享。

(5) 构建良好的供应链合作关系。在供应链上，生产商、销售商及消费者之间的关系尤为重要。只有三者之间关系融洽，才能有效提升供应链管理水平。所以，物流供应链管理中需要不断强化各环节、各企业之间的信任力度，确保资源得到最大化利用。

(6) 提升供应链服务水平。物流服务方面，企业应以客户所提出的个性化需求为依据，提供多元化物流服务。在物流服务功能设计过程中，企业应立足客户视角，研究客户心理，满足客户所提出的个性化需求，创新企业物流服务模式，推动创新型物流服务体系的建立，为客户提供高质量及新颖的物流体验。

参 考 文 献

[1] 中国物流与采购联合会. 物流管理：流程一体化和物流数字化[M]. 北京：人民邮电出版社，2023.

[2] 李晓雯. 基于新一代信息技术的现代物流业发展对策分析[J]. 哈尔滨：黑龙江科学，2019(4): 19-21.

[3] 中国物流与采购联合会，中国物流学会. 中国物流发展报告(2020—2021 年)[M]. 北京：中国财富出版社，2021.

[4] 崔忠付. 我国物流与供应链信息化发展回顾与展望[EB/OL]. (2021-05-20)[2022-09-20]. https://www.sohu.com/a/ 467469289_120004713.

[5] 唐纳德·J.鲍尔索克斯，戴维·J.克劳斯，M.比克斯比·库珀，等. 供应链物流管理[M]. 5 版. 北京：机械工业出版社，2021.

[6] 彭芳菲，贾雨桐，郭思佳，等. 菜鸟网络运营模式及其影响因素分析[J]. 北京：物流工程与管理，2018(10)：24-25.

[7] 小工蚁. 全面揭秘：京东快物流运营体系"青龙系统"分析[EB/OL]. (2015-06-25)[2022-07-20]. http://www.360doc.com/content/17/0308/16/21659794_635022284.shtml.

备课教案　　　　电子课件　　　引导案例与教学案例　　　习题指导

第十一章 网络交易安全管理

电子商务作为一种全新的业务和服务方式，为全球客户提供了更丰富的商务信息、更简捷的交易过程和更低廉的交易成本。伴随着互联网用户的迅速增加，网络交易额也在急剧上升。采取有力措施控制交易风险，保证交易安全已经成为电子商务头等重要的任务。本章将对网络交易的风险进行深入的分析，并从技术、管理和法律角度提出风险控制办法。

11.1 网络交易风险和安全管理的基本思路

11.1.1 网络交易风险的现状

伴随着电子商务交易量和交易额的不断增加，电子商务安全问题出现的几率也越来越高，突出表现在以下 5 个方面。

(1) 个人信息泄露。2020 年至 2023 年，公安部每年组织"净网"专项行动，依法重拳打击侵犯公民个人信息违法犯罪活动，累计侦破案件 3.6 万起，抓获犯罪嫌疑人 6.4 万名，查获手机黑卡 3000 余万张、网络黑号 3 亿余个。[①]

(2) 服务器恶意代码。2024 年上半年，深信服拦截恶意程序 153.16 亿次，近半年总体态势严峻，占比分别为：木马远控(30.43%)、挖矿(24.73%)、僵尸网络(14.01%)、蠕虫(11.75%)、后门软件(5.79%)、感染型病毒(5.11%)。恶意程序。[②]

(3) 网站攻击。2024 上半年针对我国 Web 的攻击次数达到 1 417.1 亿次，同比上涨了61.39 %，IPv6 协议的攻击为 35.34 亿余次，同比上涨 87.78%，网络层的 DDoS 攻击次数达 4128 亿次，CC 攻击达 1 842.4 亿余次，整体安全态势严峻。[③]

(4) 安全漏洞。2024 年上半年恒安嘉新监测数据显示，新增安全漏洞 11 075 个，包括高危漏洞 4787 个。其中，可被远程利用的数量 9943 个。2024 年上半年活跃漏洞数量与 2023年下半年增加 2.91%，呈上升态势。现阶段占比例最高的漏洞为跨站脚本漏洞。当前活跃

① 公安部. 公安部：打击侵犯公民个人信息犯罪 近三年破案数连破新高[EB/OL]. (2023-08-10)[2024-09-20]. https://news.cnr.cn/native/gd/20230810/t20230810_526372694.shtml.
② 中国网安协会. 2024 年上半年度网络安全态势研判分析报告(第 9 期)[EB/OL]. (2024-07-31) [2024-09-20]. https://www.thepaper.cn/newsDetail_forward_28267884.
③ 中国网安协会. 2024 年上半年度网络安全态势研判分析报告(第 9 期)[EB/OL]. (2024-07-31) [2024-09-20]. https://www.thepaper.cn/newsDetail_forward_28267884.

漏洞覆盖面广，利用难度低，对企业危害影响较大。[①]

(5) 移动互联网恶意程序。2024 年上半年，恒安嘉新基于 App 全景态势感知平台监测发现，新增移动互联网恶意程序 754 511 个。其中，流氓行为类型的最多，占总数的 67.65%。其次，诱骗欺诈类，占总数的 31.64%。占比第三的是信息窃取类，为 0.42%。按照《移动互联网恶意程序危害等级》统计，低危恶意程序占 99.29%，高危恶意程序占 0.50%，中危恶意程序占 0.21%。[②]

11.1.2　网络交易风险源分析

电子商务风险源分析主要依据对网络交易整个运作过程的考察，确定交易流程中可能出现的各种风险，分析其危害性，旨在发现交易过程中潜在的安全隐患和安全漏洞，从而使网络交易安全管理有的放矢。

1. 在线交易主体的市场准入风险

电子商务交易安全首先要解决的问题就是确保网上交易主体的真实存在，且确定哪些主体可以进入虚拟市场从事在线业务。

2. 信息风险

网络交易中的信息风险主要来源于买卖双方以合法身份进入系统后，在网络上发布虚假的供应或需求信息，或以过期的信息冒充现在的信息。虚假信息包含与事实不符和夸大事实两个方面。虚假信息可能是所宣传的商品或服务本身的性能、质量、技术标准等，也可能是政府批文、权威机构的检验证明、荣誉证书、统计资料等，还可能是不能兑现的允诺。特别是在网络广告发布过程中，违反有关法律和规章中强制性规定的事件时有发生。从技术上看，网络交易的信息风险主要来自冒名偷窃、篡改数据、信息丢失等方面。

3. 信用风险

信用风险主要来自三个方面：

(1) 来自买方的信用风险。对于个人消费者来说，可能存在使用信用卡进行网络支付时恶意透支，或使用伪造的信用卡骗取卖方货物的行为；对于集团购买者来说，存在拖延货款的可能。卖方需要为此承担风险。

(2) 来自卖方的信用风险。卖方不能按质、按量、按时寄送消费者购买的货物，或者不能完全履行与集团购买者签订的合同，造成买方的风险。

(3) 买卖双方都存在抵赖的情况。

4. 网上欺诈犯罪

利用电子商务进行欺诈已经成为一种新型犯罪活动。常见的欺诈犯罪有：网络钓鱼、网络信用卡诈骗、网上非法经营、网络非法吸收公众存款等。这类犯罪活动对社会危害面

---

① 中国网安协会. 2024 年上半年度网络安全态势研判分析报告(第 9 期)[EB/OL]. (2024-07-31) [2024-09-20]. https://www.thepaper.cn/newsDetail_forward_28267884.

② 中国网安协会. 2024 年上半年度网络安全态势研判分析报告(第 9 期)[EB/OL]. (2024-07-31) [2024-09-20]. https://www.thepaper.cn/newsDetail_forward_28267884.

广，影响较大。打击互联网欺诈行为对保证电子商务正常发展具有重要意义。

5. 电子合同问题

在传统商业模式下，除即时结清或数额较小的交易无须记录外，一般都要签订书面合同，以便在对方失信不履约时作为证据。而在在线交易情形下，所有当事人的意思表示均以电子化的形式存储于电子介质中，这些记录需要应用电子签名才能得到合法保护。电子商务急需完善基于电子签名的电子合同的应用问题，包括合同的形式、收讫、证据等。

6. 电子支付问题

典型的电子商务是在网上完成支付的。而实现这一过程涉及网络银行与网络交易客户之间的协议、网络银行与网站之间的合作协议以及安全保障问题。因此，需要依据相应的法律法规，明确电子支付的当事人(包括付款人、收款人和银行)之间的法律关系；规范交易双方的支付行为；落实针对数据的伪造、变造、更改、涂销等问题的处理办法。

7. 在线消费者保护问题

在线市场的虚拟性和开放性以及网上购物的便捷性都使消费者保护成为突出的问题。在我国商业信用不高的状况下，网上出售的商品可能良莠不齐，而一旦出现质量问题，退赔、修理等又很麻烦，方便的网络购物很可能变得不方便甚至使人敬而远之。因此，需要全面落实《电子商务法》和《中华人民共和国消费者权益保护法》(简称《消费者权益保护法》)，切实保护网上消费者的各项权益。

8. 产品交付问题

在线交易的标的物分两种，一种为有形货物，另一种是无形的信息产品。应当说，有形货物的交付仍然可以沿用传统合同法的基本规则，但信息产品的交付则具有不同于有形货物交付的特征，对于其权利的移转、退货、交付的完成等需要有相应的安全保障措施。

11.1.3　网络交易安全管理的基本思路

学思践行

2016年4月19日，习近平总书记在网络安全和信息化工作座谈会上发表重要讲话[①]，阐述了网络安全和发展的关系："安全是发展的前提，发展是安全的保障，安全和发展要同步推进"；提出网络安全观的5个主要特点：网络安全是整体的而不是割裂的、网络安全是动态的而不是静态的、网络安全是开放的而不是封闭的、网络安全是相对的而不是绝对的、网络安全是共同的而不是孤立的。

本节将电子商务安全视为一个开放的、人在其中频繁活动的、与社会系统紧密耦合的复杂巨系统，提出电子商务交易安全保障不是一般的管理手段的叠加，而是技术、管理和法律手段的综合集成，与国家的网络安全管理思路是完全吻合的。

---

① 习近平. 在网络安全和信息化工作座谈会上的讲话[EB/OL]. (2016-04-19)[2022-09-20]. https:// www.cac. gov.cn/ 2016-04-25/c_1118731366.htm .

保障电子商务交易安全，必须对电子商务交易系统有深刻的理解。这一点至关重要，它直接关系到所建立的交易安全保障体系的有效性和生命力。

电子商务系统是活动在互联网平台上的一个涉及信息、资金和物资交易的综合交易系统，其安全对象不是一般的系统，而是一个开放的、人在其中频繁活动的、与社会系统紧密耦合的复杂巨系统(Complex Giant System)。它是由商业组织本身(包括营销系统、支付系统、配送系统等)与信息技术系统复合构成的。而系统的安全目标与安全策略，是由组织的性质与需求所决定的。因此，在分析系统的安全风险，制订相应的安全保护措施时，同样需要基于其"复合型"性质，即需要同时考虑其组织和技术体系以及管理过程的性质，而不是单纯地根据信息系统本身去制订安全措施。

电子商务交易安全过程也不是一般的工程化的过程，而是一个时时处处有人参与的、自我适应的、不断变化的、不断涌现新的整体特征的过程。因此，电子商务交易安全保障不是一般的管理手段的叠加，而是综合集成，两者的本质区别在于后者强调人的关键作用。只有通过人网结合、人机结合，充分发挥各自的优势，才能经过综合集成，使系统表现出新的安全性质——整体大于部分之和。

与电子商务交易系统相适应，电子商务交易安全也是一个系统工程，不是几个防火墙、几个密码器就可以解决问题的。它需要根据商品交易的特点来制订整个过程的安全策略。在安全策略指导下，才能构建一个立体的、动态的安全框架，确定安全服务机制，开发有关的产品，满足整体的需要，保证安全策略的实施。

一个完整的网络交易安全体系至少应包括三类措施，并且三者缺一不可。一是技术方面的措施，如防火墙技术、网络防毒、信息加密、身份认证、授权等。但只有技术措施并不能保证百分之百的安全。二是管理方面的措施，包括交易的安全制度、交易安全的实时监控、提供实时改变安全策略的能力、对现有的安全系统漏洞的检查以及安全教育等。在这方面，政府有关部门、企业的主要领导、信息服务商应当扮演重要的角色。三是社会的政策与法律保障。只有从上述三个方面入手，才可能真正实现电子商务的安全运作。

11.2 客户认证技术

客户认证技术是保证电子商务交易安全的一项重要技术。客户认证主要包括客户身份认证和客户信息认证。前者用于鉴别用户身份，保证通信双方身份的真实性；后者用于保证双方通信的不可抵赖性和信息的完整性。

11.2.1 身份认证

1. 身份认证的目标

身份认证包含识别和鉴别两个过程。身份识别(Identification)是指定用户向系统出示自己的身份证明的过程；身份鉴别(Authentication)是系统查核用户身份证明的过程。身份认证

的目标包括：

(1) 确保交易者是交易者本人，而不是其他人。通过身份认证解决交易者是否真实存在的问题，避免与虚假的交易者进行交易。

(2) 防止交易者的不正当竞争行为。监控真实存在的交易者违反商业道德，利用制度漏洞，实施欺诈、恶意透支、销售假冒伪劣商品等行为。

(3) 访问控制。拒绝非法用户访问系统资源，限定合法用户只能访问系统授权和指定的资源。

2. 用户身份认证的基本方式

一般来说，用户身份认证可通过三种基本方式或其组合方式来实现：

(1) 用户通过某个秘密信息，例如用户通过自己的口令访问系统资源。

(2) 用户知道某个秘密信息，并且利用包含这一秘密信息的载体访问系统资源。包含这一秘密信息的载体应当是合法持有并能够随身携带的物理介质。例如智能卡中存储用户的个人化参数，访问系统资源时必须持有智能卡，并知道个人化参数。

(3) 用户利用自身所具有的某些生物学特征，如指纹、声音、DNA、视网膜、人脸等访问系统资源。随着人工智能技术的发展，这类检测开始应用于电子商务实际交易中。

根据在身份认证中采用因素的多少，用户身份认证可以分为单因素认证、双因素认证、多因素认证等。

3. 身份认证的单因素认证

用户身份认证的最简单方法就是口令。系统事先保存每个用户的二元组信息，进入系统时用户输入二元组信息，系统将保存的用户信息和输入的信息相比较，从而判断用户身份的合法性。这种认证方法操作简单，但不安全，因为这种方案不能抵御口令猜测攻击。

对口令进行加密传输是一种改进的方法。由于传输的是用户口令的密文形式，系统仅保存用户口令的密文，因而窃听者不易获得用户的真实口令，但是这种方案仍然可能受到口令猜测的攻击，系统入侵者还可以采用离线方式对口令密文实施字典攻击[①]。

4. 基于智能卡的用户身份认证

基于智能卡的用户身份认证机制属于双因素认证。用户的二元组信息预先存于智能卡中，然后在认证服务器中存入事先由用户选择的某个随机数。用户访问系统资源时，用户输入二元组信息。系统首先判断智能卡的合法性，然后由智能卡鉴别用户身份。这种方案基于智能卡的物理安全性，即不易伪造和不能直接读取其中的数据。没有管理中心发放的智能卡，则不能访问系统资源，即使智能卡丢失，入侵者仍然需要猜测用户口令。

5. 一次口令机制

最安全的身份认证机制是一次口令机制，即每次用户登录系统时口令互不相同。一

---

① 字典攻击是通过使用字典中的词库破解密码的一种方法。攻击者将词库中的所有口令与攻击对象的口令列表一一比较，如果得到匹配的词汇，则密码破译成功。

次口令机制主要有两种实现方式：一种为"请求响应"方式，即用户登录时系统随机提示一条信息，根据这一信息连同其个人数据共同产生一个口令字，用户输入这个口令字，完成一次登录过程。另一种为"时钟同步"机制，即根据同步时钟信息连同其个人数据共同产生一个口令字。这两种方案均需要认证服务器端也产生与用户端相同的口令字(或检验签字)用于验证用户身份。

11.2.2 信息认证技术

1. 信息认证的目标

在某些情况下，信息认证比身份认证更为重要。例如，在买卖双方发生一般商品交易业务时，可能交易的具体内容并不需要保密，但是交易双方应当能够确认是对方发送了或接收了这些信息，同时接收方还能确认接收的信息是完整的，即在通信过程中信息没有被修改或替换。另一个例子是网络中的广告信息，此时接收方主要关心的是信息的真实性和信息来源的可靠性。因此，在这些情况下，信息认证将处于安全的首要地位。

信息认证的主要目标包括：

(1) 可信性。信息的来源是可信的，即信息接收者能够确认所获得的信息不是由冒充者所发出的。

(2) 完整性。要求保证信息在传输过程中的完整性，即信息接收者能够确认所获得的信息在传输过程中没有被修改、遗失和替换。

(3) 不可抵赖性。要求信息的发送方不能否认自己所发出的信息。同样，信息的接收方也不能否认已收到的信息。

(4) 保密性。对敏感的文件进行加密，即使别人截获文件也无法得到其内容。

2. 基于私有密钥体制的信息认证

基于私有密钥(Private Key，私钥)体制的信息认证是一种传统的信息认证方法。这种方法采用对称加密算法，也就是说，信息交换的双方共同约定一个口令或一组密码，建立一个通信双方共享的密钥。通信的甲方将要发送的信息用私钥加密后传给乙方，乙方用相同的私钥解密后获得甲方传递的信息。

由于通信双方共享同一密钥，因而通信的乙方可以确定信息是由甲方发出的。这是一种最简单的信息来源的认证方法。图 11-1 是对称加密示意图。

对称加密算法有多种，最常用的是 DES 算法。该算法于 1975 年由 IBM 公司研制成功，采用多次换位与替代相组合的处理方法。这种算法被美国国家标准局于 1977 年正式确定为美国的统一数据加密标准，近年来得到了广泛的应用。但这一算法存在三个问题：

(1) 要求提供一条安全的渠道使通信双方在首次通信时协商一个共同的密钥。直接的面对面协商在电子商务中可能是不现实而且难以实施的，因此双方可能需要借助邮件、电话、微信等其他手段来进行协商。

(2) 密钥的数目将快速增长而变得难以管理，因为每一对可能的通信实体需要使用不同的密钥，这很难适应开放社会中大量信息交流的要求。

(3) 对称加密算法一般不能提供信息完整性鉴别。

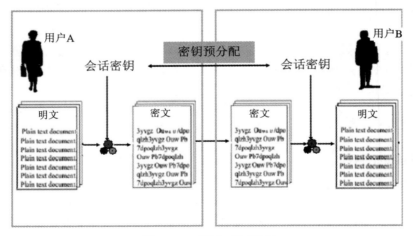

图 11-1　对称加密示意图

3. 基于公开密钥体制的信息认证

1976 年，美国学者 Diffie 和 Hellman 为解决信息公开传送和密钥管理问题，提出了一种密钥交换协议，允许通信双方在不安全的媒体上交换信息，安全地达成一致的密钥，这就是"公开密钥体系"。

与对称加密算法不同，公开密钥加密体系采用的是非对称加密算法。使用公开密钥算法需要两个密钥——公开密钥(Public Key，公钥)和私有密钥。如果用公开密钥对数据进行加密，则只有用对应的私有密钥才能进行解密；如果用私有密钥对数据进行加密，则只有用对应的公开密钥才能解密。反过来，用发送者的私钥加密，接收者用公钥解密，证明是发送者作出的行为。图 11-2 是使用公钥加密和用对应的私钥解密的示意图。

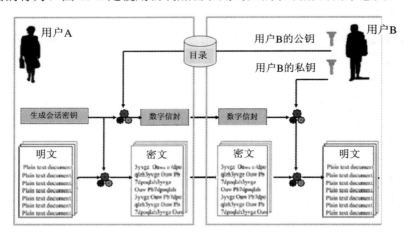

图 11-2　使用公钥加密和用对应的私钥解密的示意图

公开密钥体制常用的加密算法是 RSA 算法，该算法是由 Rivest、Shamir、Adleman 于 1978 年研制的。RSA 算法是建立在"大数分解和素数检测"的理论基础上的。两个大素数相乘在计算上是容易实现的，但将该乘积分解为两个大素数因子的计算量却相当巨大，大到甚至在计算机上也不可能实现分解。素数检测判定一个给定的正整数是否为素数。由于大整数分解的困难性，因而 RSA 算法目前被公认为是最好的公钥加密算法。

4. 数字签名和验证

对文件进行加密只解决了第一个问题，而防止他人对传输的文件进行破坏，以及如何确定发信人的身份还需要采取其他的手段。数字签名(Digital Signature)及验证(Verification)就是实现信息在公开网络上安全传输的重要方法。

数字签名过程实际上是通过一个哈希函数(Hashing Function)来实现的。哈希函数将需要传送的文件转化为一组具有固定长度(128 位或 160 位)的单向 Hash 值，形成信息摘要(Message Digest)。发送方用自己的私有密钥对信息摘要进行加密，然后将其与原始的信息附加在一起，合称为数字签名。数字签名机制提供一种鉴别方法，通过它能够实现对原始信息的鉴别和验证，保证报文完整性、权威性和发送者对所发信息的不可抵赖性，以解决伪造、抵赖、冒充、篡改等问题。数字签名代表了文件的特征，如果文件发生改变，数字签名的值也将发生变化。图 11-3 显示了数字签名与验证的过程。

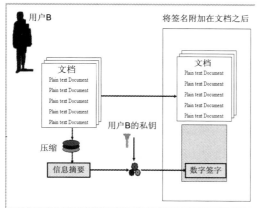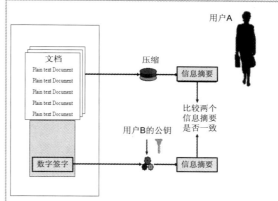

图 11-3 数字签名与验证过程示意图

(1) 发送方首先用哈希函数将需要传送的消息转换成信息摘要。

(2) 发送方采用自己的私有密钥对信息摘要进行加密，形成数字签名。

(3) 发送方把加密后的数字签名附加在要发送的报文后面，传递给接收方。

(4) 接收方使用发送方的公有密钥对数字签名进行解密，得到发送方形成的信息摘要。

(5) 接收方用哈希函数将接收到的信息转换成信息摘要，与发送方形成的信息摘要相比较，若相同，说明文件在传输过程中没有被破坏。

5. 时间戳

在电子商务交易文件中，时间是十分重要的信息。同书面文件类似，文件签署的日期也是防止电子文件被伪造和篡改的关键性内容。数字时间戳服务(Digital Time Stamp sever, DTS)是电子商务认证服务项目之一，它能提供电子文件的日期和时间信息的安全保护。

时间戳(Time Stamp)是一个经加密后形成的凭证文档，它包括需加时间戳的文件的摘要(digest)、DTS 收到文件的日期和时间、DTS 的数字签名三个部分(见图 11-4)。

时间戳与身份认证系统联系起来，就能够为交易双方提供身份识别服务(见图 11-5)。

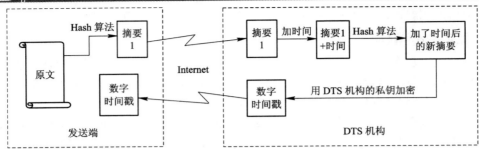

图 11-4　数字时间戳

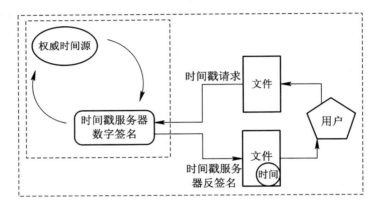

图 11-5　通过时间同步认证技术访问身份认证系统过程

　　目前我国电子商务领域的时间戳主要是通过我国的北斗、美国的 GPS 系统的网络时间服务器进行时间溯源和时间同步。我国北斗卫星导航系统是全球性卫星导航系统，免费向全球用户提供导航定位服务和授时服务，全球范围水平定位精度优于 9 米、垂直定位精度优于 10 米，测速精度优于 0.2 米/秒、授时精度优于 20 纳秒，完全能够满足电子商务通过网络进行国内外交易时间同步的需求。[①]

11.2.3　通过电子认证服务机构认证

1. 数字证书

　　根据联合国《电子签名示范法》第一条，"证书"系指可证实签字人与签字生成数据有联系的某一数据电文或其他记录[②]。《中华人民共和国电子签名法》(简称《电子签名法》)规定，电子签名认证证书是指可证实电子签名人与电子签名制作数据有联系的数据电文或者其他电子记录[③]。

---

① 国务院新闻办公室. 新时代的中国北斗[EB/OL]. (2022-11-04)[2024-10-05]. https://www.chinanews.com.cn/gn/2022/11-04/9886945.shtml .

② UNCITRAL Model Law on Electronic Commerce with Guide to Enactment 1996，Article 7，51/162，Model Law on Electronic Commerce adopted by the United Nations Commission on International Trade Law，85th plenary meeting，16 December 1996.

③ 全国人大常务委员会. 中华人民共和国电子签名法[EB/OL]. (2004-08-28)[2024-09-20]. http:// www.npc.gov.cn/npc/c2/c30834/201906/t20190608_298038.html.

电子签名认证证书有多种形式，如数字、指纹、视网膜、DNA等。其中，最常用的认证证书是数字证书，因为它使用方便、便于记忆，价格又最便宜。

数字证书作为网上交易双方真实身份证明的依据，是一个经使用者进行数字签名的、包含证书申请者(公开密钥拥有者)个人信息及其公开密钥的文件。基于公开密钥体制(PKI)的数字证书是电子商务安全体系的核心，用途是利用公共密钥加密系统来保护与验证公众的密钥，由可信任的、公正的电子认证服务机构颁发。

我国数字认证服务机构所发放的证书类型，根据数字证书采用的加密算法的不同可以分为 SSL 数字证书和 SET 数字证书等，根据不同持有者可分为个人证书、机构证书、设备证书、代码证书[①]等。

数字证书可以广泛应用于电子商务(如网上银行、网上证券、网上采购、网上招标、企业供应链管理、企业间电子交易、安全电子邮件等)和电子政务(如网上报税、网上年检、网上工商管理、组织机构代码管理、社区服务管理等领域)。

数字证书由两部分组成：申请证书主体的信息和发行证书的电子认证服务机构签字(见图11-6)。

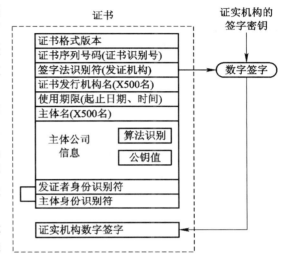

图11-6　数字证书的组成

证书数据包含版本信息、证书序列号、CA 所使用的签字算法、发行证书 CA 的名称、证书的有效期限、证书主体名称、被证明的公钥信息。发行证书的 CA 签字包括 CA 签字和用来生成数字签名的签字算法。顾客向 CA 申请证书时，可提交自己的身份证或护照，经验证后，颁发证书，以此作为网上证明自己身份的依据。

2. 电子认证服务提供者

电子认证服务提供者是指为电子签名人和电子签名依赖方提供电子认证服务的第三方机构(简称电子认证服务机构)[②]。电子认证服务机构(Certificate Authority，CA)在电子商务中具有特殊的地位。它是为了从根本上保障电子商务交易活动顺利进行而设立的，主要为电子签名相关各方提供真实、可靠验证的公众服务，解决电子商务活动中交易参与各方身份、资信的认定，维护交易活动的安全。因此，我国对 CA 的成立规定了严格的条件，例如，CA 需要具有独立的企业法人资格，有固定的工作人员和场地，注册资金不低于 3000 万元等。电子认证服务机构主要提供下列服务：

(1) 制作、签发、管理电子签名认证证书。

(2) 确认签发的电子签名认证证书的真实性。

---

① 代码证书是为软件开发商所开发的软件代码提供的证书，用于对软件代码作数字签名，以证明软件代码的身份及和开发商的关系。使用代码证书可以有效防止软件代码被篡改，使用户免遭病毒与黑客程序的侵扰，同时可以保护软件开发商的版权利益。

② 工业和信息化部. 电子认证服务管理办法[EB/OL]. (2015-05-13)[2024-09-20]. https://www.miit.gov.cn/zwgk/zcwj/flfg/art/2020/art_79e49c1b615442f9b8ab31c604275d79.html.

(3) 提供电子签名认证证书目录信息查询服务。

(4) 提供电子签名认证证书状态信息查询服务。

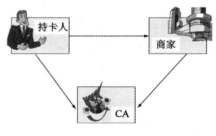

图 11-7　CA 认证

例如，持卡人要与商家通信，持卡人从公开媒体上获得了商家的公开密钥，但持卡人无法确定商家不是冒充的(是有信誉的)，于是持卡人请求 CA 对商家认证。CA 对商家进行调查、验证和鉴别后，将包含商家 Public Key(公钥)的证书传给持卡人。同样，商家也可对持卡人进行验证，如图 11-7 所示。

电子商务认证机构对登记者应履行下列监督管理职责：

(1) 保证电子签名认证证书内容在有效期内完整、准确。

(2) 保证电子签名依赖方能够证实或者了解电子签名认证证书所载内容及其他有关事项。

(3) 妥善保存与电子认证服务相关的信息。

3. 电子商务的 CA 认证体系

电子商务的 CA 认证体系包括两大部分，即符合 SET 标准的 SET CA 认证体系(又叫"金融 CA"体系)和基于 X.509 的 PKI CA 体系(又叫"非金融 CA"体系)。

1) SET CA

1997 年，由 MasterCard 和 Visa 发起成立 Secure Electronic Transaction LTC(SETCo 公司)，被授权作为 SET 根认证中心(Root CA)。从 SET 协议中可以看出，由于采用公开密钥加密算法，认证中心就成为整个系统的安全核心。SET 中 CA 的层次结构如图 11-8 所示。

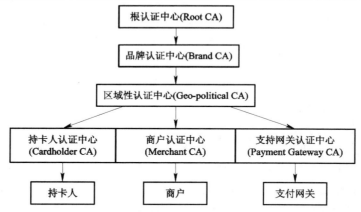

图 11-8　SET 中 CA 的层次结构

在 SET 中，CA 所颁发的数字证书主要有持卡人证书、商户证书和支付网关证书。在证书中，利用 X.500 识别名来确定 SET 交易中所涉及的各参与方。SET CA 是一套严密的认证体系，可保证 B2C 类型的电子商务安全顺利进行。但 SET 认证结构适用于卡基支付，对其他支付方式是有所限制的。

2) PKI CA

PKI(Public Key Infrastructure，公钥基础设施)是提供公钥加密和数字签名服务的安全基础平台，目的是管理密钥和证书。PKI 是创建、颁发、管理、撤销公钥证书所涉及的所有软硬件的集合体，它将公开密钥技术、数字证书、证书发放机构和安全策略等安全措施整合起来，成为目前公认的在大型开放网络环境下解决信息安全问题最可行、最有效的方法。

PKI 是电子商务安全保障的重要基础设施之一。它具有多种功能，能够提供全方位的电子商务安全服务。图 11-9 是 PKI 的主要功能和服务的汇总。

图 11-9　PKI 的主要功能和服务

4. 带有数字签名和数字证书的加密系统

安全电子商务使用的文件传输系统大都带有数字签名和数字证书，其基本流程如图 11-10 所示。

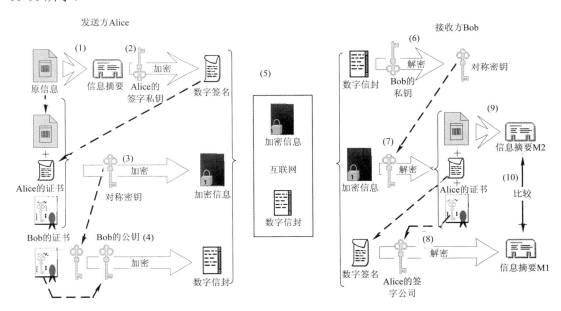

图 11-10　带有数字签名和数字证书的加密系统

在图 11-10 中，电子认证指确认电子签名制作数据(私钥)与其持有人对应联系的活动；公钥指电子签名的验证数据；电子认证证书是指公钥+持有人信息+认证机构的信息+认证机构的签名；整个文件加密传输有 10 个步骤。

(1) 在发送方网站上将要传送的信息通过哈希函数变换为预先设定长度的信息摘要。

(2) 利用发送方的私钥给信息摘要加密，结果是数字签名。

(3) 将数字签名和发送方的认证证书附在原始信息上打包，使用 DES 算法生成的对称密钥在发送方的计算机上为信息包加密，得到加密信息。

(4) 用预先收到的接收方的公钥为对称密钥加密，得到数字信封。

(5) 加密信息和数字信封合成一个新的信息包，通过互联网将加密信息和数字信封传到接收方的计算机上。

(6) 用接收方的私钥解密数字信封，得到对称密钥。

(7) 用还原的对称密钥解密加密信息，得到原始信息、数字签名和发送方的认证证书。

(8) 用发送方公钥(置于发送方的认证证书中)解密数字签名，得到信息摘要。

(9) 将收到的原始信息通过哈希函数变换为信息摘要。

(10) 将第(8)步和第(9)步得到的信息摘要加以比较，以确认信息的完整性。

5. 认证机构在电子商务中的地位和作用

在电子商务交易的撮合过程中，认证机构是提供交易双方验证的第三方机构，由一个或多个用户信任的、具有权威性质的组织实体管理。它不仅要对进行电子商务交易的买卖双方负责，还要对整个电子商务的交易秩序负责。因此，这是一个十分重要的机构，往往带有半官方的性质。在实际运作中，认证机构也可由大家都信任的一方担当。例如，在客户、商家、银行三角关系中，客户使用的是由某个银行发的信用卡或智能卡，而商家又与此银行有业务关系(有账号)。在此情况下，客户和商家都信任该银行，可由该银行担当认证机构的角色，接收、处理其所提供的客户证书和商家证书的验证请求。

为保证电子签名和电子合同的安全性，电子商务认证机构应履行下列职责：

(1) 保证电子签名认证证书内容在有效期内完整、准确。

(2) 保证电子签名依赖方能够证实或者了解电子签名认证证书所载内容及其他有关事项。

(3) 妥善保存与电子认证服务相关的信息

11.2.4　我国电子认证机构的建设

1. 我国电子认证机构建设的基本情况

1998 年 5 月 17 日，我国第一家 CA 认证中心诞生。为了保证电子商务交易安全，我国从 2005 年开始全面推行了电子认证服务行政许可制度①。截至 2024 年 9 月底，我国大陆获得电子认证服务行政许可的认证机构有 58 家②。这些认证机构大致可以分为三类：

第一类是行业主管部门建立的 CA 中心，如由中国人民银行牵头组建的中金金融认证中心 (CFCA)，中国联通的中网威信电子安全服务有限公司等；

第二类是地方政府部门建立的 CA 中心，如分布在全国 20 余个省、自治区、直辖市的 CA；

第三类是民间资本建立的商业 CA，如天威诚信、颐信科技等。

近年来，我国电子认证服务规模飞速增长。根据《中国电子商务报告(2022)》③，我国电

---

① 根据原信息产业部颁布的《电子认证服务管理办法》，电子认证服务实行许可制度。符合电子认证服务实行许可的准予许可的，颁发《电子认证服务许可证》。

② 工业和信息化部政务服务平台. 电子认证服务行政许可结果查询[EB/OL]. (2024-09-30)[2024-09-28]. https://ythzxzfw.miit.gov.cn/resultQuery.

③ 商务部. 中国电子商务报告(2022)[R/OL]. (2023-06-09)[2024-09-19]. https://dzsws.mofcom.gov.cn/zthd/ndbg/art/2023/art_21d89f715e43476eae4c420a9d787d41.html.

子签名市场规模从 2016 年的 8.5 亿元增至 2022 年的 217.1 亿元，市场规模翻了 25.5 倍，涌现出 e 签宝、法大大和上上签等知名电子签名认证服务提供商。在新冠疫情期间，线上办公愈发普遍，电子签名的应用场景日益丰富，在商户入驻、平台交易、金融服务、分销代理、合同单据、工商年检、网上报税等环节均有广泛应用；应用对象涉及工商、税务、海关、商贸、质监、药检等政府部门和城市网上交易的企事业单位。

2. 我国电子认证服务机构建设中存在的主要问题

(1) 电子认证服务资源亟待整合。我国跨地区、跨行业的网络应用需求旺盛，迫切需要实现数字证书互认。2019 年初，广东首先启动了电子签名证书粤港澳互认工作，整合认证资源，实现优势互补。

(2) 电子认证服务亟待创新与突破。随着移动互联网、物联网、云计算等新的应用领域的不断拓展，对电子认证服务的需求日趋多样化、个性化。认证机构面临着改进服务方式、提高服务质量、强化服务能力的挑战；也面临着尽快形成自己的盈利模式的挑战。

(3) 技术水平偏低，存在安全隐患。从整体上看，我国电子认证服务机构技术水平偏低，存在安全隐患。在国内已建立的电子认证中心中，相当一部分在筹建时就带有一定的盲目性，系统建设时采用的 PKI 产品不够完善，电子认证系统自身安全考虑不够全面，安全强度弱，风险大，且技术更新缓慢。

3. 加强我国电子认证服务机构建设的基本思路

(1) 统筹全局、规范发展。综合运用技术、行政、法律等手段，统筹政产学研用各方力量，加强部门协调与沟通，优化行业结构与布局，整合资源，落实电子认证服务相关法规与标准，加强监督管理，规范电子认证服务，推动电子认证服务业健康发展。

(2) 政府引导、市场运作。率先在公共服务领域应用第三方电子认证服务和可靠电子签名，发挥政府部门带头作用。制定鼓励产业发展政策，注重发挥市场机制的作用，提升企业服务能力和服务水平，形成满足需求、合理有序、公平竞争的电子认证服务业。

(3) 应用牵引、服务创新。紧紧围绕公共服务、电子商务等领域对电子认证服务的需要，创新服务模式，健全服务体系，丰富服务内容，发展便捷、安全、可扩展、个性化的电子认证服务，不断满足市场需求，积极推进电子签名跨境互认及试验试点工作，推动行业应用创新，实现电子认证服务业可持续发展。

11.3　防止黑客入侵

11.3.1　黑客的基本概念

黑客(Hacker)源于英语动词 hack，意为"劈、砍"，引申为"辟出、开辟"，有"恶作剧"之意。今天的黑客可分为两类。一类是骇客，他们只想证明自己的能力，在进入网络系统后，不会去破坏系统，或者仅仅会做一些无伤大雅的恶作剧，他们追求的是从侵入行为本身获得巨大的满足；另一类黑客是窃客，他们的行为带有强烈的目的性，早期

这些黑客主要窃取国家、科研情报，而现在的目标大都瞄准了银行的资金和电子商务交易过程。

11.3.2　网络黑客常用的攻击手段

目前黑客的行为正在不断走向系统化和组织化，所造成的危害越来越大。2009 年 5 月 19 日六省网络瘫痪案就是典型的一例①。因此，从事网络交易的计算机用户，非常有必要了解有关黑客入侵的常用手段，以预防黑客的侵袭。

1. 口令攻击

口令攻击是网络攻击最常用的方法。黑客首先进入系统的常用服务，或对网络通信进行监视，使用扫描工具获取目标主机的有用信息，包括操作系统的类型和版本、主机域名、开放的端口、启动的保护手段等。然后，应用试错法获取进入系统的口令，以求侵入系统。也有的黑客利用一些驻留内存的程序暗中捕获用户的口令，这类程序类似于"特洛伊木马"(Trojan Horse)的病毒程序。

在网络交易中，出现了一些新的口令攻击方法：

(1) 撞库。黑客通过收集互联网已泄露的用户注册名和密码信息，生成对应的字典表，利用用户相同的注册习惯(相同的注册名和密码)，尝试登录其他的网站后进行攻击或盗窃。电子商务网站(京东商城)、电子支付网站(支付宝)都曾发生过撞库事件。

(2) 拖库。"拖库"是指黑客入侵有价值的网络站点，把注册用户的资料数据库全部盗走的行为。由于管理员缺乏安全意识，在做数据库备份时为了方便数据转移，将数据库文件直接放到了 Web 目录下，而 Web 目录是没有权限控制的，是任何人都可以访问的。还有一些网站使用了一些开源程序或数据库，黑客利用扫描工具对各大网站进行疯狂的扫描，如果备份的文件名落在黑客的字典里，就很容易被扫描到，从而被黑客下载到本地。

(3) 洗库。在取得大量的用户数据之后，黑客会通过一系列的技术手段和黑色产业链将有价值的用户数据变现，这种活动通常被称为"洗库"。

2. 服务攻击

黑客所采用的服务攻击手段主要有 4 种。

(1) 和目标主机建立大量的连接。因为目标主机要为每次网络连接提供网络资源，所以当连接速率足够高、连接数量足够多时，就会使目标主机的网络资源耗尽，从而导致主机瘫痪、死机或黑(蓝)屏。

(2) 向远程主机发送大量的数据包。因为目标主机要为每次到来的数据分配缓冲区，所以当数据量足够大时会使目标主机的网络资源耗尽，导致主机死机或黑(蓝)屏。

(3) 利用即时消息功能，以极快的速度用无数的消息"轰炸"某个特定用户，使目标主机缓冲区溢出，黑客伺机提升权限，获取信息或执行任意程序。

(4) 利用网络软件在实现协议时的漏洞，向目标主机发送特定格式的数据包，从而导致主机瘫痪。

---

① 参见：国家互联网应急中心. 关于"8220"黑客攻击团伙近期活跃情况的挖掘分析报告[EB/OL].
(2022-05-19)[2024-01-20]. https://www.cert.org.cn/ publish/main/68/ index.html.

3. 网站攻击

针对网站的攻击手段主要有 5 种。

(1) 网页仿冒。网页仿冒是指通过构造与某一目标网站高度相似的页面，散布欺骗性消息，诱骗用户访问钓鱼网站，以获取用户个人秘密信息(如银行账号和密码)。经分析，这些仿冒页面主要被用于短期内提高其域名的搜索引擎排名，从而快速转化为经济利益。

(2) 网站后门。网站后门是指黑客在网站的特定目录中上传远程控制页面从而能够通过该页面秘密远程控制网站服务器的攻击事件。

(3) 网页篡改。网页篡改指恶意破坏或更改网页内容，使网站无法正常工作或出现黑客插入的非正常网页内容。从网页遭篡改的方式来看，被植入暗链的网站占全部被篡改网站的比例为 56.9%。从境内被篡改网页的顶级域名分布来看，".com"".net" 和 ".gov.cn" 占比分列前三位，分别占总数的 60%、10% 和 3% 左右。

(4) 恶意程序。恶意程序是指在未经授权的情况下，在信息系统中安装、执行以达到不正当目的的程序，如特洛伊木马(Trojan Horse)、僵尸程序(Bot)、蠕虫(Worm)、病毒(Virus)等。需要注意的是移动互联网恶意程序大部分为诱诈欺骗类，对社会危害性极大。

(5) 黑客攻击。2022 年 6 月 22 日，西北工业大学发布声明称：该校网站遭受境外网络攻击。经调查，此次网络攻击源头系美国国家安全局(NSA)下属的特定入侵行动办公室。该办公室此次攻击活动中使用了 4 类武器，包括：漏洞攻击突破类武器、持久化控制类武器、嗅探窃密类武器、隐蔽消痕类武器；攻击行动中先后使用了 54 台跳板机①和代理服务器，主要分布在日本、韩国、乌克兰、波兰等 17 个国家，其中 70% 位于中国周边国家。②

11.3.3　防范黑客攻击的主要技术手段

防范黑客的技术措施根据所选用产品的不同，可以分为七类：网络入侵检测设备、访问设备、浏览器/服务器软件、证书、商业软件、防火墙和安全工具包/软件。其中，比较常用的产品是网络入侵检测设备、防火墙和安全工具包/软件。

1. 入侵检测技术

入侵检测可以形象地描述为网络中不间断的摄像机。入侵检测通过旁路监听的方式不间断地获取网络数据，对网络的运行和性能无任何影响，同时判断其中是否含有攻击的企图，通过各种手段向管理员报警。该技术不但可以发现从外部入侵的攻击，也可以发现内部的恶意行为。

入侵检测系统产品为审核、监控和校正网络安全而专门设计。它们可以找出安全隐患，提供堵住安全漏洞所必需的校正方案；建立必要的循环过程，确保隐患即刻被纠正。此外，它们还监控各种变化情况，从而使用户可以找出经常发生问题的根源所在。

2. 防火墙技术

防火墙的主要功能是控制内部网络和外部网络的连接。利用它可以阻止非法的连接和

---

① 跳板机(Jump Server)，也称堡垒机，是一类可作为跳板批量操作远程设备的网络设备，是系统管理员或运维人员常用的操作平台之一。

② 北京日报. 触目惊心！西北工业大学遭美国 NSA 网络攻击事件细节披露[EB/OL]. (2022-09-05) [2024-11-20]. https://finance.sina.com.cn/jjxw/2022-09-05/doc-imizmscv9157505.shtml.

通信，也可以阻止外部的攻击。防火墙的物理位置一般位于内部和外部网络之间。

1) 传统防火墙

传统防火墙的类型主要有三种：包过滤、应用层网关(代理防火墙)和电路层网关。

(1) 包过滤(Packet Filtering)。包过滤是第一代防火墙技术，其原理是按照安全规则，检查所有进来的数据包，而这些安全规则大都是基于底层协议的，如 IP、TCP。如果一个数据包满足以上所有规则，则过滤路由器把数据向上层提交或转发此数据包，否则就丢弃此包。其优点是能协助保护整个网络，速度快，效率高；缺点是不能彻底防止地址欺骗，无法执行某些安全策略，配置规则专业性太强等。

(2) 代理防火墙(Proxy)。代理防火墙技术工作于应用层，针对特定的应用层协议，也被称为应用层网关。代理通过编程来弄清用户应用层的流量，并能在用户层和应用协议层提供访问控制，保持一个所有应用程序使用的记录。代理服务器(Proxy Server)作为内部网络客户端的服务器，拦截所有要求，也向客户端转发响应。代理客户(Proxy Client)负责代表内部客户端向外部服务器发出请求，也向代理服务器转发响应。

(3) 电路层网关(Circuit Gateway)。电路层网关是建立应用层网关的一种更加灵活的方法，也是一种代理技术。在电路层网关中，数据包被提交给用户应用层处理。电路层网关在两个通信的终点之间转换数据包。虽然电路层网关可能包含支持某些特定 TCP/IP 应用程序的代码，但通常要受到限制。

2) 新型防火墙

新型防火墙的设计目标是既有包过滤的功能，又能在应用层进行代理，能从数据链路层到应用层进行全方位安全处理。由于 TCP/IP 协议和代理直接相互配合，使系统的防欺骗能力和运行的安全性都大大提高。新型防火墙的设计克服了包过滤技术和代理技术在安全方面的缺陷，能够从 TCP/IP 协议的数据链路层一直到应用层施加全方位的控制。

新型防火墙的系统构成如图 11-11 所示。

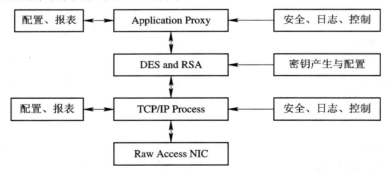

图 11-11　新型防火墙的系统构成

从图 11-11 中可知，新型防火墙从数据链路层、IP 层、TCP 层到应用层都能施加安全控制，且能直接对网卡操作，对出入的数据进行加密或解密。

(1) Application Proxy。该模块提供 TCP/IP 应用层的服务代理，例如 HTTP、FTP、E-mail等代理。它接收用户的请求，在应用层对用户加以认证，并可由安全控制模块加以控制。

(2) DES and RSA。该模块主要针对进出防火墙的数据进行加密和解密，并可产生密钥。这是一个可选项，它采用 DES 和 RSA 两种加密算法。

(3) TCP/IP Process。该模块能在 TCP/IP 协议层进行各项处理，如 TCP、UDP、IP 等，避免 TCP/IP 协议本身的安全隐患，增强网络的安全性，提供比过滤路由器更广泛的检查。

(4) Raw Access NIC。该模块的功能主要是对网卡直接进行读/写，可以控制底层协议。对收到的数据进行封装与拆封，并可监听网上数据。

(5) 安全、日志、控制。这项功能分为两个层次，一个是在应用层，另一个是在 TCP/IP 协议层。前者可以在应用层施加预定的各项安全控制产生各种日志，后者则是在底层 (TCP/IP 协议层)产生日志。

(6) 配置、报表。通过这项功能可配置防火墙系统，制定安全规则，并产生各种报表。

3. 物理隔离技术

物理隔离技术是近年发展起来的防止外部黑客攻击的有效手段，主要应用于单位内部与外部网络的安全防护。物理隔离产品主要有物理隔离卡和隔离网闸。

物理隔离卡主要分为单硬盘物理隔离卡和双硬盘物理隔离卡。单硬盘物理隔离卡的主要工作原理是把用户的一个硬盘分成两个区，一个为公共硬盘/区(外网)，另一个为安全硬盘/区(内网)，将一台普通计算机变成两台虚拟计算机，每次启动进入其中的一个硬盘/区。它们分别拥有独立的操作系统，并能通过各自的专用接口与网络连接(见图 11-12)。

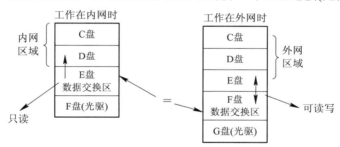

图 11-12　物理隔离卡工作示意图

双硬盘物理隔离卡是一种较为经济但功能相对简单的物理隔离产品。双硬盘物理隔离卡的基本原理：在连接内部网络的同时，启动内网硬盘及其操作系统，同时关闭外网硬盘；在连接外部网络的同时，启动外网硬盘及其操作系统，同时关闭内网硬盘。双网主要适用于政府、军队、企业等已经拥有内外网两套环境和设备的用户。

物理隔离网闸由物理隔离网络电脑和物理隔离系统交换机组成。其中，物理隔离网络电脑负责与物理隔离交换机通信，并承担选择内网服务器和外网服务器的功能。物理隔离交换机实际上就是一个加载了智能功能的电子选择开关。物理隔离交换机不但具有传统交换机的功能，而且增加了选择网络的能力(见图 11-13)。

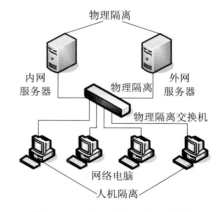

图 11-13　物理隔离网闸示意图

4. 混合云数据存储处理技术

随着云计算的快速成熟和发展，互联网的功能更加强大，用户可以通过云计算在互联网上处理数据的安全存储问题。混合云数据存储处理就是一种比较好的方式。

混合云由私有云和公有云组成，由两个或多个独立运行的云绑定在一起。混合云既有私有云的隐私性，又有公有云的低计算成本优势，因此成为很多企业的首选云计算模式。公有云和私有云的有效结合，能够丰富云计算方式，扩大存储空间，可以更有效地解决云计算在安全和隐私方面存在的问题。新型的混合云数据存储框架如图 11-14 所示。

图 11-14　混合云数据存储处理框架

在处理复杂的数据信息方面，可以进行合理的划分，然后再分配到云平台上，对数据信息进行变形转化，这也可以很好地处理关系数据库。在隐私保护方面，可以采用超图模型对其进行形式化处理，降低黑客攻击和数据信息泄露的风险。

11.4　网络交易系统的安全管理制度

对参与网络交易的个人和企业，都存在一个维护网络交易系统安全的问题，只不过对于在网上从事大量贸易活动的企业来说，这个问题更为重要。本节中，我们主要针对企业网络交易系统加以讨论，但其中的许多方法对于个人网络消费者也具有较高的实用价值。

11.4.1　网络交易系统安全管理制度的含义

网络交易系统安全管理制度是用文字形式对各项安全要求所作的规定，它是保证企业网络营销取得成功的重要基础，是企业网络营销人员安全工作的规范和准则。企业在参与网络营销伊始，就应当形成一套完整的、适应于网络环境的安全管理制度，包括人员管理制度，保密制度，跟踪、审计、稽核制度，网络系统日常维护制度，用户管理制度和病毒防范制度以及应急措施等。

鉴于不同企业网络交易系统的安全需求和安全投资不尽相同，网络交易系统需要实行等级保护制度。等级保护制度是系统安全保障全过程的一项基础性管理制度。通过等级化方法和安全管理方法的有效结合，突出重点，提高安全管理的科学性和针对性。[①]

11.4.2　人员管理制度

网络营销是一种高智力劳动。从事网络营销的人员，一方面必须具有传统市场营销的知识和经验。另一方面，又必须具有相应的计算机网络知识和操作技能。由于营销人员在很大程度上支配着市场经济下企业的命运，而计算机网络犯罪又具有智能性、隐蔽性、连续性、高黑数性[②]的特点，因而，加强对网络营销人员的管理变得十分重要。

(1) 严格网络营销人员的选拔。经过一定时间的考察，将责任心强、讲原则、守纪律、了解市场、懂得营销、具有基本网络知识的人员委派到这种岗位上。

(2) 落实工作责任制。要求营销人员严格遵守企业的网络营销安全制度，明确网络营销人员的责任，对违反网络交易安全规定的行为坚决打击，对有关人员及时进行处理。

(3) 贯彻电子商务安全运作基本原则。包括双人负责原则，重要业务不安排一个人单独管理；任期有限原则，任何人不得长期担任与交易安全有关的职务；最小权限原则，明确规定只有网络管理员才可进行物理访问，只有网络人员才可进行软件安装工作。

11.4.3　保密制度

电子商务涉及企业的市场、生产、财务、供应等多方面的机密，需要很好地划分信息的安全级别，确定防范重点，提出相应的保密措施。信息的安全级别一般可分为三级：

(1) 绝密级。如公司经营状况报告、进/出货价格、公司的发展规划等。此部分网址、密码不在互联网络上公开，只限于公司高层人员掌握。

(2) 机密级。如公司的日常管理情况、会议通知等。此部分网址、密码不在互联网络上公开，只限于公司中层以上人员使用。

(3) 秘密级。如公司简介、新产品介绍及订货方式等。此部分网址、密码在互联网络上公开，供消费者浏览，但必须有保护程序，防止黑客入侵。

保密工作中另一个重要的问题是对密码的管理。大量的交易必然使用大量的密码，密码管理必须贯穿于密码的产生、传递和销毁的全过程。密码需要定期更换，否则可能使黑客通过积累密文增加破译机会。

我国政府高度重视商务活动中的密码管理工作。1999 年国务院就发布了《商用密码管理条例》；2005 年以来，国家密码管理局先后颁布了《电子认证服务密码管理办法》《商用

---

① 有关网络交易系统的等级划分可以参照公安部、国家保密局等四部委颁布的《信息安全等级保护管理办法》(2007 年 6 月)执行。
② 犯罪黑数是指虽已发生但由于种种原因未予记载的犯罪数量，又称犯罪暗数或刑事隐案。

密码产品生产管理规定》《商用密码产品使用管理规定》等文件。这些文件从科研管理、生产管理、销售管理、使用管理、保密管理等方面对密码管理提出了具体要求。

11.4.4　跟踪、审计、稽核制度

跟踪制度要求企业建立网络交易系统日志机制，用来记录系统运行的全过程。系统日志文件是自动生成的，内容包括操作日期、操作方式、登录次数、运行时间、交易内容等。它对于系统的运行监督、维护分析、故障恢复，对于防止案件的发生或在发生案件后为侦破提供监督数据，都可以起到非常重要的作用。

审计制度包括经常对系统日志进行检查、审核，及时发现故意入侵系统行为的记录和违反系统安全功能的记录，监控和捕捉各种安全事件，保存、维护和管理系统日志。

稽核制度是指工商管理、银行、税务人员利用计算机及网络系统，借助于稽核业务应用软件调阅、查询、审核、判断辖区内各电子商务参与单位业务经营活动的合理性和安全性，发现漏洞，发出相应的警示或作出处理处罚有关决定的一系列步骤及措施。

11.4.5　网络系统的日常维护制度

1. 硬件的日常管理和维护

(1) 网络设备。对于可管设备应及时安装网管软件。这些软件可以做到对网络拓扑结构的自动识别、显示和管理，网络系统节点的配置与管理，系统故障的诊断、显示及通告，网络流量与状态的监控、统计和分析，还可以进行网络性能调优、负载平衡等。对于不可管设备，应通过手工操作来检查状态，做到定期检查与随机抽查相结合，及时准确地掌握网络的运行状况，一旦有故障发生能够及时报告或处理。

(2) 服务器和客户机。服务器和客户机一般没有相应的网管软件，只能通过手工操作检查状态。在 UNIX 环境下，可以用 Shell 命令写一个巡查程序(Ping 和 PS 命令)，检查各服务器或客户机是否处于活动状态及各机的用户注册情况。如果服务器采用冷备份，则应定时启动备份机检查。

(3) 通信线路。对于内部线路，应尽可能采用结构化布线。虽然采用结构化布线在建网初期会增加投资，但可以大大降低网络故障率。对于租用电信部门的通信线路，网络管理员应对连通情况做好记录，当有故障发生时，应及时与电信部门联系，以便迅速恢复通信。

2. 软件的日常管理和维护

1) 支撑软件

支撑软件包括操作系统(UNIX 或 Windows NT)、数据库(Oracle 或 Sybase)、开发工具(PowerBuilder、Delphi 或 C 语言)等。对于操作系统，一般需要进行以下维护工作:

(1) 定期清理日志文件、临时文件。

(2) 定期整理文件系统。

(3) 监测服务器上的活动状态和用户注册数。

(4) 处理运行中的死机情况等。

2) 应用软件

应用软件的管理和维护主要是版本控制。为了保持各客户机上应用软件版本一致，应设置一台安装服务器，当远程客户机应用软件需要更新时，就可以从网络上进行远程安装。MS Office、E-mail 等软件均可远程安装，但是，远程安装应选择网络负载较低时进行，特别是安装大型应用软件，最好在晚上进行，以免影响网络的日常工作。

3．数据备份制度

备份与恢复主要是指利用多种介质，如磁介质、纸介质、光碟、微缩载体等，对信息系统数据进行存储、备份和恢复。这种保护措施还包括对系统设备的备份。

11.4.6　用户管理制度

广域网上一般都有几个至十几个应用系统，每个应用系统都设置了若干角色，用户管理的任务就是增加/删除用户、增加/修改用户组号。例如，要增加一个用户，必须进行如下工作(以 UNIX 为例)：

(1) 在用户使用的客户机上增加用户并分配组号。

(2) 在用户使用的服务器数据库上增加用户并分配组号。

(3) 分配该用户的广域网访问权限。

为了保证广域网的安全，必须统一管理用户，由网管部门统一增加或删除用户。上述三项工作在 UNIX 环境下都可通过一个简单的 Shell 程序一步完成。

11.4.7　病毒防范制度

病毒在网络环境下具有更强的传染性，对网络交易的顺利进行和交易数据的妥善保存造成极大威胁。从事网上交易的企业和个人都应当建立病毒防范制度，排除病毒骚扰。

1．应用防病毒软件

在中国互联网的发展历史中，杀毒软件曾经是每台电脑的必备工具。然而，随着网络技术的发展和法律法规监管的完善，个人电脑已不再容易受到病毒威胁，作恶者的目标转向了公司机构和服务器，意图通过勒索或窃取大量隐私信息来牟取更高的利益。

目前，在个人电脑病毒防范层面，市场上主流的杀毒软件有 4 款，即腾讯电脑管家、火绒杀毒软件、360 安全卫士和 Windows Defender。在企业级病毒防范层面，随着云服务和大数据分析技术的应用，杀毒软件将集成更强大的智能防护功能，如庞大且持续更新的病毒库、AI 扫描算法驱动的安全扫描、精准识别并清除新型威胁等，推动杀毒软件功能的升级和用户体验的优化，以适应不断变化的威胁环境。

2．认真执行病毒定期清理制度

许多病毒都有一个潜伏期。有时候，虽然计算机还可以运行，但实际上已经感染了病毒。病毒定期清理制度可以清除处于潜伏期的病毒，防止病毒突然爆发。

3．控制权限

控制权限可以将网络系统中易感染病毒文件的属性、权限加以限制。对各终端用户，规定他们具有只读权限，断绝病毒入侵的渠道，达到预防的目的。

4. 高度警惕网络陷阱

网络上大量的免费资源对网民有很大的吸引力，但在下载资料和软件时要保持高度的警惕性：不打开不明来源的邮件，尤其是附件带有执行程序的邮件；不安装网站自动要求安装的软件，以免软件中携带病毒；不使用自动保存密码的功能，避免木马程序盗取账号和密码；在公共场合上网时，尽可能不输入个人资料(密码、手机号码、证件号码等)。

11.4.8　应急措施

1. 基本思路

应急措施是指在计算机灾难事件，即紧急事件或安全事故发生时，利用应急计划辅助软件和应急设施，排除灾难和故障，保障计算机信息系统继续运行或紧急恢复。《中华人民共和国网络安全法》第二十五条规定，网络运营者应当制订网络安全事件应急预案，及时处置系统漏洞、计算机病毒、网络攻击、网络侵入等安全风险；在发生危害网络安全的事件时，立即启动应急预案，采取相应的补救措施，并按照规定向有关主管部门报告[1]。

灾难恢复包括许多工作。一方面是硬件的恢复，使计算机系统重新运转起来；另一方面是数据的恢复。一般来讲，数据的恢复更为重要，难度也更大。目前运用的数据恢复方法主要有瞬时复制技术、数据库恢复技术和云灾备。

2. 瞬时复制技术

瞬时复制技术就是计算机在某一灾难时刻自动复制数据的技术。现有的一种瞬时复制技术是通过使用磁盘镜像技术来复制数据。将空白磁盘和每一数据磁盘相连，把数据拷贝到空白磁盘中。在拷贝进行过程中，为保证数据的一致性，使用数据的应用程序被暂时挂起。当复制完成时，瞬时复制磁盘与数据磁盘脱离连接，应用程序继续运行。瞬时复制的备份数据可以典型地用来产生磁带备份或用作远程恢复节点的基本数据。

目前，多家厂商已利用这一技术开发了瞬时复制产品。IBM 公司利用全新 IBM FlashSystem® Cyber Vault 框架提高网络安全永续性，将从网络攻击中恢复的时间从几天缩短到几小时。Veritas 公司的 Backup Exec 16 提供了专为整个基础架构打造的数据保护功能，几分钟内即可恢复包括虚拟机、服务器、数据库以及粒度应用程序对象在内的任何内容。

北京灵蜂数据库实时复制工具 Beedup 能够实现大量交易数据的实时捕捉、变换和投递，实现源数据库与目标数据库的数据同步，保持亚秒级的数据延迟。

3. 数据库复制技术

数据库复制技术是指产生和维护一份或多份数据库数据的复制。数据库复制技术为用户提供了更大的灵活性。数据库管理员可以准确地选择哪些数据可以被复制到哪些地方。对于那些在日常应用中使用大量联机数据的用户，可以选择少量最为关键的数据复制到远程，用来减少对远程接待内存储系统的占用和对网络带宽的影响。大多数的复制服务器比磁盘镜像更加灵活，支持对数据的多个复制，传送到不同的地点。

---

① 全国人大常委会. 中华人民共和国网络安全法[EB/OL]. (2016-11-07)[2024-09-20]. https://www.gov.cn/xinwen/ 2016-11/07/content_5129723.htm.

但数据库复制技术还不是完整的解决方案，必须考虑将其他方法作为补充。因为数据库复制技术不能复制非数据库格式的数据。一些非常重要的数据或从数据库生成的数据通常存放在文件中，有些应用系统的数据不能转换成数据库数据。因此，将数据库复制技术与远程磁盘镜像技术配合使用，常常可以获得更为良好的效果。

4. 云灾备

1) 云灾备的概念

云灾备是一种重要的灾难备份形式，是指为了保障关键业务的持续运营并满足与业务部门协定的服务等级协议，基于云服务而建立的灾备系统或者跨地域的灾备中心。

2) 云灾备的解决方案

从技术故障、外部入侵、人为错误到自然灾害，云灾备可以保护各类用户防范不可预知的情况发生，并能提供可行的解决方案。

(1) 数据实时云备份。数据实时云备份即将用户的数据实时备份到云平台上，通过较低的成本实现对数据实现实时备份保护，数据备份到云端后，可以随时按需要恢复到任意源端或异地的服务器上。灾备服务平台依靠基于网络的数据复制工具，实现生产中心和灾备中心之间的异步/同步的数据传输，可以确保客户原有的业务数据不遭破坏。

(2) 应用级集中云灾备。当工作机异常或者宕机时，由云端的备用服务器接管应用，对外提供服务，实现应用级的快速恢复。即在异地灾备中心再构建一套支撑系统、备用网络系统等部分。当运行环境发生故障时，灾备中心可以接管应用继续运行，减少系统宕机时间，保证业务连续性。

(3) 应用级一对一云灾备。应用级一对一云灾备即将每个工作机都对应到云平台上的一台服务器上。该方案能快速地实现应用级切换，可将 RTO 缩短到分钟或者秒级。

(4) 云到云的灾备。云到云的灾备可以是企业的私有云到公有云[①]，或者不同公有云之间的灾备；可以仅是数据的灾备，也可以是应用级的云间灾备保护。

3) 云灾备的优势

传统的容灾和灾备系统部署复杂、价格昂贵。使用公有云的基础设施来实现数据保护、备份归档和灾难备份，拥有传统 IT 无法比拟的巨大优势。

(1) 迅速启动并恢复受灾的数据中心，最快可实现实时恢复。

(2) 轻松实现灾备演练，让企业更方便地进行灾备测试。

(3) 降低维护费用，资源弹性配置，按需购买。

(4) 减少人为误操作机会，大幅度缩短恢复时间。

11.5　电子商务交易安全的法律保障

虽然计算机专家从各个角度开发了许多电子商务交易安全的技术保障措施，但仍难以完全保障电子商务的交易安全，众多商家和消费者仍然对网上大量进行的商业活动心存疑

---

① 私有云，是指企业自己使用的云，仅供自己内部人员或分支机构使用。公有云是面向大众提供计算资源的服务，一般由第三方服务商提供，如应用和存储。

虑。经营者的行为规范、合同的执行、个人的隐私、资金的安全、知识产权的保护等问题使得商家和消费者裹足不前。在这种情况下，相应的法律保障措施必不可少。

11.5.1　电子签名法律制度

电子签名行为是虚拟环境下的一种全新的核证行为，对这种行为进行法律规范，有助于消除电子签名应用中的法律障碍，明确有关各方的权利和义务，保障电子商务的正常进行。

1. 电子签名(Electronic Signature)的概念

2001 年通过的联合国《电子签名示范法》给出了电子签名的定义："电子签名是以电子形式存在的数据，这种数据或含于数据电文中，或附于数据电文上，或在逻辑上与数据电文有联系，它可用于鉴别与数据电文相关的签字人和表明签字人认可的包含在数据电文中的信息[1]。"

2005 年 4 月 1 日，我国开始施行《中华人民共和国电子签名法》(简称《电子签名法》)，2019 年 4 月《电子签名法》进行了第二次修正。《电子签名法》首次赋予可靠电子签名与手写签名或盖章具有同等法律效力，并明确了电子签名的使用范围。

我国《电子签名法》对电子签名的表述与联合国《电子签名示范法(中译本)》提出的电子签名概念基本相同："本法所称电子签名，是指数据电文中以电子形式所含、所附用于识别签名人身份并表明签名人认可其中内容的数据。[2]"

联合国《电子签名示范法》和我国《电子签名法》起草过程中都强调了电子签名的实质，即将电子签名看作是一种与数据电文相关联的电子数据，而这一数据是在制作电子签名的过程中形成的，并产生了对签名人和相关信息的核证作用，而没有简单地将其看作是一种方法和一种结果。同时，也遵循了"不偏重任何技术"的原则，综合考虑了数字加密技术的安全性问题，考虑了其他电子签名技术的发展问题，例如使用指纹、视网膜、DNA 等生物鉴定技术或其他类似技术，没有片面地强调某一技术[3]。

---

① UNCITRAL Model Law on Electronic Signatures With Guide to Enactment 2001，A/CN.9/WG.IV/WP.88. United Nations Commission on International Trade Law Working Group on Electronic Commerce，Thirty-eighth session New York，12-23 March 2001.

② 需要注意的是，我国《电子签名法》和联合国《电子签名示范法》(中译本)都存在一个共同的问题，两者都认为电子签名是包含在"数据电文中"的。而从技术角度看，电子签名是以电子形式附在数据电文上的数据，或是在逻辑上与数据电文有联系的数据，并不是存在于数据电文内的。这一点可以通过本章第三节图 11-10 加深理解。图 11-10 显示，数据电文通过信息摘要并且加密后才形成了数字签名，数字签名是信息摘要和密钥的复合体(从这一点甚至可以说是"数据电文"存在于"电子签名"中)。在实际应用中，数据电文与电子签名并列存在并一起传递，两者起着不同的作用。实际上，联合国《电子签名示范法(中译本)》的翻译是有误的。联合国《电子签名示范法(英文版)》对电子签名的表述为："'Electronic Signature' means data in electronic form in，affixed to or logically associated with，a data message，which may be used to identify the signatory in relation to the data message and to indicate the signatory's approval of the information contained in the data message"。所以，正确的翻译应为："电子签名系指一种电子形式的数据，这种数据或含在数据电文中，或附加在数据电文上，或在逻辑上与数据电文有联系，它可用于鉴别与数据电文相关的签字人和表明签字人认可的包含在数据电文中的信息。"

③ 据报道，目前在国内外广泛应用的为电子文件加密的杂凑函数 MD5 已经被国内学者破译(王振国，刘春雷. 挑剔电子签名的女博导. 齐鲁晚报，2004-09-17)。因此，要保证电子签名的可靠性，必须鼓励现有技术的改造和新技术的采用。但从目前情况看，数字加密技术仍然是一种使用简便、保密性能强、成本最低的加密技术，联合国《电子签名示范法》和我国《电子签名法》都对它进行了重点阐述。

2. 电子签名的适用前提与适用范围

鉴于电子签名的推广需要有一个过程，《电子签名法》没有规定在民事活动中的合同或者其他文件、单证等文书中必须使用电子签名，而规定对于"民事活动中的合同或者其他文件、单证等文书，当事人可以约定使用或者不使用电子签名、数据电文"。但明确规定当约定使用电子签名、数据电文的文书后，当事人"不得仅因为其采用电子签名、数据电文的形式而否定其法律效力"。

《电子签名法》使用排除法确定了电子签名的使用范围，规定一些特定范围内的法律文书不适用关于电子签名、数据电文的法律效力的规定。这些法律文书包括：

(1) 涉及婚姻、收养、继承等人身关系的；

(2) 涉及停止供水、供热、供气、供电等公用事业服务的；

(3) 法律、行政法规规定的不适用电子文书的其他情形。

《电子签名法》第二次修正扩大了电子签名的应用范围，删除了原有不适用于"涉及土地、房屋等不动产权益转让的"文书的限制。

3. 电子签名的法律效力

我国《电子签名法》第十四条规定："可靠的电子签名与手写签名或者盖章具有同等的法律效力"。这是《电子签名法》的核心。也就是说，当一个电子签名被认定是可靠的电子签名时，该电子签名才能与手写签名或者盖章具有同等的法律效力。

《电子签名法》第十三条提出了认定可靠电子签名的 4 个基本条件，且这 4 个条件需要同时满足：

(1) 电子签名制作数据用于电子签名时，属于电子签名人专有；

(2) 签署时电子签名制作数据仅由电子签名人控制；

(3) 签署后对电子签名的任何改动都能够被发现；

(4) 签署后对数据电文内容和形式的任何改动都能够被发现。

4. 电子签名中各方当事人的基本行为规范

根据我国《电子签名法》，参与电子签名活动的包括电子签名人、电子签名依赖方和电子认证服务提供者。

电子签名人是指持有电子签名制作数据并以本人身份或者以其所代表的人的名义实施电子签名的人；电子签名依赖方是指基于对电子签名认证证书或者电子签名的信赖从事有关活动的人；电子认证服务提供者是指签发证书或可以提供与电子签名相关的其他服务的人。

电子签名人应当妥善保管电子签名制作数据。电子签名人知悉电子签名制作数据已经失密或者可能已经失密时，应当及时告知有关各方，并终止使用该电子签名制作数据。电子签名人向电子认证服务提供者申请电子签名认证证书，应当提供真实、完整和准确的信息。

《电子签名法》对电子认证服务设立了准入制度。提供电子认证服务应当具有相应的专业技术人员和管理人员，相应的资金和经营场所，符合国家安全标准的技术和设备，国家密码管理机构同意使用密码的证明文件，以及法律、行政法规规定的其他条件。

电子认证服务提供者应当妥善保存与认证相关的信息，信息保存期限至少为电子签名认证证书失效后 5 年。

电子签名人知悉电子签名制作数据已经失密或者可能已经失密未及时告知有关各方，并终止使用电子签名制作数据，未向电子认证服务提供者提供真实、完整和准确的信息，或者有其他过错，给电子签名依赖方、电子认证服务提供者造成损失的，承担赔偿责任。

电子签名人或者电子签名依赖方因依据电子认证服务提供者提供的电子签名认证服务从事民事活动遭受损失，电子认证服务提供者不能证明自己无过错的，承担赔偿责任。

11.5.2　电子合同法律制度

1. 电子合同及其书面形式

合同，亦称契约。《中华人民共和国民法典》[①](本书简称《民法典》)第四百六十四条规定："合同是民事主体之间设立、变更、终止民事法律关系的协议。"合同是当事人在地位平等基础上自愿协商产生的，它反映了双方或多方意思表示一致的法律行为。

"电子合同"系指经由电子、光学或类似手段生成、储存或传递的合同。电子合同通过数据电文(包括电报、传真、电子数据交换和电子邮件)传递信息，其所包含的信息应能够有形地表现所载内容，并能够完整调取以备日后查用。

在使用纸张文件的环境下，传统书面材料所起的作用很多，如提供的文件大家均可识读；提供的文件在长时间内可保持不变；可复制文件以便每一当事方均掌握同一数据副本；可通过签字核证数据；提供的文件采用公共当局和法院可接受的形式等。但电子商务通常不是以原始纸张作为记录凭证的，而是将信息或数据记录在计算机中，或记录在磁盘和软盘等中介载体中。因此，电子数据具有易消失性、局限性和易改动性的特点。

上述问题的存在，确实阻碍了电子合同发展的进程。但从另一方面讲，书面合同也同样存在伪造和涂改的情况，人们并没有因为书面合同的缺陷而放弃使用书面合同。因此，有必要扩大传统"书面形式"的概念。

联合国《电子商务示范法》第六条规定："如法律要求信息须采用书面形式，则假若一项数据电文所含信息可以调取以备日后查用，即满足了该项要求"。"可以调取"意指数据电文形式的信息应当是可读和可解释的，使这种信息成为可读所必需的软件应当保留；"以备"一词并非仅指人的使用，还包括计算机的处理；"日后查用"指的是"耐久性"或"不可更改性"等概念。

我国《民法典》也将传统的书面合同形式扩大到数据电文形式。《民法典》第四百六十九条规定："以电子数据交换、电子邮件等方式能够有形地表现所载内容，并可以随时调取查用的数据电文，视为书面形式。"也就是说，不管合同采用什么载体，只要可以有形地表现所载内容，即视为符合法律对"书面"的要求。这些规定，符合联合国国际贸易法委员会建议采用的"功能等同法(Functional-equivalent Approach)"[②]的要求。

---

① 全国人民代表大会. 中华人民共和国民法典[EB/OL]. (2020-05-28)[2022-07-20]. http://www.npc.gov.cn/npc/c30834/ 202006/75ba6483b8344591abd07917e1d25cc8.shtml.

② 联合国《电子商业示范法》的起草依赖"功能等同法"这种新方法。这种办法立足于分析传统的书面要求的目的和作用，以确定如何通过电子商业技术来达到这些目的或作用。《电子商业示范法》并不打算确定一种相当于任何一种书面文件的计算机技术等同物，相反，《电子商业示范法》只是挑出书面形式要求中的基本作用，以其作为标准，一旦数据电文达到这些标准，即可具有相同作用的相应书面文件一样，享受同等程度的法律认可。这是一种很有使用价值的科学方法。

2. 电子合同的订立[①]

1) 当事人所在地

为了提高法律的确定性和可预见性，以电子方式缔结合同的当事方必须明确指明其相关的营业地所在地点。因此，提供货物或服务的当事人，应当向查阅这种信息系统的各方提供当事人营业地所在的地理位置和具体地址。

对于电子商务来说，可能存在下述情况：某个法律实体的活动可能完全或主要利用信息系统进行，除公司的组织章程在某个登记处注册登记外，没有一个固定的"场所"，或与实际地点没有固定的联系。因此，对无营业地的法律实体，可考虑信息系统的支持设备和技术的所在地，或可能与某种系统连通进行查询的访问地，以确定这类法律实体的营业地。

2) 要约与邀请要约

根据《联合国销售公约》，非向一个人或一个以上特定的人提出的建议，仅应视为邀请要约。在有纸化环境下，报纸、杂志和电视中的广告、商品介绍的小册子或价目表等一般也被看作是邀请要约。因为在这些情况下承受约束的意图被认为是不明确的。互联网使得人们有可能把特定的信息发送给无数的人，而当前的技术又可以使人们立即签订合同。因此，凡不是向一个人或几个特定的人提出，而是可供使用信息系统的所有人进行一般查询的，例如通过互联网网址发出的货物和服务要约，应当仅视为邀请要约，但其中指明在要约获接受时要约人打算受其约束的除外。

3) 接受要约

在电子合同中，除非各当事人另有约定，要约和接受要约可以通过数据电文表示。对于电子数据交换、电子邮件，法律上已经开始接受它们作为证据了[②]。但是，在电子商务交易中，还常常通过点击"同意"按钮表示接受要约。然而，这种行为引起了较多的法律纠纷。

联合国《电子商务示范法》第二条规定，如果某人点击计算机屏幕上显示的"同意"按钮，有关"同意的意思表示"信息即通过网络线路传送到对方的计算机上，对方计算机的相关按钮在通信链的另一端接到"同意"的指令则被启动。此种信息虽然很短，但仍是通过电子手段传递的信息，所以仍应被视为符合"数据电文"的定义。

4) 发出和收到

参照《联合国销售公约》和《电子商务示范法》，我国《电子签名法》规定了数据电文发送时间、接收时间、发送地点等事项。

第十一条：数据电文进入发件人控制之外的某个信息系统的时间，视为该数据电文的发送时间。收件人指定特定系统接收数据电文的，数据电文进入该特定系统的时间，视为该数据电文的接收时间；未指定特定系统的，数据电文进入收件人的任何系统的首次时间，视为

---

① 2005 年 11 月 23 日，联合国第六十届大会通过了《联合国国际合同使用电子通信公约》A/RES/60/21，本节内容参考该公约撰写。

② 2007 年 5 月黎某与何某通过电子邮件商定房屋买卖事宜。之后何某反悔不愿出售。黎某出具电子邮件要求法院确认房屋买卖合同成立。2008 年 4 月上海市杨浦区法院一审判决，认定电子邮件也是订立合同的一种方式，双方的买卖合同有效。

该数据电文的接收时间。当事人对数据电文的发送时间、接收时间另有约定的，从其约定。

第十二条：发件人的主营业地为数据电文的发送地点，收件人的主营业地为数据电文的接收地点。没有主营业地的，其经常居住地为发送或者接收地点。当事人对数据电文的发送地点、接收地点另有约定的，从其约定。

5) 自动交易

"自动电文系统"是指一种计算机程序或者一种电子手段或其他自动手段，用以引发一个行动或全部或部分地对数据电文生成答复，而无需每次在该系统引发行动或生成答复时由自然人进行复查或干预。

在电子商务交易中，经由计算机程序代为处理商务的人(自然人或法人)最后应当对该机器生成的任何电文承担责任。也就是说，一套自动电文系统的行动归属于某人或某一法律实体，电子代理只能在其预先设定的程序编制技术结构范围内进行。

我国《电子商务法》第四十八条规定：电子商务当事人使用自动信息系统订立或者履行合同的行为对使用该系统的当事人具有法律效力。在电子商务中推定当事人具有相应的民事行为能力。但是，有相反证据足以推翻的除外。

6) 形式要求

根据《联合国销售公约》第11条关于形式自由的一般原则，电子合同的任何规定应不要求合同必须以书面订立或以书面证明，也不要求合同必须遵守任何其他有关形式的要求。对于法律要求合同应当采用书面形式的，或法律要求合同应当签字的，应采用联合国《电子签名示范法》和《联合国国际合同使用电子通信公约》中的有关条文。

7) 拟由当事人提供的一般资料

为增强国际交易的确定性和明确性，参与电子合同的当事人应提供的一般资料包括当事人身份、法律地位、所在地和地址资料等，其目的是确保通过互联网等公开网络进行的各种交易能够正常进行。

11.5.3　网络商品和服务交易管理

1. 保障商品和服务质量的义务

《电子商务法》第十三条提出，电子商务经营者销售的商品或者提供的服务应当符合保障人身、财产安全的要求和环境保护要求，不得销售或者提供法律、行政法规禁止交易的商品或者服务。第十七条要求，电子商务经营者应当全面、真实、准确、及时地披露商品或者服务信息，保障消费者的知情权和选择权。电子商务经营者不得以虚构交易①、编造用户评价等方式进行虚假或者引人误解的商业宣传，欺骗、误导消费者。第三十九条要求，电子商务平台经营者应当建立健全信用评价制度，公示信用评价规则，为消费者提供对平台内销售的商品或者提供的服务进行评价的途径。电子商务平台经营者不得删除消费者对

① 这里的"虚构交易"是指电子商务活动参与方本无真实交易之目的，经过事前串通，订立了双方并不需要真正履行的电子商务合同，经营者以此达到增加销量、提高可信度、提高排名等目的。"编造用户评价"是指没有交易事实或者违背事实做出用户评价，包括故意虚构事实，歪曲事实等做出的好评或者负面评价等不真实评价。

其平台内销售的商品或者提供的服务的评价。

《电子商务法》同时规定了严格的法律责任。如果电子商务经营者提供的商品或者服务不符合保障人身财产安全的要求，就应当依照电子商务法、侵权责任法和消费者权益保护法的规定来承担相应民事责任。如果平台知道或者应当知道平台内经营者销售的商品和提供的服务不符合保障人身安全的要求，而没有采取必要措施的，就要和平台内经营者承担连带责任。

2. 强化网络消费者权益保护

我国《消费者权益保护法》对网络交易中消费者权益保护做出特别规定[①]。包括：

(1) 第二十五条明确，经营者采用网络方式销售商品，消费者有权自收到商品之日起七日内退货，且无须说明理由。

(2) 第四十四条说明，消费者通过网络交易平台购买商品或者接受服务，其合法权益受到损害的，可以向销售者或者服务者要求赔偿。

(3) 第二十八条规定，采用网络、电视、电话、邮购等方式提供商品或者服务的经营者，以及提供证券、保险、银行等金融服务的经营者，应当向消费者提供经营地址、联系方式、商品或者服务的数量和质量、价款或者费用、履行期限和方式、安全注意事项和风险警示、售后服务、民事责任等信息。

2024 年 7 月 1 日起施行的《中华人民共和国消费者权益保护法实施条例》针对近年来网络消费存在的问题作出了一系列新的规定，包括：禁止"刷单炒信"、禁止"强制搭售"、禁止"大数据杀熟"、规范"自动续费"、保障"无理由退货"等。[②]

我国《电子商务法》第十八条规定，电子商务经营者根据消费者的兴趣爱好、消费习惯等特征向其提供商品或者服务的搜索结果的，应当同时向该消费者提供不针对其个人特征的选项，尊重和平等保护消费者合法权益。第十九条规定，电子商务经营者搭售商品或者服务，应当以显著方式提请消费者注意，不得将搭售商品或者服务作为默认同意的选项。第二十一条规定，电子商务经营者按照约定向消费者收取押金的，应当明示押金退还的方式、程序，不得对押金退还设置不合理条件。消费者申请退还押金，符合押金退还条件的，电子商务经营者应当及时退还。

3. 建立完善的电子商务在线争议解决机制

2016 年 12 月 13 日，联合国大会第 71 届会议通过了《联合国国际贸易法委员会关于网上争议解决的技术指引》(简称《技术指引》)。这一文件是以中国提案为基础起草的。这是我国在国际经贸领域引领规则制定的一次有益尝试，也是我国第一次在联合国国际经贸规则的制定中取得的实质性突破。

《技术指引》起草的目的是建立一种解决机制，促进网上争议解决(Online Distribute Resolution，ODR)的发展，协助网上解决管理人、网上解决平台、中立人以及网上解决程序各方当事人以简单、快捷、灵活和安全的方式解决争议。其基本思路是两个交易人在电

---

① 全国人大常委会. 中华人民共和国消费者权益保护法[EB/OL]. (2014-01-02)[2024-09-20]. http://www.npc.gov.cn/npc/c1773/c1848/c21114/c21170/c21174/201905/t20190521_210511.html .
② 国务院. 中华人民共和国消费者权益保护法实施条例[EB/OL]. (2024-03-15)[2024-09-20]. https://www.gov.cn/gongbao/2024/issue_11266/202404/content_6944108.html.

子商务交易中发生争议，在调解不成功的情况下，网上争议管理人可以引导争议双方通过仲裁、中立人建议等方法解决。图 11-15 反映了《技术指引》的设计思路。

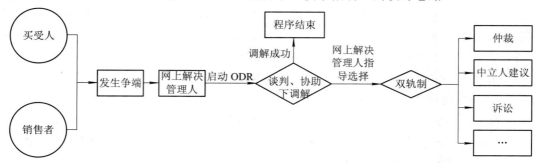

图 11-15　中国代表团关于 ODR 提案的设计思路

《电子商务法》第五十八条规定，国家鼓励电子商务平台经营者建立有利于电子商务发展和消费者权益保护的商品、服务质量担保机制。第五十九条规定，电子商务经营者应当建立便捷、有效的投诉、举报机制，公开投诉、举报方式等信息，及时受理并处理投诉、举报。

目前，电子商务在线争议解决主要有 5 种形式。

(1) 在线清算。英国网络支付争议解决企业 Cybersettle 是最早提供在线清算争议解决服务的，主要是针对保险索赔。Clicknsettle 是紧随其后发展起来的在线纠纷解决企业。两个企业都有一种专门的系统，通过这一系统，争议双方各自报价，但无从知晓对方的出价。如果双方的报价符合事先约定的某一公式，则系统自动以中间价成交。

(2) 在线仲裁。目前最重要的在线仲裁提供者是加拿大的 eResolution，主要解决域名争议。我国广州仲裁委员会(简称广仲)自 2015 年正式上线在线仲裁业务以来，主动适应互联网发展大趋势，创新性采用网络信息新技术，借助互联网技术整合法律服务资源，利用网络仲裁解决了民商事活动中的大量纠纷。2022 年前 7 个月，广仲受理的互联网仲裁案件 5800 多件，同比增长超过 30%。广仲通过其创新的"互联网+仲裁"模式，成功处理了大量涉及跨境电商的争议案件。此外，广仲还率先推出了智能机器人"云小仲"、智能秘书"仲小雯"，研发 L.Code 仲裁全流程智能辅助系统，推动"互联网+法律""仲裁+人工智能"的深度融合。

(3) 在线消费者投诉处理。2018 年 3 月 15 日，国家市场监督管理总局"中国消费者权益保护网"(即 12315 消费投诉平台)二期正式上线。平台二期开发了消费纠纷在线解决功能，鼓励经营者成为平台在线消费纠纷解决企业，推动经营者与消费者先行和解。同时，增加了工商端分流单位推荐、敏感词过滤、重复投诉识别等功能，完善了投诉处理情况实时监测和督办等功能，提高了基层工商和市场监管部门处理消费者诉求的效率。

(4) 在线调解。在线调解与离线调解在程序的区别主要是沟通方式的不同。在线调解通过加密的聊天室进行沟通，通常使用的流程包括六个阶段：申请人提出申请、登记案件相关信息、选择调解员、在线调解、达成调解书和履行调解书。双方当事人通过随机创设的在线调解室进行事实陈述和证据出示，并由调解员介绍相关的法律，提出调解方案，双方当事人如果接受这一方案，则达成调解协议。2018 年 5 月，"浙江解分码"上线运行。该 ODR 平台将线下的纠纷解决模式搬到线上，最大程度化解纠纷，减少进入诉讼程序的案件。2021 年 1 月，广东仲裁委正式上线全球首个 APEC-ODR 平台并制定了相应的适用指

引，以帮助当事人更好地利用 ODR 平台。

(5) 网络庭审。网络庭审是以网络服务平台为依托，把诉讼的每一个环节(起诉、立案、举证、开庭、裁判)都搬到网上，使电子商务纠纷更加快捷地得到处理。现已出现元宇宙的庭审方式。^① 网络庭审的诉讼流程严格按照民事诉讼法的有关规定进行，和传统线下诉讼并无差异。2017 年 8 月，杭州互联网法院正式挂牌成立。其受理范围包括：网络购物合同纠纷、网络购物产品责任纠纷、网络服务合同纠纷、金融借款合同纠纷和小额借款合同纠纷、网络著作权纠纷等。截至 2023 年底，杭州互联网法院共审结各类案件 9 万余件，网上立案率达到 98.5%，在线庭审率达到 98.2%。

4. 加强网络商品和服务交易的监管

(1) 信用监管。《电子商务法》第八十六条规定，电子商务经营者有本法规定的违法行为的，依照有关法律、行政法规的规定记入信用档案，并予以公示。县级以上市场监管部门应当建立信用档案，记录日常监督检查结果、违法行为查处等情况；根据信用档案的记录，对网络商品经营者和网络服务经营者实施信用分类监管。

(2) 网络信息化监管。市场监管部门对网络商品交易行为的监管将以网络信息化为手段和依托，对网络商品交易行为全面实行"以网管网"的监管措施和手段。

(3) 全国一体化管理。网络商品交易及有关服务违法行为由发生违法行为的网站的经营者住所所在地县级以上市场监管部门管辖。

(4) 法律责任。在网络商品交易及有关服务中违反《电子商务法》规定的，有关部门可以责令其限期改正，逾期不改正的，处以相应的罚款。

11.5.4　我国电子商务交易安全的相关法律保护

电子商务交易安全的法律保护问题涉及两个基本方面。第一，电子商务交易首先是一种商品交易，其安全问题应当通过民商法加以保护；第二，电子商务交易是通过计算机及网络来实现的，其安全与否依赖于计算机及网络自身的安全程度。

1. 我国涉及交易安全的法律法规

在现代社会的各个环节中，商品的交换扮演了非常重要的角色。相对于生产、分配及消费而言，交换体现了动态的效益价值，而交换秩序则是实现交换价值的基本前提。这种基本前提在法律上就表现为对交易安全的保护。交易安全较之静态的财产安全，在法律上亦体现了更丰富的自由、争议、效益与秩序的价值元素。

我国现行的涉及交易安全的法律主要有 4 类：

(1) 综合性法律，主要是民法典和刑法中有关保护交易安全的条文。

(2) 规范交易主体的有关法律，如公司法、国有企业法、集体企业法、合伙企业法、私营企业法、外资企业法等。

(3) 规范交易行为的有关法律，包括电子商务法、电子签名法、经济合同法、产品质量法、财产保险法、价格法、消费者权益保护法、广告法、反不正当竞争法等。

---

① 站长之家. 全国首场元宇宙庭审开庭[EB/OL]. (2022-10-10)[2024-09-20]. https://www.chinaz.com/ 2022/1010/1454995.shtml.

(4) 监督交易行为的有关法律，如会计法、审计法、票据法、银行法等。

我国现行的涉及电子商务交易安全的部门规章主要有：

(1) 国家市场监管总局：《关于电子营业执照亮照系统上线运行的公告》《假冒伪劣重点领域治理工作方案(2019—2021)》《互联网药品信息服务管理办法》《互联网药品交易服务审批暂行规定》《中华人民共和国市场主体登记管理条例》等。

(2) 商务部：《电子商务商品验收规范》。

(3) 中国人民银行：《电子支付指引(第一号)》《支付管理信息系统管理办法(试行)》。

(4) 公安部、工业和信息化部、商务部等 7 部门：《关于进一步加强违禁品网上非法交易活动整治工作的通知》。

2．我国涉及计算机犯罪的法律法规

我国的计算机安全立法工作开始于 20 世纪 80 年代。1981 年，公安部开始成立计算机安全监察机构，1994 年开始实施《中华人民共和国计算机信息系统安全保护条例》。这个条例的最大特点是既有安全管理，又有安全监察，以管理与监察相结合的办法保护计算机信息系统。

1997 年 10 月 1 日起我国实行的新刑法，第一次增加了计算机犯罪的罪名。2023 年全国人大常委会通过的《中华人民共和国刑法修正案(十二)》[①]对计算机犯罪作以下分类：

(1) 非法侵入计算机信息系统罪(第二百八十五条第一款)。违反国家规定，侵入国家事务、国防建设、尖端科学技术领域的计算机信息系统的，处三年以下有期徒刑或者拘役。

(2) 非法获取计算机信息系统数据、非法控制计算机信息系统罪(第二百八十五条第二款)。违反国家规定，侵入前款规定以外的计算机信息系统或者采用其他技术手段，获取该计算机信息系统中存储、处理或者传输的数据，或者对该计算机信息系统实施非法控制，情节严重的，处三年以下有期徒刑或者拘役，并处或者单处罚金；情节特别严重的，处三年以上七年以下有期徒刑，并处罚金。

(3) 提供侵入、非法控制计算机信息系统程序、工具罪(第二百八十五条第三款)。提供专门用于侵入、非法控制计算机信息系统的程序、工具，或者明知他人实施侵入、非法控制计算机信息系统的违法犯罪行为而为其提供程序、工具，情节严重的，依照前款的规定处罚。

(4) 破坏计算机信息系统罪；网络服务渎职罪(第二百八十六条)。违反国家规定，对计算机信息系统功能进行删除、修改、增加、干扰，造成计算机信息系统不能正常运行，后果严重的，处五年以下有期徒刑或者拘役；后果特别严重的，处五年以上有期徒刑。违反国家规定，对计算机信息系统中存储、处理或者传输的数据和应用程序进行删除、修改、增加的操作，后果严重的，依照前款的规定处罚。故意制作、传播计算机病毒等破坏性程序，影响计算机系统正常运行，后果严重的，依照第一款的规定处罚。

(5) 拒不履行信息网络安全管理义务罪(第二百八十六条之一)。网络服务提供者不履行法律、行政法规规定的信息网络安全管理义务，经监管部门责令采取改正措施而拒不

---

① 全国人大常委会. 中华人民共和国刑法修正案(十二)[EB/OL]. (2023-12-30)[2024-09-20]. https:// www.gov.cn/yaowen/liebiao/202312/content_6923386.htm.

改正，致使违法信息大量传播的；致使用户信息泄露，造成严重后果的；致使刑事案件证据灭失，情节严重的；有其他严重情节的；处三年以下有期徒刑、拘役或者管制，并处或者单处罚金。

(6) 利用信息网络实施犯罪的规定(第二百八十七条)。设立用于实施诈骗、传授犯罪方法、制作或者销售违禁物品、管制物品等违法犯罪活动的网站、通信群组的；发布有关制作或者销售毒品、枪支、淫秽物品等违禁物品、管制物品或者其他违法犯罪信息的；为实施诈骗等违法犯罪活动发布信息的；明知他人利用信息网络实施犯罪，为其犯罪提供互联网接入、服务器托管、网络存储、通信传输等技术支持，或者提供广告推广、支付结算等帮助，情节严重的，处三年以下有期徒刑或者拘役，并处或者单处罚金。

3. 我国涉及计算机网络安全的法律法规

《中华人民共和国计算机信息系统安全保护条例》(2011 年修订)对计算机信息系统安全管理原则、安全保护制度、安全监督等方面做了具体规定。

《中华人民共和国国家安全法》(2015)首次提出"网络空间主权"的概念，对关键基础设施、数据安全法、网络安全审查制度等提出了具体要求，具有一定的前瞻性和指向性。

《中华人民共和国网络安全法》(2016)规定[1]：

(1) 网络运营者为用户办理网络接入、域名注册服务，办理固定电话、移动电话等入网手续，或者为用户提供信息发布、即时通讯等服务，在与用户签订协议或者确认提供服务时，应当要求用户提供真实身份信息。用户不提供真实身份信息的，网络运营者不得为其提供相关服务(第二十四条)。

(2) 任何个人和组织不得从事非法侵入他人网络、干扰他人网络正常功能、窃取网络数据等危害网络安全的活动；不得提供专门用于从事侵入网络、干扰网络正常功能及防护措施、窃取网络数据等危害网络安全活动的程序、工具；明知他人从事危害网络安全的活动的，不得为其提供技术支持、广告推广、支付结算等帮助(第三十一条)。

(3) 网络运营者不得泄露、篡改、毁损其收集的个人信息；未经被收集者同意，不得向他人提供个人信息。但是，经过处理无法识别特定个人且不能复原的除外(第四十二条)。

(4) 任何个人和组织应当对其使用网络的行为负责，不得设立用于实施诈骗，传授犯罪方法，制作或者销售违禁物品、管制物品等违法犯罪活动的网站、通信群组，不得利用网络发布涉及实施诈骗，制作或者销售违禁物品、管制物品以及其他违法犯罪活动的信息(第四十六条)。

(5) 任何个人和组织发送的电子信息、提供的应用软件，不得设置恶意程序，不得含有法律、行政法规禁止发布或者传输的信息(第四十八条)。

(6) 国家对公共通信和信息服务、能源、交通、水利、金融、公共服务、电子政务等重要行业和领域，以及其他一旦遭到破坏、丧失功能或者数据泄露，可能严重危害国家安全、国计民生、公共利益的关键信息基础设施，在网络安全等级保护制度的基础上，实行重点保护(第五十一条)。

---

[1] 全国人大常委会. 中华人民共和国网络安全法[EB/OL]. (2016-11-07)[2024-06-20]. http://www.npc.gov.cn/npc/xinwen/2016-11/07/content_2001605.htm.

参 考 文 献

[1] 王丽芳. 电子商务安全技术[M]. 北京：电子工业出版社，2020.

[2] 侯安才，栗楠，张强华. 电子商务安全技术实用教程(微课版)[M]. 2 版. 北京：人民邮电出版社，2020.

[3] 杨翼. 计算机网络安全及防火墙技术[J]. 天津：信息系统工程，2018(8)：88-89.

[4] 赵柳榕，朱晓峰. 基于演化博弈的防火墙和入侵检测系统配置策略分析[J]. 北京：数学的实践与认识，2019(5)：97-105.

[5] 亚马逊云科技. 云灾备是什么？[EB/OL]. (2022-04-16)[2022-10-20]. https://www.amazonaws.cn/ knowledge/ what-is-cloud-disaster-recovery/#.

[6] 杨立钒，赵延波，杨坚争，等. 经济法与电子商务法简明教程[M]. 2 版. 北京：中国人民大学出版社，2019.

[7] 杨立钒，杨坚争，方有明. 电子商务法教程[M]. 4 版. 北京：高等教育出版社，2023.

备课教案　　　　　电子课件　　　　引导案例与教学案例　　　习题指导

第三部分 电子商务专门领域

- 跨境电子商务
- 移动电子商务
- 社交电子商务与社区电子商务

第十二章 跨境电子商务

跨境电子商务是电子商务发展的一个专门领域，也是国家极为重视的一个新领域。当前，我国跨境电商已形成陆海内外联动、东西双向互济的发展格局。随着跨境电商综合试验区规模逐渐扩大，可复制推广的经验不断增多，跨境电商已成为外贸发展的新动能、转型升级的新渠道和高质量发展的新抓手。本章介绍了我国跨境电子商务发展概况，阐述了跨境电子商务应用的基本原理和方法。

12.1　我国跨境电子商务发展概述

学思践行

习近平总书记在中国共产党第二十次全国代表大会工作报告中提出："推动货物贸易优化升级，创新服务贸易发展机制，发展数字贸易，加快建设贸易强国。[①] 国务院办公厅《关于加快发展外贸新业态新模式的意见》[②]指出："新业态新模式是我国外贸发展的有生力量，也是国际贸易发展的重要趋势。加快发展外贸新业态新模式，有利于推动贸易高质量发展，培育参与国际经济合作和竞争新优势，对于服务构建新发展格局具有重要作用。"

加快建设贸易强国，需要更加注重自主创新和高质量发展。跨境电商作为外贸行业的新业态和新模式，应当在建设贸易强国中起到领头羊的作用，深度参与全球货物贸易和服务贸易合作，积极运用电子商务新技术赋能外贸转型升级，推动内需和外需、进口和出口、贸易和产业协调发展，在更高开放水平上形成贸易良性循环。

12.1.1　跨境电子商务的概念与分类

跨境电子商务是指分属不同关境的交易主体，利用电子商务手段订立合同、进行支付结算，并通过跨境物流送达商品，完成交易的一种国际商业活动。

从第一章图 1-13 电子商务的市场分布可以看出，跨境电子商务的主要研究范围包括数字虚拟产品(服务)市场中的国际市场部分和实体产品(服务)市场中的国际市场采用电子商务交易手段的部分。

[①] 习近平. 高举中国特色社会主义伟大旗帜 为全面建设社会主义现代化国家而团结奋斗：在中国共产党第二十次全国代表大会上的报告 [EB/OL]. (2022-10-16)[2022-11-20]. http://www.gov.cn/xinwen/2014-08/18/content_2736451.htm.

[②] 国务院办公厅. 关于加快发展外贸新业态新模式的意见[EB/OL]. (2021-07-13)[2022-08-20]. http://www.gov.cn/zhengce/content/2021-07/09/content_5623826.htm.

跨境电子商务的实施在某种意义上是围绕着企业销售领域的应用展开的。这种应用涉及国际贸易链上的多个环节，如成交、货物交付、支付、行政审批、货物通关等环节。其应用模式可以做以下分类：

(1) 从交易内容看，可以划分为以货物买卖为主的应用模式和以服务贸易为主的应用模式。前者侧重货物所有权转让的交易情况；后者则侧重以服务为主要内容的应用。与传统的货物买卖不同，服务主导的应用模式更多偏重服务的提供。

(2) 从技术实现角度看，可以划分为专网应用、开放互联网应用及移动商务模式。专网应用模式的商业数据传输主要依靠封闭型的 EDI 技术；开放互联网应用模式则摆脱了原来的封闭孤岛型的信息交换体系；而移动商务模式则是向微型化、方便化发展的新方向。

(3) 从应用领域看，可以划分为行政应用、海关通关及跨境交易模式等。有些经济体的跨境电商偏向于行政应用模式，如新加坡和韩国；有些经济体的跨境电商应用偏向于海关通关模式，如中国香港等；而跨境交易模式则是多个经济体都在探讨的内容。

12.1.2　跨境电商进口模式

跨境电商进口主要有两种模式，一种是保税备货模式，一种是海外直邮模式。

1. 跨境电商的保税备货模式

在保税备货模式中，进口商品是以小包裹形式先暂存在国内保税仓库中，消费者下单后再从保税仓清关、发货。利用这种模式清关速度较快，一般 1～2 天就可以清关了，消费者收货的时间也较短。但商品囤放在保税仓中，如果销售不畅，商品过期，需要在海关的监督下销毁，销售者要承担商品销毁的成本。如图 12-1 所示为保税备货模式的基本流程。

图 12-1　跨境电商进口保税备货模式的基本流程

唯品会、小红书、美图美妆是保税备货模式的典型代表。唯品会坚持走海外正品销售路线，从货源、质检等多个环节入手，保证正品和优质服务。小红书着力解决跨境电商交易中的纠纷问题，使交易争议投诉逐年下降。美图美妆积极探索运用科技提升电商用户体验的创新型探索，为顾客提供人工智能和大数据技术的个性化"AI 测肤"服务。

2. 跨境电商的海外直邮模式

海外直邮模式包括小包裹直邮和集货直邮。在小包裹直邮中，消费者下订单后，由国外供应商直接发货，经过海关清关后，再通过快递送到消费者手中。而在集货直邮中，消费者下订单后，由境外供应商汇总集中订单，统一采购，使用大包裹发货，经过海关清关后，再拆装分成小包裹通过快递送到消费者手中。由于包裹清关速度比较慢，消费者需要等待较长的时间才能收到货物。如图 12-2 所示为海外直邮模式的基本流程。

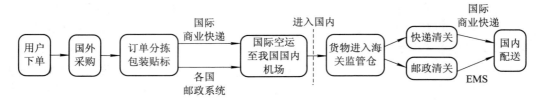

图 12-2　海外直邮模式流程图

宝贝格子母婴商城是以母婴用品为主的跨境电子商务平台，通过"海外直邮 + 全球特卖"模式提供全球母婴产品。2021 年，该商城经营近 3000 个品牌，近万种 SKU(Stock Keeping Unit，库存量单位)，数十万商品。海外直邮网络覆盖了欧、亚、美、澳。

12.1.3　跨境电商出口模式

跨境电商出口模式主要有 9610、9710、9810(均为海关监管代码)三种方式。

1. 跨境贸易电子商务模式(9610)

跨境贸易电子商务模式适用于跨境电商零售出口，即以 B2C 模式的直接出口，其海关监管代码为 9610。符合条件的电子商务企业或平台与海关联网，海外个人跨境网购后，电子商务企业或平台将电子订单、支付凭证、电子运单等传输给海关，电子商务企业或其代理人向海关提交申报清单，商品出境(通过海关特殊监管区域或保税监管场所一线的电子商务零售进出口商品除外)。如图 12-3 所示为 9610 模式的运作流程。

2021 年 3 月初，来自阿里巴巴速卖通平台总金额 61 245 美元的 11 189 个包裹全部以跨境出口 9610 模式向杭州综合保税区海关申报。从货物进区后现场运抵数据与海关系统申报数据全流程电子化自动对碰，到出口商品经海关现场核查，制作核放单出区，全程仅用时 30 分钟。

图 12-3　跨境电商 B2C 直接出口流程图

2. 跨境电商 B2B 直接出口模式(9710)

跨境电商 B2B 直接出口模式是指国内企业通过跨境电商平台开展线上商品、企业信息展示并与国外企业建立联系，在线上或线下完成沟通、下单、支付、履约流程，实现货物出口的模式，其海关监管代码为 9710，适用于 B2B 直接出口的货物。

在 9710 模式中，主要涉及的主体有：跨境电商出口企业、跨境电商 B2B 平台企业(境内或境外 B2B 平台)、物流企业、外贸综合服务企业、境外采购企业等参与主体。跨境电商 B2B 直接出口流程图如图 12-4 所示。

图 12-4 跨境电商 B2B 直接出口流程图

9710 模式的优势主要表现在以下 4 个方面：

(1) 降低中小企业参与国际贸易门槛。在传统外贸业态中，中小微企业或者个人很难独自参与到国际贸易中。跨境电商 B2B 平台将国际贸易流程变得十分简明，中小微企业和个人可以通过跨境电商 B2B 平台寻找全球各地的买家，极大降低了参与全球贸易的门槛。

(2) 有利于获得新外贸用户。9710 改变了过去"工厂—外贸企业—国外商贸企业—国外零售企业—消费者"的贸易链条，使国内出口企业能够直接对话海外消费者和小企业这两大新客群，使我国成为支撑全球卖家的定制化供应链服务中心。

(3) 有利于抢占新市场。当前，东盟、中东、非洲、拉美等已经成为跨境电商快速增长的新兴市场，中小企业通过 9710 能够平等参与到新兴市场竞争中，获取新的市场空间。

(4) 有利于衍生新服务。在新的贸易链条中，国外采购商的需求已经从单一的产品采购衍生出品牌策划、产品设计、营销推广、物流服务在内的综合服务需求，为国内工厂、贸易企业拓展了新的利润提升空间。

2021 年初，天津商家通过阿里巴巴一达通平台，实现 9710 一键申报，这也是阿里巴巴国际站跨境供应链于 2020 年上线基于 9710 的一站式数字化报关和出口履约服务之后的全国首单。阿里巴巴一达通平台利用 9710 解决了外贸企业和海关的数据对接问题，帮助商家和报关行实现高效协同，为企业节约制单和申报时间。

3. 跨境电商海外仓出口模式(9810)

跨境电商海外仓出口模式是指国内企业通过跨境物流将货物以一般贸易方式批量出口至海外仓，经跨境电商平台完成线上交易后，货物再由海外仓送至境外消费者的一种货物出口模式，即跨境电商 B2B2C 出口，其海关监管代码为 9810。

跨境电商出口海外仓模式中主要涉及的主体包括：跨境电商出口企业、物流企业、外贸综合服务企业、公共海外仓经营企业、跨境电商平台企业(境内或境外 B2C 平台)、境外物流企业、境外消费者等参与主体。图 12-5 显示了 9810 模式的运作流程。

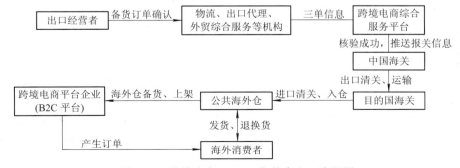

图 12-5 跨境电商 B2B2C 海外仓出口流程图

在 9810 模式中，由于出口货物没有直接到用户手中，而是先通关送到海外仓，没有实现真正的商品销售，因而不符合现行销售完成后再退税的政策，退税仍然存在不确定性。所以，这一模式在实施过程中遇到一些困难，全国海关为解决这一问题仍在积极探索中。

12.1.4　我国跨境电子商务发展概况

1. 基本状况

2023 年我国进出口总值 41.76 万亿元人民币，同比增长 0.2%。其中，出口 23.77 万亿元，增长 0.6%；进口 17.99 万亿元，下降 0.3%。跨境电商进出口 2.38 万亿元，增长 15.6%。[①]2024 年上半年，我国跨境电商进出口 1.25 万亿元，同比增长 13%，占我国进出口总值的5.9%。[②]我国跨境电子商务在相关政策的大力支持下，呈现出蓬勃发展的良好态势。表 12-1显示了 2019—2023 年我国跨境电商进出口总体情况。[③]

表 12-1　2019—2023 年我国跨境电商进出口总体情况表

年份	金额/亿元			同比增长/%			出口/进口比例
	进出口	出口	进口	进出口	出口	进口	
2019 年	12 903	7981	4922	22.2	30.5	10.8	1.6
2020 年	16 220	10 850	5370	25.7	39.2	9.1	2.0
2021 年	19 237	13 918	5319	18.6	28.3	−0.9	2.6
2022 年	21 000	15 300	5278	7.1	10.1	-0.8%	2.89
2023 年	23 800	18 300	5500	15.6	19.6	0.04	3.33

中国跨境电商的出口目的地和进口来源地呈现多元化趋势，其中出口目的地主要集中在美国、英国、德国、马来西亚和俄罗斯等国家，而进口来源地则包括日本、美国、澳大利亚、法国等国家。

从品类方面看，9 成以上的跨境电商货物为消费品。其中，出口占 91.8%，主要为服饰鞋包、家居家纺及电子产品等；进口占 96.6%，主要为美妆及洗护用品、医药保健与母婴产品及食品生鲜等。

从跨境电商的分布情况看，整个业态继续呈现头部效应。电商平台主要集中在珠三角、长三角及京津地区。出口货物主要来自广东、浙江、福建及江苏，合计占比近 8 成。进口货物的消费地集中在广东、江苏、浙江、上海和北京，合计占 5 成。

从跨境电子商务交易主体看，已经由单一的贸易型企业为主转变为包括制造商、贸易商、品牌商甚至新创企业在内的多种类型企业。随着新贸易时代到来，不同类型卖家持续推进线上出口商业模式的升级优化和转型调整，积极塑造国际品牌。品牌商凭借优质产品在海外市场推广并保护品牌，乐歌、科沃斯、蓝弦、万德仕等都受到海外消费者的认可。

① 国务院新闻办公室.国务院新闻办就 2023 年全年进出口情况举行发布会[EB/OL].(2024-01-12)[2024-09-23].https://www.gov.cn/lianbo/fabu/202401/content 6925700.htm.
② 人民日报，前三季度货物贸易进出口总值创历史同期新高 首超 32 万亿元，同比增长 5.3%[EB/OL].(2024-10-15)[2024-10-15]. https://www.gov.cn/lianbo/bumen/202410/content 6980378.htm.
③ 海关总署. 2021 年跨境电商进出口情况[EB/OL]. (2022-04-2)[2022-10-23]. http://www.customs.gov.cn//customs/ resource/cms/article/333551/4312152/2022042408355073518.doc.

截至 2023 年年底，我国跨境电子商务综合试验区(简称跨境电商综试区或综试区)达到 165 个，已经覆盖全国①；海外仓数量超过 2000 个，面积超过 1600 万平方米；此外，我国还与五大洲 27 个国家建立了双边电子商务合作机制。

2. 发展环境

我国政府积极推动跨境电子商务的发展，为跨境电子商务发展创造良好的发展环境。

(1) 《电子商务法》构造了跨境电商发展的法律环境。《电子商务法》明确提出了跨境电商发展的相关法律要求：一是要求从事跨境电商的经营者遵守进出口监督管理的法律、行政法规和国家有关规定；二是要求建立健全适应跨境电商特点的监管制度体系，完善海关、税收、检验检疫、支付结算等领域的管理制度；三是促进跨境电商监管便利化，优化监管流程，实现信息共享、监管互认、执法互助，提高跨境电商服务和监管效率；四是推动跨境电商国际合作交流，参与跨境电商国际规则的制定。

(2) 国务院明确发展跨境电商的鼓励政策。2018 年以来，国务院及有关部委先后出台《关于扩大进口促进对外贸易平衡发展的意见》(2018)、《关于加快发展外贸新业态新模式的意见》(2021)、《关于同意在廊坊等 33 个城市和地区设立跨境电子商务综合试验区的批复》(2022)、《关于拓展跨境电商出口推进海外仓建设的意见》(2024)等文件，涉及创新进口贸易方式，加快出台跨境电商零售进口过渡期后监管，抓紧综试区建设，支持海外仓建设，将"单一窗口"功能覆盖至海关特殊监管区域和跨境电商综试区等相关区域，统一对接全国版跨境电商线上综合服务平台等方面。

(3) 各部委、各省市政府出台具体实施措施。面对新冠疫情、世界市场剧烈波动的严峻挑战，各部委、各省市政府聚焦行业痛点，解决跨境电商发展的共性问题。一是从完善支持政策入手，出台便利跨境电商进出口退换货的政策措施，支持符合条件的跨境电商企业申报高新技术企业，优化跨境电商出口海外仓的退税流程，制定跨境电商知识产权保护指南等；二是扎实推进跨境电商综试区的建设，做好综试区考核评估以及结果应用，发挥好综试区的示范引领作用；三是加快海外仓的发展，鼓励多元主体建设海外仓，支持企业优化海外仓的布局，完善全球的服务网络；五是持续推进市场采购贸易方式的创新发展，支持跨境电商综合服务企业发挥带动作用，推动跨境电商与其他业态联动互促、融合发展，不断拓宽贸易渠道，推动内外贸一体化发展，助力外贸保稳提质。

12.1.5　跨境电子商务发展中存在的主要问题

从近年跨境电子商务发展中所涉及的问题看，主要有以下几类：

(1) 《电子商务法》关于跨境电子商务的相关配套尚需完善。《电子商务法》对于跨境电子商务主要还是明确法律规范的原则，对于具体层面的内容规定较少。鉴于跨境电商涉及国家层面的内容较多，各地很难出台独立的监管办法。

(2) 相关国家政策收紧，加大中国企业经营风险。随着全球跨境电商市场的快速扩大，一些国家也基于本国利益收紧了相关政策。2019 年 9 月，在万国邮联第三次特别大会上，192 个会员国同意改革邮资费率制度，上涨国际大件信件和小包境内投递的费率，以邮政小包模

---

① 国务院. 国务院关于同意在廊坊等 33 个城市和地区设立跨境电子商务综合试验区的批复[EB/OL]. (2022-11-14) [2023-01-22]. http://www.gov.cn/zhengce/content/2022/11/24/content_5728554.htm.

式出口美国的成本将明显增加。欧盟数字单一市场(DSM)计划推出增值税(VAT)改革，将单一的增值税系统扩展到实物商品的在线销售，中国企业商品价格的竞争力受到打压。俄罗斯继续收紧跨境电商进口政策，原规定的每人每月从境外收到邮包价值不超过 1000 欧元下调为 200 欧元(2019 年 1 月 1 日起)，而俄罗斯跨境电商进口商品中的 90%来自中国。

(3) "一带一路"沿线发展差异大，新兴市场开拓难度加大。"一带一路"合作伙伴的 65 个国家中，12 个是发达国家，53 个为发展中国家，各国经济发展阶段不尽相同。随着"一带一路"倡议的不断延伸，"一带一路"共建国家之间的多样性和差异性将进一步扩大，多个民族，多个宗教，不同的风土人情、法律法规，不同的经济发展水平，都增加了进入这些市场的难度。

(4) 农产品出口增长缓慢。农产品贸易一直是我国国际贸易的重要组成部分。2001 年我国加入世界贸易组织后，农产品出口金额一直稳中有升，但是农产品贸易依然存在逆差。特别是 2017 年以后，贸易逆差逐渐增加，2023 年中国农产品贸易逆差 1351.8 亿美元，同比增长 3.7%。其中的原因，从跨境电商的角度看，一是跨境电商出口的农产品结构不合理，大部分仍然是价格较低的土地密集型产品，而相对价值较高的劳动密集型产品，如蔬菜、鲜花、水果等出口数量有限，比较难适应国际市场对农产品的质量需求。二是市场结构不合理，农产品跨境电商出口市场大部分覆盖亚洲的近邻国家，而其他国家市场份额很少。三是出口效率不高，农产品储存困难，易腐坏，通关迟延致使企业利润空间变小。四是既掌握农产品经营相关的知识，又有外贸经验以及网络营销技能的跨境电商人才较少，阻碍了农产品跨境电商出口的发展。

12.2　跨境电子商务发展策略与措施

12.2.1　跨境电子商务的总体策略

1. 指导思想

跨境电子商务是外贸发展的新业态和新模式，是我国外贸发展的有生力量，也是国际贸易发展的重要趋势。加快发展跨境电商，有利于推动贸易高质量发展，培育参与国际经济合作和竞争新优势，对于服务构建新发展格局具有重要作用。

发展跨境电商需要坚持稳中求进工作总基调，立足新发展阶段、贯彻新发展理念、构建新发展格局，以供给侧结构性改革为主线，深化外贸领域"放管服"改革，推动外贸领域制度创新、管理创新、服务创新、业态创新、模式创新，拓展外贸发展空间，提升外贸运行效率，保障产业链供应链畅通运转，推动高质量发展。

2. 基本原则

(1) 坚持鼓励创新。充分发挥市场在资源配置中的决定性作用，鼓励在外贸领域广泛运用新技术新工具，不断探索新的外贸业态和模式。

(2) 坚持包容审慎。统筹发展和安全，坚持在发展中规范、在规范中发展，完善诚信相关标准和制度，持续优化营商环境，促进公平竞争。

(3) 坚持开放合作。统筹国内国际两个市场、两种资源，坚持互利共赢开放战略，促进贸易和投资自由化便利化。

3. 发展目标

到 2025 年，我国跨境电子商务将达到以下目标：

(1) 跨境电商发展的体制机制和政策体系更为完善，营商环境更为优化，形成一批具有国际竞争力的行业龙头企业和产业集群，产业价值链水平进一步提升，对外贸和国民经济的带动作用进一步增强。

(2) 跨境电商发展水平位居创新型国家前列，法律法规体系更加健全，贸易自由化便利化程度达到世界先进水平。

(3) 跨境电商企业数字化、智能化水平明显提升。

(4) 综试区建设取得显著成效，建成一批要素集聚、主体多元、服务专业的跨境电商线下产业园区，形成各具特色的发展格局，成为引领跨境电商发展的创新集群。

(5) 培育 100 家左右在信息化建设、智能化发展、多元化服务、本地化经营等方面表现突出的优秀海外仓企业；并依托海外仓建立覆盖全球、协同发展的新型外贸物流网络。

(6) 形成新业态驱动、数据网络化共享、智能化协作的外贸产业链供应链体系。

(7) 培育 10 家左右出口超千亿元人民币的内外贸一体化市场，打造一批知名品牌。

(8) 适应综服企业发展的政策环境进一步优化，形成一批国际影响力较强的外贸细分服务平台企业。

(9) 逐步完善保税维修业务政策体系。

12.2.2 发展跨境电子商务的主要措施

2021 年 7 月颁布的《国务院办公厅关于加快发展外贸新业态新模式的意见》提出了 22 条促进跨境电子商务发展的具体措施，主要分为 6 个方面。

1. 积极支持运用新技术新工具赋能外贸发展

(1) 推广数字智能技术应用。推动外贸全流程各环节优化提升。发挥"长尾效应"[①]，整合碎片化订单；大力发展数字展会、社交电商、大数据营销等，建立线上线下融合、境内境外联动的营销体系；集成外贸供应链各环节数据，加强资源对接和信息共享。

(2) 完善跨境电商发展支持政策。完善企业(B2B)直接出口、海外仓监管等方面配套政策；便利进出口退换货管理；优化零售进口商品清单，稳步开展零售进口药品试点工作；引导企业用好跨境电商进出口税收政策；制定跨境电商知识产权保护指南。

(3) 扎实推进跨境电子商务综合试验区建设。继续扩大综试区试点范围；进一步完善线上综合服务和线下产业园区"两平台"及信息共享、金融服务、智能物流、电商诚信、统计监测、风险防控等监管和服务"六体系"，探索更多的好经验好做法；鼓励各类主体做大做强，加快培育自主品牌；建立综试区考核评估和退出机制。

(4) 完善覆盖全球的海外仓网络。鼓励各类企业参与海外仓建设，加快重点市场海外仓布局，支持运用"建设—运营—移交(BOT)"、结构化融资等方式投入海外仓建设，带动国内品牌拓展国际市场；鼓励海外仓企业对接综试区线上综合服务平台；探索建设海外

---

① 长尾效应(Long Tail Effect)是统计学术语。正态曲线中间的突起部分叫"头"，两边相对平缓的部分叫"尾"。从需求的角度来看，大多数的需求会集中在头部，而分布在尾部的需求是个性化的，零散的小量的需求，在需求曲线上面形成一条长长的"尾巴"。将零散的市场需求累加起来就会形成一个类似头部市场的大市场，产生长尾效应。

物流智慧平台，推进标准建设；培育一批优秀海外仓企业，促进中小微企业借船出海；充分发挥驻外使领馆和经商机构作用，为海外仓企业提供前期指导服务，协助解决纠纷。

2. 持续推动传统外贸转型升级

(1) 提升传统外贸数字化水平。支持传统外贸企业运用云计算、人工智能等先进技术，加强研发设计；鼓励企业探索建设外贸新业态大数据实验室；引导利用数字化手段提升传统品牌价值；鼓励建设孵化机构和创新中心，支持中小微企业创业创新。

(2) 优化市场采购贸易方式政策框架。完善市场采购贸易方式试点动态调整机制，设置综合评价指标，更好发挥试点区域示范引领作用；引导市场主体提高质量、改进技术、优化服务、培育品牌，提升产品竞争力，放大对周边产业的集聚和带动效应。

(3) 提升市场采购贸易方式便利化水平。进一步优化市场采购贸易综合管理系统，实现源头可溯、风险可控、责任可究；简化海关申报，优化通关流程；引导银行提供更为便捷的金融服务。

3. 深入推进外贸服务向专业细分领域发展

(1) 进一步支持外贸综合服务企业健康发展。落实落细集中代办退税备案工作，引导外贸综合服务企业规范内部风险管理，严格履行合理审查义务，进一步提高实地核查工作效率，提升集中代办退税风险管控水平；进一步落实完善海关"双罚"机制。

(2) 提升保税维修业务发展水平。进一步支持综合保税区内企业开展维修业务，动态调整维修产品目录；支持自贸试验区内企业开展"两头在外"的保税维修业务；支持综合保税区外企业开展高技术含量、高附加值、符合环保要求的自产出口产品保税维修。

(3) 稳步推进离岸贸易[①]发展。鼓励银行探索优化业务真实性审核方式，提升审核效率，为企业开展真实合规的离岸贸易业务提供优质的金融服务；加强离岸贸易业务创新，支持具备条件并有较强竞争力和管理能力的城市和地区发展离岸贸易。

(4) 支持外贸细分服务平台发展壮大。支持外贸细分领域共享创新；鼓励外贸细分服务平台在各区域、各行业深耕垂直市场，走"专精特新"之路；鼓励外贸企业自建独立站，支持专业建站平台优化提升服务能力；探索区块链技术在贸易细分领域中的应用。

4. 优化政策保障体系

(1) 创新监管方式。完善相关法律法规，科学设置"观察期"和"过渡期"；引入"沙盒监管"[②]模式，为业态创新提供安全空间；推动商务、海关、税务、市场监管、邮政等部门间数据对接，加强对逃税、假冒伪劣、虚假交易的监管；完善新业态新模式统计体系。

(2) 落实财税政策。充分发挥外经贸发展专项资金、服务贸易创新发展引导基金作用，引导社会资本以基金方式支持外贸新业态新模式发展；探索实施促进外贸新业态新模式发展的税收征管和服务措施，优化相关税收环境；支持企业适用无纸化方式申报退税；对认定为高新技术企业的外贸新业态新模式企业，可按规定享受高新技术企业所得税优惠政策。

---

① "离岸"的含义是指投资人的公司注册在离岸法区，但投资人不用亲临当地，其业务运作可在世界各地的任何地方直接开展。离岸法区的政府只向离岸公司(offshore company)征收年度管理费，不再征收任何税款。离岸贸易的操作方式是一种综合的全面的降低企业进出口运营成本的国际贸易操作方式。

② 沙盒监管是指先划定一个范围"盒子"，对在"盒子"里面的企业，采取包容审慎的监管措施，同时杜绝将问题扩散到"盒子"外面，属于在可控的范围之内实行容错纠错机制，并由监管部门对运行过程进行全过程监管，以保证测试的安全性并作出最终的评价。

(3) 加大金融支持力度。深化政银企合作，积极推广"信易贷"等模式，为具有真实交易背景的外贸新业态新模式企业提供便利化金融服务；鼓励符合条件的外贸新业态新模式企业通过上市、发行债券等方式进行融资；加快贸易金融区块链平台建设；加大出口信用保险对海外仓等外贸新业态新模式的支持力度。

(4) 便捷贸易支付结算管理。深化贸易外汇收支便利化试点，支持符合条件的银行和支付机构依法合规为外贸新业态新模式企业提供结算服务。鼓励研发安全便捷的跨境支付产品，支持非银行支付机构"走出去"；鼓励外资机构参与中国支付服务市场的发展与竞争。

5. 营造良好环境

(1) 维护良好外贸秩序。加强反垄断和反不正当竞争规制，着力预防和制止外贸新业态领域垄断和不正当竞争行为；建立新业态新模式企业信用评价体系和重要产品追溯体系；支持制定外贸新业态领域的国家、行业和地方标准，鼓励行业协会制定相关团体标准。

(2) 推进新型外贸基础设施建设。支持线上综合服务平台、数字化公共服务平台等建设；鼓励电信企业为外贸企业开展数字化营销提供国际互联网数据专用通道；完善国际邮件互换局和国际快件处理中心布局；开行中欧班列专列，满足外贸发展运输需要。

(3) 加强行业组织建设和专业人才培育。推动设立外贸新业态领域相关行业组织，出台行业服务规范和自律公约；鼓励高等院校设置相关专业，引导高等院校与企业合作，培养符合外贸新业态新模式发展需要的管理人才和高素质技术技能人才。

(4) 深化国际交流合作。积极参与世贸组织、万国邮联等多双边谈判，推动形成电子签名、电子合同、电子单证等方面的国际标准；加强知识产权保护、跨国物流等领域国际合作，参与国际规则和标准制定；加强与有关国家在相关领域政府间合作，推动双向开放；大力发展丝路电商，加强"一带一路"经贸合作，鼓励各单位和企业开展国际交流合作。

6. 做好组织实施

(1) 加强组织领导。充分发挥"推进贸易高质量发展部际联席会议制度"作用，加强部门联动，统筹协调解决重大问题；及时出台相关措施，继续大胆探索实践。

(2) 做好宣传推广。不断总结推广好经验好做法。加强舆论引导，宣介外贸新业态新模式发展成效；营造鼓励创新、充满活力、公平竞争、规范有序的良好氛围。

12.2.3　跨境电子商务发展的切入点选择

1. 充分发挥跨境电子商务综合试验区的引领作用

2023 年，我国跨境电商综试区达到 165 个，已经覆盖了 30 个省区市，形成了陆海内外联动、东西双向互济的发展格局。

建立跨境电商综合试验区的目的，在于鼓励更多地方推动跨境电商创新发展，通过加强各综试区的体系、平台和特色建设，支持跨境电商综合试验区企业汇集境内外流通要素，引导企业重新配置、整合渠道资源，构建跨境电子商务综合服务体系，形成规范发展、创新发展的新局面，带动中国跨境电商持续创新，走向高质量发展。

在跨境电商综试区的发展过程中，需要全面贯彻新发展理念，加快构建新发展格局，发挥跨境电商助力传统产业转型升级、促进产业数字化发展的积极作用，推进贸易高质量发展。同时，要保障国门生物、进出口商品质量安全，有效防范交易风险，坚持在发展中

规范、在规范中发展，为各类市场主体公平参与市场竞争创造良好的营商环境。

2. 积极提升电子口岸水平，提高国际贸易效率

"十三五"期间，我国电子口岸发展迅速。国际贸易"单一窗口"全面启动实施并取得阶段性成果，完成了海关"金关二期"、新一代海关通关管理系统(H2018)工程建设。进入"十四五"后，中国海关先后实施了 140 多个"智慧海关、智能边境、智享联通"先行先试项目，推进人工智能、智能审图、5G 及超痕量检测等新技术的应用。截至 2023 年底，我国进出口环节监管证件从 86 种精简至 41 种，除部分特殊情况外，已实现联网核查 38 种，进出口货物整体通关时间较 2017 年压缩一半以上。

根据《国家"十四五"口岸发展规划》[①]，"十四五"期间，我国将以电子口岸公共平台及国际贸易"单一窗口"应用建设为抓手，全面推进口岸信息化、无纸化、智能化建设，进一步提升口岸效能。我国"单一窗口"建设将迈上新台阶。除保密等特殊情况外，进出口环节监管证件及检验检疫证书等原则上通过"单一窗口"一口受理、一窗通办；推行"外贸+金融"服务模式，提供更加便利的融资担保、保险理赔、支付结算等服务；打通各类口岸通关物流节点，实现多种交通工具相互衔接、转运，多个口岸业务联动；发挥"单一窗口"数据汇聚优势，构建基于大数据的开放式创新服务平台，提供跨境贸易大数据服务，支持国际贸易全链条相关产业发展。

3. 积极推动 B2B 跨境电商平台的发展

国内跨境电商 B2B 网站可分为三类：企业 B2B 网站，如海尔、宝武集团等；专门做 B2B 交易的平台，如阿里巴巴、敦煌网等；垂直商务门户网站，如中国联合钢铁网等。

(1) 利用经济手段(如税收、贷款等)鼓励大型企业集团通过自己的电子商务平台开展跨境电子商务；鼓励中小企业建立跨境电商独立站，开展跨境电子商务。

(2) 总结跨境电商 B2B 网站的成功经验，积极培养、扶持新的综合性电子商务网站。

(3) 动员各行业建立垂直性的跨境电子商务网站，推动建设面向世界的行业、区域的企业信息化公共支撑服务平台。

(4) 引导中小企业加入第三方跨境电子商务平台，缩短中小企业出口路程。

4. 积极营造提供外贸出口代理服务的"第三方电子商务平台"

出口代理制是国际贸易中的通用形式之一，即外贸企业或其他出口企业受委托单位的委托(包括无进出口经营权企业)，代办出口货物销售的一种出口业务。对上海对外经济贸易实业浦东有限公司的调查表明，一方面，由于跨境电商的发展，大企业的贸易委托量逐渐减少；另一方面，各类中小企业的贸易委托量又呈现逐年迅速增长的态势。这种情况说明，跨境电商已经影响到出口代理业务，同时说明，我国中小企业出口增长很快，营造基于网络系统的出口代理平台已迫在眉睫。

(1) 外贸领域的第三方电子商务平台的服务已从单一的"贸易机会信息提供"向具有一定深度的"贸易作业处理环节"扩展，同时还肩负着接收订单、寻找生产企业的责任。这些平台已成为跨境电商服务的新亮点。政府已明确对此类网站加以支持。

(2) 鉴于国际贸易中复杂的贸易单证种类以及多环节的数据交换传输，促进第三方跨

---

① 国家口岸管理办公室. 国家"十四五"口岸发展规划[EB/OL]. (2021-09-17)[2023-10-02]. http://www.customs.gov.cn/customs/302249/zfxxgk/zfxxgkml34/3896488/index.html.

境电商平台与海关协调，简化进出口企业电子单证申报环节，加快通关过程。

(3) 根据出口贸易发展的要求和电子政务的实际需要，进行业务整合，按照集中管理、统一规划、统一组织开发、统一使用平台的原则，加快外经贸的跨境电商网络平台的建设，为企业开展跨境电商提供全方位的政府服务平台。

(4) 尽快建立网络环境下的外贸代理结构(见图 12-6)。

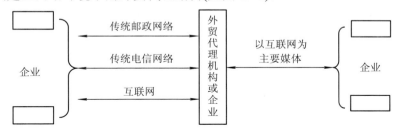

图 12-6　网络环境下的外贸代理结构

5. 大力发展国际会展电子商务

利用国际会展开展跨境电商，不仅能够在短期内为买卖双方的直接沟通创造条件，而且能够建立以网络交易平台为核心的生态价值链。

(1) 发挥政府主导作用，推动实体展览企业开展网上业务。目前，商务部的广交会、上海的进博会等都实现了线上线下同步，在商务信息的传播上起到很好的作用。

(2) 积极营造会展电子商务发展的良好环境。出台有关政策，支持展会电子商务的发展，规范展会电子商务主体行为，使这一新兴行业从起步时就沿着正确的轨道发展。

(3) 设立展会电子商务的专项基金。目前，在国家电子商务专项对展会电子商务的支持力度较小，应抽出部分资金支持企业建立展会电子商务平台，推动展览业向网络化方向发展。

(4) 加强融媒体技术在网上展会中应用的研究与推广。融媒体技术为实体展会电子商务展览在网上提供了更丰富表现的支持。要组织力量，开发诸如三维图像、短视频、VR、AR 等技术在网上展览中的应用，推动网上展览吸引更多的观众，发挥更大的效应。

(5) 重视展会后续工作。展会后续工作包括参展信息的汇集与整理、参展总结、客户关系管理等。国家应鼓励社会和企业有意识地对这些信息进行收集与整理，并重复使用这些信息。

12.2.4　跨境电子商务的法律调整

目前法律法规尚未对跨境电子商务概念进行明确的界定，《电子商务法》中的相关规定可以应用到跨境电子商务中，但跨境电子商务还有一些特殊的法律规则。

(1) 海关监管。2018 年 12 月，海关总署发布《关于跨境电商零售进出口商品有关监管事宜公告》[①]，要求跨境电子商务企业、消费者(订购人)通过跨境电商交易平台实现零售进出口商品交易接受海关监管。文件涉及跨境电商平台企业、物流企业、支付企业的注册登记，通关管理，税收征管，场所管理，检疫、查验和物流管理，退货管理等。

---

① 海关总署. 关于跨境电商零售进出口商品有关监管事宜公告[EB/OL]. (2018-12-29)[2024-04-12]. http://www.customs.gov.cn/customs/302249/302266/302267/2141321/index.html.

（2）税收。2018 年，财政部等四部门发布《关于跨境电子商务综合试验区零售出口货物税收政策的通知》[①]，要求对综试区电商出口企业出口未取得有效进货凭证的货物，同时符合相关条件的，试行增值税、消费税免税政策。2018 年 11 月，财政部、海关总署、税务总局《关于完善跨境电子商务零售进口税收政策的通知》[②]规定我国自 2019 年 1 月 1 日起，调整跨境电商零售进口税收政策，提高享受税收优惠政策的商品限额上限，扩大清单范围。

（3）跨境支付。国家外汇管理局 2015 年 1 月发布的《支付机构跨境外汇支付业务试点指导意见》[③]，支付机构办理"贸易外汇收支企业名录"登记后可试点开办跨境外汇支付业务，跨境支付的单笔交易金额不得超过等值 5 万美元。

（4）网上争议解决。2016 年，联合国发布《跨境电子商务交易网上争议解决技术指引》明确了起草的目的、原则，详细规定了网上解决程序的启动、谈判、协助下调解、最后阶段和中立人的指定、权力和职能，为各国跨境电子商务争端解决提供了很好的规范样本[④]。

12.3　国际市场的网络开拓

12.3.1　我国企业利用网络进入国际市场的途径选择

1．借助外贸第三方电子商务平台

（1）利用外贸第三方电子商务平台实现企业跨境电子商务的起步。借助第三方平台的规模效益和品牌效益开展跨境电商是企业可以选择的一条捷径。例如，阿里巴巴国际站、环球资源网、中国制造网、敦煌网等第三方平台都能够提供国际贸易中商品的展示、商家寻找、商务谈判、草签合同等方面的服务；锦程物流全球服务中心能够提供国际物流的相关服务；银联在线、支付宝、微信支付都可以完成国际在线支付。

（2）提升品牌知名度，借力快速发展。企业可以借助像阿里巴巴的诚信通等服务，提升企业自身的知名度，实现高速发展。

（3）采用跨境电商模式，促进企业转型。企业可以借助跨境电商平台收集发布信息，实施网上采购。外贸企业要有一个跨境电商的长期规划，并逐步实施计划。

2．自建跨境电商独立站

自建独立平台(简称独立站)就是自己建一个展示自己的产品并让客户购买下单的平台。相对于租用第三方平台的跨境电商店铺，独立站便于生产企业塑造自己的产品品牌，

① 财政部，税务总局，商务部，海关总署. 关于跨境电子商务综合试验区零售出口货物税收政策的通知[EB/OL]. (2018-09-28)[2024-09-12].
② 财政部，海关总署，税务总局. 关于完善跨境电子商务零售进口税收政策的通知[EB/OL]. (2018-11-29)[2024-09-12]. https://www.gov.cn/zhengce/zhengceku/2018-12/31/content_5440499.htm .
③ 国家外汇管理局. 国家外汇管理局关于开展支付机构跨境外汇支付业务试点的通知[EB/OL]. (2015-01-20)[2024-09-22]. http://www.safe.gov.cn/ningxia/2015/0429/207.html.
④ 联合国国际贸易法委员会《跨境电子商务交易网上争议解决技术指引》于 2010 年启动，2016 年 12 月 13 日被联合国大会通过。中国代表团全程参加了网上争议解决工作组的会议，并提交了《关于 ODR 一轨道和二轨道融合的设想》等 6 个书面提案。经过 5 年多艰苦谈判，中国平衡欧美，协调各方，成功推动联合国大会通过了以中国方案为基础的非约束力法律文件。这是我国主导国际贸易规则制定的重要尝试。

实现数据安全和增值，避免第三方平台规则的制约，同时减少了向第三方平台缴纳的交易佣金或年费，缺点是开发时间长，平台(特别是大型平台)的运行可能出现这样或那样的问题。但是这种方式通常能更好地满足企业的具体要求。大型企业，如中国中化集团、宝钢集团等利用自己大批量物资采购的谈判优势，在买方市场或卖方市场建立自己独立的采购销售平台，拉动供应商或者采购商商务，利用自建平台达到直接盈利的目的。而大量中小企业则可以利用新蛋网、虾皮网等独立站服务平台开设自己的独立站。

3. 借助跨境电商信息平台获取信息

跨境电商信息平台主要发布跨境电商现状、当前经济动态、市场供求信息等，对于企业评估经济形势、了解国外情况和选择供应商有重要作用。企业应当注意各国政府和民间有关信息平台，如美国联邦国际贸易委员会 FITA(www.fita.org)、ECVV(www.ecvv.com)、商务部中国国际电子商务网(http://www.ec.com.cn)等。

4. 线上线下相结合

企业采用跨境电子商务新模式的同时，不能忽略传统市场，要把两者有机结合起来，充分发挥每种模式的优势。例如，苏宁易购充分利用其线下 1500 家实体店的优势，把线上交易的售后服务交给实体店，最大限度地发挥了线下实体店的优势。银联在线商城充分发挥其在全球的商家客户群，广泛吸引客户利用网上商城，收到了很好的营销效果。

要利用线下服务优势，优化跨境电商商品进出口退货措施，支持跨境电商、一般贸易等出口货物多模式拼箱出境。

5. 优化业务流程，进行资源整合

针对传统国际贸易业务流程存在的信息化、自动化程度不高以及电子网络化水平较低等不利因素，企业应采用定性、定量分析方法对传统业务流程的各个环节进行分析，结合相关的业务流程以及国际电子商务的特点，对传统业务流程进行重组，构建适合跨境电子商务发展的流程，整合资源，提高企业对电子商务的反应速度。

12.3.2　利用外贸第三方电子商务平台开拓国际市场

1. 外贸第三方电子商务平台的模式

根据服务形式的不同，外贸电子商务平台大致可以分为三种不同的类型：

(1) 简单信息服务提供型。此类平台只提供外贸交易中各方的需求信息而不提供交易服务，如环球资源网、国际贸易网。此类平台信息量大，信息覆盖面广，针对会员企业提供专门的信息，非常适合产品品种多且有较强外贸能力的企业使用。

(2) 线上撮合线下交易型。此类平台在提供交易信息的同时，通过技术和人工手段帮助买家寻找卖家，帮助卖家寻找买家，提高买卖双方交易撮合成功的概率，如阿里巴巴网站。此类平台提供一系列辅助交易工具，如信用服务、采购服务、销售服务等。

(3) 全方位服务提供型。此类平台不但提供信息服务，而且提供全面配合交易的服务、网上结算和配送服务等，如敦煌网、阿里巴巴速卖通。

2. 商务部重点推荐的外贸第三方电子商务平台

2011 年，在第 109 届广交会上，商务部公布了其重点推荐的开展对外贸易第三方电子

商务平台名单，阿里巴巴速卖通、敦煌网和中国制造网榜上有名。经过 8 年的发展，这 3 个网站的业务都有了很大的发展，成为我国跨境电子商务的排头兵。

(1) 阿里巴巴速卖通(ALiExpress)。阿里巴巴速卖通是阿里巴巴帮助中国卖家接触海外消费者、终端零售商，快速销售、拓展利润空间而全力打造的融合订单、支付、物流于一体的外贸在线交易平台。2023 年，速卖通活跃买家遍布全球 230 个国家和地区，速卖通 APP 海外下载量已超 6 亿。2024 年双 11，速卖通为不同品类的商家提供了清晰的运营方向，通过"百亿补贴"实现中国品牌高质量出海；速卖通组建了国别化的货盘，让发往同一地区的包裹都汇集到同一个仓库，减少调拨流程；Choice 服务使消费者可享受包邮、免运费退货、时效承诺等服务。图 12-7 是阿里巴巴速卖通的英文主页。

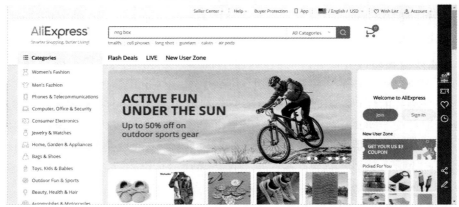

图 12-7　阿里巴巴速卖通的英文主页

(2) 敦煌网。敦煌网是一个聚集中国众多中小供应商的产品，为国外众多的中小采购商有效提供采购服务的全天候国际网上批发交易平台。2024 年敦煌网拥有 254 万以上累计注册供应商，年均在线产品数量超过 3400 万，累计注册买家超过 5960 万，覆盖全球 225 个国家及地区，提供 100 多条物流线路和 10 多个海外仓，在北美、拉美、欧洲等地设有全球业务办事机构。图 12-8 是敦煌网的交易流程。

图 12-8　敦煌网的交易流程

(3) 中国制造网。中国制造网是一个汇集产品信息、面向全球提供电商服务的网站。经过多年的积累和运营,中国制造网现已成为最知名的 B2B 电子商务平台之一,有效地在全球买家和中国产品供应商之间架起了贸易桥梁。2024 年,该网站已拥有 4300 多个产品类别,600 万名注册供应商会员和 2000 万名注册买家会员。

12.3.3 利用国外电子商务平台开拓国际市场

1. eBay

eBay 是在线销售式电商平台的鼻祖,在世界电子商务 C2C 领域占据统治地位。其销售模式有固定价格,也有拍卖形式。在 eBay 上启动外贸流程需要完成三个步骤:

(1) 创建 eBay 交易账户。通过信用卡完成身份验证后,可以在注册邮箱中查收到 eBay 发送的确认邮件,激活 eBay 账户并绑定一个资金账户即可开展跨国交易。

(2) 创建 PayPal 资金账户。eBay 平台推荐使用 PayPal 作为资金账户进行跨国收付款交易,它适用于在线购物和销售的个人。注册 PayPal 时也需要填写个人资料,并使用信用卡对账户进行认证。

(3) 绑定交易账户与资金账户。eBay 需要把交易账户和资金账户进行绑定,这样才可让买家在购买卖家的产品后通过 PayPal 付款。

图 12-9 显示了在 eBay 上销售产品的 4 个步骤。

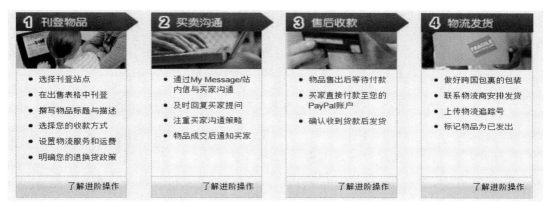

图 12-9 在 eBay 上销售产品的 4 个步骤

2. 亚马逊

亚马逊作为正品网络百货商城,进入 C2C 市场后,开发了"我要开店"平台。目前,来自全球第三方卖家的商品在亚马逊全球所销售商品总量中的占比已超过 30%。

亚马逊"我要开店"项目提供两种合作模式,满足卖家不同的业务需求。

(1) 自主配送模式。在亚马逊开设网店后自己设立仓储,自行配送并提供客服。亚马逊只收取开店佣金。此类模式适用商品季节性较强、生命周期短的产品,要求卖家具备优质的仓储配送能力,有较丰富的电子商务经验。

(2) 使用亚马逊物流模式。利用此种模式,可以享受亚马逊专业的仓储、配送和客户服务,所支付的费用除佣金外,还有物流费和仓储费。其物流服务流程如图 12-10 所示。

亚马逊物流服务流程

1.发送商品至　2.亚马逊储存　3.顾客浏览　4.亚马逊帮您　5.亚马逊　6.如果顾客需要，　7.亚马逊定期
　亚马逊运营中心　您的商品　商品并下单　拣货及包装　送货上门　提供发票　为您结算货款

图 12-10　亚马逊物流服务流程

12.3.4　利用独立站平台开拓国际市场

1. 跨境电商 2.0 时代的兴起

自 2021 年 4 月份起，在亚马逊网站上经营的中国卖家经历了史无前例的封号潮。据报道，至 2021 年 9 月，亚马逊共关闭了约 600 个中国品牌，涉及 3000 个卖家账号，估计造成行业直接和间接的经济损失超过 20 亿美元。其中的原因，既有中国卖家多次滥用评论，违规使用刷单手段；也有美国税法调整，使大批跨境电商卖家难以适应新的规则，还有中美贸易争端的影响。[①]

面对亚马逊的疯狂封号，中国卖家开始了在海外布局独立站和海外仓的努力，从而开启了中国跨境电商 2.0 时代。图 12-11 显示了我国独立站卖家市场规模占比的提高。

图 12-11　2016—2023 年中国跨境出口 B2C 电商平台及独立站卖家市场规模占比

(资料来源：艾瑞咨询研究院)

2. SaaS 软件服务的推广

面对复杂多变的国际市场，实施跨境电商 2.0 模式需要从原本在一个电商平台上的店铺运营，转移成自己承担物流、运输、销售、客服、结汇等工作的一体化。跨境电商 SaaS[②] 软件公司纷纷就此整合资源，推出了营销 SaaS 服务。

---

① 数科社. 亚马逊封号潮背后：中国卖家正在告别无序时代[EB/OL]. (2022-07-13)[2024-10-12]. https://www.shangyexinzhi.com/article/5007973.html.
② SaaS(Software-as-a-Service)是软件即服务的简称。

跨境电商营销 SaaS 可按功能分为建站、选品、运营和获客四类。其中，建站是独立站卖家的基础需求，功能相对成熟和标准化，并衔接代投广告和内容审核等功能；选品 SaaS 主要为平台型卖家提供数据服务；运营 SaaS 整合多渠道数据，形成用户画像辅助潜客挖掘和二次销售，将服务贯穿于整个客户旅程；获客 SaaS 辅助卖家通过社媒渠道触达客户，并汇总多渠道活动数据帮助卖家优化获客形式，与运营形成业务闭环(见图 12-12)。

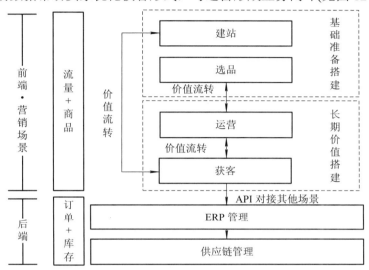

图 12-12　跨境电商营销 SaaS 的场景覆盖

(资料来源：艾瑞咨询研究院)

独立站的出现和发展也印证着卖家的经营理念从"卖快货，赚快钱"到"卖好货，走长路"的转变，精细化运营和品牌化转型的思维深入管理层，提升了对 SaaS 等工具型产品的使用意愿。本书第四章第二节已经对独立站的概念、优势与网站搭建做了介绍。有关跨境电商的营销 SaaS 服务可以从跨境电商营销 SaaS 的产业图谱中选择(见图 12-13)。

图 12-13　跨境电商营销 SaaS 的产业图谱(部分企业)

(资料来源：艾瑞咨询研究院)

12.4 跨境电商海外仓建设

12.4.1 海外仓的概念

海外仓是指建立在海外的仓储设施。在跨境电子商务中，海外仓是指跨境电商企业在国外目标市场设立的仓库，把计划销售商品通过大宗运输的形式运往目标市场国家并存储起来，在客户下单时，及时从当地仓库直接进行分拣、包装和配送。

跨境电商海外仓出口的本质是跨境电商 B2C 零售出口的升级演变，通过海外仓的前置备货，商品可以更快地送达海外消费者手中，有效提升了跨境电商零售出口整体运行效率。特别是在 2020—2022 年疫情之下，海外仓对外贸企业的重要作用更加凸显。

(1) 配送时间缩短。跨境物流的链条相对较长，即便在空运物流形式下，到欧美国家通常也需要 15 天左右时间。在 9810 模式下，商品到消费者手中只需经历国外本土物流一个环节，其他环节都已前置完成，大大缩短了物流时间，甚至能够实现当日达、次日达。

(2) 销量显著提升。在 2020—2022 年世界性新冠疫情中，美欧等国的海外仓发挥了重大作用，网上交易量上升都在 20%～25%。此外，由于海外仓出口模式下物流时间大幅缩短，使得因物流时间过长导致的纠纷明显减少，对于交易量提升和快速回款都有明显助益。

(3) 物流成本更低。跨境电商 B2C 直邮出口以邮政小包为主，其物流通常采用航空客带货方式。而 9810 模式先将商品以一般贸易方式批量出口到海外仓，海运成本相对更低。

(4) 售后更有保障。B2C 模式下，发生退换货问题时，商品通常在本地进行销毁、废弃，即便是换货，也大概率会导致海外消费者的负面评价，售后体验较差。9810 模式下，通过海外仓可以对商品进行有效的退换货处理，退货的商品也可以通过海外仓进行维修和二次包装，或批量复运回国内进行维修，给消费者带来更高品质的售后服务保障。

12.4.2 海外仓的运作流程

海外仓的运作流程可以分为三部分，即头程运输、仓储管理以及尾程配送。

(1) 头程运输：国内跨境电商出口企业根据大数据对市场的预测，在未接收到国外客户下单之前，就通过海运、空运或者快递方式，将商品提前运送到海外仓。其中包括许多流程，比如集中式报关、个性化加工等额外的增值服务，这些商品通过批量处理，提高了管理精准度和作业效率，节约了大量时间和运输及管理成本。

(2) 仓储管理：仓储管理不仅仅是单纯地存储商品，这个过程中还会对海外仓的商品进行精细科学地分类存储，以便商品出库。此外，仓储管理还通过物流信息系统提供订单管理服务，预测下一时间段的商品销售数量，反馈给跨境电商企业，避免缺货情况的出现或库存量过多的压力，从而减少库存成本，提高海外仓的利用率。

(3) 尾程配送：境外消费者通过跨境电商平台下单，平台将客户的订单信息发送给海外仓管理系统，由海外仓根据指令发货，省去了跨境电商所在国到目标市场的距离，减少了客户接收商品的时间。同时，海外仓也成为跨境电商企业展示自身商品的一个窗口，使消费者更加了解跨境电商企业和产品，增加了消费者重复购买行为。

海外仓的运作流程如图 12-14 所示。

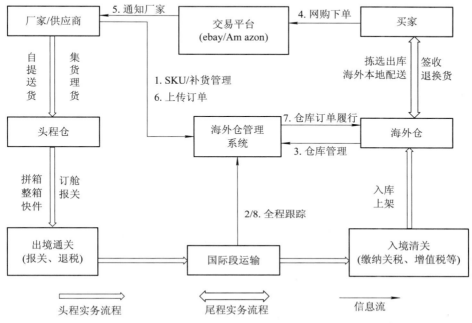

图 12-14　海外仓运作流程

12.4.3　海外仓的建设模式

目前我国海外仓建设主要有三种典型的模式：自建模式、与第三方合作及一站式配套服务三种模式。

1. 自建模式

自建模式是指有实力的跨境电商企业在海外建立自己专属的海外仓。自建仓库的优点是企业能够自己控制管理仓储，灵活性比较高；缺点是仓储、报关、物流运输等一系列具体问题都需要自行解决，并且还需要考虑建设成本和安全风险问题。

(1) 选址因素。海外仓选址的影响因素很多，比如与消费者及港口的距离、运输交通条件、自然条件等。

(2) 成本控制。自建海外仓模式在前期需要投入大量建设成本，在运营期间也需要花费管理成本，在短期内较难获得投资回报。

(3) 管理人员因素。海外仓建设之前必须了解所在国的法律政策、劳工待遇等方面的问题，克服文化差异和交流阻碍，聘用懂得当地语言的管理人员。

Costway(宁波豪雅)采用"多平台+自营独立站"的运作模式，自建 60 万平米的海外仓，产品覆盖家居、户外用品、电器、玩具等数十种品类；2016 年荣获 eBay 最佳海外仓销售奖；2023 年整体收入达到 20 亿美元。

2. 与第三方合作模式

与第三方合作模式是指跨境电商企业和第三方企业合作共用共建海外仓的模式，包括租用第三方的海外仓和双方共同建立海外仓两种情况。

租用海外仓过程比较简单，只需要调查好当地第三方仓储企业的资质和运营情况，支付操作、租赁、运输等方面的费用即可使用海外仓。

合作建设海外仓需要支付部分建设成本和物流成本。一方面由于跨境电商企业和当地第三方企业分摊建仓成本，可以缓解跨境电商企业的资金压力。另一方面跨境电商企业可以利用第三方所在国对目标市场的熟悉了解，使跨境电商企业更快融入目标市场，适应所在国的环境，避免不必要的文化冲突和矛盾。

大龙网的海外仓 1.0 模式积极探索在目标市场与第三方寻求合作方式，有效地解决了商品海外仓储过程中的物流成本和物流时效等问题。大龙网的海外仓 2.0 模式延伸出全新的"前展后仓"的网贸馆(见图 12-15)，出口企业通过网贸馆亮相其海外展会，进一步实现了产品、品牌与海外采购商的深度接触，提升了获得订单的可能性。

图 12-15 大龙网 2.0 海外仓——加拿大网贸馆

3. 一站式配套服务模式

一站式配套服务模式是指物流公司在海外建立海外仓，提供从境内到境外商品运输的一系列服务。一站式配套服务模式是整合所有物流运输方案的整体解决方案，它实现了物流信息的共享和物流资源的最大化利用，同时也使客户获得更好的服务体验。

典型的一站式配套服务模式企业是递四方速递。递四方速递的物流服务遍及全球大部分国家地区，其海外仓储网点覆盖全球 6 大区域，包括中国大陆、欧美、澳大利亚、东南亚等，仓储网点数量 30 余个，仓储面积大于 35 万平方米。

依托于迅速发展的跨境电商行业，递四方布局建设了全球包裹递送网络(GPN)及全球订单履约网络(GFN)两张网络，从多市场、多模式、多地域、多产品等多维度紧密布局，提升企业流量，实现物流、商流、信息流的无缝连接，创建全球跨境电商优质生态环境。

如图 12-16 所示为递四方保税备货服务流程图。

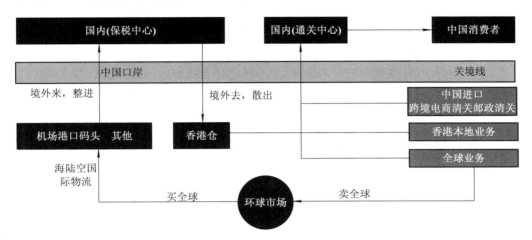

图 12-16　递四方保税备货服务流程图(以香港 B66 保税仓为例)

12.5　电　子　通　关

12.5.1　电子通关的基本程序

进出口通关一般需要经过 9 个基本步骤(见图 12-17)。

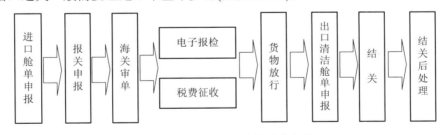

图 12-17　进出口通关的基本步骤

在电子通关环境下，进出口 9 个基本步骤的操作发生了很大变化。

(1) 进口舱单申报。进口舱单由船公司录入。舱单(Manifest)是船公司或其船代按照货港逐票罗列全船载运货物的汇总清单。其主要内容包括装卸港、提单号、船名、托运人和收货人姓名等货物详细情况。如果舱单数据不准确，将影响企业货物的正常通关。

(2) 报关申报。报关申报是指以书面或电子数据交换方式向海关报告其进出口货物情况，申请海关审查放行，并对所报内容的真实性承担法律责任的行为，其流程见图 12-18。

(3) 海关审单。海关审单是指当企业将报送数据传送至海关后，海关进行规范检查，并做出不受理申报、现场海关验放指令的过程。海关审单的基本流程如图 12-19 所示。

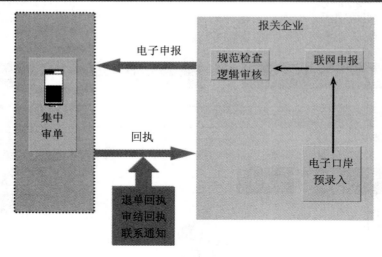

图 12-18　报关申报流程

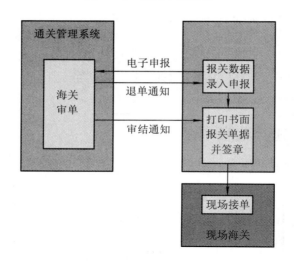

图 12-19　海关审单的基本流程

(4) 电子报检。电子报检是指报检人使用电子报检软件通过检验检疫电子业务服务平台将报检数据以电子方式传输给检验检疫机构，经业务管理系统和检务人员处理后，将受理报检信息反馈报检人，实现远程办理出入境检验。电子报检流程如图 12-20 所示。

(5) 税费征收。2012 年 2 月 29 日起海关在全国推广税费电子支付系统。该系统是由海关业务系统、中国电子口岸系统、商业银行业务系统和第三方支付系统等四部分组成的。进出口企业通过电子支付系统可以缴纳进出口关税、反倾销税、反补贴税、进口环节代征税、缓税利息、滞纳金、保证金和滞报金。图 12-21 是中国海关税费电子支付流程。

(6) 货物放行。海关在接受进出口货物的申报，经过审核报关单据、查验货物、依法征收税费后，对进出口货物做出结束海关现场监管决定的行为。

(7) 出口清洁舱单申报。出口清洁舱单由船公司向海关申报。舱单数据申报的准确与否，直接影响着企业报关单的正常结关。

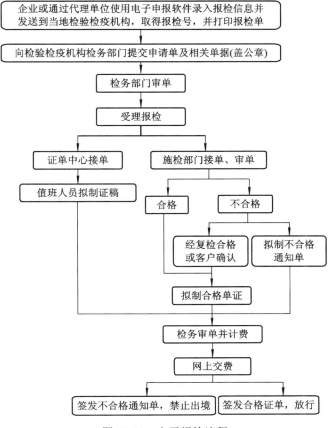

图 12-20　电子报检流程

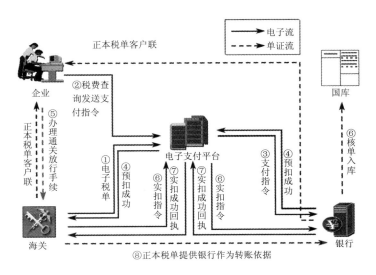

图 12-21　中国海关税费电子支付流程

(8) 结关。经口岸放行后仍需实施后续管理的货物，海关在规定的期限内进行核查，对需补证、补税货物做出处理。结关操作流程如图 12-22 所示。

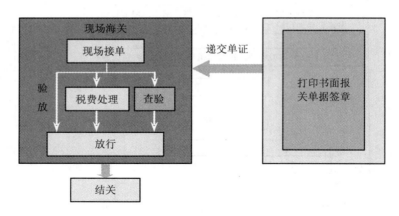

图 12-22　结关操作流程

(9) 结关后处理。结关后的处理工作包括打印证明联(核销单、退税单、付汇单)，使用电子口岸传送有关数据(核销单、报关单交单)，结关数据上报，前往外汇、国税等部门办理相关手续等。

12.5.2　电子口岸改革的总体目标

《国家"十四五"口岸发展规划》[①]提出，到 2025 年，基本建成口岸布局合理、设施设备先进、建设集约高效、运行安全便利、服务完备优质、管理规范协调、危机应对快速有效、口岸经济协调发展的中国特色国际一流现代化口岸。到 2035 年，高质量完成"五型口岸"建设。

(1) 平安口岸。全面落实总体国家安全观，着力提高风险预警能力、防控能力和应急处置能力，有效防范化解重大风险，切实保障进出境人员安全、运输工具安全和货物安全。

(2) 效能口岸。优化通关流程、提高效率、降低合规成本、改善通关服务，提高通关便利化整体水平，实现口岸"人流、物流、资金流、信息流＋通关＋服务"一体化联动。

(3) 智慧口岸。构建全流程、智慧化的口岸运行体系，促进口岸数字化转型。深化国际贸易"单一窗口"服务功能，构建覆盖跨境贸易全链条的"一站式"贸易服务平台。

(4) 法治口岸。优化完善依法行政制度体系，营造公开、透明、廉洁、高效的口岸执法环境，提高口岸行政决策科学化、法治化、规范化水平。

(5) 绿色口岸。将高效利用、低碳环保理念贯穿口岸开放、建设和运行管理全过程，实现口岸资源集约利用、投入产出最优、设施共享共用，推动口岸高效可持续运行。

海关总署《"十四五"海关发展规划》[②] 用专栏形式对深化国际贸易"单一窗口"建设工程作了详细安排：

(1) 深化"单一窗口"政务服务功能，除涉密等特殊情况外，进出口环节涉及的监管证件和检验检疫证书原则上都通过"单一窗口"一口受理，推动实现企业在线缴费、自主

① 国家口岸管理办公室. 国家"十四五"口岸发展规划[EB/OL]. (2021-09-17)[2024-09-02]. http://www. customs.gov.cn/ customs/302249/zfxxgk/zfxxgkml34/3896488/index.html.

② 海关总署. "十四五"海关发展规划[EB/OL]. (2021-07-27)[2024-08-30]. http://www.customs.gov.cn/ customs/302249/zfxxgk/zfxxgkml34/3789429/index.html.

打印证件等，其他国际贸易领域相关业务办理事项实现"应上尽上"；

(2) 依托"单一窗口"基础架构，将"单一窗口"功能逐步覆盖国际贸易管理全链条，打造"一站式"贸易服务平台和跨境贸易大数据平台，推动形成良好贸易服务生态；

(3) 推进与主要贸易伙伴国"单一窗口"的互联互通和数据交换，成为我国与世界贸易联通的数字门户，驱动贸易链和供应链的数字化转型；

(4) 推进数据协调、简化和标准化工作，充分运用区块链等技术，实现"单一窗口"性能优越、信息安全可信、流程公开透明；

(5) 加强电子口岸基础设施建设，持续推进跨部门、跨地区、跨行业数据交换共享；建设全国口岸综合管理平台，提升全国口岸数字化、精细化管理水平。

12.5.3　中国国际贸易单一窗口模式

1. 中国国际贸易单一窗口简介

中国国际贸易单一窗口(简称单一窗口)是全国"单一窗口"的统一入口和口岸综合资讯服务平台，由国务院口岸工作部际联席会议统筹推进，相关口岸管理部门推动实施。

单一窗口是口岸和国际贸易领域相关业务统一办理服务平台，功能范围覆盖到国际贸易链条各主要环节，已成为企业面对口岸管理相关部门的主要接入服务平台(见图 12-23)。

图 12-23　中国国际贸易单一窗口统一门户网站主页(www.singlewindow.cn)

中国国际贸易单一窗口目前开通标准版应用(单一窗口各类业务应用的系统入口)、金融服务(基于单一窗口、面向金融保险提供各类服务)、航空物流(基于单一窗口、面向航空物流提供服务)三大应用板块。在跨境电商中，提供进口申报、出口申报和公共服务。

2. 单一窗口架构

单一窗口实现了申报人通过电子口岸平台一点接入、一次性提交满足口岸管理和国际贸易相关部门要求的标准化单证和电子信息，相关部门可通过电子口岸平台共享数据信息、实施职能管理，处理状态(结果)可以统一通过单一窗口反馈给申报人。

中国国际贸易单一窗口架构如图 12-24 所示。

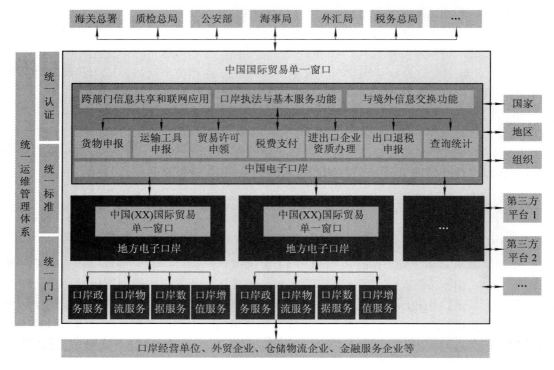

图 12-24　中国国际贸易单一窗口架构

3. 单一窗口主要功能

"单一窗口"包括 9 大核心应用：

(1) 货物申报：实现一般进出口货物的一表录入(或导入)，分别向海关、国检申报，同时实现海关、国检各类通关状态信息的查询；同时提供报关单修撤单功能。

(2) 舱单申报：实现原始/预配舱单、理货报告、运抵报告、装载舱单、国际转运准单等单证信息一表录入(或导入)分别向海关、国检申报。

(3) 运输工具申报：船舶代理单位备案、进出境(港)申报、进出境(港)单证申报等功能。

(4) 企业资质办理：实现商务部的对外贸易经营者备案、海关总署的海关注册登记、国家市场监督管理总局的报检资质申请等企业备案功能，企业只需一次提交资质申请及变更信息。

(5) 进出口许可证申领：实现农药进出口许可证、有毒化学品进出口许可证、机电/非机电进出口许可证、濒危动植物进出口许可证等核心单证申报功能。

(6) 原产地证申领：涵盖海关的原产地签证业务功能，实现国际贸易企业一点接入，一次提交原产地签证信息，审核结果通过单一窗口统一反馈。

(7) 税费支付：税费支付实现企业、银行和海关三方协议签约、解约、税单信息查询、税费支付、关区备案信息查询等功能。

(8) 出口退税：实现退税企业资质备案、报关单结关数据采集、发票数据采集、数据申报校验、退税数据汇总等核心功能；支持企业一键获取报关单结关数据及发票数据。

(9) 查询统计：实现各类指标和结果数据的统计计算、监测预警、实时分析和可视化展示，提供业务信息、报表，提供数据综合统计以及辅助决策分析。

12.5.4　中国电子口岸

1. 中国电子口岸的作用

中国电子口岸是利用现代信息技术，将各部门分别管理的进出口业务信息流、资金流、货物流电子底账数据，集中存放在公共数据库中，为政府受理机关提供跨部门、跨行业的联网数据底账核查或数据交换服务，并为企业提供门户网站，联网办理各种进出口业务的信息系统。图 12-25 是中国电子商务口岸的网站首页。

图 12-25　中国电子商务口岸网站首页(www.chinaport.gov.cn)

2. 中国电子口岸建设的基本构想

中国电子口岸是海关联合其他涉外部委进行的一次电子通关改革，其建设的基本构想是按照"电子底账 + 联网核查 + 网上服务"的新型管理模式，建立集中式的公共数据中心，即：

(1) 一个数据库——集中存放电子底账，信息共享；

(2) 一个交换中心——优化数据采集、汇总、分发途径；

(3) 一个服务窗口——服务企业跨境电商门户网站。

依托互联网，中国电子口岸将进出口信息流、资金流、货物流集中存放于一个公共数据平台，实现口岸管理相关部门间的数据共享和联网核查，并向进出口企业提供货物申报、舱单申报、运输工具申报、许可证和原产证书办理、企业资质办理、公共查询、出口退税、税费支付等"一站式"窗口服务。

3. 中国电子口岸的主要应用项目

(1) 电子底账联网，包括外汇核销单、外汇底账、退税底账和监管证件。

(2) 办理有关手续，包括运输工具舱单申报、报关申报、网上支付、担保、加工贸易备案核销。

(3) 资料法规查询，包括制度规定、分析统计资料、代码、参数、手续办理状态。

4. 中国电子口岸与中国国际贸易单一窗口的区别

中国电子口岸由国务院 16 个部委共同建设，主要承担国务院各有关部门间与大通关流程相关的数据共享和联网核查，面向企业和个人提供"一站式"的口岸执法申报基本服务；地方电子口岸建设由各地方政府牵头，主要承担地方政务服务和特色物流商务服务，地方电子口岸是中国电子口岸的延伸和补充。

中国电子口岸与中国国际贸易单一窗口都是由中国电子口岸数据中心承建的，两者的基本功能是类似的，而且可以从电子口岸直接自动导入单一窗口客户端。单一窗口与国际上比较流行的单一窗口模式比较吻合，而电子口岸则考虑到了国内地域的不同、管理体制的不同，分为中央层级和地方层级两个平台，相互协作，互为补充。

12.6　跨境电商零售进出口监管方式

12.6.1　跨境电商零售进口监管方式

1. 零售进口参与主体登记

跨境电商零售进口经营者包括跨境电商零售进口经营者(简称跨境电商企业)、跨境电商第三方平台经营者(简称跨境电商平台)和境内服务商。

根据商务部等 6 部委《关于完善跨境电子商务零售进口监管有关工作的通知》①第四条的规定，从事跨境电商进口的跨境电商企业应委托一家在境内办理工商登记的企业，由其在海关办理注册登记，承担如实申报责任，依法接受相关部门监管，并承担民事连带责任。也就是说，如果是企业或个人从事跨境电商代购业务，销售主体必须是商品的货权所有人，即境外注册企业。所以，从事跨境电商要求境外和境内都有一个主体，这两个主体必须是背靠背的委托关系，收款人也必须是境外的公司。但可以不是同一个法人，只要双方具有委托关系即可。

2. 零售进口参与主体的行为规范

按照"政府部门、跨境电商企业、跨境电商平台、境内服务商、消费者各负其责"的原则，商务部、发展改革委、财政部、海关总署、税务总局、市场监管总局 6 部委《关于完善跨境电子商务零售进口监管有关工作的通知》明确了各方责任，以便实施有效监管。

1) 跨境电商企业

(1) 承担商品质量安全的主体责任，并按规定履行相关义务。应委托一家在境内办理工商登记的企业，由其在海关办理注册登记，承担如实申报责任，依法接受相关部门监管，并承担民事连带责任。

(2) 承担消费者权益保障责任，包括但不限于商品信息披露、提供商品退换货服务、

---

① 商务部等 6 部委. 关于完善跨境电子商务零售进口监管有关工作的通知[EB/OL]. (2018-11-30) [2024-09-20]. http://sztb.mofcom.gov.cn/article/tongz/201812/20181202812697.shtml.

建立不合格或缺陷商品召回制度、对商品质量侵害消费者权益的赔付责任等。

(3) 履行对消费者的提醒告知义务，会同跨境电商平台在商品订购网页或其他醒目位置向消费者提供风险告知书，消费者确认同意后方可下单购买。

2) 跨境电商平台

(1) 平台运营主体应在境内办理工商登记，并按相关规定在海关办理注册登记，接受相关部门监管，配合开展后续管理和执法工作。

(2) 向海关实时传输施加电子签名的跨境电商零售进口交易电子数据，并对交易真实性、消费者身份真实性进行审核，承担相应责任。

(3) 建立平台内交易规则、交易安全保障、消费者权益保护、不良信息处理等管理制度。对申请入驻平台的跨境电商企业进行主体身份真实性审核，在网站公示主体身份信息和消费者评价、投诉信息，并向监管部门提供平台入驻商家等信息。

(4) 对平台入驻企业既有跨境电商企业，也有国内电商企业的，应建立相互独立的区块或频道为跨境电商企业和国内电商企业提供平台服务，或以明显标识对跨境电商零售进口商品和非跨境商品予以区分，避免误导消费者。

(5) 建立消费纠纷处理和消费维权自律制度，消费者在平台内购买商品，其合法权益受到损害时，平台须积极协助消费者维护自身合法权益，并履行先行赔付责任。

(6) 建立商品质量安全风险防控机制，在网站醒目位置及时发布商品风险监测信息、监管部门发布的预警信息等，督促跨境电商企业加强质量安全风险防控。

(7) 建立防止跨境电商零售进口商品虚假交易及二次销售的风险控制体系，加强对短时间内同一购买人、同一支付账户、同一收货地址、同一收件电话反复大量订购，以及盗用他人身份进行订购等非正常交易行为的监控，采取相应措施予以控制。

(8) 根据监管部门要求，对平台内在售商品进行有效管理，及时关闭平台内禁止以跨境电商零售进口形式入境商品的展示及交易页面，并将有关情况报送相关部门。

3) 境内服务商

(1) 在境内办理工商登记，向海关提交相关资质证书并办理注册登记。其中：提供支付服务的银行机构应持有银保监会颁发的《金融许可证》，非银行支付机构应持有人民银行颁发的《支付业务许可证》，支付业务范围应包括"互联网支付"；物流企业应取得国家邮政局颁发的《快递业务经营许可证》。

(2) 支付、物流企业应如实向监管部门实时传输施加电子签名的跨境电商零售进口支付、物流电子信息，并对数据真实性承担相应责任。

(3) 报关企业接受跨境电商企业委托向海关申报清单，承担如实申报责任。

(4) 物流企业应向海关开放物流实时跟踪信息共享接口，严格按照交易环节所制发的物流信息开展跨境电商零售进口商品的国内派送业务。

(5) 在跨境电子商务零售进口模式下，允许跨境电子商务企业境内代理人或其委托的报关企业申请退货，退回的商品应当符合二次销售要求并在海关放行之日起 30 日内以原状运抵原监管作业场所，相应税款不予征收，并调整个人年度交易累计金额。

4) 消费者

(1) 为跨境电商零售进口商品税款的纳税义务人。跨境电商平台、物流企业或报关企业为税款代扣代缴义务人，向海关提供税款担保，并承担相应的补税义务及相关法律责任。

(2) 购买前应当认真、详细阅读电商网站上的风险告知书内容，结合自身风险承担能力做出判断，同意告知书内容后方可下单购买。

(3) 对于已购买的跨境电商零售进口商品，不得再次销售。

5) 政府部门

(1) 海关对跨境电商零售进口商品实施质量安全风险监测，在商品销售前实施必要的检疫，并视情况发布风险警示。

(2) 原则上不允许网购保税进口商品在海关特殊监管区域外开展"网购保税+线下自提"模式。

(3) 将跨境电商零售进口相关企业纳入海关信用管理，根据信用等级不同，实施差异化的通关管理措施。

(4) 涉嫌走私或违反海关监管规定的跨境电商企业、平台、境内服务商，应配合海关调查，开放交易生产数据(ERP 数据)或原始记录数据。

(5) 对参与制造或传输虚假"三单(支付、运单、订单)"信息、为二次销售提供便利、未尽责审核订购人身份信息真实性等，导致出现个人身份信息或年度购买额度被盗用、进行二次销售及其他违反海关监管规定情况的企业依法进行处罚。对涉嫌走私或违规的，由海关依法处理；对利用其他公民身份信息非法从事跨境电商零售进口业务的，海关按走私违规处理，并按违法利用公民信息的有关法律规定移交相关部门处理。

(6) 对企业和个体工商户在国内市场销售的《跨境电子商务零售进口商品清单》范围内的、无合法进口证明或相关证明显示采购自跨境电商零售进口渠道的商品，市场监管部门依职责实施查处。

12.6.2　跨境电商出口监管方式

跨境电商出口监管方式是以国际贸易中进出口货物的交易方式为基础，结合海关对进出口货物的征税、统计及监管条件综合设定的海关对进出口货物的管理方式。目前我国实行的有三种跨境电商出口监管方式：9610、9710、9810。[①]

1. 9610 出口监管

海关监管代码 9610 全称"跨境贸易电子商务"，适用于跨境电商货物的出口。

1) 通关管理

(1) 信息或注册登记。跨境电子商务企业、物流企业等参与跨境电子商务零售出口业务的企业，应当向所在地海关办理信息登记；如需办理报关业务，向所在地海关办理注册登记。

(2) 数据传输。跨境电商零售出口商品申报前，跨境电商企业或其代理人、物流企业应当向海关传输交易、收款、物流等电子信息，并对数据真实性承担相应法律责任。

---

① 跨境电商出口监管方式的代码由 4 位数字构成，前两位是按照海关监管要求和计算机管理需要划分的分类代码，后两位是参照国际标准编制的贸易方式代码。9600 指内贸货物跨境运输，9700 指无原始报关单的后续补税，9800 指租赁期 1 年及以上的租赁贸易货物的租金。实际应用中，进出口单位根据对外贸易情况按海关规定的《监管方式代码表》选择填报相应的监管方式简称及代码。一份报关单只允许填报一种监管方式。

(3) 报关手续。跨境电商零售商品出口时，跨境电商企业或其代理人应提交《申报清单》，采取"清单核放、汇总申报"方式办理报关手续；跨境电商综试区内符合条件的跨境电商零售商品出口，可采取"清单核放、汇总统计"方式办理报关手续。

(4) 清单核放，汇总申报。跨境电商零售商品出口后，跨境电商企业或其代理人应当于每月15日前(当月15日是法定节假日或者法定休息日的，顺延至其后的第一个工作日)，将上月结关的《申报清单》依据清单表头"8个同一"规则进行归并，汇总形成《中华人民共和国海关出口货物报关单》向海关申报。

(5) 8个同一。同一收发货人、同一运输方式、同一生产销售单位、同一运抵国、同一出境关别，以及清单表以同一最终目的国、同一10位海关商品编码、同一币制的规则进行归并。

(6) 清单核放、汇总统计。允许以"清单核放、汇总统计"方式办理报关手续的，不再汇总形成《中华人民共和国海关出口货物报关单》。

(7) 适用汇总统计的商品。不涉及出口征税、出口退税、许可证件管理，且单票价值在人民币5000元以内的跨境电商B2C出口商品。

2) 企业主体责任

(1) 从事跨境电商零售进出口业务的企业应向海关实时传输真实的业务相关电子数据和电子信息，并开放物流实时跟踪等信息共享接口，加强对海关风险防控方面的信息和数据支持，配合海关进行有效管理。

(2) 跨境电商企业及其代理人、跨境电商平台企业应建立商品质量安全等风险防控机制，加强对商品质量安全以及虚假交易、二次销售等非正常交易行为的监控，并采取相应处置措施。

(3) 跨境电商企业不得进出口涉及危害口岸公共卫生安全、生物安全、进出口食品和商品安全、侵犯知识产权的商品以及其他禁限商品，同时应当建立健全商品溯源机制并承担质量安全主体责任。

(4) 跨境电商平台企业、跨境电商企业或其代理人、物流企业、跨境电商监管作业场所经营人、仓储企业发现涉嫌违规或走私行为的，应当及时主动告知海关。

2. 9710 出口监管

海关监管代码9710简称"跨境电商B2B直接出口"，适用于B2B直接出口的货物。通过H2018系统通关的跨境电商B2B出口货物适用全国通关一体化。

选择9710的企业申报前需上传交易平台生成的在线订单截图等交易电子信息，并填写收货人名称、货物名称、件数、毛重等在线订单内的关键信息；提供物流服务的企业应上传物流电子信息。代理报关企业应填报货物对应的委托企业工商信息。在交易平台内完成在线支付的订单可选择加传其收款信息。企业应对填报数据的真实性负责。

3. 9810 跨境电商出口海外仓监管方式

海关监管代码9810简称"跨境电商出口海外仓"，适用于跨境电商出口海外仓的货物。

跨境电商出口海外仓模式备案企业应为已在海关办理注册登记，且企业信用等级为一般信用及以上的企业。此外还要向监管地海关提供《跨境电商海外仓出口企业备案登记表》

《跨境电商海外仓信息登记表》、海外仓证明材料。

企业申报的"三单信息"(申报清单、交易订单或海外仓订仓单、物流单)应为同一批货物信息。申报企业应对上传的电子信息、填报信息真实性负责。

4. 跨境电子商务出口与一般贸易出口监管类型比较

表 12-2 显示了 9610、9710、9810 跨境电商出口与一般贸易出口监管类型比较。

表 12-2　9610、9710、9810 跨境电商出口与一般贸易出口监管类型比较

	跨境电商 B2B 出口 (9710、9810)	跨境电商 B2C 出口(9610)	一般贸易出口 (0110)
企业 要求	参与企业均办理注册登记 出口海外仓企业备案	企业注册登记	电商、物流企业办理信息登记 办理报关业务的办理注册登记
随附 单证	9710：订单、物流单(低值) 9810：定仓单、物流单(低值) (报关时委托书首次提供即可)	订单、物流单、收款信息	报关委托书、合同、发票、提单、装箱单等
通关	"H2018 通关管理系统" "跨境电商出口统一版" (单票在 5000 元人民币以内且不涉证不涉税不涉检)	"跨境电商出口统一版"	"H2018 通关管理系统"
简化 申报	在综试区所在地海关通过"跨境电商出口统一版"申报，符合条件的清单可申请按6位HS编码简化申报	在综试区所在地海关通过"跨境电商出口统一版"申报，符合条件的清单可申请按 4 位 HS 编码简化申报	——
物流	转关 直接口岸出口 全国通关一体化(通过"H2018通关管理系统"申报)	转关 直接口岸出口	直接口岸出口 全国通关一体化
查验	可优先安排查验	——	——

参 考 文 献

[1]　杨立钒，杨坚争. 跨境电子商务概论[M]. 北京：电子工业出版社，2021.

[2]　王健. 跨境电子商务[M]. 北京：机械工业出版社，2020.

[3]　陈岩，李飞. 跨境电子商务[M]. 2 版. 北京：清华大学出版社，2023.

[4]　郑秀田. 跨境电子商务概论(微课版)[M]. 北京：人民邮电出版社，2021.

[5]　邱琳，洪金珠. 我国跨境电子商务生态系统构成及发展策略[J]. 商业经济研究，2019(5)：126-128.

[6]　中国电子口岸数据中心. "单一窗"标准版用户手册[EB/OL]. (2024-06-24)[2024-09-20]. https://www.singlewindow.cn/fs/STADOCROOT/09/90/EF/278643A1AB9A575D8D0DA89D5F.pdf?_rnd=1727584929063&_downloadmode=1&filenamex=201C53554E007A97201D680751C6724875286237624B518CFF0851FA53E390007A0E002D59168D387248FF09005F003200030003200340030003600320034002E007000640066 .

[7]　艾瑞咨询. 2022年中国跨境电商SaaS行业研究报告[EB/OL]. (2022-06-24)[2024-09-20]. https://report.iresearch.cn/report/202206/4012.shtml

备课教案　　　　电子课件　　　引导案例与教学案例　　习题指导

第十三章 移动电子商务

随着移动通信和互联网技术的迅猛发展，电子商务中很大一部分开始移动终端设备来完成。移动电子商务凭借自身的灵活性、直接性和开放性，改变着人们的生活方式和工作模式，成为电子商务未来发展的一个新的领域。本章重点讨论了移动电子商务的商业模式、移动电子商务的新动向、移动电子商务的营销策略。

13.1 移动电子商务概述

13.1.1 移动电子商务的概念

移动电子商务(简称移动电商)是基于无线网络，运用移动通信设备，如手机、个人数字助理(Personal Data Assistant，PDA)、掌上电脑进行的商品交易或服务交易。从另一角度看，移动电子商务也可以定义为移动通信网络为用户提供的网络交易类增值服务。

移动电子商务(Mobile-Commerce)是由电子商务(E-Commerce)的概念衍生出来的。电子商务以 PC 机为主要界面，是"有线的电子商务"；而移动电子商务则是通过手机、PDA(个人数字助理)等可以装在口袋里的终端参与交易活动的，是"无线的电子商务"。

与通过电脑(台式 PC、笔记本电脑)平台开展的传统电子商务相比，移动电子商务拥有更为广泛的用户基础。截至 2024 年 6 月，我国手机网民规模达 10.96 亿人，网民使用手机上网的比例为 99.7%。[①] 2024 年上半年，国内市场 5G 手机出货量同比增长 21.5%，占同期手机出货量的 84.4%。

与此同时，网民利用手机开展电子商务交易活动的使用率在快速增长，电子商务类 APP 达 25 万款，展现出移动电子商务广阔的市场前景。

移动电子商务具有以下特点：

(1) 移动性。相对于其他电子商务模式，移动终端允许用户访问移动网络覆盖范围内任何地方的服务，通过视频、对话和文本进行交互沟通。移动电话等灵巧的手持设备比个人计算机具有更广泛的用户基础。

(2) 方便灵活。用户可以随时随地访问电子商务网站并进行电子商务交易；用户可以根据个人需要灵活地选择访问和支付方式。

(3) 较好的身份认证基础。传统电子商务交易中，用户的消费信誉是最大的问题。而手机

① 中国互联网络信息中心. 第 54 次中国互联网络发展状况统计报告[R/OL]. (2024-08-29)[2024-09-23]. https://www.cnnic.net.cn/n4/2024/0829/c88-11065.html.

号码具有唯一性，短信验证码的即时沟通功能能够确保移动电子商务交易具有很高的安全性。

(4) 精准定位。移动电商服务的对象可以通过全球定位技术实现精准定位，从而为网约车、共享单车的应用奠定了基础。

13.1.2　移动电子商务的应用领域

经过十余年的发展，移动电子商务几乎涉及到电子商务的各个领域。

(1) 移动网络广告。2023 年，我国互联网广告发布收入 7190.6 亿元，相比上一年增长了 33.4%。[①] 其中，移动互联网渠道占 60.4%。截至 2024 年 6 月，移动互联网月活跃用户规模达到 12.35 亿，同比增长 1.8%。新增用户主要来自一线城市，一线用户占比增加至 9.3%(同比上升了 1%)。移动互联网广告的增长反映了互联网广告在广告业务中的重要性和影响力不断提升，同时也表明了互联网广告市场的活力和企业投资信心的增强。

(2) 移动网络购物。2023 年，我国网上零售额达到 154 264 亿元，比上年增长 11.0%。[②] 2024 年上半年，网上零售持续较快增长，实物商品网上零售额同比增长 8.8%；占社会消费品零售总额的比重为 25.3%，占比持续提升。在购物渠道日益多元化和消费升级的大环境下，移动电商围绕本地生活提供全方位的服务，如生鲜、外卖、网约车等。图 13-1 反映了 2016 年到 2023 年生鲜电商的发展情况。

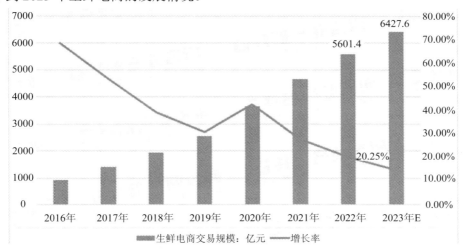

图 13-1　2016—2023 年中国生鲜电商交易规模及增长率

(3) 网络直播。根据第四届中国新电商大会披露的数据，2023 年，中国直播电商市场规模达到 4.9 万亿元，同比增速为 35.2%。[③] "流量效应+粉丝效应"使手机直播电商相比于传统电商和线下购物，在时间成本和效率、购物体验和互动、内容形式和场景等多个方面具备难以比拟的优势。直播电商已成为商家推广产品、吸引消费者的重要途径。

---

① 金融界. 2023 年实现互联网广告发布收入 7190.6 亿元，比上年增长 33.4%[EB/OL]. (2024-04-28) [2024-09-23]. https://baijiahao.baidu.com/s?id=1797577711861026947&wfr=spider&for=pc.
② 国家统计局. 中华人民共和国 2023 年国民经济和社会发展统计公报[EB/OL]. (2024-02-29)[2024-08-27]. https://www.stats.gov.cn/sj/zxfb/202402/t20240228_1947915.html.
③ 中国网. 报告称直播电商成为中国消费者购物新常态[EB/OL]. (2024-07-29)[2024-09-23]. https:// baijiahao.baidu.com/s?id=1811333104507604479&wfr=spider&for=pc.

（4）网约车。根据中商产业研究院发布的数据，《2024—2029 年中国网约车行业市场调查及投资前景研究报告》，2023 年中国网约车市场规模约为 3606 亿元，同比增长 10.51%；预测 2024 年网约车市场规模将进一步增长至 3864 亿元。数据表明，移动手机的使用，使网约车市场保持了快速发展的势头，并且预计在未来几年内将继续保持增长态势。[①]

（5）移动娱乐。2024 年，线上娱乐、生活消费、教育求职、旅游出行、购物金融和汽车消费已成为"六大手机亮点领域"。具体到移动娱乐市场，短视频平台的微短剧内容用户渗透率超过六成，其中近三成用户为深度观看用户。抖音和快手平台上的微短剧内容触达用户规模分别达到 4.74 亿和 2.59 亿。经常观看微短剧的用户占比达 39.9%，31.9%的用户曾为微短剧内容付费。此外，AIGC（人工智能生成内容）行业也迎来了爆发式增长，2024 年 6 月月活跃用户规模达 6170 万，同比增长 653.3%。[②]

13.1.3　移动电子商务的产业链

移动电子商务体系是一个包括电商交易平台、站内经营者、客户等主体的商务系统，也包括起支撑/支持作用的电信运营商、终端厂商，以及支付、物流和其他类型服务提供者。

根据移动电子商务体系中各个主体在产业上下游所处的位置，各个主体通过信息流、物流和资金流链接组成移动电子商务的产业链(见图 13-2)。

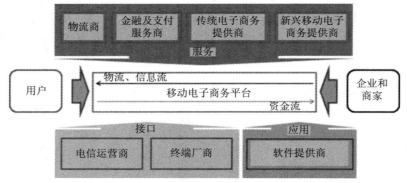

图 13-2　移动电子商务的产业链[③]

在图 13-2 中，移动电子商务产业链基本上可以分为三大组成部分：

（1）基础设施。基础设施包括移动电子商务的软硬件及相关平台。其中，智能手机是移动电子商务和移动互联网最重要的基础设施。移动广告、移动支付、移动 APP[④]也是移动电子商务的基础设施。

① 中研网. 2024 年网约车产业市场规模、竞争格局及未来发展趋势分析[EB/OL]. (2024-09-09) [2024-09-23]. https://www.chinairn.com/scfx/20240909/180017194.shtml.

② 新浪财经. QuestMobile 发布 2024 中国移动互联网半年大报告[EB/OL]. (2024-08-01) [2024-10-23]. https://baijiahao.baidu.com/s?id=1806189614210724388&wfr=spider&for=pc.

③ 艾瑞咨询. 中国移动电子商务市场研究报告简版(2010 年) [R/OL]. (2010-04-13)[2019-09-20]. https://max.book118.com/html/2015/0515/17031604.shtm .

④ 移动 APP 具有多种功能，客户对其有很强的黏性。如果一个企业拥有 100 万的移动 APP 用户，就相当于该企业可以在 100 万个移动媒体上，24 小时全年无休地推送各种品牌故事和信息。同时，企业还能完全掌握 100 万份完整的用户行为记录及其社交信息记录。如果用户的移动 APP 申请了支付功能，那就意味着建立了 100 万能够带来真实购买的零售门店。

（2）产业主体。移动电子商务的产业主体是应用服务提供商。这些服务商主要提供三类服务：购物服务、购买服务产品的服务、购买数字产品的服务。

（3）移动用户。移动用户是移动用户中利用移动终端从事交易的人群。我国手机网民已经有 1/3 以上的人群习惯了利用手机从事商务活动，5G 业务的开展将进一步刺激我国移动电子商务的增长，其潜在的市场规模不容忽视。

图 13-3 显示了移动电子商务参与者的相互关系图。

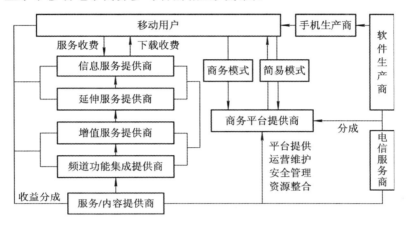

图 13-3　移动电子商务参与者的相互关系图[①]

13.1.4　移动电子商务的发展

根据宽带促进可持续发展委员会发布的报告，在移动通信方面，该业务的使用继续稳步增长。2023 年全球已有 86.5 亿移动链接，到 2024 年底，将有 89 亿移动连接，预计到 2030 年达到 98 亿移动连接。图 13-4 反映了 2023—2030 年全球移动链接增长情况。[②]

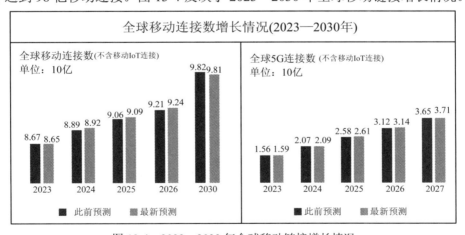

图 13-4　2023—2030 年全球移动链接增长情况

---

① 王晓鸣. 3G 环境下的移动电子商务模式研究[D]. 大连：大连海事大学，2010.

② Broadband Commission for Sustainable Development,ITU. The State of Broadband 2024 [R/OL]. (2024-06-13) [2024-09-23]. https://www.broadbandcommission.org/publication/state-of-broadband-2024/#.

2024 年，我国 5G 网络大面积普及，5G 基站总数达 383.7 万个，6G 技术应用探索已经启动，北斗三号系统全面完成，卫星通信网络商业应用不断拓展。2023 年，我国 5G 移动电话用户数达 8.05 亿，移动互联网接入总流量约为 0.27 ZB，同比增长 15.2%。移动基础设施体系的完善有力推动了移动电商行业快速成长。

截至 2024 年 6 月底，我国移动电商的应用领域主要涉及 5 类场景，包括线上娱乐场景、旅游出行场景、购物金融场景、教育求职场景、汽车消费场景（参见表 13-1）。[①]

表 13-1　2024 年上半年移动电子商务典型场景应用表现

场景	应用突出表现	
线上娱乐场景	短视频集中度进一步提升 视频内容对流量影响力加深	手机游戏占据游戏大部分市场 游戏新品大量涌现
旅游出行场景	自驾游人数大幅增长 文旅游手机导游开始推广	旅游预订应用普及
购物支付场景	纸币流通量大幅度减少 支付宝、微信支付普遍采用	移动结算得到银行全面支持
生活消费场景	网约车需求增长 外卖团购强力渗透	共享单车大面积普及 运动健身需求大幅增长
教育求职场景	手机在线教育课程比重增加	手机求职应用普及

13.2　移动电子商务的商业模式

中国移动电子商务市场出现了 3 种主要的移动电商模式，分别是以移动运营商为核心的移动电商模式、以平台提供商为核心的移动电商模式、以内容与服务提供商为核心的移动电商模式。

1. 以移动运营商为核心的移动电商模式

作为移动电子商务中的主要网络提供者和支撑者，移动通信运营商主要采用"通道+平台"的商业模式。移动通信运营商开展的移动电子商务中，可利用终端厂商和软件提供商在上游为其提供定制手机及内嵌的接入软件，增强了移动电商平台的入口建设。规模庞大的网络用户及潜在移动电商用户，可以吸引企业和商家以入驻的方式丰富移动电商平台的产品线及内容，物流商提供相关的货物运输、商品仓储和配送服务。在移动电商平台的建设方面，电信运营商负责平台内容、用户服务和交易服务，对入驻商户进行管理，并为消费者提供信誉保障。

上海移动商城是基于上海移动系统开发的电商平台，由中国移动上海分公司负责运营，面向移动手机用户和商家提供电子商务服务，商城可以通过 PC 和手机两种方式进行访问。在手机端，通过以手机积分、手机话费、专用账户以及手机银行为主的支付手

① QuestMobile. 2024 年中国移动互联网半年报告[EB/OL]. (2024-07-31) [2024-09-23]. https://www.thepaper.cn/newsDetail_forward_28245516.

段，通过邮政系统、快递公司向用户配送货品为主的货物流通方式，移动商城实现了商流、物流、信息流、资金流的一体化。

2. 以平台提供商为核心的移动电商模式

移动电子商务交易平台为商户与用户提供一个商品交易的平台，主要采用"平台+服务"的商业模式。平台提供商为移动电商商户运营提供多样化的整体解决方案，为用户提供功能完备、内容丰富、灵活方便的应用平台，满足日益发展的移动交易需求。所建平台支持不同的技术标准、行业协议和终端需求，方便不同的用户使用。平台提供商通过分析商家和用户信息，为他们提供个性化的服务。平台提供商通过广告等不同手段，扩大客户基础，吸引更多内容提供商加盟。平台提供商通过吸引内容提供商在平台投放广告来增加利润。

传统电商提供商通过在 PC 端的多年发展，已经具备开展移动电子商务所需的基础服务能力和运营经验，这是其主导移动电子商务服务的重要优势。但另一方面，传统电子商务发展模式并不能简单复制到移动电子商务的发展之中，移动电子商务需要针对用户的个性化需求及电子商务发展的新趋势，开辟全新的发展理念和服务模式。

在"平台+服务"移动电商服务模式下，传统电商提供商通常会在用户接口处通过与终端厂商和软件提供商的合作，定制相关匹配的终端机，或者为手机终端设计用于进行移动电子商务的特定应用程序。网络接入方面，电信运营商提供了基础网络服务，为移动电商提供顺畅信息流的保障。

3. 以内容与服务提供商为核心的移动电子商务模式

内容与服务提供商主要通过"内容+服务"的商业模式来经营。内容提供商是移动电子商务中有关交易的创造者和传播者，是为移动电子商务提供内容和服务的具体执行者，是实现移动电子商务商业价值的有力推动者。它通过提供产品信息、商业图片、版权动画、短视频等丰富的移动电子商务资源，直接或通过移动网站向客户提供多种形式的信息内容和服务，从而实现移动电子商务的增值价值。

2018 年以来，在整体互联网增长转型的大环境下，内容营销的崛起成为整个互联网中新的增长点，出现爆发式增长。截至 2024 年 6 月，移动应用安全大数据平台收录全国 Android 应用 467 万款，iOS 应用 308 万款，微信公众号 623 万个，微信小程序 363 万个。[①] 随着城市上班族碎片化触网时间的增多，内容营销进一步侵蚀了用户的移动剩余时间。

从用户获取内容的途径看，社交平台和资讯平台已经超过搜索引擎平台成为用户获取内容的主要渠道。短视频平台持续拓展电商业务，"内容+电商"的"种草"[②]变现模式已深度影响用户消费习惯。

目前，内容营销从线性营销转变为以用户为中心的闭环营销，广告主开始关注移动电商 APP 的全生命周期，AI 设备的应用、人工智能的深度介入，使"内容+服务"的商业模式以更低的营销成本、更直接的营销效果、更有效的营销反馈在移动电商中发挥着越来越重要的作用，助推了一批新的以抖音、小红书为代表的内容电商企业的崛起。

---

① 北京智游网安科技有限公司. 2024 年上半年全国移动应用安全观测报告[R/OL]. (2024-09-04) [2024-09-20]. https://baijiahao.baidu.com/s?id=1809260728911509168&wfr=spider&for=pc.
② 种草：网络用语，指通过内容介绍、展示等方式，分享推荐某种商品，激发他人购买欲望。

表 13-2 显示了国内外典型的内容与服务平台及其产品的主要特点。

表 13-2　国内外典型的内容与服务网站及其产品的主要特点

典型网站	产品形态	产 品 特 色
维基百科、百度百科	图文	基于 UGC(User Generated Content)的网络百科全书,以有价值的知识促进营销转化
喜马拉雅、得到、蜻蜓 FM	音频	主要以有声小说、有声读物等音频分享方式吸引客户,扩大网络营销的影响力
抖音、快手	视频	主要以分享图片或视频方式吸引观众,带动流量,传播网络广告和营销信息
淘宝大学、网易云课堂、慕课	视频+图文	从电子商务实际操作出发,专业团队授课,重点传播应用技巧,具有部分职业教育属性
千聊、荔枝微课	直播	利用直播和录播实时互动,吸引粉丝流向销售网站,提高成交效率
百度知道、知乎、Quora	问答	以问答为主要形式的知识平台
今日头条、新浪博客	综合性内容网站	反映最新社会动向,贴近大众口味,采用多种传播形式,各类资讯内容混杂传播

13.3　移动电子商务的支付流程

1. 移动支付的分类

移动支付也称为手机支付,是指用户利用移动通信设备(通常是手机)对所消费的商品或服务进行账务支付的一种服务方式。移动支付将终端设备、互联网、应用提供商以及金融机构相融合,为用户提供货币支付、缴费等金融服务。使用者通过移动设备、互联网或者近距离传感直接或间接向银行金融机构发送支付指令产生货币支付与资金转移行为,从而实现移动支付功能。

按照支付的空间和时间特点,目前的移动支付业务可分为近场支付和远程支付两种(见图 13-5)。近场支付已经比较成熟,它是指通过非接触技术[①]将移动设备与 POS 机或 ATM 机连接以实现支付功能。这样的交易一般只需几百毫秒,广泛应用于乘坐公交、商场购物等。远程支付是目前移动电子商务主要依赖的支付方式。它可以独立于交易用户的物理位置,不需要在产品销售结算处有支付终端。这种支付一般是通过手机网上支付或短信支付来完成的。从支付的速度来看,远程支付具有明显的时间延迟,快时需几秒钟,慢时甚至需几十秒。目前在国内开展的手机购物、手机银行等均属此类非现场的远程支付。

---

① 非接触技术包括蓝牙(Bluetooth)、红外线(IrDA)、电子射频识别(RFID)、近场通信(NFC)等。

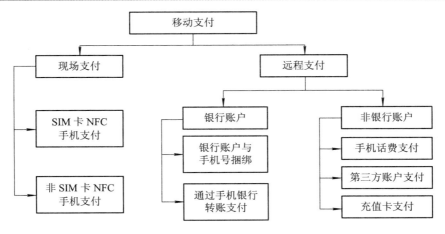

图 13-5 手机支付业务分类图

2. 移动近场支付

移动近场支付(联机消费)是指用户使用移动终端，通过现场受理终端接入移动支付平台，在本地或接入收单网络完成支付的过程。其主要的流程如图 13-6 所示。

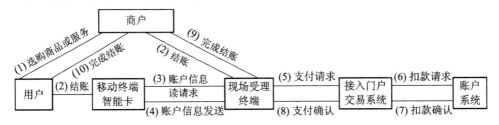

图 13-6 移动近场支付流程图

图 13-6 中有关数字含义如下：

(1) 用户选购商品或服务。

(2) 用户利用移动终端到商户收银台结账。

(3) 商户在现场受理终端(POS)上输入消费金额，通过近场通信技术，向移动终端发起账户信息读取请求。

(4) 移动终端将账户信息发送给现场受理终端。

(5) 现场受理终端发送支付请求指令给交易系统。

(6) 交易系统发送账户扣款请求给账户系统。

(7) 账户系统收到扣款请求后，进行用户账户鉴权，返回扣款确认信息。

(8) 交易系统返回支付确认信息给受理终端。

(9) 商户在现场受理终端上完成结账过程。

(10) 商户和用户之间完成结账过程。

目前，在零售电商中推广最成功的近场支付是二维码支付。这种场景下的二维码支付有两种模式，一种是付款方主扫模式，一种是收款方主扫模式。有关这方面的内容在本书第九章 9.2.2 节中已作了介绍。

3. 移动远程支付

移动远程支付主要涉及消费者、商家、移动支付平台、第三方信用机构，流程如图 13-7 所示。

图 13-7 中有关数字含义如下：

(1) 消费者请求购买。

(2) 商家请求收费。

(3) 移动支付平台请求认证。

(4) 第三方信用机构将认证结果通知移动支付平台。

(5) 移动支付平台请求消费者授权。

(6) 消费者证实授权。

(7) 移动支付平台划拨资金给商家。

(8) 移动支付平台通知消费者支付完成。

(9) 商家支付商品或服务。

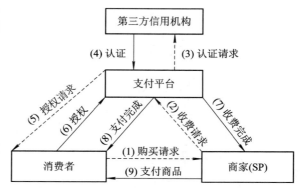

图 13-7　移动购物的基本流程

13.4　移动电子商务的营销策略

1. 创造"移动"需求

一个新的商业领域的开拓，最重要的是创造需求，而创造需求的关键是挖掘客户潜在的需求。对于移动通信用户来说，即时通信是用户使用移动通信设备的主要目的，但同时也有许多亟待开发的潜在需求。

在购物方面，需要筛选适应移动电子商务的产品。例如，日用品，其金额较小，但用量较大，需要经常购买，手机可以提供很方便的途径。而 O2O 的形式，又使得线上购买、线下取货变得非常方便。农村、边远地区通信条件较差，对移动购物的需求更迫切。在数字产品领域，趣味性、交互式、视频类、阅读类的产品具有巨大的发展潜力，但相关的产品还需要企业和商家不断地思考、调查和开发。

在服务产品领域，可以涉及很多行业，交通旅游、住宿餐饮、娱乐、缴费、金融、证券、保险等。相对于购物，购买服务产品要求更快、更及时，而这恰恰是移动电子商务最突出的特点。超前(Proactive)服务管理也是移动电子商务应用的新领域。在这种服务中，服务提供者收集当前及未来一段时间与用户需求相关的信息，并预先发出主动服务的信息。例如，在汽车修理服务中，汽车修理商可以收集用户汽车零件的使用年限和故障等信息，并针对不同情况预先制定相应的服务策略。这样，一方面可以提高汽车修理商的服务质量，另一方面可以降低车主的事故发生率。从技术实现的角度讲，目前可以定期发送短消息，与客户保持联系；以后可以在汽车上装置一个智能传感器，通过它可以获取汽车零件的使用情况，然后利用无线网络将信息发送给汽车修理商。

未来的电信服务内容中，将包括大量各种各样的增值业务，它们的收入总和将大大超过基础业务收入。这些潜在的业务，归根结底，需要厂商进行发掘和推广。同互联网电子商务一样，正在起步的移动电子商务也尚未被开垦，捷足先登的开拓者可能将获得丰厚的商业利润。

2. 突出"移动"特点

移动电子商务有其自身的特点，抓住这些特点才能有效地开展网上交易。图 13-8 显示了移动电子商务的移动性和直接性两大特点及由此而产生的利润增长点。

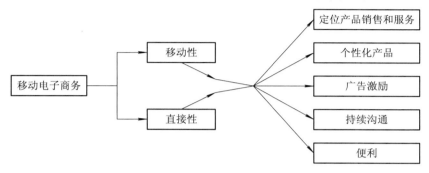

图 13-8　移动电子商务的特点及由此而产生的利润增长点

移动性是移动电子商务服务的本质特征。无线移动网络及手持设备的使用，使得移动电子商务具备许多传统电子商务所不具备的"移动"优势，导致很多与位置相关、带有流动性质的服务成为迅速发展的业务。例如，移动金融使得移动设备演变成为一种业务工具，代替了银行、ATM 和信用卡，成为一种强有力的金融媒介。利用移动金融工具，用户不再为携带大量现金而恐惧，也不再为找不到银行或 ATM 机而烦恼。用户可以在任何地方、任何时候购买自己所需的物品，并即时提供支付。而移动电子商务在股票交易上的应用更体现了其移动性的优势。

移动电子商务的直接性大大加强了厂商与客户之间的联系。利用移动通信手段，买卖双方可以直接沟通，大大节约了交易时间。直接性的另一个重要应用在移动物流领域，通过对货物、服务甚至人的位置的跟踪，帮助决策者决定货物的送达时间和地点，直接将货物送达客户手中，从而缩短了送货时间，减少了库存，降低了运送成本。

但从目前的情况看，对于移动电子商务的开发，除商品购买外，还涉及旅游、交通、运输、保险等流动性较强的行业。各个行业都可以结合自身的特点，开发移动网络上的移动服务，发挥其时效性和个性化的优势，拓展自己在移动电子商务领域的业务。

3. 加强"移动"宣传

从理论上说，移动广告具有与一般网络广告类似的特点，它具有很好的交互性、可测量性和可跟踪特性。同时，移动广告还可以提供特定地理区域的、直接的、个性化的广告定向发布。因此，移动广告具有许多新的网络直销方式和创收方式。传统广告是单向的，用户不喜欢观看或收听，可以略过这些信息；网络广告具有一定的强迫性，跳出广告可以在浏览网页的同时强制性跳出。而移动设备接收信息的形式使得用户不得不阅读所收到的信息并加以清除，这就为营销人员提供了获得用户注意力的新方法，并且提供了管理客户关系和建立顾客忠诚度的新方法。

移动广告可以提供非常有针对性的广告服务。撰写精彩的移动广告软文①可以给用户带来丰富的知识和极大的乐趣。利用移动广告还可以收集大量的商务信息，这些信息包括用户历史消费记录、用户的位置信息、用户正在进行的活动等。移动广告可以广泛地应用于购物、餐饮、娱乐等行业。

从移动网络运营商的角度看，面临网络竞争威胁的移动运营商不仅可以使用移动广告留住重要的老用户，而且也可以使用这些方案来吸引具有复杂需求的新用户。未来，移动电子商务市场的竞争将日趋激烈。现在不仅许多厂商纷纷推出移动电子商务的解决方案，而且有些国家的运营商已经开始提供许多增值服务。随着竞争的加剧，移动网络运营商市场将重新洗牌，新用户群将成为各运营商争夺的焦点。

从广告的角度来说，其价值是由对目标用户的覆盖面和精准度决定的。传统媒体覆盖面广，但因为缺乏对目标受众的全面跟踪，很难做到精准投放。手机应用一旦形成了一定的覆盖面，由于其良好的互动性和对用户行为的可跟踪性，很容易深入了解其目标用户。因此，通过手机对目标用户群开展产品广告和产品促销常常可以收到很好的效果。

4. 发挥"精准营销"优势

随着电子商务的发展，精准营销的重要性也在不断凸显。移动电子商务在整个运作流程中留下了大量不同类型的数据，包括交易信息等在内的用户数据、商品服务信息等数据。而且，这些数据的针对性极强，个性化推荐的目标非常容易锁定，精准营销的效果得到很大提高。表 13-3 反映了传统电子商务与移动电子商务精准营销的不同特点。

表 13-3 传统电子商务与移动电子商务精准营销的不同特点

科目	传统电子商务	移动电子商务
交易范围	群体相对固定	群体体量大且灵活多变
信息传递	可能滞后	即时性强
推广精度	较高	高
数据形式	机构化、半结构化	非结构化数据较多

现阶段，目标用户对于差异化与个性化、实时性与紧迫性的需求更为明显，因此移动电子商务个性化推荐应满足以下几点要求：

(1) 根据对已掌握信息的分析，实现发展模式的更新与潜在用户的发掘；

(2) 根据目标用户不同的喜好与情境，为其提供差异化、个性化的商品与服务；

(3) 根据目标用户购买情况的不同，进一步精准实现服务质量的提升与服务流程的完善，提升用户黏性。

在 AI 的驱动下，移动电商的精准营销已经不再是简单的数据匹配，而是更加智能化、个性化。AI 技术通过深度学习和大数据分析，能够准确捕捉用户的潜在需求，从海量数据

① "软文"一词是近年来出现的新语汇，与英文"Advertorial"比较接近。西方传播界认为，Advertorial(付费文章) = Advertisement(广告) + Editorial(社论/专文)。国外媒体通常会在刊登 Advertorial 的版面上注明"Advertisement"。国内多数媒体把软文看作是一种特殊的广告文案表现形式，它以灵活的文体形式和短小精悍的语言风格传播、介绍产品的性能和作用。由于广告软文信息量大，费用低廉，因而近年来越来越受到众多企业的关注和偏爱。

中挖掘潜在价值客户，为企业提供精确的营销策略。例如，企业可以利用大模型生成技术(AIGC)分析用户的搜索记录、购买历史、社交媒体互动等数据，准确且迅速地绘制出高精度的营销专属客户画像；通过 AI 语言交互分析，帮助营销人员识别并定位客户经营中的异常状况及其根源，从而为企业提供定制化的产品推荐和广告投放；利用营销自动化工具(如AI.Marketer)，根据预设的业务目标智能配置营销活动，从目标客群选定到营销渠道策略，乃至活动效果分析与策略调整，实现营销流程的全自动化闭环管理。

参 考 文 献

[1]　APP Annie. 2022全球移动市场预测报告[EB/OL]. (2021-12-29)[2022-09-28]. https://finance.sina.com.cn/ tech/ 2021-12-29/doc-ikyakumx6996031.shtml.

[2]　Ericsson. Ericsson Mobility Report June 2024[EB/OL]. (2024-08-29)[2024-09-28]. https://www.ericsson.com/ en/reports-and-papers/mobility-report.

[3]　马萍. 精准营销在移动电子商务中的应用研究[J]. 质量与市场. 2021(21)：154-156.

[4]　飞算科技. 揭秘AI时代：如何利用智能技术实现精准营销的革命性突破[EB/OL]. (2024-06-27) [2024-10-28]. https://baijiahao.baidu.com/s?id=1803008852905768883&wfr=spider&for=pc.

[5]　王红蕾，安刚. 移动电子商务[M]. 3版. 北京：机械工业出版社，2023.

[6]　黄轲，金晓，裴蕾. 移动电子商务基础与实务(微课版) [M]. 3版. 北京：人民邮电出版社，2024.

备课教案　　　　电子课件　　　引导案例与教学案例　　习题指导

第十四章 社交电子商务与社区电子商务

　　社交电子商务与社区电子商务是近年来电子商务出现的新模式。社交电子商务通过社交媒体平台进行商品销售，强调人际网络关系在购物决策中的作用；而社区电子商务则是基于地理位置或兴趣群体形成的集体购买形式，通常提供比单独购买更为优惠的价格。二者存在着天然的合作空间。通过合理规划与创新实践，可以充分发挥两者各自的优势，创造出前所未有的价值体验。本章扼要介绍了社交电子商务与社区电子商务的概念与特点，讨论了它们的商业模式。

14.1　社交电子商务

学思践行

　　商务部、中央网信办、发展改革委联合发布的《"十四五"电子商务发展规划》提出："发挥电子商务对价值链重构的引领作用，鼓励电子商务企业挖掘用户需求，推动社交电商、直播电商、内容电商、生鲜电商等新业态健康发展。"①

　　社交电子商务作为电子商务的一种新的衍生模式，我们应当采取鼓励创新的态度。鼓励电子商务企业先行先试，充分发挥电子商务在市场营销中的积极作用。对于其存在的问题，需要采取包容审慎的态度，坚持在发展中规范、在规范中发展，建立健全适应社交电商新业态新模式的监管体系，促进公平竞争。

14.1.1　社交电子商务的概念与特点

　　2024 年中国电子商务领域的社交电子商务(简称社交电商)创新已经进入第 14 个年头，经过十多年不断地探索、尝试、发展、纠错，社交电商已经全面发力，成为中国电子商务领域不可分割的一部分。2022 年，中国社交电商市场规模增至 27648 亿元，同比增长 9.17%。2021 年，中国社交电商行业用户规模达 8.5 亿人，同比增长 8.97%。②

　　社交电商是基于人际关系网络，利用互联网社交工具(如微信、短视频、网络媒介等)，通过分享、沟通、讨论以及互动等方式进行商品交易或服务提供的经济活动，是一种电子

---

① 商务部，中央网信办，发展改革委．"十四五"电子商务发展规划[EB/OL]. (2021-10-09)[2022-10-20]. http:// www.gov.cn/zhengce/zhengceku/2021-10/27/content_5645853.htm.
② 华经情报网．2024—2030 年中国社交电商行业发展监测及投资战略规划报告[R/OL]. (2024-07-11)[2024-09-20]. https://baijiahao.baidu.com/s?id=1804249297304034264&wfr=spider&for=pc.

交互手段和社交元素融合后形成的电子商务新模式。

社交电子商务的特点主要表现在以下几个方面：

(1) 转化率高。借助社交平台发表文章或图片，并在文章或图片中放入产品购买链接，可以引导消费者进入电子商务网站。研究表明，社交电子商务平台本身在电子商务转化率上可达到6%～10%的转化率，尤其社交电子商务平台上的顶级达人在电子商务转化率上可达到20%，而传统电子商务转化率却不超过1%。

(2) 黏性大。社交电子商务与社群经济有着密切的联系。社群经济的 4 个关键要素：场景(context)、社群(community)、内容(content)、连接(connection)都在社交电子商务中得到充分的展示。网上购物环境的绚丽多彩(场景)吸引了网民的驻留浏览；特定的购物群体成员(社群)相互感染；具有传播力的广告、短视频和直播(内容)吸引着圈子里的每一个成员；而网络信息的快速转发(连接)可以使信息获得有效扩散。因此，社交电子商务的黏性远远大于社群经济。而这种黏性正是社交电子商务快速发展的重要原因。

(3) 互动性强。互动是搭建在社交场景之上，根植于网民黏性之中。没有场景，产生不了购买激情；没有黏性，产生不了购买体验的共鸣。而通过互动，才能够形成真正的购买行动。社交电子商务为客户提供了非常方便的互动渠道，良好的互动氛围影响了每一个顾客的购买决策。

14.1.2　社交电子商务的类型

在最近几年社交电子商务快速发展的过程中，社交电子商务逐渐演变出四种类型：社群型、拼团型、内容型、微商型。

1. 社群型

社群型是一种基于社群活动的社交电子商务模式。在原有的社群平台上，加入一个在线商城。通过平台，发布一些电子商务导购的广告，增加社区用户的活跃度，引起用户之间的互动，激发用户的购买热情。社群型模式中往往有一个意见领袖，或行业内有影响的专业人物就是该领域的专家或者权威，在社群中比较有威信，其行为活动往往成为众多粉丝模仿的对象。抖音、快手等都属于这样一类平台。

图 14-1 是加入社交电商组建的抖音商城手机页面。

2. 拼团型

拼团型是希望购买同类商品的消费者通过社交电子商务网站汇集在一起，从而获得商品购买价格的优惠，并利用社交方式传播商品利用信息。拼多多就属于拼团型的社交电子商务，它以低价优惠为核心突破口，以腾讯的社交软件为主要的推广平台，并以拼团的方式实现用户的快速累积，在短时间内吸引了大批的消费者。用户可以选择拼团的方式获取更低的商品购买价格，并通过社交软件进行分享以实现成功拼团，从而让拼多多这一电子商务平台得到相应的推广。截至 2021 年 6 月，平台年度活跃用户数达到 8.499 亿，商家数达到 860 万，平均每日在途包裹数逾亿单，是中国大陆地区用户数最多的电商平台。拼多多 2023 年财报显示，2023 年营收 2476 亿元，同比增加 90%。①

---

① 同花顺财经. 拼多多 2023 年全年营收同比增长 90%，Temu 已成"能挑大梁"的第二引擎[EB/OL]. (2023-03-23)[2024-09-20]. https://news.10jqka.com.cn/20240323/c656228193.shtml.

图 14-1 加入社交电商组建的抖音商城手机页面

图 14-2 显示了拼团型社交电商运作流程。

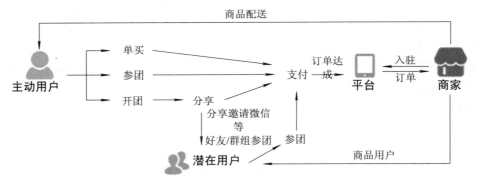

图 14-2 拼团型社交电商运作流程
(资料来源：艾瑞咨询)

3. 内容型

内容型模式是通过用户创造内容，吸引了大量的年轻群体，提供产品交易、售后等一系列消费服务，降低消费者的试错成本。其精髓在于粉丝效应，通过明星、网红、KOL[①]等达人分享的原创内容，为用户"种草"，让用户逐渐对其产生信任感，为平台增加用户黏性，

---

① KOL(Key Opinion Leader)即关键意见领袖。KOL 被视为一种新的营销手段，发挥了社交媒体在覆盖面和影响力方面的优势。KOL 的粉丝黏性很强，具有一定的转化率。

从而带动整个平台的交易活动。小红书就是一种典型的社交内容电子商务，目前，小红书已经拥有了完整的供应链，产品囊括美妆、家居、母婴等品类，形成了一个完整的"社交+电子商务"闭环。

图 14-3 显示了内容型社交电商运作流程。

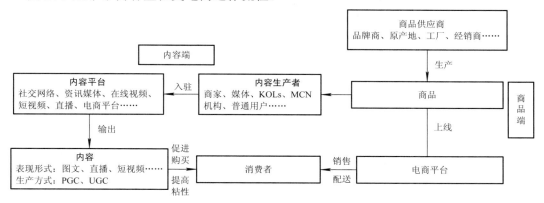

图 14-3　内容型社交电商运作流程
(资料来源：艾瑞咨询)

4. 微商型

利用微信朋友圈及自身的人脉，可以迅速地推广自己的商品。以熟人之间比较信任为由，让用户购买商品。这个模式很多时候购买的是一种信任，属于强关系的推销。微商不仅能够利用社交电子商务平台强大的功能为客户提供更人性化、标准化的交易服务，在保护好交易双方信息的情况下实现闭环式交易，同时也能够利用社交电子商务平台进行定制化、深度化开发，保证可以构建一个体现个性化、专业化的交易环境，提高资源的利用率。云集就是一个典型的微商聚集的第三方交易平台，该平台致力通过"深耕会员电商+发力专业零售"策略，为微商创业者提供超高性价比的全品类精选商品，为社交电子商务的发展提供非常广阔的空间。

图 14-4 显示了微商型社交电商运作流程。

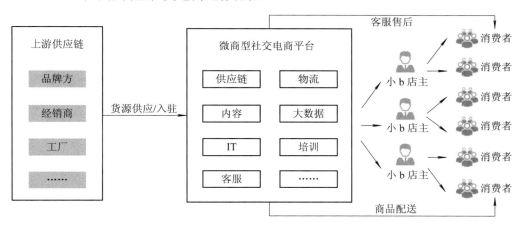

图 14-4　微商型社交电商运作流程
(资料来源：艾瑞咨询，有改动)

14.1.3　社交电子商务的服务模式

1. B2C 模式

B2C 模式是指社交电子商务公司与其产品或服务的最终用户直接进行在线交易。电子商务公司一般不会在销售渠道中加入商家，但会通过向客户提供额外折扣鼓励客户在社交媒体上发布其产品链接。目前大量的社交电子商务平台以此模式开展经营活动。

图 14-5 显示了社交电商的 B2C 模式。在实际应用中，平台成为整个社交和交易的中心。

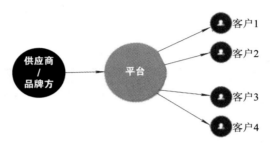

图 14-5　社交电子商务的 B2C 模式

2. S2B2C 模式

S2B2C 是一种相对较新的电子商务服务模式。在这种模式中，社交电子商务公司作为供应链平台与合作商家(商业合作伙伴)共同服务于最终客户。

按 S2B2C 模式。社交电子商务公司需认真选择供应商，为供应商提供全面服务(如培训、物流和客户服务)；商家则定期与客户亲密互动，并为社交电子商务公司收集客户反馈。

由于商家无须投入大量资金开展业务，因而不会产生大量销售及推广开支。S2B2C 模式向商家提供低风险、轻资产的大众创业新模式，商家也无须维持大量存货。

这些因素对商家颇具吸引力，另外许多经营此类模式的公司也可能向商家收取加盟费。图 14-6 显示了社交电子商务的 S2B2C 模式。

图 14-6　社交电子商务的 S2B2C 模式

14.1.4　社交电商的商业逻辑

1. 传统电商与社交电商的主要区别

传统电商以货为中心，围绕电子货架展示商品，引导消费者检索和购买。而社交电商以人为中心，围绕人的社交特性，在不同的社交场景里实现销售卖货。在社交电商中，消费人群通过关注、分享、沟通、讨论、互动等社交化的元素来实现商品交易的。所以说，传统电商是指人进入平台场景找货物，而社交电商是指货物配给给社交场景，由人的分享传播，和口碑效应，激发消费需求的。

2. 社交电商重构下的零售要素：人

社交电商较传统电商、线下零售多了一个人与人"交互"的环节，通过 KOL、KOC、朋友熟人、群好友、团长等角色，创造了三个方面的价值：一是引导用户参与选品提高用户决策效率；二是通过互动提高用户对中介人和企业的信用程度，获得高转化率的新流量；三是利用丰富的内容提高复购率(见图 14-7)。

图 14-7　社交电子商务中"人"的要素示意图

3. 社交电商重构下的零售要素：货

为适应社交电商营销的需要，不同的货品常常被赋予不同的标签，因此承载了更多超出商品实用价值以外的标签，如潮流商品、小众商品、产地产品等。同时，由于上述标签的额外价值，加上人与人的信任价值、情感价值，社交电商中的货也得到了更高的溢价，提高了商品的转化率和复购率(见图 14-8)。

图 14-8　社交电子商务中"货"的要素示意图

4. 社交电商重构下的零售要素：场

社交电商的成交场景是泛化在人的社交场景当中的。也就是说，一个人的网络社交生活有多少个对外的触点，就有多少个零售场景。处于不同社交圈层、持有不同兴趣爱好的

消费者在场景上进行了分流，实现了自发式的"千人千面"。

图 14-9 是社交电子商务中"场"的要素示意图。

图 14-9　社交电子商务中"场"的要素示意图

由图 14-9 可以看出，社交电子商务中"场"大致可以分为 3 类。

(1) 交易场景。这是由直接交易所形成的朋友圈、微信群或好友聊天。这类场景的主要功能是购买者之间的沟通，交换购买信息和购买心得。

(2) 专业社区。具有类似偏好的购买者往往聚集在专业社区里。在这里，人们对专业用品进行讨论和交流，购买的趋向性有很大相似性。例如，在运动社区推销运动器具和运动服装往往可以收到意想不到的效果。

(3) 休闲娱乐节目。无论是综艺节目、电视节目，还是网络直播、微博、公众号，都是通过内容或新颖的表现形式吸引消费者的。例如，新东方的双语直播之所以能够在直播行业中"弯道超车"，主要的原因是该公司采用双语推销产品，消费者在购买物品的同时，增加了学习外语的机会。

14.2　社区电子商务

随着城市化进程的步步深入，社区经济在居民生活中的地位和作用日渐显现，社区电子商务成为电子商务拓展的新领域，也是 O2O 电子商务的一种新探索。

14.2.1　社区电子商务的概念与特点

社区电子商务(简称社区电商)是以成片的物理社区单位或多社区联盟为服务对象，依托社区电子商务平台，以集成消费为经营理念，满足社区居民消费需求为目的的商业运营模式。

一谈到社区电商，人们往往将它与 SNS(Social Networking Services)混为一谈。实际上，

SNS 是指社会性网络服务，是帮助人们建立社会性网络的互联网应用服务。在电子商务中，SNS 是一种营销方法，而社区电子商务却是一个具有实体范围的电子商务应用新领域。

社区电商可以分为城市范畴街道型社区电子商务和小区型社区电子商务。街道是指《中华人民共和国地方各级人民代表大会和地方各级人民政府组织法》中所规定的市辖区、不设区的市的人民政府，经上一级人民政府批准所设立的基本城市化的行政区划，下辖若干社区居民委员会，或有极少数的行政村。小区是城市住宅小区、居民小区的简称，是指城市里出现的由房地产开发商开发的，在城市一定区域内建筑的、具有相对独立居住环境的大片居民住宅。小区一般以住宅为主并配套有相应公用设施及非住宅房屋。

社区电商突出表现出以下特点：

(1) 从众经济。社区电商的本质是一种从众经济，是以用户关系为基础的口碑从众经济，用户关系的强弱、用户关系的信任传递机制将是制约其发展的核心因素。社区电子商务要发展，就需要建立一个关系评估、信任传递、用户保障、不良卖家曝光的管理机制，让关系可评估、信任链可传递。只有这样，社区电商才能得以健康发展。

(2) 以生活圈为基点。社区电商最大的特点是以小区或社区居民为服务对象，以消费者生活圈为基点，消费者只需要根据自己的所处地域进行适合自身需求的选择即可。社区电商摒弃了地域因素的限制，因而物流、库存等制约电子商务发展的问题在社区电子商务网站上也将不复存在。

(3) 线上线下双轨运营。社区电商可以通过线上与线下融合实现多元化运营。居住在同一社区或是相近社区的居民既可以通过网络、电话了解和订购自己需要的商品，又可以选择直接去店铺购买；递送方式选择既可以由物流部门递送，也可以自己到驿站取货。

14.2.2　社区电子商务的体系构建

社区电商是基于特定社区或群体，利用互联网技术，整合线上线下资源，为社区居民提供商品和服务的新型电商模式。其核心特征包括：

(1) 社交化：依托社交平台，利用熟人关系链进行产品推广和销售；

(2) 本地化：聚焦于满足社区居民的日常生活需求，强调服务的快速响应和配送；

(3) 个性化：根据社区特点和用户偏好，提供定制化商品和服务；

(4) 共享经济：鼓励社区成员参与价值创造，实现资源的有效共享。

社区电商的主要参与实体包括商家企业、社区管理部门、物流服务商、电子支付提供商和社区居民。其中社区管理部门负责建设和管理电子商务中心，兼或扮演认证中心的角色，对参与各方进行认证。

在社区电商中，物业管理和电子商务实现一体化结合。商家企业通过互联网在社区电商平台发布产品和服务信息，并根据社区电商中心的要求将产品储存于物流服务商的仓储中心。小区用户通过互联网获取小区服务需求，也可通过社区电商中心获取其他小区的服务信息。社区电商中心根据周边小区的需求，发布不同的产品和服务信息，并对加盟商家、物流服务商、支付机构和消费者进行认证，同时收集和管理住户信息，根据用户订单要求，指派物流服务商完成产品的物流配送。

借助于物业实名登记管理，使得社区电商中心对各个交易实体进行实体认证成为可能，有利于形成良好的信用管理制度。消费者不再担心商家的诚信和支付的安全问题，只需注重自身的信用。物业管理和物流配送一体化给小区配送提供了极大的便利性，缩短了配送时间，解决了"最后一公里物流"问题。

图 14-10 反映了社区电子商务的主要构成。

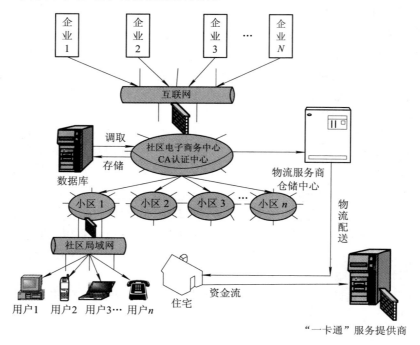

图 14-10　社区电子商务的主要构成

14.2.3　社区电子商务的主要运作模式

1. 以社区综合服务平台为主导的社区电子商务模式

2010 年 10 月，中共中央办公厅、国务院办公厅印发了《关于加强和改进城市社区居民委员会建设工作的意见》[①](简称《意见》)。《意见》提出，整合社区现有信息网络资源，鼓励建立覆盖区(县、市)或更大范围的社区综合信息管理和服务平台，实现数据一次收集、资源多方共享。

根据这一思路，一些小区建立了社区综合服务平台，引入电子商务，形成了以社区综合服务平台为核心的社区电子商务模式(见图 14-11)。

2. 以小区物业为主导的社区电子商务模式

以小区物业为主导的社区电商模式是通过社区电商平台整合供应商与业主之间信息的。该模式可以将业主小而分散的订单汇集成大订单，由供应商将商品配送到社区，并由物业公司的员工承担最后的送货和结算，使信息流、物流与资金流有效整合。其业务流程如图 14-12 所示。

---

① 中共中央办公厅，国务院办公厅. 关于加强和改进城市社区居民委员会建设工作的意见[EB/OL]. (2010-11-09) [2024-09-20]. http://www.gov.cn/jrzg/2010-11/09/content_1741643.htm.

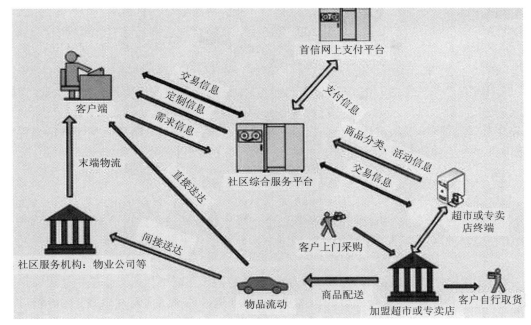

图 14-11   以社区综合服务平台为核心的社区电子商务模式

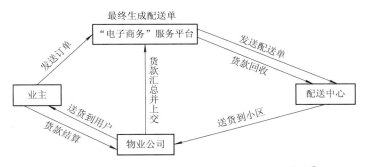

图 14-12   以小区物业为主导的社区电子商务模式①

以小区物业为主导的社区电子商务模式能否运营成功，关键在于物业公司角色的扮演是否到位。《物业管理条例》出台后，明确要求通过招标选择物业，同时赋予业主大会淘汰物业公司的权利。这使得物业管理走向市场化，加大竞争压力，促使物业公司积极谋求发展。同时，《物业管理条例》也明确指出，国家鼓励物业管理采用新技术、新方法，依靠科技进步提高管理和服务水平。在这样的情况下，由物业公司来主导社区电商建设是可行的，也是顺应时代潮流的。

3. 以电子商务网站为主导的社区电子商务模式

社区电商服务网站是由社区电商服务集成商打造的"面向社区、面向物业、面向业主、面向民生"的网络社区，它能够按照社区位置提供各类需求的产品和多层次服务。

湖南省的兴盛优选平台依托社区实体便利店，通过"预售+自助配送"的模式，在物流、

---

① 孙春军，王相平. 基于智能化小区的社区电子商务[J]. 西南民族大学学报(人文社科版). 2004(8): 473-474.

门店、供应链等核心领域不断提升用户体验与产业链协同效率，打通了"农产品进城"和"工业品下乡"的最后一公里。截至 2022 年 6 月，兴盛优选已向社区累计销售农产品超过 100 亿元，带动 40 多万户农户创收、增收。该平台"数商赋能乡村产业振兴项目"成功入选"工信部 2022 年新型信息消费示范项目"，成为社区电商行业唯一一家入选企业。

四川省的"邻里优选"电商服务平台通过线上线下相结合的方式，为社区居民打造了一个集生鲜果蔬、日用百货、地方特产等多元化商品于一体的购物平台。居民只需通过手机 APP 下单，即可享受次日达甚至当日达的快速配送服务。平台还特别设置了社区自提点，方便上班族等群体随时取货，解决了"最后一公里"的配送难题。

4. 以共享经济为主导的社区电子商务模式

共享经济是参与者通过闲置资源和冗余信息的有效配比，以极低的成本进行点对点的使用权交换并各自获得经济红利的一种新的经济模式。其本质是合理地将闲置资源调配并极大化利用，社区群落是其主要的活动范围，彼此的信任是其运作的核心。共享经济的成功案例是网约车和共享单车。

网约车即网络预约出租汽车。网约车经营服务是指以互联网技术为依托构建服务平台，整合供需信息，使用符合条件的车辆和驾驶员提供非巡游的预约出租汽车服务的经营活动。2016 年 7 月，交通运输部等 7 个部门联合颁布了《网络预约出租汽车经营管理暂行办法》[①]。这是全球第一个部门规章层面的网约车监管法规。该办法肯定了网约车的合法地位，反映了国家对新兴业态的明确认可。该办法在网约车平台公司、网约车车辆和驾驶员、网约车经营行为、监督检查、法律责任等方面都做出了详细的规定。

共享单车是一种无桩共享单车出行解决方案。使用共享单车，用户只需利用手机识别二维码即可开锁，随取随用，非常方便，有效解决了城市用户"最后一公里"出行问题。各大中城市政府都给予共享单车大力支持，资本市场也给予共享单车项目极高的关注度和投资力度。目前，国内较为知名的共享单车平台有美团、哈啰单车等。

5. 以社区团购为主导的社区电子商务模式

社区团购是一种以社区为基础的电子商务模式，它通过互联网平台或社交媒体渠道将社区居民组织起来，以团体购买的方式购买优质的商品和服务，并享受团购价格和优惠。社区团购的目的是满足居民日常生活的需要，同时促进社区居民之间的交流和互动，增强社区的凝聚力。图 14-13 是社区团购运营模式示意图。

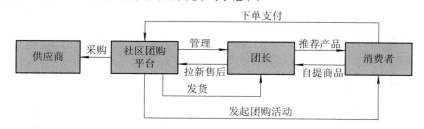

图 14-13　社区团购运营模式示意图

① 交通运输部，工业和信息化部，公安部，商务部，工商总局，质检总局，国家网信办. 网络预约出租汽车经营服务管理暂行办法[R/OL]. (2016-07-28)[2016-09-20]. http://www.gov.cn/xinwen/2016-07/ 28/content_ 5095584.htm.

　　在社区团购中，通过团长制、集采集配和预售制，分别带来了三个成本的降低——流量成本、履约成本、生鲜损耗，吸引互联网巨头、传统商超、供应商、渠道商等纷纷入局。

　　社区团购中的"团长"就是菜品或消费品社区团购的负责人。在社区团购模式中，团长的作用非常重要。一方面，团长需要拉新引流，形成规模采购；另一方面，团长还需要与社区团购平台联系，洽谈价格和配送方式。因此，社区团购平台需要将发展"团长"作为一项重要的工作来抓。

　　邮政系统的邮乐优鲜是一个运行较好的社区团购平台。截至 2022 年 6 月 30 日，邮乐优鲜累计在册社区团购"团长"4224 名；举办各类社区团购 492 场，实现交易额 539.39 万元；组建各类"邮乐优鲜"社群 2531 个，建成区级电商"前置仓"12 个。2024 年 8 月，首家基于邮政网点＋站点的一站式社区购物平台"邮乐优鲜"社区团购体验店在河南省许昌市开业，该店主营本地优质水果及特色农产品，将以打造邮乐社区团购体验店为契机，积极推进"直播＋销售＋自提"服务模式。

　　但是，社区团购模式推广仍然存在一些问题。社区团购是通过"团长—预售—集采—配送—自提"的模式运行的，没有很好地解决供应链问题；社区团购采用计划采购的形式，商品供给无法保证 100%按时供应；同时，由于低价竞争等原因，采购的商品质量也参差不齐。

　　面对发展中的问题，美团优选、多多买菜、淘宝买菜等社区团购平台都在探索并尝试新的运营模式。一是降本增效；二是将团购业务与其他零售业务进行结合，寻找新的收入增长点；三是采用"直播＋社团商业"的新玩法，重构流量来源和流量运营及产品推介，调动用户的互动性和好奇性。

参 考 文 献

[1] 艾瑞咨询. 中国社交电商行业研究[EB/OL]. (2019-07-04)[2024-09-20]. https://report. iresearch.cn/report/ 201907/ 3402.shtml .

[2] 刘湘蓉. 我国移动社交电子商务的商业模式：一个多案例的分析[J]. 中国流通经济，2018(8)：38-40.

[3] 朱兴荣. 社交电子商务购物平台运营模式比较分析及展望：以拼多多、贝店、TST平台为例[J]. 办公自动化，2018(10)：38-40.

[4] 吴浩. 互联网下社交电子商务的发展模式及发展前景[J]. 中国市场，2019(21)：185-186.

[5] 杨舒涵，范蕙萱. 移动互联网时代下社交电子商务的模式应用与发展现状研究：以微信生态下的社交电子商务为例[J]. 现代商贸工业，2018(23)：80-81.

[6] 新零售财经. 红极一时的社区团购"风口"，现在怎么样了？[EB/OL]. (2024-08-30)[2024-09-20]. https://.sina.com.cn/articles/view/1721303853/6699032d001014blu.

[7] 社交电商系统小猪V5. 社区电商的生态构建：技术赋能，共创共享价值网络[EB/OL]. (2024-06-25) [2024-09-20]. https://baijiahao.baidu.com/s?id=1802816621067991155&wfr=spider&for=pc.

备课教案　　　　　电子课件　　　引导案例与教学案例　　　习题指导